中国医学科学院医学实验动物研究所

U0159464

中国实验动物学会

实验动物科学丛书 16

丛书总主编/秦川

Ⅳ比较医学系列

比较生理学

杨志伟　谭　毅　主编

科学出版社

北　京

内 容 简 介

本书是实验动物科学丛书比较医学系列中的一部,重点比较分析了人体与常用实验动物的生理功能之间的相似性和差异性。全书共 11 章。第一章概述了比较生理学的概念、研究内容、研究方法和应用四个方面。第二章到第十一章分别系统性地比较分析了人体与常用实验动物的内稳态平衡、血液系统、血液循环、免疫系统、消化与吸收、呼吸系统、内分泌系统、神经系统、排泄系统和生殖系统的生理功能,并论述了各系统的生理相关动物模型。本书以人体生理学为主线,适时介绍动物生理学的相关知识点,内容新颖,编写过程中既浓缩了长期从事人体生理学、实验动物学教学和科研工作的经验与体会,也搜集了部分国内外人体生理学、比较生理学、动物生理学领域专家的科研成果和研究进展。

本书可作为基础医学、比较医学、实验动物学专业在校师生,以及从事医学和生命科学研究的科研人员的参考用书。

图书在版编目(CIP)数据

比较生理学/杨志伟,谭毅主编. —北京:科学出版社,2021.3
(实验动物科学丛书/秦川总主编;16)
ISBN 978-7-03-068356-4

Ⅰ. ①比… Ⅱ. ①杨… ②谭… Ⅲ. ①比较生理学 Ⅳ. ①Q495

中国版本图书馆 CIP 数据核字(2021)第 044924 号

责任编辑:罗 静 刘 晶 / 责任校对:郑金红
责任印制:吴兆东 / 封面设计:无极书装

科 学 出 版 社 出版
北京东黄城根北街 16 号
邮政编码:100717
http://www.sciencep.com

北京捷迅佳彩印刷有限公司 印刷
科学出版社发行 各地新华书店经销
*
2021 年 3 月第 一 版 开本:880×1230 A4
2021 年 7 月第二次印刷 印张:17
字数:550 000
定价:168.00 元
(如有印装质量问题,我社负责调换)

《比较生理学》编委会

主　编：杨志伟　谭　毅

副主编：丁　怡　王红霞　杨秀红　罗凤鸣

　　　　胡　敏　姜长涛　钟明奎　曾翔俊

编　委（按姓氏笔画排序）：

　　　　丁　怡　潍坊医学院

　　　　王红霞　首都医科大学

　　　　刘　星　中国医学科学院医学实验动物研究所

　　　　刘　燕　华北理工大学

　　　　汤小菊　四川大学

　　　　沈　兵　安徽医科大学

　　　　杨秀红　华北理工大学

　　　　杨志伟　中国医学科学院医学实验动物研究所

　　　　罗凤鸣　四川大学

　　　　胡　敏　安徽中医药大学

　　　　姜长涛　北京大学

　　　　姜晓亮　中国医学科学院医学实验动物研究所

　　　　钟明奎　安徽医科大学

　　　　黄海霞　首都医科大学

　　　　彭美玉　潍坊医学院

　　　　曾翔俊　首都医科大学

　　　　谭冬梅　重庆医科大学

　　　　谭　毅　重庆医科大学

丛 书 序

实验动物科学是一门新兴交叉学科，它集成生物学、兽医学、生物工程、医学、药学、生物医学工程等学科的理论和方法，以实验动物和动物实验技术为研究对象，为相关学科发展提供系统的生物学材料和相关技术。实验动物科学不仅直接关系到人类疾病研究、新药创制、动物疫病防控、环境与食品安全监测和国家生物安全与生物反恐，而且在航天、航海和脑科学研究中也具有特殊的作用与地位。

虽然国内外都出版了一些实验动物领域的专著，但一直缺少一套能够体现学科特色的丛书，来介绍实验动物科学各个分支学科和领域的科学理论、技术体系和研究进展。

为总结实验动物科学发展经验，形成学科体系，我从 2012 年起就计划编写一套实验动物丛书，以展示实验动物相关研究成果、促进实验动物学科人才培养、助力行业发展。

经过对丛书的规划设计后，我和相关领域内专家一起承担了编写任务。本丛书由我担任总主编，负责总体设计、规划、安排编写任务，并组织相关领域专家，详细整理了实验动物科学领域的新进展、新理论、新技术、新方法。本丛书是读者了解实验动物科学发展现状、理论知识和技术体系的不二选择。根据学科分类、不同职业的从业要求，丛书内容包括 9 个系列：Ⅰ实验动物管理、Ⅱ实验动物资源、Ⅲ实验动物基础、Ⅳ比较医学、Ⅴ实验动物医学、Ⅵ实验动物福利、Ⅶ实验动物技术、Ⅷ实验动物科普和Ⅸ实验动物工具书。

本丛书在保证科学性的前提下，力求通俗易懂，融知识性与趣味性于一体，全面生动地将实验动物科学知识呈现给读者，是实验动物科学、医学、药学、生物学、兽医学等相关领域从事管理、科研、教学、生产的从业人员和研究生学习实验动物科学知识的理想读物。

总主编 秦 川 教授
中国医学科学院医学实验动物研究所所长
北京协和医学院比较医学中心主任
中国实验动物学会理事长
2019 年 8 月

前　言

　　比较医学是一门新兴的交叉学科，随着社会发展和科技进步，比较医学逐步成为生命科学和医学研究的重要支撑学科。目前，人体生理学是医学中的重要基础学科，国内外《人体生理学》相关教材非常丰富和完善。但是，《动物生理学》和《比较生理学》教材或书籍很少，并且《比较生理学》也仅是动物之间的生理功能比较，缺乏系统性。目前，还没有人与动物生理比较的相关书籍或资料出版。因此，我们团队在规划这本书时非常困难，没有可借鉴的模板。经过多次讨论、修改，并根据目前基础医学研究的需求，最终确定以人体生理学为主线，按人体生理的各个系统分别与相关常用实验动物进行比较分析。

　　本书的基本内容是讲述人体和常用实验动物的各器官、系统的生理结构、功能和调节机制。同时，为了增加本书的实用性，在每个系统中，相应介绍了各系统的生理动物模型的制作和应用。

　　本书的撰写是一项开创性工作，难度较大。参与本书的编写人员都是医学院校从事一线教学和科研的专家/教授。北京大学医学部姜长涛教授、首都医科大学曾翔俊副教授和王红霞副教授、安徽医科大学钟明奎教授、四川大学医学院罗凤鸣教授、潍坊医学院丁怡教授、华北理工大学医学院杨秀红教授作为副主编对各自章节的编写付出了很大努力，在此对他们的辛勤付出和不懈努力表示由衷的感谢。作为共同主编，重庆医科大学的谭毅教授多次与各章负责人就内容修改进行沟通，与第一主编、中国医学科学院医学实验动物研究所杨志伟研究员共同校对统稿。在编写过程中，丛书总主编、中国医学科学院医学实验动物研究所秦川教授对本书提出了建设性的修改意见，并最后定稿。

　　这本书是我们系统比较分析人体与常用实验动物生理结构、功能和调节机制的第一次尝试，由于无可借鉴模板，尤其动物生理的参考书籍很少，因此，在编写过程中还存在一些缺陷和不足，相关参考资料还有待进一步补充和完善，敬请广大读者批评指正，提出宝贵意见，我们争取尽快更新再版。

杨志伟　谭　毅

2020 年 8 月

目　　录

第一章 绪 论

生理学是生物科学的一个分支，是研究生物体功能活动规律及其调节机制的科学。自然界的生命现象多种多样，生存环境、形态结构、功能调节也不相同，因此，研究某一类生物体机能的生理学分支也很多，如细菌生理学、植物生理学、动物生理学等，动物生理学又根据动物种类可分为昆虫生理学、鱼类生理学、鸟类生理学、家畜生理学等，其中与医学有直接关系的是人体生理学。从比较各类动物在进化过程中的生理活动特征演变、系统发生亲缘关系的角度出发，生理学又可分为比较生理学、进化生理学、发育生理学、生态生理学等。同时，由于动物在地球生态圈的分布极其广泛，形成了适应深海、极冷、缺氧等各种环境条件的生理功能，而人类的活动范围日益扩大，需要研究这些极端环境对人体机能的影响和应对措施，于是产生了航空航天生理学、潜水生理学、高山生理学等应用分支。

从生理学的研究层次看，机体通常是以整体的形式与外界环境发生联系，以器官和系统水平的研究最为深入，获得的知识和理论称为器官生理学，包括循环生理学、内分泌生理学、消化生理学、生殖生理学等。近些年，细胞和分子生物学发展迅速，产生的功能基因组学（functional genomics）主要阐明某个基因在特定功能中的作用，已经成为生理学研究领域的前沿。各种基因工程动物的涌现极大地推动了在整体水平观察研究基因的功能。2008 年，国际生理科学联合会将生理学重新定义为从分子到整体的各个水平研究机体功能及生命整合过程的科学，涉及机体功能与进化、环境、生态及行为的关系，这其实就是整合生理学（integrative physiology）的概念。

生理学的发展与医学的需要和发展密切相关，在寻求疾病治疗的过程中，只有充分了解人体的正常功能和活动规律，才可能正确理解在某些特殊、异常或疾病条件下的功能变化。由于人体试验自古受到宗教、文化、伦理等限制，大量的人体生理学知识基本来源于急性动物实验和慢性动物实验，从与人类相近的某些哺乳动物的机能研究中获得，再经过临床实践加以检验和发展。现代医学课程体系中，人体生理学是一门重要的基础医学理论课程。例如，神经传导、肌肉收缩在蛙的神经肌肉标本完成；许多有关反射的知识从蛙、猫、犬等动物上获得；膜电位最早在一种淡水藻上观察到，后在枪乌贼的巨轴突上详细研究了动作电位的兴奋传递过程。

第一节 什么是比较生理学

长期以来，生理学的主要组成部分是人体及哺乳动物的器官生理学，用比较方法认识总结各种动物（包括人类）的某些共同基本特征是普通生理学的范畴，探讨各种动物在不同生活环境下的适应发展和功能差异则是比较生理学的内容。

一、比较生理学的定义

比较生理学是通过比较分析异种动物之间或异种器官之间生理机能的相似和不同，并研究它们在系统发生的进化关系的学科，属于生理学的一个分支。医学比较生理学主要由人体生理学、动物生理学、实验动物学、分子生物学等知识体系交叉融合产生，其核心是利用模式动物研究有机体生理过程的生物学机制，并外推到人类。

二、比较生理学的简史

生物体的活动与它的形态结构有着密切关系，形态结构的观察研究是机能方面研究的基础，历史上，形态结构的发展早于生理学的发展。早期的生理知识来源于动物活体解剖，维萨里（Andreas Vesalius，1514—1564）认真解剖人类尸体，纠正了盖伦（Galen，130—200）等前人关于人体结构的错误认识，使解剖学成为一门学科，为生理学的发展奠定了坚实的基础。

1628 年，英国医生哈维（William Harvey，1578—1657）利用大量活体动物进行实验，证明心脏是血液循环的动力，血液在心脏和血管里循环流动，从而奠定了近代生理学的基础。"比较生理学"一词，最早由比尔东（Isidore Beurdop）所著 *Principle of Comparative Physiology of Life in All Animate Being from Plant to Most Highly Complex Animals* 中提出。1878 年法国生理学家贝尔纳（Claude Bernard，1813—1878）把它确定为一门独立学科，他说"比较生理学证明，由于生物与生活条件的统一而有无穷的变异，使我们大受教益"。利用与人类生理机能相近或相似的哺乳动物开展生理学实验是获取生理学知识的重要手段，促进了生理学和现代医学各个学科的飞速发展。例如，犬与人体具有相似的消化结构和功能，包括消化器官和消化腺体，巴甫洛夫（Ivan Pavlov，1849—1936）和班廷（Frederick GrantvBanting，1891—1941）通过在犬身上的实验分别发现了条件反射现象和胰岛素降低血糖的功能，并在人体得到了验证。哈特兰（Haldan Keffer Hartline，1903—1983）从 20 世纪 30 年代开始，选择性地对比研究鲎的复眼和蛙眼的视神经活动及视觉形成机制，发现视神经对应的感受域（receptive field），获得 1967 年诺贝尔生理学或医学奖。在此基础上，20 世纪 50 年代，休伯尔（David Hunter Hubel，1926—）和威塞尔（Torsten Nils Wiesel，1924—）以猴子和猫的眼球作为研究对象，揭示了大脑处理视觉信息的生理过程，获得 1981 年诺贝尔生理学或医学奖。

1910 年，德国的 Hans Winterstein 收集大量动物生理学资料后，编写了第一部《比较生理学手册》。比较生理学的研究论文散见于各种生物学期刊。1950 年，美国 Prosser CL 撰写出版《比较动物生理学》。之后，欧美国家和苏联都出版了一些比较生理学专著。随着实验动物科学的诞生和比较医学的迅速发展，美国许多大学开始进行比较生理学教学。1977 年，历史悠久、发行广泛的《美国生理学杂志》开始出版《调节、整合与比较生理学》分册。1984 年 8 月，国际生物科学协会召开第一届比较生理学大会。中国生理学会成立于 1926 年，直到 1988 年，中国生理学会才成立比较生理学专业委员会。在中国，比较生理学的发展远远落后于人体和哺乳动物生理学。20 世纪五六十年代，北京大学、武汉大学、云南大学等单位相继在生物学系开设了专门的动物比较生理学课程。我国动物生理学的前辈、北京大学的赵以炳教授曾倡导，除在医学院校开设人体生理学课程之外，综合大学或师范大学生物系的生理学课程应该面向整个动物界，以哺乳动物生理学或器官生理学为比较的参考点，一方面比较动物进化过程中生理功能的演变，另一方面比较在不同生态环境条件下的生理功能变化。赵以炳教授在 20 世纪 70 年代编写了《人体及动物生理学》，同时还翻译了 Schmidt Nielson 的动物生理学名著《动物生理学》，这两本书都已完稿，但因"文革"动荡未能出版。1984 年，云南大学李永材教授组织中山大学林浩然、北京大学陈守良、华东师范大学周绍慈等动物生理学专家合力编著《比较生理学》，由高等教育出版社出版，填补了我国生理学领域的空白。

第二节　比较生理学的研究内容

一、研究对象

生理学实验往往需要对机体或者器官、组织的特定功能进行观察分析，并测试各种因素的调节效应，无论是急性实验还是慢性实验都会给机体造成一定的伤害，甚至危及生命。因此，比较生理学的研究对象不可能直接是人体，而是多样性的各种动物。

人类与地球上的动物有着密切关系，在进化上处于不同的地位。从无脊椎到脊椎、从卵生到胎生，各种各样的动物种类为科学研究提供了取之不尽的标本和模型。理论上，从低等到高等的所有动物都是比较生理学的研究对象。小鼠、大鼠、犬、猫、兔、猪等哺乳动物与人类的机体结构、功能、疾病特点等具有诸多相似之处，利用这些动物实验的结果推断人体生理功能完全可行。此外，人体及其他哺乳动物的机体结构和生理机能错综复杂，许多机能的调节存在不止一种途径，且相互协同或拮抗，处于动态平衡之中。为了避免高度复杂结构和功能对实验条件的限制和对实验结果的分析，在确保实现研究目标的前提下，可以适当易化研究体系，选择结构和功能相对简单的低等动物，例如，无脊椎动物中的果蝇、线虫，脊椎动物中的鱼类、两栖类、爬行类和鸟类。这些动物在某些方面具有典型性和优越性，更适合研究一些基本的或者特殊的功能活动，例如，在枪乌贼的巨大神经轴突上研究动作电位、利用青蛙的腓肠肌研究神经肌肉信号传递，比在其他生物材料上要容易得多。

实验动物科学发展起来之后，常用实验动物成为比较生理学的主要研究对象。只有充分了解不同品种、品系实验动物的生理功能及调节机制，才可能将在动物实验取得的实验结果类推到人体身上。

二、研究目的

比较生理学从结构差异、进化历史与生态环境等方面，探讨同一种生理机能在各类动物中的演变，从而认识生命的基本特性及其在进化过程中的变化适应。

三、研究范围

比较生理学研究的是不同动物的生理功能及其变化规律。人和动物具有一些共同的生命特征，如摄食、呼吸、代谢、生殖等，通过研究这些动物生命活动的机制，认识自然界中生命基本特性和普遍规律。科学家只有了解每一生物体基本的生命活动过程，才能进行科学合理的比较。因此，比较生理学的研究范围主要是人体和动物的运动、呼吸、循环、排泄等各系统的生理过程，即器官生理学。

研究动物与环境的关系即生态生理学，也是比较生理学一个重要内容。例如，鸟类能够在低氧的高空中飞翔，而人体突然进入高海拔地区，会出现头晕、肺水肿等明显的缺氧症状，严重者可导致休克或死亡。诸如此类，比较生理学可从结构差异、生理生化机制与生态条件等方面，探讨各类动物对环境条件的适应机制，从而为人类疾病的治疗提供新的启示和线索。进化生理学的研究刚刚起步。原则上，动物进化过程中形态学和DNA序列的改变会导致生理功能发生变化，应用比较生理学知识可重建生物体的系统发生关系。

第三节　比较生理学的研究方法

生理学是一门实验性科学，一切生理学的理论知识都来自对生命现象的客观观察和实验。比较生理学在早期探索阶段只是对不同机体的功能进行分类学描述。现代比较生理学已发展为综合运用多学科如基因组学、分子遗传学、古生物学、环境生态学等手段，从分子与细胞水平、器官与系统水平、整体水平，对生物体的功能进行多层次的综合研究，以求得对机体功能更为全面和整体的认识。

比较生理学常用的研究方法包括：①利用比较分析方法阐明生物体之间、生物体与环境之间的相互作用，例如，测试不同动物在低氧等特殊环境下某些生理活动的变化；②利用动物实验，包括离体实验和在体实验研究动物某些生理功能及变化规律，例如，应用膜片钳技术研究细胞膜单个离子通道的电流特性；③利用"模式系统"研究一些特殊的生理功能，例如，应用变温动物研究温度变化对生理功能的影响；④将动物的种类作为研究的变量，利用系统发生比较的方法，探讨同一种机能在各类生物中的演变及其进化过程中的适应机制，例如，研究不同动物的呼吸器官，包括皮膜、气管、鳃和肺；⑤利用分子生物学技术制备基因工程动物，将动物的基因剔除或转入外源基因，研究基因表型和功能的关系。

第四节　比较生理学的应用

比较生理学从进化的角度阐明不同动物的各种生理功能在进化过程中的演化规律，有助于认识高等动物复杂功能本质的内在机制并揭示生物适应环境的过程，进一步促进人体生理学的发展，解决医学研究中的理论问题和临床实践的治疗难题，推动人类健康事业的发展。不仅如此，动物机能的多样性是长期进化的产物，在适应不同的环境条件过程中逐步形成了完善独特的生理功能，在人类活动的工程设计和建造中被大量模仿，促进了仿生学的诞生与发展，在保护劳动者的健康和安全的同时，极大地提高了工作效率。例如，鲎是分布于太平洋、我国浙江和南海的常见肢口纲动物，根据鲎眼的侧抑制作用机制，现已研制成功电子模拟眼，用来处理模糊的 X 光片、航空摄影照片、太空卫星侦察照片，可以得到轮廓清晰鲜明的图像，还可辅助提高雷达的灵敏度。比较生理学是畜牧学、兽医学的基础，在农用动物优良品种选择、驯化饲养、疾病防治等方面都离不开比较生理学的研究。低等动物如鱼类、昆虫等与人类生活有密切关系，现代农业防止病虫害需要深入研究昆虫生理学。经济渔业的规模化发展、野生濒危鱼类的人工繁殖需要鱼类生理学知识的指导。随着生产的发展和社会的进步，人们越来越需要开展比较生理学的研究。

医学比较生理学以人体生理学为核心，为医学理论研究和临床治疗服务。脊椎动物的鱼类、两栖类、爬行类、鸟类和包括人类在内的哺乳类动物是比较生理学研究观察的重点对象。除了呼吸、消化、循环、生殖等共性的基本生理特征之外，某些动物的独特结构和生理现象往往是认识了解人体正常和异常生理功能的研究模型。例如，性成熟的大麻哈鱼一生只产卵一次，而且在产卵后很快就衰老死亡，从大马哈鱼的衰老死亡过程中可以看到在人类和哺乳动物中看不到的一些与衰老有关的生理变化。甲状腺激素具有促进生长发育的作用，在脊椎动物中有交叉效应，切除两栖类蝌蚪的甲状腺，变态就不会发生，如果给正常的蝌蚪投喂其他动物的甲状腺或者具有甲状腺素效应的药物，可使变态加速，提前褪去尾巴、长出四肢，发育成为微型的成蛙。脊椎动物排泄的含氮废物主要是氨、尿素、尿酸三种形式，大多数鱼类排泄的是氨，爬行类和鸟类排出尿酸，尿酸微溶于水，鸟粪中含有白色的尿酸结晶。人体和其他哺乳动物排出的含氮废物绝大多数是尿素。如果人体血液中尿酸的生成量和排泄量不平衡，导致血尿酸升高，是引起痛风的主要病因。鸡、鹌鹑对于血尿酸具有耐受性，是研制降低尿酸生成药物的动物模型。北美沙漠中有一种沙鼠（*Psammomys obesus*），在野外生活时不患糖尿病，但在实验室饲喂普通大、小鼠饲料时则患糖尿病，这样就可以不必通过外科手术或药物来建立糖尿病的动物模型。20 世纪 50 年代，哺乳动物体外受精实验一直未获成功，无论从附睾尾部取出的精子还是射出的精子都不能使成熟卵子受精。兔属于刺激性排卵动物，成熟的卵细胞只有经过交配动作的刺激才会排出卵巢表面，根据妊娠时间和交配发生的时间点，可以推测精子在雌性生殖道里的运行位置。1951 年，美籍华裔科学家张明觉教授尝试从接收交配后的雌兔子宫不同部位收集精子，然后用这些精子在体外开展卵子的受精实验，结果发现了精子获能现象。试管动物技术的成功为 1978 年首例人类试管婴儿的诞生奠定了坚实的理论和技术基础。

总之，比较生理学是近代生理学中较为活跃的研究领域之一，与其他任何一门学科一样，最终都是为人类的生活和生产活动服务。

（谭　毅　杨志伟）

第二章　内稳态平衡

人体生理学将机体生存的外界环境称为外环境，包括自然环境和社会环境；体内各种组织细胞直接接触并赖以生存的环境称为内环境。机体内环境由水以及溶解在其中的溶质组成，溶质包括电解质和非电解质。由于细胞膜和血管壁对不同溶质的通透性不同，细胞内液、组织间液及血液中的溶质组成成分都不尽相同。另外，由于不同生物体的生活环境以及机体排泄系统功能的差异，不同动物机体内环境存在很大差异。

第一节　概　　述

除了一些特殊的单细胞生物（如结核杆菌）外，大多数细胞只能在液体中存活。单细胞生物直接生活于水或者水溶液的环境中，并从中获取必需的营养物质，而组成多细胞生物的各种细胞则只能通过细胞外液（组织间液、淋巴液和血浆）进行物质交换。对于多细胞生物而言，细胞赖以生存的细胞外液称为机体的内环境，以区别于整个机体所处的外环境。内环境的概念是由法国生理学家 Claude Bernard 于1852 年首先提出的，并经过后人修正：机体通过与外环境相互作用（简单扩散、异化扩散、主动运输及排泄等）保持内环境的相对稳定，使细胞得以完成其生理功能。

虽然不同生物体的内环境非常类似，但是比较不同动物体内环境中的离子成分发现，动物从低等到高等、从水生到陆生，其离子成分存在细微的差别，说明不同生物细胞生存所需的营养成分以及细胞对内环境的调节功能都存在一定的差异。

第二节　体液组成及其调节方式

人体内的液体总称为体液，总量约占体重的 60%。人类的体液组成分为细胞内液和细胞外液两部分，细胞外液又可以分为组织间液、淋巴液和血浆三个部分。其中细胞内液、组织间液、血浆和淋巴液之间可以进行交换并保持相对平衡。细胞内液约占体重的 40%、组织间液约占体重的 15%、血浆约占体重的4.5%左右。三者虽然均属体液的组成部分，但是由于三者之间屏障的通透性不同，其溶质成分也存在一定的差异。另外，淋巴液和脑脊液也参与血浆与组织间液的平衡调节。由于生活环境和机体调节功能的不同，动物机体内液体的含量及分布的变异度很大。

细胞内液与组织间液之间通过细胞膜的屏障作用，使两者保持相对平衡，组织液和血浆则通过血管壁的屏障作用保持两者的相对平衡。细胞膜在保持细胞内液和细胞外液渗透压相同的同时，使两者的电解质和非电解质浓度分布产生差异。细胞内、外成分的分布差异对于维持细胞的基本功能（如神经细胞的兴奋性）至关重要，而细胞外液则主要作为转运气体、营养物质及代谢产物的介质。不同的生物体通过不同的神经体液方式对机体内环境进行调节，以维持内环境的稳定。

一、体液的组成成分

人体细胞内液和细胞外液电解质成分有很大的差异。细胞外液中的组织间液和血浆所含电解质在构成及数量上大致相等。阳离子主要是 Na^+，其次是 K^+、Ca^{2+}、Mg^{2+}等；阴离子主要是 Cl^-，其次是 HCO_3^-、HPO_4^{2-}、SO_4^{2-}、有机酸和蛋白质（表 2-1）。两者的主要区别在于血浆含量有较高浓度的蛋白质（7%），而组织间液的蛋白质含量仅为 0.05%~0.35%，这主要是由于蛋白质的分子质量太大，不容易透过毛细血管壁进入组织间液。蛋白质分子的这种分布对于维持血浆胶体渗透压、稳定血管内液（血容量）具有积极的作用。细胞内液中主要的阳离子是 K^+，其次是 Na^+、Ca^{2+}、Mg^{2+} 等，但是细胞内液 Na^+ 的浓度远低于细胞外液以维持细胞内外的渗透压平衡。细胞内液的阴离子主要是 HPO_4^{2-} 和蛋白质，其次是 HCO_3^-、Cl^-、SO_4^{2-} 等。表 2-1 描述了机体部分体液的组成及浓度。

表 2-1　人体各部分体液中电解质的含量（李永材，1984）（单位：mmol/L）

阳离子	血浆	组织间液	细胞内液	阴离子	血浆	组织间液	细胞内液
Na^+	142	145	12	Cl^-	104	117	4
K^+	4.3	4.4	139	HCO_3^-	24	27	12
Ca^{2+}	2.5	2.4	<0.001*	HPO_4^{2-}	2	2.3	29
Mg^{2+}	1.1	1.1	1.6*	$H_2PO_4^-$			
				蛋白质#	14	0.4	54
				其他	5.9	6.2	53.6
总计	149.9	152.9	152.6	总计	149.9	152.9	152.6

* 表示游离 Ca^{2+} 和 Mg^{2+} 的浓度。

\# 蛋白质以毫当量浓度（mEq/L）表示，而不是毫摩尔浓度（mmol/L）。

　　正是由于不同物种体液调节方式及调节能力不同，导致不同动物体液组成成分及其血液生化指标存在一定的差异（表 2-2）。

表 2-2　各种动物的血液生化值（李永材，1984）

项目	单位	动物							
		人	小鼠	大鼠	豚鼠	兔	猫	犬	猴
铁	mmol/L	0.01~0.03	66.7	25.5	55.3	37.3	18.2	31.8	32.9
蛋白质	g/L	60~80	53	62	46	59	70	57	80
白蛋白	g/L	60~80	20	23	16	22	30	26	32
胆固醇	mmol/L	2.9~6.0	3.3	1.22	0.59	2.01	4.12	3.32	3.13
甘油三酯	mmol/L	0.45~1.81	1.53	1.04	1.62	1.38	0.4	0.43	0.56
Na	mmol/L	130~150	150	141	136	156	—	—	154
K	mmol/L	3.5~5.5	5.4	4.5	5.5	6.0	4.8	4.4	4.1
Cl	mmol/L	98~106	114	103	105	108	118	107	118
Ca	mmol/L	2.25~2.75	2.47	2.52	2.66	3.29	2.67	2.51	2.53
P	mmol/L	1.1~1.3	3.7	2.13	2.36	2.34	1.84	1.49	0.72

— 表示没有可以依据的测定值。

　　由表 2-2 中的数值可以发现，不同动物血液生化指标存在较大差异，这可能是由于不同物种对于血液生化指标的调控机制不同导致的。因此在检测比较动物血液生化指标的过程中需要考虑种属差异，进而判定动物的生理状况。

　　即便是同一物种，其在不同的发育阶段，机体内血液生化指标也在不停变化。以 ICR 雄性小鼠为例，其从 6 周龄到 30 周龄的发育过程中，各项生化指标都发生了不同程度的波动（表 2-3）。

　　人类的不同年龄段，体内液体的含量及成分也存在一定的差异，例如，以机体体液含量为例，正常成人男性的体液容量占体重的比例高于成年女性，而新生儿的体液总量高于成年人；同时人体内体液含量也随着肥胖程度的增加而减少（表 2-4）。

　　综上所述，不同种属或者同一种属的不同年龄段，其体液组成都存在一定的差异，因此在进行实验研究，甚至是疾病诊断的过程中需要参考不同的参考值。我国现在也正在进一步完善儿童血液各项指标正常值的制定和更新工作。

表 2-3　不同周龄 ICR 小鼠生化指标（田嶋嘉雄，1989）

项目	单位	周龄			
		6	12	18	30
糖	mg/dl	98.3±19.9	171.4±30.4	125.3±31.2	119.5±30.0
三酰甘油	mg/dl		116.4±34.7	99.5±29.71	104.2±38.7
总胆固醇	mg/dl	128.0±16.9	131.7±23.7	96.1±18.36	115.5±19.7
磷脂	mg/dl	177.5±25.2	184.7±28.5	174.9±35.8	202.2±29.8
尿素氮	mg/dl	24.2±5.73	25.15±4.27	21.48±4.25	25.2±6.51
Na	mEq/L	156.6±2.1	152.8±1.6	158.2±2.0	152.1±1.83
K	mEq/L	4.04±0.57	4.11±0.3	4.22±0.86	4.16±0.71
Cl	mEq/L	117.5±2.1	111.5±2.3	119.8±2.1	114.9±3.2
Ca	mEq/L	8.96±0.27	9.02±0.28	8.72±0.38	8.67±0.35
总蛋白	g/dl	4.87±0.24	4.82±0.20	4.86±0.32	5.19±0.28

表 2-4　不同年龄、性别及体重的人体内体液总量的占比（王建枝和钱睿哲，2018）（单位：%）

体液占体重比	男性	女性	新生儿
正常	60	50	70
偏瘦	70	60	80
肥胖	50	42	60

不同物种由于其生活环境不同，机体内环境的组成成分也会有一定差异。以青蛙为例，随着其生活环境的改变，机体内环境中体液渗透压、离子组成及尿液的成分都随之发生改变（表 2-5、图 2-1）。而人类在其可居住的环境中，其体液内环境基本保持稳定。

表 2-5　青蛙用水处理不同时间后体内淋巴和尿液中的渗透压及离子浓度改变（Yancey et al.，1982）

		水处理后	2 天	3 个月	5 个月
渗透压/（mOsm/kg）	淋巴	221.7	214	231.7	314
	尿液	49.4	35	141.3	293.8
	尿液/淋巴比率	0.22	0.16	0.60	0.93
[尿素]/（mmol/L）	淋巴	11.7	9.3	31	85.2
	尿液	26.1	18.5	100.9	169.9
[Na$^+$]/（mmol/L）	淋巴	94.3	96.9	101.5	101
	尿液	2.0	1.03	3.2	4.27
[Mg^{2+}]/（mmol/L）	淋巴	0.49	0.56	0.96	0.93
	尿液	0.07	0.02	0.04	0.13
[K$^+$]/（mmol/L）	淋巴	3.04	3.10	4.08	4.01
	尿液	1.64	0.95	9.0	20.8
[Ca^{2+}]/（mmol/L）	淋巴	0.71	0.86	1.45	1.52
	尿液	0.12	0.05	0.07	0.08

因此，在进行两栖类动物体液检测的过程中，需要注意环境因素对体液容量及各项生化指标的影响。

由于不同的实验研究需要采用不同性别的实验动物，在动物实验研究的过程中，应该注意到不同性别的动物，其生化指标也存在不同程度的差别。表 2-6 列出了雄性和雌性大鼠、小鼠、新西兰白兔及小型猪的不同生化指标的参考范围。

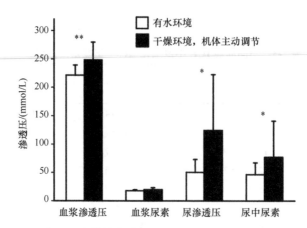

图 2-1 青蛙的体液渗透压（Reynolds, 2011）

*. $p<0.05$，代表极显著性差异；**. $p<0.01$，代表显著性差异

表 2-6 大鼠、小鼠、新西兰白兔及小型猪的生化指标范围（李永材，1984）

项目	单位	大鼠		小鼠		新西兰白兔		小型猪	
		雄性	雌性	雄性	雌性	雄性	雌性	雄性	雌性
总蛋白	g/dl	5.2~7.1	5.2~7.1	4.5~6.0	4.5~5.9	5.3~6.8	5.1~6.3	5.4~7.9	5.6~7.7
白蛋白	%	48.8~58.1	48.1~60.7					46.9~60.5	42.4~57.6
糖	mg/dl	115~180	99~150	86~213	56~155	127~166	124~152	50~105	45~102
三酰甘油	mg/dl	37.7~99.8	27.8~57.8	58~156	40~106	31~123	46~128	13~61	12~68
胆固醇	mg/dl	39.8~66.2	66.3~90.6	89~169	62~126	15~49	47~120	33~98	47~111
Na	mEq/L	139~149	141~150	146~167	142~164	144~151	143~151	138~153	140~154
K	mEq/L	4.1~4.9	4.2~4.9	7.0~10.0	6.4~9.0	4.6~6.5	4.5~6.3	3.5~7.7	4.4~7.7
Cl	mEq/L	92~111	90~112	112~126	109~126	101~109	102~111	95~108	98~110
Ca	mg/L	9.0~11.5	8.4~11.8	8.5~11.7	8.4~11.4	13.5~18.8	13.4~18.1	9.0~11.2	9.2~11.3

另外，在检测血液生化指标的过程中，由于采血部位的不同，血液生化指标也会发生一定的波动。例如，雄性大鼠血液中三酰甘油含量检测过程中，如果采用眼静脉丛取血，其检测值为（90.5±17.6）mg/dl，而采用舌下静脉取血的检测值则为（75.5±15.2）mg/dl。两者之间存在显著性差异。

二、体液的功能

人体的电解质成分分为有机电解质（如蛋白质、葡萄糖等）和无机电解质（即无机盐）两部分。形成无机盐的主要阳离子为 K^+、Na^+、Ca^{2+} 和 Mg^{2+} 等，主要阴离子则为 Cl^-、HCO_3^-、HPO_4^{2-} 等。无机电解质的主要功能是：维持体液的渗透压平衡和酸碱平衡；维持神经、肌肉和心肌细胞的静息电位并参与其动作电位的形成；参与新陈代谢和生理功能活动。

人体细胞内液及细胞外液的渗透压均维持在 280mmol/L 左右，而细胞外液 Na^+ 浓度的正常范围是 135~145mmol/L，即细胞外液的渗透压有 50% 是靠 Na^+ 浓度维持的。而细胞内液中的 Na^+ 浓度仅为 10mmol/L 左右，K^+ 浓度则与细胞外液的 Na^+ 浓度类似，因此细胞内液的渗透压主要靠 K^+ 浓度维持。人类每天需要饮食摄入一定量的 Na^+ 和 K^+ 以维持体液的离子浓度及渗透压，而尿液和汗液则可以通过排出不同的 Na^+ 和 K^+ 以维持体液的离子浓度及渗透压。

细胞外液及细胞内液中的有机分子，如蛋白质，也是维持细胞内外渗透压的重要组成成分，如果机体摄入蛋白质过少，或者丢失过多（如尿液中蛋白质含量增多），或者蛋白质合成减少（如肝脏功能障碍），就可能导致体液渗透压降低，从而引起机体内体液分布发生异常改变（如营养不良性水肿及肝腹水等）。

除了机体内的有机分子和无机分子维持渗透压，机体内的水分子也是维持正常生理活动的重要营养物质之一。首先，水可以作为溶剂将机体内的有机分子和无机分子溶解为溶液，从而加速体内的化学反应速度；其次，水的比热大，在其蒸发过程中需要吸收很多热量，因此人体可以通过汗液（水分）蒸发维持机体产热和散热的平衡达到调节体温的目的（此部分内容在本章"第三节　体温调节"中论述），另外，水还可以在关节等部位起到润滑作用，以减少摩擦，防止关节损伤。

体液平衡除了要维持渗透压的平衡，还要维持体液 pH 的平衡。无论是细胞内液还是细胞外液，都可以被看成是一个缓冲系统，细胞内外的生化反应都依赖于这个缓冲系统的稳定。正常人体血浆的酸碱度在范围很窄的弱碱性环境内变动，用动脉血 pH 表示是 7.35～7.45，平均值为 7.40。虽然在生命活动过程中，机体不断生成酸性或碱性的代谢产物，并经常摄取酸性食物和碱性食物，但是正常生物体的 pH 总是相对稳定，这是依靠体内各种缓冲系统，以及肺和肾的调节功能来实现的。机体这种处理酸碱物质的含量和比例以维持 pH 在恒定范围内的过程称为酸碱平衡，这对正常保证生命活动至关重要。尽管临床多以动脉血作为检测体内酸碱平衡状态的指标，但是，在机体中由于不同部位的代谢及细胞功能不同，人体内不同部位体液的 pH 存在较大的差异（表 2-7）。

表 2-7　人体不同部位体液 pH（王建枝和钱睿哲，2018）

体液	pH
胃液	0.9～1.5
尿液	5.0～6.0
动脉血	7.35～7.45
脑脊液	7.31～7.34
胰液	7.8～8.0

三、体液的调节

由于血浆可以通过血液循环运输到全身各个细胞，因此血浆中的离子成分、渗透压及总容量对于机体器官功能的维持具有重要意义。血浆主要通过渗透压调节、离子浓度调节及容量调节三种方式维持平衡。渗透压调节是指无论环境中渗透压如何改变，动物都可以通过保持体内液体的渗透压恒定调节体液平衡；离子浓度调节是指动物通过保持体内特定离子的浓度恒定调节体液平衡；容量调节是指动物通过保持体内体液总量恒定调节体液平衡。正常的人类生命活动有赖于内环境的这种平衡或稳定，这也是 1926 年美国生理学家 W. Cannon 提出的稳态（homeostasis）的概念。

人类细胞内液、组织间液、血液容量及其分子组成的调节主要通过尿液的排泄完成。肾脏可以根据人体对水和电解质的需要调整尿液组成及其渗透压，从而维持体内水和电解质的平衡。当人体摄入大量水分时，肾脏可以通过增加尿量，保持体液容量不变（容量调节）；当人体摄入电解质（如 NaCl）过多时，肾脏可以通过增加尿液中电解质的含量，保持体内电解质的浓度恒定（离子调节）；当体液渗透压发生改变时，机体可以通过调节尿液渗透压以保持机体内血浆和组织间液的渗透压恒定（渗透压调节）。

人类的体液为水溶液，因此保持水平衡在维持机体内容量稳定的过程中发挥着重要作用。正常人体每天水的摄入和排出处于动态平衡过程：水的来源包括饮水、食物水和代谢水三部分，而排出水的途径则包括消化道（粪便）、皮肤（汗液）、肺（呼吸蒸发）和肾脏（尿液）四部分。要维持水分出入量的平衡，每天需水量为 1700～2000ml，称为日需水量，而尿液的多少在维持水平衡的过程中起到了至关重要的作用，因为尿液可以根据水分的摄入情况和其他途径排水量的多少发生大幅度的变化（500～2000ml），如图 2-2 所示。

以维持体液渗透压为例，当人体细胞外液渗透压有 1%～2% 的变动时，位于下丘脑视上核和室旁核的渗透压感受器就可以释放抗利尿激素（antidiuretic hormone，ADH），从而调节尿液的总量及尿液渗透压，使细胞外液的渗透压恢复正常。如果人体内渗透压发生改变（一般是细胞外液的渗透压容易发生变动），由于水分子可以自由通过细胞膜及血管壁，水分子会向渗透压高的一侧发生转移，从而导致体液分布发生异常。例如，由于营养不良，导致血液中蛋白质含量下降，血液胶体渗透压降低，血管中的水分子就会通过血管壁转移到组织间液中，从而造成组织水肿。这就是我们看到的营养不良性水肿的发生原因。

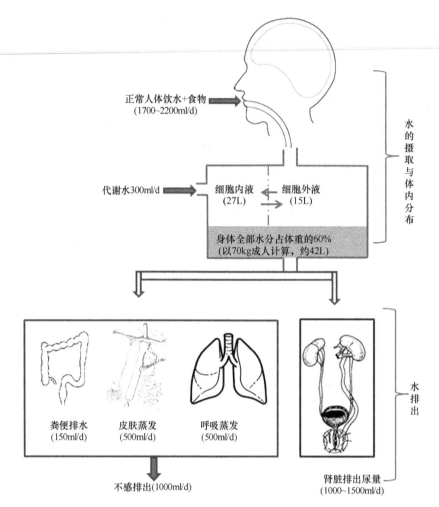

正常人体饮水+食物
(1700~2200ml/d)

代谢水300ml/d

细胞内液
(27L)

细胞外液
(15L)

身体全部水分占体重的60%
(以70kg成人计算，约42L)

水的摄取与体内分布

粪便排水
(150ml/d)

皮肤蒸发
(500ml/d)

呼吸蒸发
(500ml/d)

肾脏排出尿量
(1000~1500ml/d)

水排出

不感排出(1000ml/d)

图 2-2　正常人体每日水的进出量（王建枝和钱睿哲，2018）

以血糖调节为例，人类体液中的溶质维持相对恒定，正常成人血液中血糖浓度维持在 80~120mg/100ml 的范围内。当血糖浓度低于正常范围时，机体细胞不能利用葡萄糖生成足够的能量以维持细胞的正常生理功能（例如，神经细胞，因为神经细胞只能以葡萄糖作为能量的来源），当血糖浓度高于正常范围时，也同样造成细胞功能的损伤（例如，血糖浓度增加会造成渗透压增加，从而导致细胞脱水）。因此，机体通过胰腺胰岛细胞分泌胰岛素和胰高血糖素（α 细胞分泌胰高血糖素和 β 细胞分泌胰岛素）调控血糖在正常范围内。当餐后血糖浓度升高时，可以刺激 β 细胞分泌胰岛素，胰岛素可以刺激肝细胞、肌肉细胞和脂肪细胞摄取葡萄糖并合成糖原或脂肪，从而降低血糖浓度；当血糖浓度降低时，可以刺激 α 细胞分泌胰高血糖，促进肝细胞内的糖原分解释放葡萄糖，从而升高血糖浓度。血糖调节的机制见图 2-3。

虽然三种调节方式（容量调节、渗透压调节和离子浓度调节）都参与体液平衡调节，但是三者发挥作用的时间却不尽相同。容量调节可以在 1~2h 内发挥作用；渗透压调节可能需要在 24h 后才能发挥作用；离子调节则需要几天甚至更长时间才能发挥作用。因此，机体内环境稳定是一个长期的过程，而非一成不变。另外，三种调节方式都有其调节极限并相互影响，例如，当人体饮用电解质含量较高的海水后，即使肾脏将尿液浓缩到其极限值，仍然不足以保持体内电解质的平衡，机体只能通过增加尿液量来排除多余的电解质，从而导致体内水分丢失，出现体液容量减少（如表 2-8 所示）。此时，如果不能通过饮用水补充体液，机体则可能出现脱水的现象。

除了以上三种直接的调节方式，机体的体液成分还接受神经系统调节。以血液中 O_2、CO_2 及 pH 调节为例，三者的变化可以上传到脑干呼吸中枢部位，接受神经系统的调节。位于中动脉弓和颈动脉体的化学感受器可以感受血液中氧分压（PO_2）和二氧化碳分压（PCO_2）的变化，并通过外周神经系统传入中枢。另外，血液中 PCO_2 的增加可以通过改变脑脊液 pH 刺激中枢化学感受器。

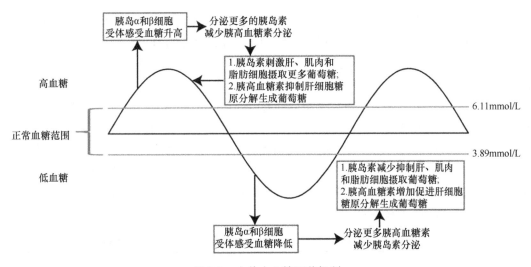

图 2-3　人体内血糖调节机制

这些感受器的兴奋可以通过兴奋呼吸中枢，使运动神经放电，从而收缩膈肌和其他呼吸肌，并最终使通气量增加。动脉血中 CO_2 含量增加和 PO_2 下降都可以使呼吸加深、加快，以保证血液中 O_2 和 CO_2 含量的平衡（图 2-4）。

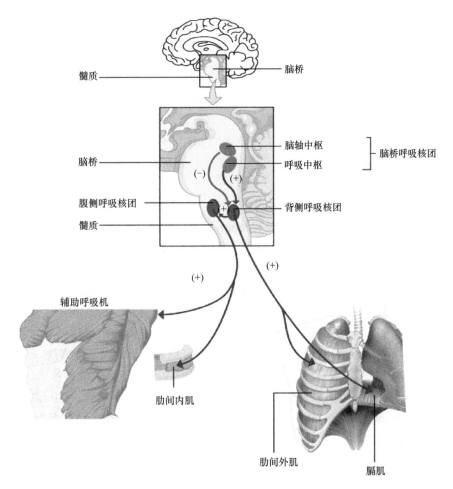

图 2-4　神经系统对血液中 O_2 和 CO_2 的调节（Walpole et al., 2011）

血液中 CO_2 含量减少，或者血液中 PO_2 增加可以短暂地抑制呼吸运动，我们称之为呼吸暂停。这种生理现象可以被潜水员用于潜水运动。

在高海拔地区，由于 PO_2 下降，刺激呼吸中枢进行呼吸调节。结果导致呼吸频率和呼吸深度增加，在吸入更多氧气的同时排出过多的二氧化碳，从而导致血液中二氧化碳分压降低。而血液中二氧化碳的含量是决定血液 pH 的重要指标之一，二氧化碳含量下降导致的血液 pH 升高只能通过肾脏更多地排出碳酸氢盐、保留更多的氢离子来维持。因此机体体液平衡的维持是一个复杂的过程，既需要通过前述的容量调节、渗透压调节和离子浓度调节三种调节机制，也需要神经系统的共同参与。

在体液平衡调节过程中，人类和哺乳动物可以通过前述的容量调节、渗透压调节和离子浓度调节三种调节机制保持体内血浆的渗透压、离子浓度和体液总量恒定，而两栖类动物则不能维持体内三者的恒定。例如，贝壳和螃蟹体内的渗透压在一定范围内随着外界环境的渗透压改变而改变。

由于不同哺乳动物的生活环境差异，其在进化过程中也选择出了不同的体液调节方式。例如，鲸的肾小管髓袢比人类更长，髓质渗透压梯度更高，因此其肾脏浓缩功能更强。鲸在饮用了海水之后，尿液可以浓缩以减少机体失水量（表 2-8）。

表 2-8　人和鲸各喝 1L 海水之后对水平衡的影响（田嶋嘉雄，1989）

动物	消耗的海水		产生的尿		水平衡/ml
	容积/ml	Cl⁻浓度/（mmol/L）	容积/ml	Cl⁻浓度/（mmol/L）	
人	1000	535	1350	400	−350
鲸	1000	535	650	820	350

四、人工体液

（一）生理盐水

生理盐水一般是指含有 0.9%（9g/L）NaCl 的溶液，因为渗透压（286.44mmol/L）和离子浓度（308mmol/L）与血浆类似而得名。生理盐水最常用于静脉输液、补充体液容量和稀释注射用药物。可能是由于生理盐水中溶解的二氧化碳的原因，生理盐水的 pH 只有 5.5，因此大量输入生理盐水可能造成代谢性酸中毒。

（二）复方氯化钠注射液

复方氯化钠注射液，又称林格液（Ring's solution）的命名是源于 Sydney Ringer。他在 1882～1885 年发现，进行蛙心灌流时，需要加入钠盐、钾盐和钙盐才能让心脏长时间跳动。之后在 1930 年，该溶液被 Alexis Hartmann 进一步改进，加入了乳酸钠，从而命名为乳酸林格液（Ringer lactate solution）。溶液的成分是 NaCl、KCl、$CaCl_2$ 和 $NaHCO_3$ 的混合溶液，有时液体中还加入 $MgCl_2$。该溶液的成分因其应用于不同的动物而不同，还可以加入产生能量的成分如 ATP 或葡萄糖等，一般用于海洋中渗透压适应生物（osmoconformers）和渗透压调节生物（osmoregulators）。林格液主要应用于体外器官灌流实验，如肌肉灌流或者蛙心灌流等，而临床应用则主要是用于化脓性关节炎所使用的关节镜灌洗。

乳酸林格液的用途主要是补充体液容量，其输入量一般按照体液丢失量和体重计算（20～30 ml/kg 体重/h），但不适宜长期应用，因为该液体中钠盐含量（130mEq/L）和钾盐含量（4mEq/L）都低于体液水平，同时乳酸林格液中乳酸在肝脏的代谢产物（碳酸盐）可以拮抗机体由于肾功能衰竭等造成的酸中毒，但长期应用也可能造成碱中毒。

（三）细胞培养液

在进行细胞培养的过程中，为了保证细胞正常生长，培养液中需要有一些必需成分：碳水化合物（葡萄糖/谷氨酸）用于能量获取；氨基酸用于蛋白质合成；维生素用于细胞存活和生长；平衡盐溶液用于维持细胞内渗透压平衡，同时提供一定的金属离子作为酶反应的辅助因子及细胞黏附等；酚红染料用于监测细胞培养系统中的 pH；碳酸盐/HEPES 溶液用于调整培养液的 pH。

第三节　体温调节

大多数生命体只能在很窄的温度范围内生存：从 0℃（水的结冰温度）到大约 50℃。而陆地的温度波动范围很大，因此体温调节与体液的调节一样，是动物从海洋生活转到陆地生活所面临的又一挑战。为了生存，动物只能通过自身产热、寻找合适的栖息地或者改变自身行为的方式达到调节体温与机体代谢相适应的状态。

一、人类的体温调节

几乎所有的哺乳动物都具备保持体温恒定的生理功能，人类调节体温的机制通过神经系统和内分泌系统的相互协调合作。下丘脑是控制体温的中枢，我们称之为体温调节中枢。大脑的这个区域可以持续接受来自全身的感受神经元感受到的血液温度和外界环境温度信息。同时，下丘脑也有部分神经元具备温度感受器，可以持续监测流经下丘脑的血液的温度，它所监测到的温度，我们称之为核心温度——这一温度非常接近于"调定点"温度，一般是在 37℃左右。这个温度被下丘脑控制在很小的范围内，因此它的波动很少。

皮肤也有温度感受受体，可以持续监测皮肤温度的改变。当外界环境温度发生改变的时候，最早出现温度变化的就是皮肤。因此，皮肤温度感受受体可以给机体发出预警，预告核心温度可能发生的改变。

（一）上调体温

如果外界环境温度降低，皮肤温度降低，皮肤温度感受受体就会发出信号给下丘脑，下丘脑可以发出神经冲动以调节机体的下列活动，达到保持体温恒定的目的。

（1）血管收缩：小动脉平滑肌细胞收缩以降低皮肤动脉血管的直径，皮肤毛细血管血液供应量降低，导致血液中热量的流失；

（2）寒战：肌肉的不自主运动，可以增加热量的生成，而这些热量可以被肌肉周围的血液吸收并带到全身；

（3）毛发竖起：毛发根部的肌肉收缩可以使毛发的深度（高度）增加，这样充满在毛发中的空气就可以充当一种良好的绝缘体，降低热量的流失，因为空气是热的不良导体。人类的毛发并不发达，因此这一功能对于人类并不能发挥很好的作用，但对于大多数哺乳动物，这一作用可以很好地保持体温；

（4）减少汗液生成：汗液分泌量的减少可以减少由于汗液中水分蒸发所带走的热量；

（5）增加肾上腺素分泌：肾上腺分泌的肾上腺素可以增加肝脏的热量生成。

（二）下调体温

下丘脑还可以刺激高级中枢，使动物改变一些行为以保持体温。例如，一些动物会在外界温度降低的时候蜷缩身体，降低与外界环境的接触面积从而降低热量流失，而人类可以通过寻找热源或者穿上更厚的衣服来保持体温。

当皮肤感受到外界环境温度升高，或者中枢感受受体感受到核心温度升高时，下丘脑可以通过以下方式降低热量的生成并促进热量的散失。

（1）血管舒张：与温度降低时相反，当温度升高时，小动脉平滑肌舒张，皮肤动脉直径增加，皮肤毛细血管血流量增加，可以有更多的热量散失到环境中；

（2）降低机体毛发深度：与毛发相连的肌肉舒张，使毛发与皮肤贴近，从而降低毛发中空气的绝缘深度，增加热量流失效率；

（3）增加汗液分泌：汗腺分泌更多的汗液，导致水分蒸发过程中从机体带走更多的热量。

除了以上的神经调节方式，下丘脑还可以通过调节内分泌激素的方式调节体温。当环境温度降低的时候（如从夏天逐渐过渡到冬天的过程中），下丘脑会通过垂体前叶释放促甲状腺激素（thyroxine stimulating hormone，TSH），TSH 可以促进甲状腺合成和分泌更多的甲状腺激素，而甲状腺激素可以促进肝脏的代谢率增加，产生更多的热量。而当环境温度升高的时候，下丘脑又可以降低 TSH 的释放，从而降低甲状腺素和肝脏代谢率，使机体产热减少。

（三）白色脂肪和棕色脂肪在体温调节中的作用

众所周知，脂肪组织是热的不良导体，因此恒温动物可以通过调整机体脂肪含量以提高机体对体温的调节能力。例如，冬日的棕熊机体内脂肪含量增加，这些脂肪组织不但是冬天的能量消耗来源，还可以降低外界温度导致的体温下降。但是随着人类对脂肪组织的认识逐步深入，科学家们发现脂肪组织可以分为白色脂肪和棕色脂肪。我们之前看到的脂肪组织的"保温"作用主要是白色脂肪的作用，而另外一种棕色脂肪的作用可能更加复杂。棕色脂肪组织细胞中的线粒体具有氧化磷酸化解偶联作用，从而导致用于生成 ATP 的能量以热能的形式散失，增加体内热量的产生，可以上调体温。

由于当今社会的生活方式倾向于摄入更多的热量，因此人类的体重也随之增加，并因此引发了各种肥胖相关疾病的发生发展。而近年的研究发现，成年人体内有棕色脂肪组织的存在，这些棕色脂肪内解偶联蛋白（uncoupled protein 1，1UCP1）可以减少线粒体内生成三磷酸腺苷（adenosine triphosphate，ATP），使能量物质代谢后以热能的形式散失。

研究发现，暴露于低温环境下的恒温动物体内棕色脂肪的含量明显增加，这可能有助于动物体内热能的生成，从而保持体温的恒定。科学家们更倾向于利用药物或者其他刺激增加人类机体内的棕色脂肪以增加机体对能量生成物质的消耗，以达到降低体重或者治疗肥胖的目的。但是到目前为止，刺激棕色脂肪生成的药物也会增加心率、血压等指标，对机体造成损伤，而暴露于低温环境虽然可以增加棕色脂肪含量，却不一定能增加全身的能量物质消耗，降低机体体重。因此，对棕色脂肪的研究仍在继续，希望能够找到一种既可以增加棕色脂肪从而增加机体的能量消耗，同时对机体的其他系统功能不造成损伤的方式。

机体对体温的这种调节方式，包括前面讲述的血糖和渗透压的调节方式，我们都将其统称为负反馈调节。

二、体温调节的方式

（一）内温动物

内温动物（endotherm）是指可以利用代谢产热来维持体温的动物。在寒冷的环境中，内温动物可以保持体温比环境温度更温暖。人类的体温在一天中有一定程度的波动，但是其平均值保持在 37℃（98.6°F）左右。所有的哺乳动物和鸟类都属于内温动物。部分科学家认为一些恐龙已经进化为内温动物。内温动物的概念类似于我们通常所说的 "温血动物"或者"恒温动物"。尽管内温动物可以通过代谢产生热量以维持自身的体温，但是在一些极端的条件下，内温动物仍然需要改变环境条件（如晒太阳、穿衣服、烤火、增加脂肪层等）以降低热量流失，才能保证体温恒定在合适的范围内。

在能量消耗方面，内温动物是非常大的，例如，人类摄入量的 60% 都用来维持体温。哺乳动物的代谢率也是远远高于同体积爬行动物的。也正是由于这一代谢特点，哺乳动物比同体积的爬行动物要摄入更多的能量才能维持机体的正常功能。飞行的鸟类可能比哺乳动物需要的能量更多。

尽管内温动物需要更多的能量维持机体的正常功能，但是同时也为鸟类和哺乳动物在以爬行动物为主的地球时代的生存提供了天然的优势：正是由于鸟类和爬行动物可以维持较高的体温，这使得它们可以生活在不适合爬行动物生存的较冷的环境中。

（二）外温动物

顾名思义，外温动物（ectotherm）是指动物体的热量主要来自于其生活的环境。这些动物的代谢率很低，以至于其代谢产生的热量不足以维持体温。它们必须通过不同的行为模式维持体温。外温动物包括鱼、两栖类动物和爬行动物。外温动物的概念与平时所称的"冷血动物"类似。但是"冷血动物"的叫法不太科学，因为蜥蜴、蛇等动物的体温并非一直很低，如果环境温度升高，它们的体温可以升高到很高的温度，因此这些动物的血并非总是"冷"的（图 2-5）。

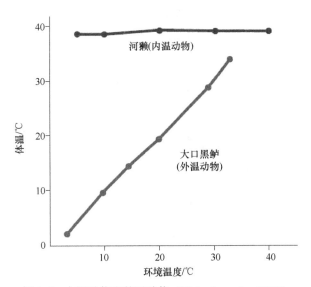

图 2-5　内温动物和外温动物（Walpole et al., 2011）

（三）变温动物和恒温动物

变温动物（poikilotherm）和恒温动物（homeotherm）的提法是对外温动物和内温动物的另外一种描述。一般认为变温动物是指体温随环境温度改变而改变的动物，而恒温动物是指体温保持恒定、不随环境温度的变化而变化的动物。但是这个概念也并非完整表达了对两种动物的定义，因为当我们讨论体温调节的时候，我们真正在意的并非是体温是否保持恒定，而是更强调保持体温的热能来源是哪里。例如，科学家将鱼归类于变温动物，可是有些鱼类生活的水环境温度长期保持恒定，因此鱼的体温也和恒温动物一样保持恒定。同时人们将哺乳动物归类于恒温动物，因为它们可以保持体温恒定。然而，在一些特定情况下［如休眠（torpor）］，动物为了降低能量消耗会大幅度地降低机体的代谢率，甚至像花栗鼠一样进入冬眠状态（更长意义的休眠）。

三、体温调节的活动

无论人或者动物，在体温调节过程中都需要进行热量的交换，而热量交换方式是决定动物体温调节方式和结果的重要过程。

（一）热量流失和获得的平衡

热量总是从温度高的一方流向温度低的一方，而动物要保持体温就一定要保持热量的获得和流失的平衡。任何物质进行热量交换都是通过传导、对流、辐射和蒸发几种方式，动物也不例外。因此动物调控体温的方式也不外乎通过这几种方式中的一种或几种，而哺乳动物调控体温的方式多与其外皮系统（包括皮肤、毛发、指甲）有关（此部分内容将在人类体温调节过程中详述）。

经过长期的自然选择，动物进化出了多种多样的适应不同环境下生存的解剖学和生理学的特点。例如，兔子耳朵的大小与其生活环境密切相关，生活在北方的兔子耳朵相对较小以降低热量的流失，相反，生活在南方地区的兔子耳朵相对较长以增加散热的速度，且兔子耳朵的颜色看起来更红。

逆流热交换是另一种在物种进化过程中出现的、能够帮助个体在冷热环境中进行高效的热交换的机制（图 2-6）。这一机制在极地动物中最为常见，如北极熊，它们需要进入到冰水中进行捕食，因此要面对极端的寒冷环境。当它们的手臂浸泡在冰点的水中时，较热的血液通过动脉从心脏流向爪子，在这个过程中，温暖的血液将热量逐步传递给从爪子通过静脉流向心脏的冰冷的血液。因为动脉和静脉的血液流动方向是相反的，因此动脉中血液的热量逐步流失，到达爪子的时候热能最低，而静脉血液从爪子流向心脏的过程中，逐渐从动脉获得热量，热能逐渐增加，因此动脉和静脉之间在任何位置都保持一定的热能或者温度差以保证进行有效的热传递（图2-7A）。如果动脉和静脉是同向流动的，那么两者之间的热传递过程就如图2-7B所示，是一个逐渐降低的过程。

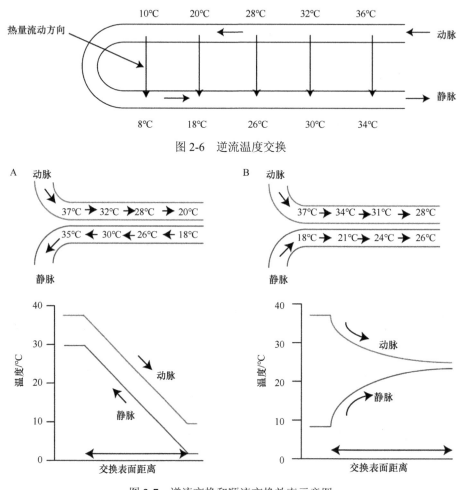

图2-6　逆流温度交换

图2-7　逆流交换和顺流交换效率示意图

A. 逆流交换示意图；B. 顺流交换示意图

（二）与体温调节相关的动物活动——冬眠

冬眠是动物对外界不良环境条件的一种适应性反应，是变温动物在寒冷冬季时，体温降低到接近环境温度，出现全身麻痹现象的一种状态。冬眠的刺激因素主要是温度，各种动物入眠的环境温度上限相差很大：蝙蝠24～28℃、刺猬27℃左右、黄鼠20～22℃、仓鼠9～10℃。但是，有些动物进入休眠并非是对低温做出的反应，而是其生理反应的周期效应，如美国西部山区和沙漠的地松鼠。

一般认为，动物进入冬眠之后，体温几乎与环境温度相同，其实事实并非如此。例如，冬眠的花栗鼠在外界温度低至0℃时，它们会将体温调整到接近6℃，然而当外界温度超过15℃时，冬眠中的花栗鼠体温就不再自我调节，而是被动地随着气温上升。休眠的北极地鼠还出现了"超冷"现象，当北极地洞内的温度在12月降低到-15℃时，北极地鼠的体温会被主动调节稳定在-2℃至2.9℃之间，但是地鼠的血液并没有结冰。超冷现象可以为北极地鼠节约大量的能量，以维持机体在寒冷环境中存活。不仅如此，北极地鼠在冬眠过程中还会周期性地将体温升高到37℃，然后再将体温被动地冷却到-2℃至2.9℃之间。虽然这些现象的机制并不明确，有些现象看起来甚至有些浪费能量，不利于生存，但是对于动物来说，这些现象都是自然选择的结果，因此也一定是有利于动物生存的。

冬眠是冷血动物或者说外温动物才有的行为。但是，哺乳动物中的单孔目、有袋目、食虫目、翼手目、啮齿目及灵长目中的个别种类、鸟类中的褐雨燕及蜂鸟等都有冬眠行为，称之为冬眠型动物。这类动物体型较小而代谢率较高，需要消耗更多的能量才能维持恒定体温。冬眠型动物的体温调节机制介乎变温动物和恒温动物之间，在非冬眠期，体温能维持相当恒定的状态，和恒温动物一样，但在冬眠季节进入冬眠状态，体温维持在环境温度之上约2℃，随环境的变化而变化，因此也称之为异温动物。典型的代表动物有刺猬、蝙蝠，它们都属于较低级的哺乳动物。此外，蜂鸟也是异温动物。熊及臭鼬等动物在冬季呈麻痹状态，但体温不降低或降低少许，且易觉醒，称为半冬眠动物。蛇等动物到冬季亦呈麻痹状态，但它们的体温是随环境温度被动地变化，在温度降低到可耐受温度以下时，不会被激醒，而是被冻死。这种行为与恒温动物的冬眠完全不同，称为蛰眠。

（三）与体温调节相关的动物特征——生物钟

一直以来，人们都认为动物冬眠是由于体温降低和食物的减少导致的。但是有研究发现，并非所有动物在冬眠过程中都出现体温的降低，有些动物的体温在冬眠过程中会出现周期性的改变，并且体温也并不像预测的那么低。同时也有研究发现，将冬眠动物饲养在温度适宜且食物供应充足的环境中时，动物也一样在每年相似的时间进入冬眠状态，因此有学者提出，动物冬眠是受了生物钟的调节作用，即动物有一个以年为单位的节律性改变，这种改变不会因为外界环境的影响而发生变化，而是由机体内在的生物钟调节蛋白进行调节。

生物钟是动物体内的一种自然的内在调节规律，这一规律可以以天为单位（如睡眠周期），也可以以月为单位（如女性的月经周期），还可以以年为单位（如动物的冬眠等）。2017年诺贝尔生理学或医学奖授予了 Jeffrey C. Hall、Michael Rosbash 和 Michael W. Young 三位科学家，即是由于这三位科学家发现了生命体内调节生物钟的分子机制。

人的体温调节受日节律调控。不考虑个体差异的条件下，每日早晨 4：00（觉醒前 2h）为全天体温最低的时间段，每日下午 4：00～6：00 为全天体温最高的时间段。同时体温还受体内各种激素的调控，因此女性体温会随着月经周期的改变而改变。排卵后，当体内雌激素水平降低，而孕激素水平升高的时候，体温升高。在整个黄体期，个体体温均高于卵泡期的体温，同时日体温波动幅动也会随之降低。日周期及激素水平叠加可以使机体的体温升高约 0.6℃（1.1°F）。

（四）与体温调节相关的应用——低体温治疗

由于动物体的温度对机体酶活性的影响，保持体温恒定对于机体的代谢维持非常重要，当机体核心温度降低 1～2℃（1.8～3.6°F）时，机体会出现明显的异常症状。

正是由于体温对机体代谢的影响，近年也有应用人工低体温以保护短暂脑缺血损伤的应用。例如，在急性心脏病时，为了降低脑供血减少造成的脑组织损伤，可以通过冰帽、冰毯等方式降低体温，从而延缓损伤，争取抢救时间。研究表明，33℃（91°F）或者 36℃（97°F）都可以起到类似的保护效果。2013年有报道认为，对于新生儿脑病的患者，采用低体温疗法可以增加生存率和改善预后，但是对于脑、脊柱外伤的患者，低体温治疗的效果有待进一步的证实。

第四节　内稳态平衡生理动物模型

由于动物和人体机体代谢过程及血液内生化指标存在较大差异，在进行体液稳态异常动物模型复制的过程中，应该考虑人与不同动物的体液组成和调节特点、检测的指标和检测时间节点等。

一、酸碱平衡紊乱模型

目前使用最多的酸碱平衡紊乱模型是家兔模型。例如，复制呼吸性酸中毒的模型主要是通过阻塞气道，造成机体内 CO_2 潴留，从而导致血液中 H_2CO_3 增加，pH 下降，造成呼吸性酸中毒。如果复制代谢性酸中毒的模型，则通过耳缘静脉注射 NaH_2PO_4，使血液中 H^+ 浓度升高，pH 下降，造成代谢性酸中毒。但是家兔属于啮齿类草食动物，其生理状态下体液 pH 稍高于人类，因此在检测血气改变的过程中可能容易造成误解。另外也有人使用大鼠或者狗复制酸碱平衡紊乱模型，但是这两种动物的攻击性较强，而且大鼠的总血量较少，不能反复检测动脉血气改变。

二、发热模型

体温调节异常出现的症状主要表现为体温升高。临床上最常见的体温升高的病理表现叫做发热，主要是由于细菌、病毒感染引起。另外还有被动性的体温升高，如中暑。近年来，建立动物的发热模型为解热药物的研究提供了非常重要的根据，为发热的临床用药作出了巨大贡献。用于复制发热动物模型的动物主要包括大鼠、小鼠和兔，其中以大鼠的应用最为广泛，小鼠和兔次之。根据发热的原理，目前常采用的复制发热模型的药物包括 2,4-二硝基苯酚（DNP）、酵母菌和脂多糖（LPS）。DNP 是化学造模法中的常用药，可以刺激细胞氧化，使氧化过程中受到刺激所增加的能量不能通过磷酰化转变成 ATP 或磷酸肌酸，而是以热能散发，从而引起发热。酵母所致发热是由于注射部位溃烂引起的剧烈炎症反应，能较好地模拟病理状态下的发热症状。LPS 是实验研究里最为常用的动物发热模型的造模药物，其为革兰氏阴性菌细胞壁的主要成分，内毒素作用于巨噬细胞等，使之产生 IL-1、IL-6 和 TNF-α，这些具有内源性致热原效应的细胞因子作用于下丘脑体温调节中枢，引起机体发热。后两种动物模型所表现出来的症状与临床近似，更适合用来做临床药物的筛选。除此之外，还有 γ-干扰素、白细胞介素、病毒、疫苗、角叉菜胶（卡拉胶）、甲状腺片等，也可以用于复制不同的发热动物模型。

三、水肿模型

水肿模型是研究机体体液稳态异常的模型之一。但是水肿根据其发病原因不同，可以有不同的表现，水肿液的成分也会随之发生改变，因此很难统一论述水肿模型的原理及复制过程。但是在选择实验动物的过程中，应该选择体积偏小的动物复制水肿模型，可以减少模型的制作周期。可以通过组织电阻测定、体重监测以及组织切片染色的方式确认水肿模型是否成功。

参 考 文 献

贝恩德·海因里希. 2016. 冬日的世界——动物的生存智慧. 赵欣蓓, 岑少宇译. 上海: 上海科技教育出版社.

李永材. 1984. 比较生理学. 北京: 高等教育出版社.

王建枝, 钱睿哲. 2018. 病理生理学. 9 版. 北京: 人民卫生出版社: 21-80.

朱大年, 王庭槐. 2018. 生理学. 9 版. 北京: 人民卫生出版社: 8-13.

田嶋嘉雄. 1989. 实验动物的生物学特性资料. 中国实验动物人才培训中心翻译教材.

Fernández-Verdejo R, Marlatt K L, Ravussin E, et al. 2019. Contribution of brown adipose tissue to human energy metabolism. Mol Aspects Med, 68: 82-89.

Reynolds S J, Christian K A, Tracy C R, et al. 2011. Changes in body fluids of the cocooning fossorial frog Cycloranaaustralis in a seasonally dry environment. Comparative Biochemistry and Physiology, Part A 160: 348-354.

Richard D J. 1997. Instant Notes in Animal Biology. Oxford: United Kingdom Bios Scientific Publishers Limited.

Walpole B, Merson-Davies A, Dann L. 2011. Biology. Cambridge: Cambridge University Press: 866-1113.

Yancey P H, Clark M E, Hand S C, et al. 1982. Living with water stress: evolution of osmolyte systems. Science, 217(4566): 1214-1222.

（曾翔俊）

第三章 血 液 系 统

第一节 概 述

血液系统（hematologic system）是包括造血（骨髓、胸腺、淋巴结等）、血液（血浆和血细胞）及其相关组织的一个相对独立的系统，是机体生命活动中不可缺少的组成部分。血液系统的研究涵盖了血液学（hematology）的内容，包括血液中血细胞的形态、组成、生化，以及细胞来源、增殖、分化和功能。造血系统是指机体内制造血液的整个系统，由造血器官和造血细胞组成。随着实验技术的进步和相关学科的发展，血液学的研究范畴不断扩大，尤其是造血干细胞的研究进展很快。本章将重点介绍人类与动物血液系统之间的异同，以及血液相关疾病动物模型的构建。

第二节 造血功能及调控

一、造血系统

人体造血系统在出生前后存在很大的不同。出生前分为三个阶段。①卵黄囊造血期：始于人胚第 3 周，停止于第 9 周。卵黄囊壁上的血岛是最初的造血中心。②肝造血期：始于人胚第 6 周，至第 4~5 个月达高峰，以红细胞、粒细胞造血为主，不生成淋巴细胞。此阶段还有脾、肾、胸腺和淋巴结等参与造血。脾脏自第 5 个月有淋巴细胞形成，至出生时成为淋巴细胞的器官。6~7 周的人胚已有胸腺，并开始有淋巴细胞形成，胸腺中的淋巴干细胞也来源于卵黄囊和骨髓。③骨髓造血期。开始于人胚第 4 个月，第 5 个月以后成为造血中心，从此肝脾造血逐渐减退，骨髓造血功能迅速增加，成为红细胞、粒细胞和巨核细胞的主要生成器官，同时也生成淋巴细胞和单核细胞。淋巴结参与红细胞生成时间很短，从人胚第 4 个月以后成为终生造淋巴细胞和浆细胞的器官，其多能干细胞来自胚胎肝脏和骨髓，淋巴干细胞还来自于胸腺。出生后人体主要依靠骨髓及淋巴器官造血。

（一）造血器官

造血器官（hematopoiesis）是能够生成并支持造血细胞分化、发育、成熟的组织器官，包括骨髓、胸腺、淋巴结、脾脏等。其中，胸腺、淋巴结及脾脏又称淋巴器官。

1. 骨髓

人类骨髓位于骨髓腔中，约占体重的 4%~6%，是人体最大的造血器官，分为红骨髓（red bone marrow）和黄骨髓（yellow bone marrow）。红骨髓主要分布在扁骨、不规则骨和长骨骺端的骨松质中，造血功能活跃。黄骨髓内仅有少量的幼稚血细胞，故仍保持着造血潜能，当机体需要时可转变为红骨髓进行造血。小鼠的骨髓为红骨髓而无黄骨髓，终生造血。

红骨髓主要由造血组织和血窦构成（图 3-1）。发育中的各种血细胞在造血组织中的分布呈现一定规律。幼稚红细胞常位于血窦附近，成群嵌附在巨噬细胞表面，构成幼红细胞岛（erythroblastic islet）（图 3-2）；随着细胞的发育成熟而贴近并穿过血窦内皮，脱去胞核成为网织红细胞。幼稚粒细胞多远离血窦，当发育至晚幼粒细胞具有运动能力时，则借其变形运动接近并穿入血窦。巨核细胞常常紧靠血窦内皮间隙，将胞质突起伸入窦腔，脱落形成血小板。这种分布状况表明造血组织的不同部位具有不同的微环境造血诱导作用。

血窦是骨髓内的窦状毛细血管，血窦腔大而迂曲，最终汇入骨髓的中央纵行静脉。血窦形状不规则。窦壁衬贴有孔内皮，内皮基膜不完整，呈断续状。基膜外有扁平多突的周细胞覆盖，当造血功能活跃，血细胞频繁穿过内皮时，覆盖面减小。血窦壁周围和血窦腔内的单核细胞及巨噬细胞，有吞噬清除血流中的异物、细菌和衰老死亡血细胞的功能。

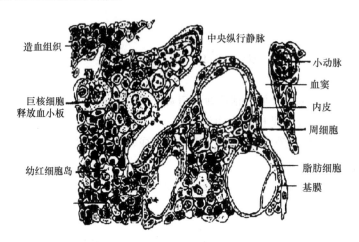

图 3-1　红骨髓组织结构模式图

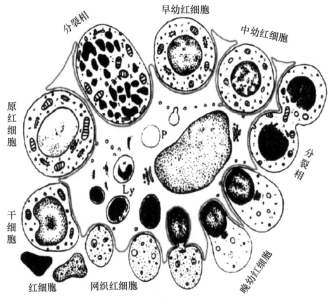

图 3-2　骨髓幼红细胞岛超微结构模式图

骨髓的功能主要有以下几点。

（1）造血：成人中的红细胞、粒细胞、血小板和部分淋巴细胞由红骨髓生成，每天生产的红细胞数约为 1.6×10^9 个细胞/kg 体重。

（2）防御功能：红骨髓中的巨噬细胞可以吞噬细菌、毒物。衰老的红细胞也由巨噬细胞清除，特别在溶血性贫血时，可见大量巨噬细胞，其胞质内含有大量次级溶酶体。

（3）免疫功能：骨髓是 B 淋巴细胞的产生地，并向胸腺提供造血干细胞，在胸腺发育成 T 淋巴细胞。

（4）其他功能：骨髓中含有未分化的间充质细胞、成纤维细胞、成骨细胞、破骨细胞，具有一定的创伤修复和成骨作用。

2. 淋巴器官

淋巴器官是由淋巴组织构成的器官，淋巴组织是指体内以淋巴细胞为主要成分的组织，常位于消化道及呼吸道黏膜中，而淋巴器官则常位于淋巴通路或血液通路上，如胸腺、脾、淋巴结及扁桃体等。淋巴器官分为中枢淋巴器官和周围淋巴器官。

中枢淋巴器官（central lymphoid organ）如胸腺、骨髓和鸟类的腔上囊，是培育特异性淋巴细胞的处所。淋巴干细胞在此分别形成处女型 T 细胞或 B 细胞、胸腺培育 T 细胞、骨髓和腔上囊培育 B 细胞。中枢淋巴器官的发生较周围淋巴器官早，淋巴干细胞的分裂分化主要受激素及微环境的影响，与抗原刺激无关。

人类胸腺位于胸骨后面，紧靠心脏，呈灰赤色，扁平椭圆形，分左、右两叶，由淋巴组织构成。胸腺发生于人胚胎第 8 周，起源于第 3 及第 4 对咽囊，向腹侧出芽形成胸腺始基，为一上皮样囊腔，内有淋巴样细胞和胸腺细胞。小鼠胸腺呈乳白色，由左、右两叶组成，位于心脏后方，为中枢免疫器官，至性成熟时最大。大鼠胸腺由两叶组成，似等边三角形，大部分仅次于胸腔前纵隔，顶端近喉部，基底部附着在心包腹面的前上方。兔的胸腺位于心脏腹面，粉红色，幼兔较大，以后随年龄增长逐渐萎缩。犬在幼年时期，胸腺比较发达，2～3 岁之后，渐渐出现萎缩。

人类胸腺分为皮质和髓质。皮质由大量密集的淋巴细胞组成，位于上皮网状细胞间隙中，髓质位于胸腺中央，稀疏地分布着成熟的胸腺细胞和上皮细胞。第 12 天小鼠胚胎的胸腺原基为一团无血管的上皮细胞，其中已有少量迁入的淋巴干细胞。第 14 天开始形成胸腺小叶，细胞间的淋巴干细胞增多。第 16 天出现星形上皮细胞，皮、髓质渐趋明显，胸腺小体出现。第 17～18 天胸腺细胞的分裂相对增多，髓质中出现球形及交错突细胞，皮-髓质交界处的巨噬细胞增多。从出生至生后 7 天，胸腺迅速长大，重量增加 6 倍。此时上皮细胞的相对数量和密度下降，而胸腺细胞数量则增多，并已具备成体胸腺功能。小鼠出生后 42 天前胸腺无明显变化，而 42 天后，细胞凋亡现象显著增多，从而导致胸腺细胞减少，胸腺功能减退。大鼠胸腺大小随着年龄的增长逐渐增大，40～60 日龄的大鼠胸腺最大，以后骨髓的原始 T 淋巴细胞迁移到胸腺的能力下降，使胸腺细胞减少，胸腺出现萎缩。胸腺淋巴细胞是全身 T 细胞的来源，产生的 T 淋巴细胞通过位于胸腺皮、髓质的毛细血管后微静脉进入血液循环，到达脾脏等外周淋巴器官。胸腺退化将直接影响外周淋巴器官如脾脏的发育，表现为相应的 T 淋巴细胞分布区发育不良、T 淋巴细胞数量稀少。

周围淋巴器官（peripheral lymphoid organ）又称次级淋巴器官（secondary lymphoid organ），如淋巴结、脾和扁桃体等，发生较晚，是免疫应答反应的场所，由中枢淋巴器官来的淋巴细胞受抗原刺激而被激活、转化，引起免疫应答。淋巴细胞在此进一步分裂（单株增殖）与分化，产生大量效应细胞、抗体及大量记忆细胞，以增强机体抵抗力。

人类淋巴结分布于淋巴管行程中，如颈、腋窝、肘窝、腹股沟、腘窝、肠系膜、盆腔及肺门等处，共约 450 个。淋巴结的结构受不同抗原刺激后发生各种变化，反映机体的功能状态。小鼠的淋巴系统比较发达，但是腭或者咽部没有扁桃体，外界刺激会促进淋巴系统增生，从而使其出现淋巴系统疾病。兔淋巴系统由淋巴管和淋巴结组成。在淋巴管的通路上有形状不一、大小不等的淋巴结。淋巴结具有制造淋巴细胞、吞噬入侵细菌及异物的作用。兔的淋巴结主要有下颌淋巴结、髂淋巴结、胰淋巴结、肠系膜淋巴结、股骨沟淋巴结、腘淋巴结等。腘淋巴结位于后肢膝关节屈面腘窝内，是兔特有的，极其明显，适合于向淋巴结内注射药物或通电，用于研究免疫功能。犬淋巴系统包括两大组成部分：一部分是由淋巴管组成的管道系统，它最后开口于静脉，将组织间液还流于血液；另一部分是许多形式不一、有共同构造特征的淋巴器官，这些淋巴器官分为淋巴上皮器官和淋巴器官两类。淋巴管分为毛细淋巴管、集合淋巴管和淋巴导管。

人类淋巴结表面包有致密结缔组织构成的被膜，被膜下为皮质区，其中心及门部为髓质区。皮质区有淋巴小结、弥散淋巴组织和皮质淋巴窦（简称皮窦）。髓质区包括由致密淋巴组织构成的髓索和髓质淋巴窦（简称髓窦）。淋巴窦的窦腔内有许多淋巴细胞和巨噬细胞（图 3-3）。

淋巴结的功能有以下几点。

（1）过滤淋巴液：病原体侵入皮下或黏膜后，很容易进入毛细淋巴管回流入淋巴结。当淋巴液缓慢地流经淋巴窦时，巨噬细胞可清除其中的异物，如对细菌的清除率可达 99%，但对病毒及癌细胞的清除率常很低。清除率常与抗原的性质、毒力、数量及机体的免疫状态等密切相关。

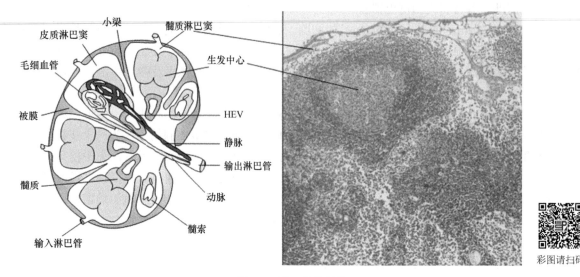

图 3-3 淋巴结的结构

（2）免疫应答：抗原进入淋巴结后，巨噬细胞等可捕获与处理抗原，使相应特异性受体的淋巴细胞发生转化。识别抗原与细胞间协作的部位在浅层皮质与深层皮质交界处。引起体液免疫应答时，淋巴小结增多、增大，髓索内浆细胞增多。引起细胞免疫应答时，副皮质区明显扩大，效应 T 细胞输出增多。

大鼠随着月龄的增长，脾脏对刺激的反应性逐渐减弱，淋巴细胞转化功能下降。脾脏作为机体接受抗原刺激后产生免疫反应的场所，其中参与免疫反应的 T 淋巴细胞的发育直接有赖于胸腺内淋巴细胞的分化成熟。

3. 脾

1）脾的结构

人类脾位于血液循环的通路上，处理来自血液的外来物质，同时它还具有免疫反应等功能。至胚胎第 5 个月，脾造血功能逐渐被骨髓代替，变成一个淋巴器官。脾保存少量细胞，在一定条件下可恢复造血。脾的被膜由致密结缔组织构成，脾被膜向脾实质伸出索条状小梁。小梁互相连接，构成支架，网状组织填充其内，淋巴细胞、巨噬细胞、浆细胞位于网状细胞空隙中。小梁中有动脉、静脉、淋巴管和神经。脾实质由红髓、白髓及边缘区构成，大部分为红髓，白髓稀疏地分布于红髓中，边缘区围绕着白髓，与红髓之间无明显界限（图 3-4）。

白髓是淋巴细胞围绕着动脉及其分支分布而形成的。由动脉周围淋巴鞘和脾小结构成，在小动脉外形成的一层厚厚的淋巴组织，称动脉周围淋巴鞘。这里的淋巴组织以 T 淋巴细胞为主，称胸腺依赖区，相当于淋巴结弥散性皮质与深层皮质区，此区有散在的交错突细胞和巨噬细胞，在近边缘区处可有少量 B 细胞、浆细胞前身和浆细胞，但没有毛细血管后静脉。在淋巴鞘中分布的淋巴小结以 B 淋巴细胞为主，称非胸腺依赖区。脾中淋巴小结的结构、形成过程与淋巴结内的淋巴小结完全相同。当抗原刺激引起免疫反应时，淋巴小结增多或增大，生发中心明显，随后红髓中的浆细胞增多。

红髓在白髓和边缘区周围，由脾索和脾窦组成。脾索由网状细胞和网状纤维构成网架。在成年人，脾索可使体积增大、变小，可以释放或储存脾中的细胞。脾窦由长条状平行内皮细胞和不完整的基膜构成。内皮细胞在正常情况下吞噬能力低，但在溶血性疾病时，吞噬作用明显增强。

小鼠脾脏呈镰刀状，靠近胃底部左侧。大鼠脾脏位于腹腔的左侧背部，在肋骨下面。兔脾脏紧靠胃大弯左侧，位于血液循环通路上。犬脾脏是其最大的储血器官，位于左肋区第 9～10 肋之间，在正常情况下，于左侧肋弓下缘处不能触及，呈暗红色，质软而脆，其大小和重量随脾内所含血量的多少而改变。

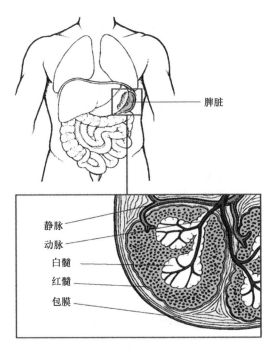

静脉
动脉
白髓
红髓
包膜

图 3-4　脾的结构

2）脾的功能

A. 人类脾的功能

（1）免疫功能：脾是高效的免疫反应器官，它可在白髓捕捉、处理、浓缩抗原。无论是在初级还是次级反应中，白髓中的 T 和 B 细胞都可相互作用，形成抗体。脾中几乎有一半细胞具有吞噬能力，能清除免疫复合物，脾的免疫功能在白髓和相邻的边缘区这些抗原高浓度区域内进行。

（2）过滤功能：髓索中的弯曲、狭窄的网状结构及巨噬细胞构成良好的过滤系统，可以清除颗粒和细胞。正常情况下，衰老的粒细胞、血小板和红细胞都可被脾清除。脾索循环的特点使得通过此处的红细胞膜逐渐丢失，特别是比较老的红细胞更是如此。膜的丢失使红细胞表面积与体积之比下降，产生球形化的趋势，球形细胞变形能力差，不易通过脾索中的狭窄通道和内皮细胞间的缝隙，最终被吞噬细胞吞噬。

（3）铁的再利用：铁的再利用能力取决于吞噬有缺陷红细胞的巨噬细胞亚群。在遗传性球形红细胞增多症中，吞噬现象出现于脾索中和脾窦周围的巨噬细胞亚群。吞噬性网状细胞和内皮细胞使铁再循环并转入血浆，之后血浆再将铁移入骨髓。在自身免疫性溶血性贫血中，很多红细胞被游走的巨噬细胞亚群破坏，不能形成再循环铁。

（4）储存功能：脾的血管、网状结构、被膜的神经调节使脾收缩和舒张，提供储存细胞的潜在能力。人脾可选择性地保留和储存血小板、淋巴细胞、网织红细胞。

（5）血容量调节：脾可控制血浆容量和白蛋白合成。多数具有慢性进行性脾大的患者中，血浆容量和白蛋白总量超过正常。脾肿大程度与脾本身过剩的血浆量有关，脾可含有全部血浆量的 11%。脾切除后 6 个月，血浆和白蛋白的量降到低点，达到稳定的水平。脾对血浆容量和白蛋白合成的反馈作用还不清楚。

（6）造血功能：在子宫内第 5 个月以前，人脾为造血器官，此后，脾内的微环境不再适合造血。但是严重贫血或某些病理状态下，脾可以恢复造血，因成人脾内仍含少量造血干细胞（约为骨髓 1/10）。

B. 各种动物脾的功能

小鼠脾所含细胞包括巨核细胞、原始造血细胞等，并形成相应的造血灶。巨核细胞核较大，易被误认为肿瘤细胞，且雄鼠的脾比雌鼠大。

大鼠脾是各种免疫细胞居住、增生并进行免疫应答及产生免疫效应物质的重要基地。脾具有过滤血液的作用，衰老过程中出现的血液中的老化或死亡成分大都在此消除。28～35 日龄的 SD 大鼠脾仍未完全形成脾小结；至 42 日龄时，所有脾均有脾小结形成；8 周时，白髓结构典型。2 月龄大鼠脾已形成各种主要结构。3～12 月龄大鼠脾内有白髓、红髓，且比例较稳定。成年前（2 月龄及以前）的大鼠脾仍有明显的造血功能。1 月龄大鼠脾血窦腔开始出现红细胞，至 2 月龄时脾血窦腔的总体积迅速达到高峰，一直维持到 3～12 月龄，至 2～3 年龄时大幅下降，可能说明 2～3 年龄动物脾内血流量减少。因此，虽然脾大小在 2～3 年龄时为最大，但其功能其实可能已减弱。脾小结（生发中心）从 2 月龄开始出现，在脾内所占体积比例一直比较小（约 5%以内）。但是脾小结的相关功能（体液免疫）比较稳定，不活跃。

兔脾位于血液循环通路上，是血液循环中的主要滤过器官。

犬脾是其最大的储血器官，其平滑肌束较发达，脾的结构与淋巴结相似，但内部主要由网状组织和血管构成。将脾中的血液挤到血管之后，可满足犬在快速奔跑过程中所需的血液来参与循环代谢。脾是犬体内最大的淋巴器官。

（二）造血细胞

造血细胞即造血干细胞（hemopoietic stem cell），是指骨髓中的干细胞，具有自我更新能力，并能分化为各种血细胞前体细胞，最终生成各种血细胞成分，包括红细胞、白细胞和血小板，是体内各种血细胞的唯一来源，它主要存在于骨髓、外周血、脐带血中。人类造血干细胞首先出现于胚龄第 2～3 周的卵黄囊，在胚胎早期（第 2～3 个月）迁至肝、脾，第 5 个月又从肝、脾迁至骨髓。在胚胎末期一直到出生后，骨髓成为造血干细胞的主要来源。在胚胎和迅速再生的骨髓中，造血干细胞多处于增殖周期之中；而在正常骨髓中，则多数处于静止期（G_0 期），当机体需要时，其中一部分分化成熟，另一部分进行分化增殖，以维持造血干细胞的数量相对稳定。

二、血细胞分化和发生

（一）造血干细胞

造血干细胞（hemopoietic stem cell）具有分化成所有种类血细胞的能力，又称多能干细胞，主要存在于骨髓、外周血、脐带血中。造血干细胞的形态类似小淋巴细胞，细胞较小，核相对较大，胞质富含核糖体。在特定的因素作用下，造血干细胞能进一步分化发育成不同血细胞系的定向干细胞。定向干细胞多数处于增殖周期之中，并进一步分化为各系统的血细胞系，如红细胞系、粒细胞系、单核-吞噬细胞系、巨核细胞系及淋巴细胞系，如图 3-5 所示。

（二）造血祖细胞

造血祖细胞（hematopoietic progenitor cell，HPC）是造血干细胞在一定的微环境和某些因素的调节下分化而来的分化方向确定的干细胞，也称定向干细胞（committed stem cell）。

在不同的集落刺激因子（colony stimulating factor，CSF）作用下，造血祖细胞可分别分化为形态可辨别的各类血细胞。例如，在红细胞生成素（erythropoietin，EPO）作用下形成红细胞集落，在粒细胞生成素（granulopoietin）作用下形成该种粒细胞巨噬细胞系，在血小板生成素（thrombopoietin）作用下形成巨核细胞系集落。其他血细胞的造血祖细胞的存在，目前尚无确切实验结果。

（三）血细胞的发生过程及形态演变

血细胞的发生是一个连续发展过程，各种血细胞的发育大致可分为三个阶段：原始阶段、幼稚阶段（又分早、中、晚三期）和成熟阶段。血细胞发生过程中形态变化的一般规律如下：①胞体由大变小，而巨核细胞的发生则由小变大。②胞核由大变小，红细胞的核最后消失，粒细胞的核由圆形逐渐变成杆状乃至分叶，巨核细胞的核由小变大呈分叶状；核内染色质由细疏逐渐变粗密，核仁由明显渐至消失；核的

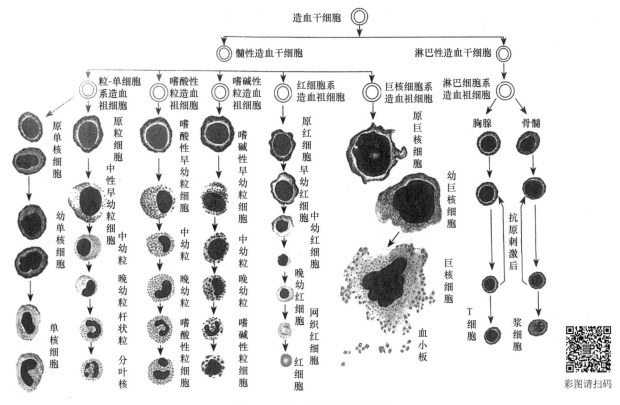

图 3-5 造血干细胞分化示意图

着色由浅变深。③胞质的量由少逐渐增多，胞质嗜碱性逐渐变弱，但单核细胞和淋巴细胞仍保持嗜碱性。胞质内的特殊结构如红细胞中的血红蛋白、粒细胞中的特殊颗粒均由无到有并逐渐增多。④细胞分裂能力从有到无，但淋巴细胞仍有很强的潜在分裂能力。

1. 红细胞发生

红细胞发生历经原红细胞（proerythroblast）、早幼红细胞（basophilic erthroblast）、中幼红细胞（polychromatophilic erythroblast）、晚幼红细胞（normoblast），后者脱去胞核成为网织红细胞，最终成为成熟红细胞。从原红细胞的发育至晚幼红细胞大约需 3～4 天。巨噬细胞可吞噬晚幼红细胞脱出的胞核和其他代谢产物，并为红细胞的发育提供铁质等营养物。各阶段细胞的一般形态特点见表 3-1。

表 3-1 红细胞发生过程的形态演变

发育阶段和名称		胞体		胞核				胞质		
		大小/μm	形状	形状	染色质	核仁	核质比	嗜碱性	着色	血红蛋白
原始	原红细胞	14～22	圆	圆	细粒状	2～3	3/4	强	墨水蓝	无
	早幼红细胞	11～19	圆	圆	粗粒状	偶见	>1/2	很强	墨水蓝	开始出现
幼稚	中幼红细胞	10～14	圆	圆	粗块状	消失	约>1/2	减弱	红蓝相间	增多
	晚幼红细胞	9～12	圆	圆	致密块	消失	更小	弱	红	大量
成熟	网织红细胞	7～9	圆盘状	圆	无			微	红	大量
	红细胞	7.5	圆盘状		无			无	红	大量

2. 粒细胞的发生

粒细胞发生历经原粒细胞（myeloblast）、早幼粒细胞（promyelocyte）、中幼粒细胞（myelocyte）、晚幼粒细胞（metamyelocyte），进而分化为成熟的杆状核和分叶核粒细胞。从原粒细胞增殖分化为晚幼粒细胞大约需 4～6 天。骨髓内的杆状核粒细胞和分叶核粒细胞的储存量很大，在骨髓停留 4～5 天后释放入血。若骨髓加速释放，外周血中的粒细胞可骤然增多。各阶段细胞的一般形态特点见表 3-2。

表 3-2 粒细胞发生过程的形态演变

发育阶段和名称		胞体		胞核				胞质			
		大小/μm	形状	形状	染色质	核仁	核质比	嗜碱性	着色	嗜天青颗粒	特殊颗粒
原始	原粒细胞	11~18	圆	圆	细网状	2~6	>3/4	强	天蓝	无	无
	早幼粒细胞	13~20	圆	卵圆	粗网状	偶见	>1/2	减弱	淡蓝	大量	少量
幼稚	中幼粒细胞	11~16	圆	半圆	网块状	消失	约1/2	弱	淡蓝	少	增多
	晚幼粒细胞	10~15	圆	肾性	网块块	消失	<1/2	极弱	浅红	少	明显
成熟	杆状核粒细胞	10~15	圆	杆状	粗块状	消失	<1/3	消失	淡红	少	大量
	分叶核粒细胞	10~15	圆	分叶	粗块状	消失	更小	消失	淡红	少	大量

3. 单核细胞发生

原单核细胞经幼单核细胞，发育为单核细胞。幼单核细胞增殖力很强，约 38%的幼单核细胞处于增殖状态，单核细胞在骨髓中的储存量不及粒细胞多，当机体出现炎症或免疫功能活跃时，幼单核细胞加速分裂增殖，以提供足量的单核细胞。

4. 血小板发生

原巨核细胞（megakaryoblast）经幼巨核细胞（promegakaryocyte）发育为巨核细胞，巨核细胞的胞质块脱落成为血小板。原巨核细胞分化为幼巨核细胞，体积变大，胞核常呈肾形，胞质内出现细小颗粒。幼巨核细胞的核经数次分裂，但胞体不分裂，形成巨核细胞。巨核细胞呈不规则形，直径40~70μm，甚至更大，细胞核分叶状。胞质内有许多血小板颗粒，还有许多由滑面内质网形成的网状小管，将胞质分隔成许多小区，每个小区即是一个未来的血小板，内含颗粒，并可见到巨核细胞伸出细长的胞质突起，沿着血窦壁伸入窦腔内，其胞质末端膨大脱落即成血小板。每个巨核细胞可生成约2000个血小板。

5. 淋巴细胞发生

淋巴细胞的发生较复杂。淋巴细胞有多种亚群，它们既有发生过程，又可因抗原刺激出现小淋巴细胞母细胞化和单株增殖过程，而且还缺乏常规光镜下可见的分化标志，故很难从形态上严格划分淋巴细胞的发生和分化阶段。以往的光镜形态观察，将淋巴细胞的发生传统地分为原淋巴细胞、幼淋巴细胞和淋巴细胞三个阶段，与近年免疫学研究结果尚无明确的关联。

三、血细胞增殖、成熟

（一）血细胞增殖

"增殖"是细胞通过有丝分裂进行复制的过程，其结果是细胞数量的增加。有丝分裂是血细胞增殖的主要形式。"分化"是细胞在基因的调控下，从一般向特殊演变，在此过程中，细胞内部结构变化而失去某些潜力，但同时又获得新的功能。"成熟"包含在整个发育过程中，其形态特征逐渐明确。"释放"是终末细胞通过骨髓-血屏障进入血循环的过程。血细胞的增殖大致可分为四个阶段（四个池）。

（1）造血干细胞或祖细胞池：正常情况下，其95%以上处于静止期。

（2）增殖池：指处于增殖周期的原始和幼稚细胞，根据细胞的发育和特征还可再分为不同的阶段。

（3）成熟储存池：指晚期阶段的细胞，此时细胞不再合成DNA，已失去增殖能力，属非增殖细胞，其只能储存而进一步成熟。

（4）功能池：指外周血中各类有功能的成熟细胞。

　　一般说来，一个原始细胞要经过4～5次分裂才进入成熟阶段。例如，一个原红细胞发育为中幼红细胞要经过4～5次增殖而产生16个或32个成熟红细胞；原始粒细胞到中幼粒细胞经过4～5次分裂后产生16个或32个晚幼粒细胞，晚幼红细胞和晚幼粒细胞阶段则失去了增殖能力。

　　原、幼细胞的增殖是对称性的，DNA合成加倍后分为两个子细胞，子细胞仍可以增殖。但巨核细胞系则不同，仅巨核细胞祖细胞才有增殖能力，也就是说，巨核细胞的增殖全部在祖细胞阶段。从原始巨核细胞起，不再进行细胞分裂。细胞中DNA可以连续成倍增殖，细胞核也成倍增加，每增殖一次，核就增大一倍，但细胞质不分裂，故胞体逐渐增大，属多倍体细胞。多数巨核细胞是$16N$（76%）和$32N$（16%）的巨核细胞，血小板在巨核细胞的细胞质中产生，然后脱落进入血循环。

（二）血细胞的发育和成熟

1. 血细胞的发育

　　血细胞的发育是连续性的，共分为5个阶段：①低级多能干细胞，为最原始未分化干细胞；②次级多能干细胞，部分分化，如CFU-S、淋巴性干细胞；③定向祖细胞，自我复制能力有限或消散，仅存在一系或两系分化潜能；④前体细胞，如骨髓中状态已可辨认的各系成熟细胞；⑤各系血细胞、成熟血细胞。

2. 血细胞的成熟

　　成熟是指由原始细胞经幼稚细胞发育为成熟细胞的过程。有丝分裂是血细胞分裂的主要形式。在这种增殖中，母细胞有丝分裂后形成的子细胞同时都趋向分化成熟。

3. 血细胞的命名

　　骨髓造血细胞按所属系列分为六大系统，各系依其发育水平分为原始、幼稚及成熟三个阶段；红系和粒系的幼稚阶段又分为早幼、中幼和晚幼三个时期（图3-6，表3-3）。

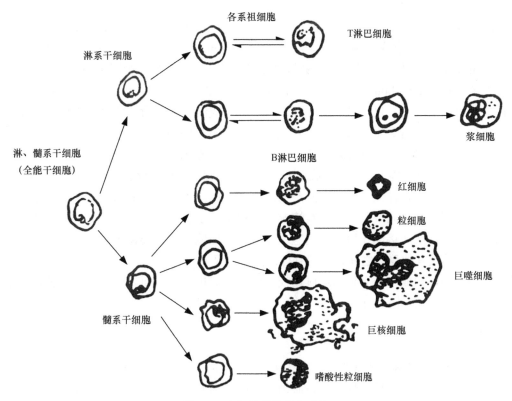

图3-6　血细胞的发育和成熟

表 3-3 血细胞发育成熟中的形态演变规律

项目	幼稚 原始→成熟	备注
细胞大小	大→小	原粒细胞比早幼粒细胞小，巨核细胞由小到大
核质比例	大→小	
核大小	大→小	成熟红细胞核消失
核形状	圆→凹陷→分叶	有的细胞不分叶
核染色质结构	细致→粗糙 疏松→紧密	
核染色质受色	淡紫色→深紫色	
核膜	不明显→明显	
核仁	显著可见→无	
胞质量	少→多	淋巴细胞例外
胞质颜色	蓝→红	深蓝→浅蓝
胞质颗粒	无→有	粒细胞分化为 3 种颗粒，有的细胞无颗粒

四、造血调控

造血过程可使不断消耗的各系血细胞得到不断补充，保持血液中各系血细胞的正常数量与功能稳定。造血过程是一个极为精细的调控系统，以保持各阶段细胞增殖与分化、生长与消亡之间的平衡，保持各系细胞分化的合理比例等。其中必然包括正与负调控、远距与近距调控平衡，以及各调控细胞之间、各细胞因子之间、细胞因子与其受体之间立体调控的平衡等。

（一）造血微环境

造血微环境是由各种调控细胞以及许多来自原位和远处的细胞因子等构成的空间，各细胞间保持一个适合细胞间相互作用、信号传递的距离，这个调控造血干/祖细胞增殖分化的环境称之造血微环境。

造血微环境中，近距调控的细胞因子有旁分泌（paracrine）、邻分泌（juxtacrine）、自分泌（autocrine）及胞内分泌（intracrine）等作用方式。旁分泌与自分泌为游离的可溶型细胞因子的作用方式，邻分泌为膜结合型细胞因子（membrane-bound cytokine）的作用方式，即细胞因子分子的一段穿出细胞质膜之外，而另一段留在质膜及胞质之中，仅仅当靶细胞和细胞因子生成细胞贴近时，膜结合型细胞因子胞外的配体（ligand）才能与靶细胞上的受体（receptor）相结合。远距调控的细胞因子源自体内其他器官，经血液循环运送到造血组织，它们属于内分泌激素多肽，在正常血清或尿液中可以检测出来。

还有许多内分泌激素可能参与正常造血调控，如甲状腺素、糖皮质激素、睾丸激素、维生素 D 等疏水性激素，以及胰岛素、垂体生长激素、儿茶酚胺等亲水性激素。在造血微环境中，近距与远距调控交织成网，各细胞之间相互协同或制约。多数情况下，细胞因子通过一个或几个调控细胞诱导产生一些其他的细胞因子，协同地或间接地作用于干细胞。在造血微环境中，各类调控细胞之间、细胞因子之间、细胞因子与相应受体及其他受体之间、不同受体之间，以及它们与造血干/祖细胞之间，有相互识别、通讯及调控等复杂联系，构成一个立体的造血调控网络，完成极其复杂而精确的调控，使造血活动在整个漫长的生命岁月中准确无误地进行。

（二）细胞因子

细胞因子（cytokine，CK）是免疫原、丝裂原或其他刺激剂诱导多种细胞产生的低分子质量、可溶性蛋白质，具有调节固有免疫和适应性免疫、血细胞生成、细胞生长及损伤组织修复等多种功能。细胞因子可分为白细胞介素、干扰素、肿瘤坏死因子超家族、集落刺激因子、趋化因子、生长因子等。

细胞因子本身是一个胞外信号（extra-cellular signal），必须与靶细胞上相应的受体蛋白相偶联时，才能产生胞内信号（intra-cellular signal）即第二信号。所结合的受体数量直接关系到该细胞因子对靶细胞的作用强度。造血干/祖细胞通过自身基因来调节干/祖细胞表面各类受体的表达量，以应答造血微环境中的各种生物信号，适应机体的需求。

（三）造血的基因调控

造血干/祖细胞增殖分化的每个环节都受基因的调节控制。基因表达的效率决定了细胞因子及其受体的表达量，这直接关系到造血细胞与调控细胞之间的相互作用关系。然而，至今为止，对造血的基因调控知之甚少，特别是基因对造血干/祖细胞分化定向的调控更是一无所知。造血微环境中各种生物信号通过细胞受体而产生胞内信号，胞内信号经过传递与放大，激活一系列胞内活性物质，最终影响某些基因的表达。

一般而言，基因调控主要是 DNA 转录水平的调控。在正常机体稳定状态下，造血调控在多层次上立体地交织复杂地进行。但各有关的基因却是协调有序、准确无误，使造血过程在整个漫长的生命过程中不发生丝毫差错。即使干细胞在频繁的有丝分裂过程中发生了染色体或 DNA 分子结构轻微变化（如点突变 point mutation），也能在某些基因的作用下使细胞转入 G_0 期静止状态。在致病因素的影响下，一旦发生 DNA 易位、缺失、插入、扩增或融合等不可逆的基因突变，使造血干/祖细胞增殖分化的调控发生紊乱或失控，正常造血就会无法维持，出现各种病理性变化。

第三节　血液的主要组成、代谢特征和功能

血液（blood）是一种主要在心血管系统循环的流动组织，有一定的黏滞性。血液、淋巴液及组织间液共同构成细胞外液，是体液的组成部分。成年人的血容量大约占体重的 8%，婴幼儿的血容量较成人大。一次失血量低于总量的 10%，身体受到的影响较小；超过 20%，身体受到的伤害较大；若失血量大于 30%，则会危及生命。血液对维持机体内环境稳定、物质的运输及转移、凝血及抗凝血等方面都有极其重要的影响。

人类血液的组成主要包括液态的血浆和红细胞、白细胞及血小板等有形成分。这些有形成分参与细胞代谢、凝血及抗凝血等。正常人血液的 pH 为 7.35～7.45，比重为 1.050～1.060，黏度约为水的 4～5 倍，37℃时的渗透压为 6.8 个大气压。在体外，经抗凝等一系列处理后，血液分为三层，依次为血浆、白细胞及血小板、红细胞。正常状况下，血液内有形成分的形态结构大致不变。虽然血液内的血细胞会陆续地发生衰老死亡，但是骨髓等造血组织及器官会不断地生成新的血细胞维持动态平衡。表 3-4 是对人类血细胞分类和正常值的检测。

表 3-4　人类血细胞分类和正常值

血细胞	正常值	血细胞	正常值
红细胞	男：（4.0～5.5）×10^{12}/L	嗜酸性粒细胞	0.5%～3%
	女：（3.5～5.0）×10^{12}/L	嗜碱性粒细胞	0～1%
白细胞	（4.0～10.0）×10^9/L	单核细胞	3.0%～8.0%
血小板	（100～300）×10^9/L	淋巴细胞	20%～40%
中性粒细胞	50%～70%		

小鼠血容量约占体重的 1/15，较易出现贫血。大鼠血容量占体重的 7.4%。兔血容量占体重的 5.46%～8.7%，红细胞比重 1.090，血浆比重 1.024～1.037，血液 pH 为 7.58。犬血液由液体成分及有形成分所组成，血容量占体重的 5.46%～8.7%，其液体成分叫血浆，血浆比重 1.024～1.037，约占全血容积的 2/3，犬血浆为无色，量较大时稍显黄色。有形成分包括红细胞、白细胞和血小板，约占全血容积的 1/3。血流出血管即开始凝固，凝固后析出的液体叫血清，凝集的部分叫血盐。

一、血液的化学成分

1. 水和无机盐

正常人血液含水 77%~81%。无机物主要是电解质，主要的阳离子有 Na^+、K^+、Ca^{2+}、Mg^{2+}等；阴离子有 Cl^-、HCO_3^-、HPO_4^{2-} 等。

2. 血浆蛋白质

正常人血浆内的蛋白质总浓度为 70~75g/L，主要包括单纯蛋白质、结合蛋白质。

3. 非蛋白质含氮物质

正常人血浆内包括尿素、尿酸、肌酸、肌酸酐等，其中的氮总称为非蛋白氮（NPN）。不含氮的有机化合物包括糖类、脂类、小分子有机酸等。

犬血浆的化学成分包括水、血浆蛋白质、糖、脂肪及其分解产物、无机盐、维生素、酶、激素等。

二、血液的主要功能

（一）人类血液的主要功能

1. 运输

血液主要将经肺吸收的 O_2 和经消化道吸收的营养物质输送到全身各处。另外，组织代谢产生的 CO_2 及其他代谢废物也需要经由血液输送到肺、肾等处排泄，进而维持身体的正常代谢。血液的运输功能主要由红细胞完成。贫血时，红细胞的数量减少、质量下降，影响血液的运输功能，产生一系列的病理变化。

2. 参与体液调节

分泌的激素会直接进入到血液之中，再经血液输送到相应的靶器官，进而使激素发挥相应的生理作用。另外，维生素及酶等物质也需要由血液输送到相应位置，发挥其功能。

3. 保持内环境稳态

血液在心血管中不断循环，与全身的体液进行互换，体内水、电解质及酸碱度的平衡和体温的恒定等都受到血液调控。

4. 防御和保护

人体具有抵御或消除伤害性刺激的能力，血液主要发挥着免疫防御和止血等功能。例如，白细胞能够吞噬并分解入侵的微生物和人体内衰老及死亡的组织细胞。血浆中的抗体如抗毒素、溶菌素等可以抵御或消灭外来的细菌和毒素。血管破裂时，血浆和血小板中的凝血因子会发挥其止血及凝血的功能。

5. 缓冲功能

血液内所含水量和各种矿物质的量都是相对恒定的。血浆不仅能够维持血浆本身及细胞外液的酸碱平衡，而且在酸性或碱性物质进入血液时，pH 也不会产生较大的波动，保持相对恒定。

（二）动物血液的主要功能

动物血液的主要生理功能与人体基本相同。由于血液理化特性的恒定（如含水量、渗透压和酸碱度等），保证了各组织细胞正常活动的适宜环境。血液是机体内的运输工具，从肺获得的氧和从肠内吸收的营养物质由血液运输到各组织，同时也将体内代谢产物运送到排泄器官；血液也担负着体内各组织器官间的运输，如由肝内将营养物质运送到其他器官。血液还可以运输各种内分泌激素，是实现机体的体液性调节所必需的物质。血液中的白细胞、免疫物质和血液凝固性，对于机体具有保护作用。

三、血细胞及功能

（一）红细胞

红细胞（red blood cell，RBC）又称为红血球，在血液中数量最多。人类红细胞呈双凹圆盘状，中央较薄（1.0μm），周缘较厚（2.0μm），直径为 7～8.5μm，故在血涂片标本中呈中央染色较浅、周缘较深（图 3-7，图 3-8）。红细胞这种特殊的形态使它拥有的表面积（约 $140μm^2$）较大，进而能够最大限度地实现运输 O_2 和 CO_2 的功能。犬红细胞呈扁平圆盘状，边缘较厚，略向内凹，成熟的红细胞无核，细胞内充满血红蛋白，表面有一层极薄的膜，主要用于运输 O_2 和 CO_2、调节血液酸碱度。

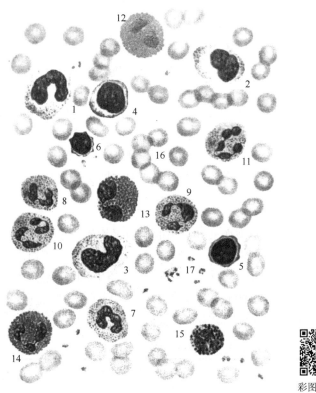

彩图请扫码

图 3-7 各种血细胞

1～3. 单核细胞；4～6. 淋巴细胞；7～11. 中性粒细胞；12～14. 嗜酸性粒细胞；15. 嗜碱性粒细胞；16. 红细胞；17. 血小板

1. 红细胞的生理特性

（1）渗透脆性：正常状态下，红细胞与血浆两者的渗透压大致相等，这使得红细胞能够维持它的形态。将红细胞放置于等渗溶液（哺乳动物：0.9%NaCl）之中，它可以维持正常的形态及大小。但是若将其放置于高渗生理盐水之中，水分将从胞内转移到胞外，红细胞将因为失水而发生皱缩。与之相反，将其放置于低渗生理盐水之中，水分会从胞外转移到胞内，红细胞的胞内会因为水分过多而膨胀成球形，甚至会破裂，血红蛋白释放进入溶液中，该过程称为溶血。

（2）悬浮稳定性：是指红细胞在血浆中维持悬浮状态而不易下沉的特性。将血液与抗凝剂混匀，再放置于血沉管之中，垂直静置一段时间后，红细胞会因其比重较大，渐渐下沉，在单位时间内红细胞沉降的距离称为红细胞沉降率（简称血沉）。将血沉的快慢当作红细胞悬浮稳定性的大小。正常情况下，在

图 3-8 人红细胞扫描电镜像（4800×）

第 1h 末，男性的血沉不超过 3mm，女性的不超过 10mm。而在妊娠期、活动性结核病、风湿热及恶性肿瘤时，血沉会加快。所以，在临床上，检查血沉会对疾病的诊断及预后有一定的帮助。

（3）吸水性：由于红细胞没有细胞壁，且内部溶液浓度高，渗透压较高，从而大量吸水，胀破细胞膜，内容物流出。

（4）可塑变性：是指正常红细胞在外力作用下具有变形能力的特性。红细胞的直径为 7～8.5μm，毛细血管的直径只有 2～3μm，所以，红细胞必须经过变形才能通过直径比它小的毛细血管和血窦孔隙。有研究表明，红细胞的变形能力与其表面积和体积之比呈正相关，与红细胞内的黏度呈负相关，与红细胞膜的弹性呈正相关。红细胞的变形能力主要由细胞膜的力学性质决定。

2. 红细胞的参数

人类红细胞参数平均值是经过提取血液计算出的参数平均值，正常值的平均红细胞容积（MCV）为 82～95fl，平均红细胞血红蛋白量（MCH）为 27～31pg，平均红细胞血红蛋白浓度（MCHC）为 320～360g/L。小鼠血红蛋白 100～190g/L，血细胞比容为 0.48～0.51，总蛋白 4.8（4.2～5.5）g/L。大鼠血红蛋白 14.8（12～17.5）g/100ml，红细胞比重为 1.090，总蛋白 7.2（6.9～7.6）g/L。家兔血红蛋白 11.9（8～15）g/100ml。犬血红蛋白 120～180g/L。人与常用实验动物血细胞数见表 3-5。

表 3-5 人与常用实验动物血细胞数

动物	红细胞		血小板		白细胞	
	男（雄）	女（雌）	男（雄）	女（雌）	男（雄）	女（雌）
人	$(4.0～5.5)×10^{12}/L$	$(4.0～5.5)×10^{12}/L$	$(100～300)×10^9/L$		$(4.0～10.0)×10^9/L$	$(4.0～10.0)×10^9/L$
小鼠	$(8.07±0.40)×10^{12}/L$	$(8.12±0.42)×10^{12}/L$	$(109.5±24.9)×10^9/L$	$(103.3±19.8)×10^9/L$	$(7.1±2.31)×10^9/L$	$(5.3±2.05)×10^9/L$
大鼠	$(7.02±0.5)×10^{12}/L$	$(6.93±0.53)×10^{12}/L$	$(87.7±9.0)10^9/L$	$(88.2±11.6)×10^9/L$	$(8.7±18.0)×10^9/L$	$(6.7～14.5)×10^9/L$
兔	$(6.70±0.62)×10^{12}/L$	$(6.31±0.60)×10^{12}/L$	$(32.6±9.6)×10^9/L$		$(9.0±1.75)×10^9/L$	$(7.9±1.35)×10^9/L$
犬	$(6.14±0.53)×10^{12}/L$	$(6.18±0.50)×10^{12}/L$	$(34.1±6.1)×10^9/L$	$(34.7±6.0)×10^9/L$	$(5.7±1.74)×10^9/L$	$(6.6～17.5)×10^9/L$

3. 红细胞的功能

（1）运输功能：血红蛋白是红细胞运输 O_2 的工具，而在肌肉细胞中负责存储 O_2。血红蛋白由珠蛋白和亚铁血红素相结合形成，血液呈现出红色也是因为含有亚铁血红素。血红蛋白中的 Fe^{2+} 在人体的肺部即 PO_2 较高的组织器官中与氧分子结合，形成氧合血红蛋白；在 PO_2 较低的组织器官中，氧脱离，释放出 O_2，形成还原血红蛋白。血红蛋白还能够运输由机体产生的 CO_2，与 CO 的结合力是 O_2 的 210 倍，若空气中的 CO 浓度增高时，血红蛋白与 CO 结合，从而失去了运输 O_2 的功能，称为 CO 中毒。

（2）酸碱缓冲功能：在 pH 约为 7.4 的环境下，还原血红蛋白和氧合血红蛋白均为弱酸性物质，部分以酸分子形式存在，部分与胞内的钾离子结合形成血红蛋白钾盐，因而组成了两个缓冲对，共同参与血液酸碱平衡的调节作用。

（二）白细胞

白细胞（white blood cell，WBC）是血液中的一类细胞，分为中性粒细胞、嗜酸性粒细胞、嗜碱性粒细胞、单核细胞、淋巴细胞五种。前三种又因其胞质内含有嗜色颗粒，故称为粒细胞。白细胞的体积较大、数量较少，具有细胞核，主要功能是吞噬细菌、防御疾病。犬白细胞为有核无色圆球形细胞，大多能做变形运动，故常穿出血管到组织间隙中。白细胞对机体主要起防御保护作用。有颗粒细胞包括中性、嗜酸性、嗜碱性三种；无颗粒细胞包括单核细胞和淋巴细胞两种。

白细胞作为人体的防御细胞，参与机体对细菌及病毒等异物侵入时的察觉及反应过程。外物入侵人体后遭遇的最初抵抗来源于白细胞，因此白细胞浓度的升高与降低能够反映机体受外物入侵的状况。

1. 白细胞的生理特性

中性粒细胞具有较强的运动及吞噬功能，当急性化脓性细菌侵犯机体时，能够迅速地将细菌包围，并消化水解细菌。若血液中的中性粒细胞数量减少，发生感染的概率就会大大提高。

单核细胞的吞噬能力较弱，当它穿过毛细血管壁进入组织中时，就会变成巨噬细胞，吞噬能力就会增强。单核细胞能够汇集于感染灶的周围，被淋巴细胞激活后，吞噬及杀灭细菌、病毒、真菌等病原体，还能够识别及杀伤肿瘤细胞，清除变性的血浆蛋白和衰老、损伤的红细胞及血小板等。

淋巴细胞具有特异性免疫功能，能够进一步划分为 T 淋巴细胞、B 淋巴细胞，分别执行细胞免疫功能和体液免疫功能。

嗜酸和嗜碱性粒细胞的数量很少，但在机体正常的生理活动中也是必不可少的，发挥着一定的功能。

2. 白细胞的参数

正常成人血液中的白细胞数目为（4.0～10.0）×10^9/L，新生儿为（15～20）×10^9/L，6 个月～2 岁为（11～12）×10^9/L，4～14 岁为 8×10^9/L。中性粒细胞、嗜酸性粒细胞、嗜碱性粒细胞、单核细胞、淋巴细胞的正常值见表 3-4，人与常用实验动物血细胞数见表 3-5，人与常用实验动物白细胞百分比见表 3-6。

表 3-6 人与常用实验动物白细胞百分比

动物	中性粒细胞/%	嗜酸性粒细胞/%	嗜碱性粒细胞/%	单核细胞/%	淋巴细胞/%
人	50～70	0.5～3	0～1	3.0～8.0	20～40
小鼠	25.5（12～44）	2.0（0～5.0）	0.5（0～1.0）	4.0（0～12）	68（54～85）
大鼠	22（9～34）	2.2（0～6.0）	0.5（0～1.5）	2.3（0～5.0）	73（50～84）
兔	46（36～52）	2（0.5～3.5）	5（2.0～7.0）	8（4.0～12）	39（30～52）
犬	分叶核 60（43.3～71.5） 杆状核 3.0（1.6～5.0）	6（2.5～9.5）	1.0（0～0.75）	7.0（4.5～10）	23（17～32）

3. 白细胞的功能

白细胞是一个庞大的血细胞家族，它们的生理功能及形态结构多种多样，相互之间共同协助完成机体的防御、免疫及创伤愈合等过程。虽然白细胞是血液中的一类细胞，但是它们发挥作用主要还是在循环管道外的组织器官中，与这些组织器官中的许多细胞成分如巨噬细胞、成纤维细胞及肥大细胞等紧密相关。白细胞是机体防御系统的重要组成部分之一，通过吞噬异物及浆细胞产生抗体等方法，在机体抵御病原微生物、对疾病的免疫及损伤修复等方面有着极其重要的作用。

（1）吞噬功能：吞噬功能是机体最原始、最基本的防卫功能之一。被吞噬对象无任何特异性，也称为非特异性免疫作用。中性粒细胞和单核细胞的吞噬功能较强；嗜酸性粒细胞虽然游走性很强，但吞噬能力较弱。

（2）白细胞能够通过毛细血管的内皮间隙从血管内渗出，游走于组织间隙，进而吞噬入侵的细菌、病毒等病原微生物，以及部分衰老、坏死的组织细胞。白细胞能发挥吞噬作用是因为其具有趋化性。细菌或者衰老、坏死的组织细胞会产生一定的化学刺激，诱使白细胞向入侵物聚集，并将其吞噬。另外，组织发炎时会产生一种活性多肽，这也是白细胞游走聚集的诱发物质之一。

（3）中性粒细胞内含有溶酶体，富含多种水解酶，能水解、消化其所摄取的病原微生物或者其他异物。一般状况下，一个白细胞在处理了5~25个异物后，自身也会死亡，死亡后的白细胞和细菌分解产物构成脓液。

（4）单核细胞由骨髓生成，生存于血液之中，3~4天之后进入到肝、脾、肺及淋巴等组织中转变为巨噬细胞，导致体积增大、溶酶体数量增加，吞噬和消化能力也相应提高。它主要吞噬侵入细胞内的病毒、疟原虫及细菌等。巨噬细胞还参与激活淋巴细胞的特异免疫功能，识别和杀伤肿瘤细胞，清除衰老、坏死及损伤细胞。

（5）特异性免疫功能：淋巴细胞也称免疫细胞，在机体特异性免疫过程发挥着重要作用。特异性免疫就是指淋巴细胞针对某一种特异性抗原，产生一种与之相抗衡的抗体或者进行局部性细胞反应，以达到消灭特异性抗原的目的。血液中的淋巴细胞按照其发生和功能的差异，分为T淋巴细胞和B淋巴细胞两类。

①细胞免疫：主要由T淋巴细胞完成。T细胞在血液中占淋巴细胞总数的80%~90%。异物刺激T细胞转变为致敏细胞，实现三个方面的免疫作用：直接接触并攻击特异抗原性的异物，如肿瘤细胞和异体移植细胞等；分泌淋巴因子，破坏含有病原体的细胞或者抑制病毒繁殖；T细胞与B细胞协同作用，一起杀死病原微生物。

②体液免疫：主要由B细胞完成。抗原刺激B细胞，使其转变为有免疫活性的浆细胞，进而产生并分泌多种与抗原相对应的抗体。B细胞内富含的粗面内质网合成蛋白质旺盛。抗体与相应的抗原发生免疫反应，进而中和、沉淀、凝集或溶解抗原，以消除其对抗体的有害作用。

（6）嗜酸性粒细胞功能：一般情况下，嗜酸性粒细胞只占白细胞总数的3%，但若发生过敏反应或者寄生虫病时，其数量会显著增加，如发生裂体吸虫病时，该类细胞数量所占比例可高达90%。这类细胞吞噬细菌的能力较差，但吞噬抗原-抗体复合物的能力较强。另外，这类细胞还能制约嗜碱性粒细胞和肥大细胞在过敏反应中的作用。

（7）嗜碱性粒细胞功能：嗜碱性粒细胞的颗粒内含有组织胺、肝素等物质。肝素具有抗凝血作用，而组织胺能够改变毛细血管的通透性。机体发生过敏反应与这些物质相关。嗜碱性粒细胞在结缔组织和黏膜上皮时被称为肥大细胞，其结构和功能与嗜碱性粒细胞相似。

（三）血小板

血小板（blood platelet，PLT）是哺乳动物血液中的有形成分之一，是最小的血细胞，它是从骨髓成熟的巨核细胞胞浆裂解脱落下来的活细胞。人类血小板的形状不规则，有质膜，没有细胞核，一般呈圆形，体积比白细胞和红细胞小，成年人血液中血小板数量为（100~300）×10^9个/L。血小板具有特定的形态结构和生化组成，在正常血液中血小板的数量较恒定。血小板在止血、血栓形成、炎症反应及器官移植排斥等生理和病理过程中都起着重要的作用。但是若血小板形成的血栓过多，则血液流动较困难。犬血小板为形状不规则的原生质小体，在血液图片中多聚集成群，每一块血小板中央呈紫红色，周缘部着色淡蓝。其主要作用为参与止血和凝血。

1. 血小板的生理特性

（1）黏附：血管内皮细胞受损时，血管内皮下胶原暴露，血浆中vW因子首先与胶原纤维结合，导致vW因子变构，血小板膜上的GPIb（糖蛋白）与变构的vW因子结合，从而使血小板黏附于内皮下组织。

（2）释放：血小板受刺激后将储存在致密体、α-颗粒或溶酶体内的物质排出，主要有ADP、ATP、血栓素A2、5-羟色胺、内皮素等，后者可进一步促进血小板活化、聚集，加速止血过程。

（3）聚集：血小板与血小板之间相互黏着，形成血小板止血栓。

（4）收缩：与血小板中的收缩蛋白有关。血小板活化后，胞质内 Ca^{2+} 浓度增高可引起血小板的收缩反应，使血凝块回缩。

（5）吸附：血小板表面可吸附血浆中多种凝血因子。如果血管内皮破损，随着血小板黏附和聚集于破损的局部，可使局部凝血因子浓度升高，有利于血液凝固和生理性止血。

2. 血小板的参数

血小板计数的正常值为（100～300）×10^9 个/L。血小板减少可引起出血时间延长，应激状态可发生出血。如果血小板计数>50×10^9/L，表明血小板功能正常，手术过程不至于出现明显出血。当血小板计数<20×10^9/L 时，需要预防性输入血小板。人与常用实验动物血细胞数见表 3-5。

3. 血小板的功能

血小板具有重要的保护机能，主要包括生理性止血、凝血功能、纤维蛋白溶解、维持血管壁的完整性等。血小板生理功能的实现与其具有黏附、聚集、释放、吸附和收缩等生理特性密切相关。

（1）参与生理性止血：生理性止血是指小血管损伤出血后能在很短时间内自行停止出血的过程。血小板在此过程中释放缩血管物质（如 5-羟色胺、儿茶酚胺等），促进受伤血管收缩，减少出血；在损伤的血管内皮处黏附、聚集、填塞损伤处以减少出血。同时释放参与血液凝固的物质，并通过血小板收缩蛋白使血凝块紧缩，形成坚实的血栓，堵塞在血管损伤处，起到持久止血的作用。

（2）参与凝血：血小板内含有多种凝血因子，如血小板第 3 因子（PF3）、血小板第 2 因子（PF2）、血小板第 4 因子（PF4）等。其中，PF3 在凝血过程中起着重要的作用。PF2 提供的磷脂表面是许多凝血因子进行凝血反应的重要场所，并加速了反应的过程。PF2 促进纤维蛋白原转变为纤维蛋白单体。PF4 则有抗肝素作用，有利于凝血酶的生成并加速凝血。

（3）参与纤维蛋白溶解：血小板对纤维蛋白的溶解过程既有促进作用，又有抑制效应。在纤维蛋白形成前，血小板释放抗纤溶物质（PF6 等），可以抑制纤溶过程、促进止血。血栓形成晚期，随着血小板解体和释放反应增加，一方面，释放纤溶酶原激活物，直接参与纤维蛋白溶解；另一方面，释放 5-HT、组胺、儿茶酚胺等物质，刺激血管壁释放纤溶酶原激活物，间接参与纤维蛋白溶解，使血凝块溶解，血流重新畅通。

（4）维持血管内皮细胞的完整性：血小板可黏附在血管壁上，填补于内皮细胞间隙或脱落处，并可融入内皮细胞，起到修补和加固作用，从而维持血管内皮细胞的完整和降低血管壁的脆性。

第四节 生理性止血

生理性止血是指小血管损伤，血液从血管内流出数分钟后出血自行停止的现象，用出血时间表示，反映生理止血功能的状态。具体方法是用一个采血针刺破耳垂或指尖使血液流出，然后测定出血延续时间。正常人出血时间为 1～3min。

一、生理性止血的基本过程

生理性止血主要包括血管收缩、血小板血栓形成和血液凝固三个过程。

（一）血管收缩

生理性止血首先表现为受损血管局部和附近的小血管收缩，使局部血流减少。若血管破损不大，可使血管破口封闭，从而制止出血。引起血管收缩的原因有：①损伤性刺激反射性使血管收缩；②血管壁的损伤引起局部血管肌源性收缩；③黏附于损伤处的血小板释放 5-HT、TXA2 等缩血管物质，引起血管收缩。

（二）血小板血栓的形成

血管损伤后，由于内皮下胶原的暴露，1～2s 内即有少量的血小板黏附于内皮下的胶原上。局部受损红细胞释放的 ADP 和局部凝血过程中生成的凝血酶均可使血小板活化而释放内源性 ADP 和 TXA2，进而促进血小板发生不可逆聚集，使血流中的血小板不断地聚集、黏着在已黏附固定于内皮下胶原的血小板上，形成血小板止血栓，从而将伤口堵塞，达到初步的止血作用。

（三）血液凝固

血管受损也可启动凝血系统，在局部迅速发生血液凝固，使血浆中可溶性的纤维蛋白原转变成不溶性的纤维蛋白，并交织成网，以加固止血栓，称为二期止血。最后，局部纤维组织增生，并长入血凝块，达到永久性止血。

二、生理性止血的调节

血浆与组织中直接参与血液凝固的物质，统称为凝血因子。目前已知的凝血因子主要有 14 种，其中按国际命名法以发现的先后顺序用罗马数字编号的有 12 种（表 3-7），即凝血因子 I～XIII（其中因子 VI 已不再被视为一个独立的凝血因子）。此外还有前激肽释放酶（PK）、高分子激肽原（HK）等。

凝血因子的特点：

（1）除因子 IV（Ca^{2+}）和血小板磷脂外，其余的凝血因子均为蛋白质。

（2）除因子 III（又称组织因子，tissue factor，TF）由组织损伤释放外，其余的凝血因子均存在血浆中，而且多数在肝脏中合成，故肝病时常伴凝血功能障碍。

（3）因子 II、IX、VII、X 的合成过程中需要维生素 K 的参与，又称为维生素 K 依赖因子。故当维生素 K 缺乏时，这些因子的合成将受到影响，凝血过程发生障碍。

（4）正常情况下这些有酶活性的凝血因子是以无活性的酶原形式存在，必须通过其他酶的有限水解而暴露或形成活性中心后，才具有酶的活性，这一过程称凝血因子的激活。

（5）因子 VII 以活性型存在，但必须有因子 III 同时存在才起作用。

（6）因子 III、V、VIII 和 HK 在凝血反应中起辅助因子（非酶促）作用。

表 3-7　凝血因子

因子	同义名称	合成部位
I	纤维蛋白原（fibrinogen）	肝脏
II	凝血酶原（prothrombin）	肝脏
III	组织因子（tissue factor）	内皮细胞和血小板
IV	钙离子（Ca^{2+}）	
V	前加速素（proaccelerin）	内皮细胞和血小板
VII	前转变素（proconvertin）	肝脏
VIII	抗血友病因子（antihemophilic factor；AHF）	肝脏
IX	血浆凝血激酶（plasma thromboplastic component；PTC）	肝脏
X	斯图亚特因子（Stuart factor）	肝脏
XI	血浆凝血酶前质（plasma thromboplastin antecedent，PTA）	肝脏
XII	接触因子（contact factor）	肝脏
XIII	纤维蛋白稳定因子（fibrin stabilizing factor）	肝脏、血小板
HK	高分子质量激肽原（high molecular weight kininogen，HK）	肝脏
PK	前激肽释放酶（prekallikrein，PK）	肝脏

第五节 人类及常用实验动物血型系统

一、人类

1902 年，奥地利病理学家、免疫学家卡尔·兰德斯泰纳提出了血液具有不同的类型。人类血型系统的分类主要是依据人的红细胞表面同族抗原的差别。根据人类红细胞所含凝集原的不同将血液划分成多种类型，故称血型。不同血型人的红细胞与另一人的血清混合时，红细胞会黏附聚集在一起，产生凝集反应，导致红细胞受损害发生溶血。人类的血型有许多种，每一种血型都由遗传因子决定，具有免疫学特性。1902 年，卡尔·兰德斯泰纳宣布了 20 世纪医学上最重要的发现之一，即 ABO 血型。兰德斯泰纳经过长期的思考提出，受血者出现死亡的原因会不会是输血人的血液与受血者身体里的血液混合产生病理变化。1900 年，他用 22 位同事的正常血液交叉混合，发现红细胞和血浆之间发生反应，也就是说某些血浆能促使另一些人的红细胞发生凝集现象，但也有的不发生凝集现象。于是他将 22 人的血液实验结果编写在一个表格中，通过仔细观察这份表格，终于发现了人类的血液按红细胞及血清中的不同抗原和抗体分为许多类型，于是他把表格中的血型分成 A、B、O 三种。不同血型的血液混合在一起就可能发生凝血、溶血现象，这种现象如果发生在人体内，就会危及人的生命。1927 年，其发现了第二种和第三种血型，即 MN 血型和 P 血型。1940 年，卡尔·兰德斯泰纳和威纳用猕猴的红细胞免疫兔或豚鼠，发现所得血清可凝集约 85% 人的红细胞，这样的人称为 Rh 阳性，红细胞不被凝集的人为 Rh 阴性。使用最广泛的血型系统为 ABO 血型，血型分为 A、B、AB、O 四型；其次为 Rh 血型系统，主要分为 Rh 阳性和 Rh 阴性；再次为 MN 及 MNS 血型系统。1940 年，在我国，Rh 阴性血型大约有 0.3‰～0.4‰。Rh 阴性 A 型、B 型、O 型、AB 型的比例是 3∶3∶3∶1。据目前国内外临床检测，发现人类血型有 30 余种之多。1958 年，Dausst 确立了第一个白细胞抗原（Mac），即 HLA-A2。随后提出了白细胞血型又称 HLA 系统，存在于人类白细胞膜上，是一类同种抗原个体差异构成的最复杂的显性遗传多态性系统，包括 HLA-A、HLA-B、HLA-C、 HLA-DQ、HLA-DR、HLA-DP 等座位，其基因座位于人类 6 号染色体短臂，是迄今为止人类基因组中基因密度最高的区域。HLA 系统在免疫应答、免疫调节和移植免疫中发挥重要作用。

二、小鼠

20 世纪 30 年代，Gorer 在鉴定近交系小鼠血型抗原时曾发现 4 组红细胞抗原，命名为抗原Ⅰ、Ⅱ、Ⅲ和Ⅳ。Kiering 于 1981 年按其功能将 MHC 基因座分为 4 类：Ⅰ类座编码的分子称为Ⅰ类分子，即 K、D 和 L 分子；Ⅱ类座编码的分子称为Ⅱ类分子，即 Ia 抗原；Ⅲ类座编码的分子称为Ⅲ类分子（包括血清因子、补体分子及 TNF 等）；Ⅳ类座位于 D 座右侧，是否属于 H-2 复合体尚未确定，但与 H-2 连锁，它包括 Tla 座和 Qa 座，其编码的分子称为Ⅳ类分子（Tla 分子和 Qa 分子）。

三、兔

兔有特殊的血型和唾液型。根据血细胞型凝集素的有无，兔可分为 4 个血清型，即 α′、β′、α′β′、O。α′、α′β′血清型易产生人血细胞 A 型抗体，而 β′、O 血清型易产生人血细胞 B 型抗体。兔的唾液已确认有两型：易获得人血细胞 A 型物质者称为排出型；不易获得人血细胞 A 型物质者称为非排出型。唾液中有无 A 型物质与 A 型抗体产生能力有密切关系，欲使之产生 A 型抗体，应选用非排出型中的 α′、α′β′血清型兔。

四、犬

犬有 5 种血型，即 A、B、C、D、E 型。只有 A 型血（具有抗原）能引起输血反应，其他 4 种血型则可以任意供各种血型的犬受血，包括 A 型血犬在内，无输血反应，可以进行交叉输血，仅有凝集作用，无溶血作用。

第六节　血液系统疾病常用动物模型

一、缺铁性贫血动物模型

缺铁性贫血（iron deficiency anemia，IDA）是体内用来合成血红蛋白（HGB）的储存铁缺乏，HGB合成减少而导致的小细胞低色素性贫血，主要发生于以下情况：①铁需求增加而摄入不足，见于饮食中缺铁的婴幼儿、青少年等；②铁吸收不良，见于胃酸缺乏、小肠黏膜病变、肠道功能紊乱、胃空肠吻合术后等；③铁丢失过多，见于反复多次小量失血，如月经过多等。

造模的动物主要是 SD 大鼠，机制是予以大鼠低铁饲料、多次少量放血法。低铁饲料一般参照美国公职分析化学师协会（AOAC）推荐的低铁饲料配方配制：脱脂奶粉 500g/kg，甲硫氨酸 2g/kg，氯化胆碱 2g/kg，玉米油 50g/kg，混合维生素（AIN-76）10g/kg，混合无机盐（AIN-76，不加铁盐）35g/kg，纤维素 5g/kg，葡萄糖 396g/kg。采用 EDTA 浸泡处理以去除饲料中的铁，饲料中的含铁量是诱导 SD 大鼠形成缺铁性贫血模型的关键。另外，建模时一般采用去离子水作为动物饮水，以排除饮水中铁离子的影响。少量多次放血主要用于模拟反复多次小量失血导致的铁丢失，还可以加速贫血的形成。放血一般在低铁饲料饲喂 2 周后进行，常用尾静脉放血法，每次 1～1.5ml，2 次/周。

二、再生障碍性贫血动物模型

再生障碍性贫血（aplastic anemia）系多种病因引起的造血系统退行性变，红骨髓总容量不断减少，黄骨髓不断增加，造血衰竭，以全血细胞减少为主要表现的一组综合征。目前主要选取的动物是小鼠，选取的方法有化学方法、物理方法及自发性动物模型。化学方法主要是利用白消安对骨髓的选择性抑制作用，一次性超致死剂量给药或者多次小剂量给药，均可导致造血干细胞、骨髓微环境的抑制，形成再障。该模型小鼠出现进食及饮水量减少、体重减轻，并出现脱水及血液浓缩现象，血小板低于 $30×10^9$ 个/L时易出现内脏出血。出现血细胞减少和骨髓有核细胞降低，建模稳定，实验动物存活率高。化学诱导法将马利兰用蒸馏水配成 0.05% 混悬液，给小鼠灌胃，马利兰可使模型动物造血干细胞受到损伤，使造血干细胞数量明显减少，且自然恢复较慢，本模型适用于对再生障碍性贫血药物治疗及药物筛选方面的研究。复合诱导法多是两种药物联合或者药物与物理射线联合，其中环磷酰胺与甲苯联合的 AA 模型动物表现为：全血细胞减少，网织红细胞减少，骨髓造血干细胞减少，非造血细胞成分增多，脾脏萎缩、出血、感染等，与临床上人类再生障碍性贫血症状有相似之处，可用于人类再生障碍性贫血的发病机制、药物治疗及药物筛选方面的研究。

杂交猫具有较高的自发性再生障碍性贫血的发生率，选不同种属的猫进行杂交，其幼崽用于再障模型的筛选。此类动物模型的主要表现为乏力、嗜睡、体重下降，突出表现为贫血，可伴有淋巴结和肝脾大，外周血细胞减少，骨髓造血细胞增殖能力减弱。

三、溶血性贫血动物模型

溶血性贫血（hemolytic anemia）是指红细胞破坏速度超过骨髓造血代偿功能时所引起的一组贫血，具体发生机制有内在缺陷（如红细胞膜缺陷）、血红蛋白结构或生成缺陷、红细胞酶的缺陷，以及受到化学、物理、生物及免疫性因素等外来因素影响。目前，溶血性贫血最经典的一种造模方法就是运用乙酰苯肼（APH）诱发，APH 可引起骨髓造血干细胞生长发生变化，促使其从骨髓向脾脏转移，而在代偿期出现骨髓血细胞增多。红细胞因中毒加速破坏，而骨髓造血功能又代偿不足，从而导致贫血，白细胞和网织红细胞急剧增多。使用 APH 制作溶血性贫血是较经典的方法。

近年又出现运用基因打靶、转基因等技术制作该模型，国内应用不广泛，并且程序比较烦琐、耗时多。可用来制作模型的实验动物包括小鼠、大鼠、兔等。本模型表现的临床症状及血象、血细胞生化指标与临床上人类的溶血性贫血基本相似，用 APH 致溶血性贫血的动物模型是研究人类溶血性贫血的较理想模型。另外，斑马鱼幼鱼的光学透明性和小体积的特点，使其成为体内成像和药物开发的最佳模型。目前，还可以通过阿司匹林等药物对斑马鱼进行造模。

四、急性淋巴细胞白血病动物模型

急性淋巴细胞白血病是一种进行性恶性疾病，其特征为大量的、类似于淋巴母细胞的未成熟白细胞，其正常造血功能受到抑制，表现为贫血、血小板减少和粒细胞减少，同时可出现髓外浸润的表现。

（一）白血病病毒诱发小鼠模型

运用白血病病毒诱发小鼠，最经典的是 1965 年由中国医学科学院血液研究所用津 638 病毒诱发的昆明小鼠白血病组织的无细胞提取液，皮下注射给新生 615 小鼠，经 81 天潜伏期，取一只患白血病小鼠，用生理盐水制备脾细胞悬液（25%），皮下注射给 4 只成年 615 小鼠，均发生白血病，平均存活时间为 29.7 天。以患病小鼠的脾脏为瘤源，在 615 小鼠连续移植传代，能百分之百发病，且存活时间逐渐缩短，达 30 代后建成稳定的白血病模型，称 L615 白血病。L615 T 细胞白血病小鼠的脾细胞悬浮体外培养还建立了 L615 T 细胞白血病细胞系，可在体外长期传代培养，亦可长期冷冻保存备用。L615 T 细胞白血病小鼠是用于人类 T 细胞白血病发病机制、药物筛选及药效、预后等研究很好的动物模型。

（二）化学诱导小鼠模型

该模型是将环磷酰胺注射入小鼠腹腔，之后收集处于对数生长期的 Nalm-6 细胞，调整细胞密度将其注入小鼠尾静脉，观察小鼠症状，以后肢出现瘫痪为发病标准。Nalm-6 是急性人 B 淋巴细胞系白血病细胞株，在普通的 RMPI-I640 培养基中容易生长，繁殖快，恶性程度高，能引起弥散性疾病，可移植入裸鼠或 SCID 小鼠。该模型小鼠尾静脉注射肿瘤细胞（19.4±0.55）天后，后肢行动迟缓，而且迅速发展为双后肢瘫痪，随着病情进展，小鼠严重消瘦，体重从发病前的 19.8g 下降到 12.7g，并伴有脊柱侧弯、弓背，呈恶病质，直至死亡。与正常小鼠组织切片相比，白血病小鼠的多个脏器有肿瘤细胞浸润，细胞呈团块状生长，形成结节。该模型可用于抗体治疗、分子靶向治疗及其作用机制的前期实验研究。

五、急性非淋巴细胞白血病动物模型

（一）急性粒-单核细胞白血病小鼠模型

急性粒-单核细胞白血病以骨髓和（或）外周血中同时出现原始髓系细胞分化而来的原幼粒系和单核系两种幼稚细胞为特征。与同龄、同体重正常的 BALB/c 小鼠比较，该模型在移植 1~3 代后，每根股骨骨髓有核细胞计数减少 50%左右，分类计数发现 40%~50%的粒细胞和单核细胞是大的嗜碱性粒细胞，而小淋巴细胞及有核红细胞所占比例明显减少。该模型为人类单核细胞白血病和急性粒-单核细胞白血病的研究提供了一个有用的实验动物模型，已用于体外琼脂培养中正常造血细胞集落形成与白血病细胞集落形成的比较研究，也可用于体内脾集落形成的研究。

（二）慢性粒细胞白血病小鼠模型

建立人慢性粒细胞白血病动物模型的方法主要有三种，包括用慢性粒细胞白血病细胞种植免疫缺陷鼠（SCID 或 NOD/SCID）、用表达 P210bcr/abl 逆转录病毒的载体转染小鼠骨髓细胞并移植入正常鼠体内和构建 bcr/abl 转基因鼠。转入 GM-CSF 基因的 SCID 小鼠体内 6 周后，CML 细胞数量可达到高峰。P210bcr/abl 逆转录病毒载体转染小鼠骨髓细胞并移植正常鼠之后，外周血白细胞显著增多，脾大，bcr/abl 融合蛋白大量表达。但用这种方法构建的 CML 动物模型与人 CML 还有一些差异，如大多数 CML 模型鼠往往短期内迅速死亡，没有经历类似于人 CML 的慢性期，肺部出血现象很明显，这在人类 CML 很少见。bcr/abl 转基因小鼠的粒细胞异常增生、高血小板血症，经一定时间后，部分转基因鼠发生骨髓增殖综合征，部分表现为急性白血病。

参 考 文 献

蔡学瑜, 陈志哲. 2007. 同种移植性小鼠白血病模型的建立及应用. 医学综述, 13(16): 1222-1225.

陈守良. 2012. 动物生理学. 4 版. 北京: 北京大学出版社: 105-117.

郭顺根. 2013. 组织学与胚胎学. 2 版. 北京: 人民卫生出版社: 50-58.

李永念, 杨占秋, 刘建军, 等. 2001. L6565 小鼠白血病病毒诱发小鼠白血病. Virologica Sinica, 16(3): 486.

秦川. 2010. 实验动物学. 2 版. 北京: 人民卫生出版社: 38-45.

施新猷. 1989. 医用实验动物学. 西安: 陕西科学技术出版社: 471-479.

宋艳秋, 刘敏, 李薇, 等. 2007. K562/NOD-SCID 小鼠白血病模型的建立. 中国实验血液学杂志, (1): 16-19.

苏攀柯. 2017. 再生障碍性贫血模型建立及鉴定. 河南医学研究, (15): 2694-2696.

孙婷婷, 徐文瑞, 祝晓玲. 2012. 再生障碍性贫血动物模型研究概况. 中药药理与临床, (2): 190-192.

徐明. 2008. 犬解剖生理学. 北京: 中国人民公安大学出版社: 133-138.

杨林承, 何艺磊, 李卫东. 2014. 白血病动物模型研究进展. 中国临床药理学与治疗学, 19(12): 1416-1421.

杨秀平, 肖向红, 李大鹏. 2016. 动物生理学. 3 版. 北京: 高等教育出版社: 243-244.

朱大年, 王庭槐. 2013. 生理学. 8 版. 北京: 人民卫生出版社: 55-83.

左明雪. 2015. 人体及动物生理学. 4 版. 北京: 高等教育出版社: 172-200.

（胡　敏）

第四章 血液循环

第一节 概　　述

人循环系统（circulation system）是个相对封闭的管道系统，包括起主要作用的心血管系统（cardiovascular system）和起辅助作用的淋巴系统（lymphatic system）。在整个生命活动过程中，心脏不停地跳动，推动血液在心血管系统内循环流动，从而完成体内的物质运输和代谢产物的排泄。通过血液循环，机体把内分泌细胞分泌的各种激素及生物活性物质运送到相应的靶器官，实现机体的体液调节。内脏和骨骼肌等产生的热量，依赖于血液循环运送到肺和体表以实现体温调节。淋巴系统由淋巴管、淋巴液和淋巴器官组成，外周淋巴管收集部分组织间液，淋巴液沿淋巴管向心流动汇入静脉。

第二节　循环系统功能和调节

一、循环系统的演化与构成

循环系统从无到有的演化反映了动物由低等到高等、结构由简单到复杂的发展过程。单细胞的原生生物如变形虫和草履虫，细胞表面直接与外环境（水）接触，从水中摄取食物和氧，向水中排出代谢废物。这些原生动物通过变形运动或纤毛运动改变自身的位置，便于摄取养料和排除废物。物质进出细胞主要靠扩散，进入细胞后在胞内靠扩散和原生质流动分配到细胞各部分。多细胞动物体内没有类似高等动物的循环系统，其中，海绵动物没有循环系统，但开始有水管系统，腔内壁上有许多漏斗细胞，这种细胞上的鞭毛一起摆动，驱使海绵周围的水经由孔细胞的小孔进入海绵腔，从出水口排出时，从水流中获得食物和氧，同时向水流排出代谢废物。腔肠动物也没有循环系统，但有胃水管系统，这个系统既有消化机能，还有运输机能。水母、珊瑚虫等的胃水管系统的管壁上有许多纤毛，纤毛的运动使水在特殊的管道中流动，把食物和氧运到身体各处，不能消化的残渣和代谢废物也随着水流由胃水管系统排出。

多细胞动物发展到更高阶段才出现具有管道的、输送体液的循环系统。循环系统又分为开放式和封闭式两种类型。无脊椎动物中的绝大多数节肢动物、许多软体动物及海鞘类是开放式循环系统。节肢动物的开放式循环系统没有毛细血管，也没有静脉，血液由心脏泵出，经过动脉进入开放的体液腔（血腔）。血腔实际上是内脏器官之间的空隙，各个细胞浸浴于血液之中，没有毛细血管把血液与细胞外液分隔开，所以开放式循环系统具有以下几个特点：低压力、无持续压力、器官血流量的微小调节和回心速度慢。脊椎动物、某些环节动物、软体动物的头足类、某些棘皮动物等具有封闭式循环系统，即具有一套连续的血管系统，包括心脏、动脉、毛细血管、静脉，以及血液在这套管道中的循环。

心血管系统演化发展的另一个标志是驱动血液循环的特殊肌肉器官的逐步形成，这种特殊的肌肉器官就是心脏。环节动物及低等脊索动物中没有真正的心脏，只有由肌肉壁构成的能搏动的血管（有时叫心耳）。在演化过程中出现了中空的、能搏动的肌肉器官，即心脏。两栖动物用肺呼吸，除了体循环外，还有经过肺的肺循环。爬行动物如高等爬行动物中的鳄鱼的心脏进一步发展，出现了四个腔的心脏、完全独立的肺循环和体循环。鸟类和哺乳动物的心房及心室都完全分为左、右两个，肺动脉与大动脉完全分开，肺动脉与右心室相连，大动脉与左心室相连，两种血液不再混合。所以，大动脉中全是含氧量高的血，各种组织能得到更多的氧，使代谢活动的水平提高。鸟类和哺乳动物是恒温动物，这也与血液循环系统更为完善有关。

人的循环系统由心脏、血管和存在于心脏、血管内的血液组成。心脏是主要由心肌组织构成并具有瓣膜结构的腔室器官，分为左心房、右心房、左心室和右心室四个腔。血管部分由动脉、毛细血管和静脉组成。动脉和静脉管壁从内向外依次为内膜、中膜和外膜。内膜由内皮细胞和内皮下层组成。中膜主要由血管平滑肌、弹性纤维及胶原纤维三种成分组成。外膜是包裹在血管外层的疏松结缔组织，其中除弹性纤维、胶原纤维外，还含有多种细胞。血液循环可细分为体循环和肺循环。由左心室射入主动脉的血液，流经全身各器官后再返回右心房，称为体循环。由右心室射入肺动脉的血液，进入肺内进行气体交换后返回左心房，称为肺循环。哺乳动物循环系统的组成基本相同，两房两室，仅保留左体动脉弓，左心房和左心室间有二尖瓣，右心房和右心室之间有三尖瓣，完全双循环。鸟类循环系统组成包括两房两室，仅保留右体动脉弓，完全双循环。爬行动物循环系统组成包括两心房一心室，静脉窦退化，动脉圆锥消失，心室出现不完全分隔，仍为不完全的双循环（其中鳄类出现左右心室，但左右动脉弓基部存在"潘氏孔"，血液混合度较少）。两栖类心脏由两心房一心室、静脉窦和动脉圆锥构成，为不完全的双循环。鱼类心脏由一心房一心室、静脉窦和动脉圆锥构成，单循环。

二、心脏的泵血功能及其机制

心脏的节律性收缩和舒张对血液的驱动作用称为心脏的泵功能或泵血功能，是心脏的主要功能。心脏收缩时将血液射入动脉，并通过动脉系统将血液分配到全身组织。心脏舒张时则通过静脉系统使血液回流到心脏，为下一次射血做准备。左右心室的泵血过程相似，而且几乎同时进行。

（一）心动周期及心率

心脏的一次收缩和舒张构成的一个机械活动周期，称为心动周期（cardiac cycle）。在一个心动周期中，心房和心室的机械活动都可分为收缩期（systole）和舒张期（diastole）。

心动周期时程的长短与心率有关。心率（heart rate，HR）为每分钟心跳的次数。正常成年人平均心率为 75 次/min，则每个心动周期历时 0.8s，其中心房收缩期 0.1s，舒张期 0.7s；心室收缩期 0.3s，舒张期 0.5s（图 4-1）。舒张期心脏做功少，耗能低，有利于心脏休息；心室舒张期长还有利于静脉回流和心室充盈，心室充盈充足才能保证正常的射血。不论是心房还是心室，其舒张期均长于收缩期。心室舒张的前 0.4s 期间，由于心房也处于舒张期，称为全心舒张期。

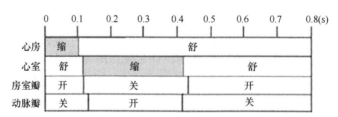

图 4-1　心动周期中心房和心室活动的顺序与时间关系

在一个心动周期中，心房与心室的收缩活动先后进行，而左右两侧心房或两侧心室的活动则同步进行。由于心室在心脏泵血中起主要作用，故通常心动周期指心室收缩和舒张活动的周期，分为心缩期和心舒期。心率加快时，心缩期和心舒期均相应缩短，但心舒期缩短更明显。如果心率过快，则心脏工作时间延长，而休息和充盈的时间相应缩短，这对心脏泵血将造成不利影响。

由于人和哺乳动物的血液循环方式是生物演化发展的后果，所以高等爬行动物之间的心率差异较大，心跳最快的动物是蜂鸟（平均为 500 次/min），最慢的动物是鲸鱼（平均 10 次/min）。表 4-1 总结了常用实验动物心率的数值。

表 4-1 常用实验动物的心率（田嶋嘉雄，1989）

常用实验动物	心率/（次/min）
小鼠	310~840
大鼠	261~600
豚鼠	260~400
兔	123~304
犬	100~130
猫	110~140
猕猴	15~240

（二）心脏泵血过程

体循环和肺循环的泵血分别由左、右心室承担。体循环血压高、阻力大，因此左心室壁厚、收缩力强、室内压高；而肺循环血压低、血流阻力小，因此右心室壁薄、收缩力弱、室内压低。但是，两心室泵血过程相似，几乎同时进行。现以左心室为例，说明心脏泵血的过程和机制。

1. 心室收缩期

心室收缩期（period of ventricular systole）可分为等容收缩期、快速射血期和减慢射血期三个时期。

（1）等容收缩期：在心房收缩期后，心室开始收缩，室内压立即升高，当室内压超过房内压时，推动房室瓣关闭，因此血液不会倒流入心房；但此时的室内压仍低于主动脉压，动脉瓣处于关闭状态，心室容积不变，故称为等容收缩期（period of isovolumic contraction），约持续 0.05s。此期心室收缩使室内压急剧升高，是心动周期中室内压上升速率最快、幅度最大的时期。在高血压或心肌收缩力减弱时，等容收缩期将延长。

（2）射血期：心室持续收缩，室内压不断上升，当室内压高于主动脉压时，动脉瓣开放，血液射入主动脉，等容收缩期结束，进入射血期（period of ventricular ejection）。射血期又可因为射血速度的快慢而分为两期。

2. 心室舒张期

心室舒张期（period of ventricular diastolic）可分为等容舒张期和心室充盈期，心室充盈期又可分为快速充盈期和减慢充盈期，也包括心房收缩期在内。

3. 心房收缩期

在心室减慢充盈期的最后 0.1s，心房开始收缩，进入心房收缩期（period of atrial systole）。此时房室瓣仍处于开放状态，血液继续不断由静脉流入心房，再由心房流入心室，因此心室在原有基础上进一步充盈，至心房收缩期末心室内容积达最大水平。心房收缩力量较弱，仅可使心室充盈量增加25%左右。

总的来说，在一个心动周期中，随着心房、心室的收缩和舒张，出现了一系列心房内和心室内压力的变化，以及心脏瓣膜的开放和关闭。心脏瓣膜的开放和关闭，限定了血流方向，保证血液按一定方向流动。而瓣膜的开闭是由瓣膜两侧压力差所决定的，这主要取决于心室的舒缩活动。

三、心脏泵血功能的基本评价指标

心脏的主要功能是泵血，其泵血功能是否正常，意味着在单位时间内心脏是否输出足够的血量来满足机体各器官组织代谢的需要。对心脏泵血功能的评价指标是衡量心脏功能的基本指标。常用的心脏泵血功能评价指标主要有以下几种。

（一）每搏输出量与射血分数

一次心跳一侧心室收缩所射出的血液量，称为每搏输出量（stroke volume），简称搏出量。搏出量=心室舒张末期容积（ventricle end-diastolic volume，VEDV）－心室收缩末期容积（ventricle end-systolic volume，VESV）。安静状态下，健康成年人搏出量约为70ml。搏出量所占心室舒张末期容积的百分比，称为射血分数（ejection fraction，EF）。

$$射血分数 = \frac{每搏输出量(ml)}{心室舒张末期容积(ml)} \times 100\%$$

健康成年人心室舒张末期容积增大时，搏出量也相应增多，射血分数基本不变，为55%～65%。

（二）每分输出量与心指数

一侧心室每分钟射出的血液量，称为每分输出量，或称心输出量（cardiac output）。左右两侧心室的心输出量相等。心输出量等于搏出量与心率的乘积。心输出量与新陈代谢水平相适应，可以因性别、年龄及其他生理状况的不同而不同。

心输出量是以个体为单位计算的，但身材不同的人，新陈代谢总量并不相等，因此，单纯用心输出量的绝对值作为指标进行不同个体之间心功能的比较是不够全面的。调查资料表明，基础代谢率一样，人体静息时的心输出量不与体重成正比，而是与体表面积成正比。因此提出一个常用的心功能评价指标——心指数（cardiac index），即每平方米体表面积的心输出量。

（三）心脏做功量

心脏消耗的能量一是用于完成离子跨膜主动转运、产生兴奋、启动收缩、维持心壁张力和克服心肌组织内部黏滞阻力，所消耗的能量最终转化为热能释放；二是用于产生和维持室内压力并推动血液流动，即做功。心脏做功所释放的能量转化为压强能和血流的动能，血液才能循环流动。一侧心室一次收缩所做的功，称为每搏功，简称搏功（stroke work）。一侧心室每分钟所做的功，称为每分功，简称分功（minute work）。

四、影响心输出量的因素

动物在长期的进化过程中，发生和发展了一套逐渐完善的循环调节系统，使循环功能适应于不同生理状况下新陈代谢的需要，并在神经和体液机制调节下实现，以下主要阐述心脏本身控制心输出量的因素和机制。

（一）前负荷

前负荷（preload）是指心室收缩之前所遇到的负荷。在组织形态学上心肌与骨骼肌相似，在一定范围内增加心肌前负荷，心肌初长度增加，心肌收缩力增强，从而使搏出量增多，这一现象称为斯塔林方程（Starling equation）。心室舒张末期容积越大，即心室舒张末期充盈量越多，则心肌初长度越长。心室舒张末期充盈量主要受静脉回心血量和心室射血后剩余血量的影响，且以前者为主。当静脉回心血量增多时，心室舒张末期容积增大，心肌初长度增加，根据Starling定律，心肌收缩力增强使搏出量增多。这种调节不需要神经或体液因素参与，属于心肌的异长自身调节（heterometric autoregulation）。异长自身调节的主要生理意义是对搏出量的微小变化进行精细调节，使心室射血量与静脉回心血量之间保持平衡，从而使心室舒张末期容积和压力保持在正常范围。

（二）后负荷

心室收缩是面临着大动脉压的阻力进行的，因此心室收缩后所遇到的后负荷（afterload）即大动脉血压。在其他条件不变的情况下，若增加后负荷，即大动脉血压升高，将导致等容收缩期延长，射血期缩短，射血速度减慢，搏出量减少。反之，大动脉血压降低有利于心室射血。在健康人，搏出量的减少可使射血后心室内剩余血量增加，若静脉回心血量不变，则心室舒张末期容积将增大，可通过自身调节使搏出量恢复正常。

（三）心肌收缩能力

人们在进行剧烈运动或强体力劳动时，心输出量可成倍增加，而此时的心室舒张末期容积或动脉血压并不明显增大，即此时心脏收缩强度和速率的增大并不依赖于前、后负荷的改变。心肌不依赖于负荷而改变其力学活动（包括收缩的强度和速度）的内在特性称为心肌收缩能力（myocardial contractility）。心肌细胞兴奋收缩偶联过程中活化的横桥数量和 ATP 酶的活性是影响心肌收缩能力的主要因素。活化的横桥数目多，心肌收缩能力强，心输出量增加；反之，则心肌收缩能力弱，心输出量减少。在相同的前负荷条件下，心交感神经兴奋，儿茶酚胺（包括肾上腺素、去甲肾上腺素）释放增多，胞内 Ca^{2+} 浓度增加，可增强心肌收缩能力；心迷走神经兴奋和乙酰胆碱释放等则可使心肌收缩能力减弱。心肌的这种调节方式与前、后负荷均无关，而是通过调节收缩能力这个内在特性实现的，故称为等长调节（homometric regulation）。

（四）心率

正常成年人安静状态下的心率为 60～100 次/min，平均约 75 次/min。心率可因年龄、性别和不同生理状态而不同。心输出量是搏出量与心率的乘积。心率加快导致心室充盈时间缩短，但回心血量中的绝大部分是在快速充盈期内进入心室的，因此，在一定范围内，心输出量随着心率的加快而增加。但当心率超过 180 次/min 时，由于心室充盈期明显缩短，充盈量和搏出量明显减少，心输出量反而减少；而当心率低于 40 次/min 时，心室充盈已接近最大限度，再延长心舒期也不可能再增加充盈量和搏出量，所以心输出量因心率过慢而减少。总之，心跳频率最适宜时，心输出量最大，心率过快或过慢，心输出量都会减少。

五、心音

心动周期中，由于心肌收缩、瓣膜启闭、血流的流速变化形成涡流、血液冲击心室壁和大动脉壁等引起的振动，都可通过周围组织传到胸壁，借助于听诊器可在胸部特定部位听到声音，即是心音（heart sound）。若用换能器将这些机械振动转换成电信号记录下来便得到心音图（phonocardiogram）。心音发生在心动周期的某些特定时期，其音调和持续时间也有一定的特征。正常人每一心动周期中可以产生 4 个心音，用听诊器一般只能听到第一心音和第二心音。在某些健康儿童和青年人可听到第三心音，40 岁以上的健康人也有可能出现第四心音。

第三节 心脏的电生理学及生理特征

心脏的泵血功能通过节律性的收缩和舒张来实现，而心脏节律性兴奋的发生、传播及收缩与舒张的协调交替活动无不与心脏的生物电活动有关。与神经、骨骼肌相比，心肌细胞动作电位的特点是持续时间长，形态复杂。各部分心肌细胞动作电位及其形成该电位的各种离子流，由于不同细胞的特点而有相当的差异，但其共同特征基本相似。动作电位每个时期均有两种以上的离子流参与。一次动作电位过程包括被动的离子转移和主动的离子转移两个过程。

心脏主要由心肌细胞组成。组成心脏的心肌细胞可大致分为两类；一类是普通心肌细胞，又称工作细胞，包括心房肌和心室肌，这类细胞有稳定的静息电位，主要执行收缩功能；另一类是一些特殊分化的心肌细胞，主要包括窦房结细胞和浦肯野细胞，组成心脏特殊传导系统，这类心肌细胞不仅具有兴奋性和传导性，而且具有自动节律性。另外，根据心肌细胞动作电位去极化的快慢及其产生机制，又可将心肌细胞分为快反应细胞和慢反应细胞。快反应细胞包括心房、心室肌和浦肯野细胞，其动作电位的特点是去极化速度和幅度大，兴奋传导速度快，复极过程缓慢且分成几个时相，因而动作电位时程很长。慢反应细胞包括窦房结和房室结细胞，其动作电位的特点是去极化速度和幅度小，兴奋传导速度慢，复极过程缓慢而没有明确的时相区分。

一、心肌工作细胞的跨膜电位及其产生机制

　　心房肌、心室肌细胞的跨膜电位包括静息电位和动作电位。与神经和骨骼肌细胞类似，离子在心肌细胞膜内外侧分布不均所形成的电化学梯度，驱动相应离子通过细胞膜上特异性离子通道进行跨膜扩散，是心肌细胞跨膜电位形成的基础。心房肌和心室肌细胞的跨膜电位形成机制基本相同，下面以心室肌细胞为例介绍心肌工作细胞跨膜电位及其形成机制（图4-2）。

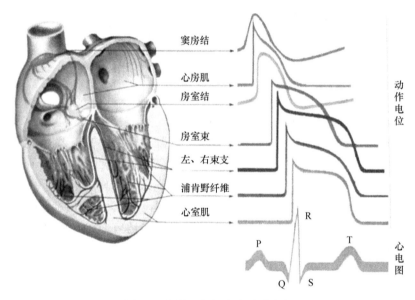

图 4-2　各类心肌细胞的跨膜电位

（一）静息电位及其产生机制

　　心室肌细胞的形成机制与骨骼肌相同，心肌细胞内的 K^+ 浓度比细胞外液高，静息状态下细胞膜对 K^+ 有较高的通透性，而对其他离子的通透性很低。因此，K^+ 向细胞外扩散所达到的平衡电位，为心肌的静息电位（resting potential），人和哺乳动物的心室肌细胞静息电位约 −90mV。工作细胞的静息电位主要由内向整流钾通道（inward rectifier potassium channel，I_{K1} channel）介导，该通道的开放不受电压和化学信号控制，属于非门控通道。静息状态下工作细胞膜对 Na^+ 也有一定的通透性，由钠背景电流（Na^+ background current）和 Na^+ 泵活动引起的泵电流（pump current，I_{pump}），可以抵消一部分 K^+ 外流引起的电位差，因此静息电位值略低于由能斯特方程（Nernst 方程）计算出的 K^+ 平衡电位。

（二）动作电位及其产生机制

　　与骨骼肌类似，当刺激引起膜电位去极到阈电位就产生动作电位。但心肌细胞膜上离子通道种类和数目众多，动作电位形成过程中涉及的离子流远比骨骼肌和神经细胞复杂得多。因此心室肌细胞动作电位（action potential）与神经和骨骼肌细胞差异较大，其特点是时程长（200～300ms）、复极过程复杂。

　　心室肌细胞动作电位通常分为 5 个时期：0 期（去极期）、1 期（快速复极初期）、2 期（平台期）、3 期（快速复极末期）和 4 期（静息期）（图4-3）。

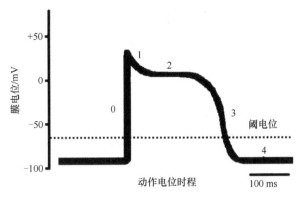

图 4-3 心室肌细胞动作电位示意图

1. 0 期

心室肌细胞在受刺激（起搏点下传的兴奋或适宜的外来刺激）而兴奋时，膜电位从静息时的–90mV迅速上升到+30mV 左右，构成心室肌细胞动作电位的升支，是迅速去极化过程，又称去极化期（depolarization phase）。细胞 0 期历时仅 1～2ms，除极幅度大，约 120mV，除极速度快，可达 800～1000V/s。依据电生理学特征，将心室肌细胞以及具有同样特性的心肌细胞称为快反应细胞，引起的动作电位称为快反应电位，以区别于后面将要介绍的慢反应细胞和慢反应电位。

2. 1 期

0 期后，膜电位由+30mV 迅速下降至 0mV 左右，形成 1 期，也称快速复极初期。1 期历时约 10ms。0 期和 1 期膜电位的变化速度都很快，图形上表现为尖锋状，故把这两部分合称为锋电位（spike potential）。1 期由瞬时外向电流（transient outward current，I_{to}）引起。

3. 2 期

1 期复极达到 0mV 左右之后，复极过程变得非常缓慢，称缓慢复极期。膜电位在 0mV 上下形成一个平台，故又称平台期（plateau phase）。此期持续 100～150ms。平台期是心肌细胞整个动作电位持续时间长的主要原因，也是心肌细胞区别于神经和骨骼肌细胞动作电位的主要特征。平台期的形成是 K^+ 外流和 Ca^{2+} 内流同时存在的结果。

4. 3 期

2 期结束后，细胞膜复极速度加快，过渡为 3 期，膜内电位由 0mV 左右较快地下降到–90 mV，完成复极化过程，故 3 期又称为快速复极末期。3 期历时 100～150ms。3 期的形成是由于 Ca^{2+} 通道失活，Ca^{2+} 内流停止，而 K^+ 外流逐渐增强所致。

5. 4 期

4 期是膜电位复极完毕恢复到静息水平的时期，又称静息期。此期膜内、外各种正离子浓度的相对比例尚未恢复，细胞膜的离子转运机制加强，通过 Na^+-K^+泵、Ca^{2+}泵的活动和 Ca^{2+}-Na^+交换作用将内流的 Na^+ 和 Ca^{2+} 排出膜外，将外流的 K^+ 转运入膜内，使细胞内外离子分布恢复到静息状态水平，从而保持心肌细胞正常的兴奋性。

心房肌细胞与心室肌细胞的动作电位基本相同，不同的是心房肌细胞 I_{K1} 密度低，静息电位的负值较心室肌小；心房肌细胞膜上存在乙酰胆碱敏感的钾通道（acetylcholine sensitive potassium channel，K_{ACh}），I_{to} 较发达，故平台期不明显，复极较快，动作电位的时程较短，150～200ms。

二、心肌自律细胞的跨膜电位及其产生机制

构成特殊传导系统的心肌细胞属于自律细胞。自律细胞跨膜电位的共同特征是在没有外来刺激的条

件下会发生自动的除极化，当除极化达到阈电位水平时，就会产生一个动作电位（图 4-4）。因此，自律细胞没有稳定的静息期，4 期的随时间而递增的自动除极是自律细胞产生自动节律性兴奋的基础。

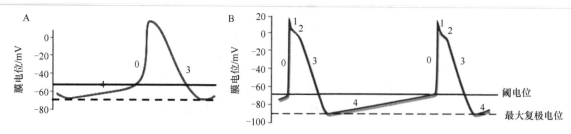

图 4-4　自律细胞的动作电位及发生机制示意图

A. 窦房结细胞；B. 浦肯野细胞

自律细胞 4 期自动除极形成的机制是逐渐增强的净内向电流，使膜电位逐渐除极。这种进行性净内向电流的产生有以下三种可能的原因：①内向电流的逐渐增强；②外向电流的逐渐衰退；③两者兼有。不同类型的自律细胞，构成 4 期自动除极的净内向电流离子本质并不完全相同，除极速度也不同。

（一）窦房结细胞的膜电位和离子基础

动物进化到哺乳动物，其静脉窦已退化，由窦房结作为起搏点。鱼类、两栖类动物的起搏点位于静脉窦。在鱼类起搏点又可细分为 3 种类型。①A 型：A 型心脏见于硬骨鱼类鳗鲡和康吉鳗等，有 3 个起搏点，第一个起搏点位于顾氏管（也称居维氏管）与静脉窦之间，第二个起搏点位于心房底部（新耳道），第三个起搏点位于心房和心室之间。其中第一个起搏点为主导中枢，成为正常心脏活动的起搏点。其他起搏点受其控制。②B 型：B 型心脏见于软骨鱼类如猫鲨、锯尾鲨、角鲨、电鳐等，第一起搏点位于静脉窦，第二起搏点位于心房和心室之间，第三起搏点位于动脉圆锥基部。③C 型：C 型心脏见于大部分硬骨鱼类，只有两个起搏点，第一起搏点位于静脉窦与心房交界处，第二起搏点位于心房与心室交界处。

窦房结的自律细胞为 P 细胞（pacer-maker cell），其跨膜电位的特征是：①窦房结 P 细胞阈电位绝对值较小，为 -40mV；②0 期除极幅度低（约 65mV），速度慢，时程长（7ms 左右）；③没有明显的复极 1 期和平台期；④3 期的最大复极电位（-65mV）绝对值小；⑤4 期自动除极速度快（约 0.1V/s）（图 4-4）。

窦房结细胞动作电位 0 期除极是由 Ca^{2+} 内流引起的。由于 Ca^{2+} 通道激活、失活均较缓慢，使得 P 细胞 0 期去极化速度缓慢，因此称为慢反应细胞（slow reaction cell）。因为 Ca^{2+} 内流量小，P 细胞的动作电位幅值小。随后，钙通道逐渐失活，出现 K^+ 外向流，形成 3 期复极。窦房结细胞的 4 期自动除极由随时间而增长的净内向电流所引起，但其构成成分比较复杂，主要包括三种膜电流。

（1）逐渐衰减的 K^+ 通道电流（I_K）：在膜复极达 -40mV 时 K^+ 通道逐渐失活，K^+ 外流进行性衰减，是窦房结细胞 4 期自动除极的最重要的离子基础。

（2）I_f：这是一种进行性增强的内向离子流，主要为 Na^+ 内流。I_f 通道的最大激活电位为 -100mV 左右，而正常情况下窦房结细胞的最大复极电位为 -65mV，在这种电位水平下，I_f 通道的激活十分缓慢，它对窦房结细胞起搏活动所起的作用不如 I_K 衰减。

（3）Ca^{2+} 通道电流：窦房结细胞 4 期中还存在一种 T 型钙通道（T-type calcium channel）介导的缓慢的内向 T 型 Ca^{2+} 电流（T-type calcium current，I_{Ca-T}），在膜除极达 -60mV 时被激活，在自动除极过程的后 1/3 期间起作用。

（二）浦肯野细胞的生物电活动特点

与工作细胞类似，浦肯野细胞（Purkinje cell）的动作电位具有 0、1、2、3、4 期，其动作电位的形状与心室肌细胞十分相似，产生的离子基础也基本相同。不同的是，浦肯野细胞 4 期能自动去极化，是一种快反应自律细胞（fast reaction automatic cell）。

在浦肯野细胞，随着复极的进行，外向 K^+ 电流逐渐衰减，而内向电流 I_f 逐渐增强。I_f 是浦肯野细胞 4

期自动除极的主要电流。

三、心肌的生理特性

心肌组织具有兴奋性、自律性、传导性和收缩性四种生理特性。收缩性是心肌的一种机械特性，它是以收缩蛋白之间的生物化学和生物物理反应为基础的。兴奋性、自律性和传导性是以肌膜的生物电活动为基础的，称为电生理特性，其中自律性是传导系统所特有的。工作细胞具有兴奋性、传导性和收缩性，无自律性；自律细胞具有兴奋性、自律性和传导性，无收缩性。心肌组织的上述生理特性共同决定着心脏的活动。

（一）兴奋性

1. 心肌兴奋性的周期性变化

心肌细胞每兴奋一次，其膜电位将发生一系列规律性变化，兴奋性也随之发生相应的改变。心室肌细胞一次兴奋过程中，其兴奋性的变化可分以下几个时期。

（1）有效不应期：从 0 期去极开始到 3 期复极至–55mV 这段时间内，不论施加多强的刺激，心肌细胞都不会发生任何反应，称为绝对不应期（absolute refractory period，ARP）。在 3 期复极–55～–60mV 这段时间内，若给予足够强的刺激，心肌细胞可发生局部兴奋，但不能引起动作电位，这一时期称为局部反应期（local response period）。绝对不应期和局部反应期合称有效不应期（effective refractory period，ERP）（图 4-5）。此时兴奋性为零的原因是 Na^+ 通道的失活。

（2）相对不应期：从膜电位复极约–60～–80mV 这段时间为相对不应期（relative refractory period，RRP），施加阈上刺激可以引起心肌细胞兴奋，但所引起的动作电位 0 期去极化幅度和速率都比正常情况下小，传导速度也较慢（图 4-5）。因为此期 Na^+ 通道尚未完全恢复到备用状态，心肌细胞的兴奋性仍低于正常，引起兴奋所需的刺激阈值高于正常。

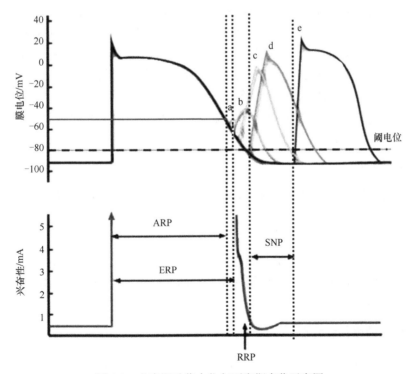

图 4-5 心室肌动作电位与不应期变化示意图

（3）超常期：从膜电位复极–80mV 恢复到–90mV 期间，Na^+ 通道大部分复活，且此期由于膜电位水平与阈电位水平的距离较近，只需较低强度的刺激即能引起兴奋，兴奋性高于正常，称为超常期

(supranormal period，SNP）。但此期仍有部分 Na^+通道尚未完全复活，因此产生的动作电位的 0 期去极化幅度和速度、兴奋传导速度、动作电位时程和不应期长短仍均低于正常（图 4-5）。超常期过后，兴奋性逐渐恢复正常。

2. 心肌兴奋性周期变化的特点和意义

细胞每兴奋一次，其兴奋性都将经历一次周期性变化，这是神经和肌肉组织共有的特性，但心肌细胞的有效不应期特别长，一直持续到机械活动的舒张早期。这一特点使心肌不会像骨骼肌那样发生完全强直收缩，而是始终进行收缩与舒张交替的活动。如果心肌细胞发生完全强直收缩，则心室将不能舒张充盈，射血也将无法进行。心肌细胞的有效不应期特别长可以保证心室射血的正常进行。

3. 影响心肌兴奋性的因素

衡量心肌细胞的兴奋性，一般采用阈值（threshold）为指标，阈值低表示兴奋性高。兴奋性高低取决于静息电位、阈电位和 Na^+通道性状。

（二）自律性

在没有外来刺激的条件下，心肌自动地发生节律性兴奋的特性，称为自动节律性（autorhythmicity），简称自律性。并非所有心肌细胞都具有自律性，只有心脏特殊传导系统内某些细胞（包括窦房结、房室结、房室束和浦肯野细胞）属于传导系统，才具有自律性。动作电位的 4 期自动去极是自律性的基础，自动节律性高低取决于 4 期自动去极的快慢。

1. 心脏起搏点

不同自律细胞的自律性高低不一：窦房结的自律性最高，约 100 次/min；房室交界约 50 次/min；房室结及分支约 40 次/min；浦肯野细胞自律性最低，约 25 次/min。整个心脏的活动由自律性最高的窦房结传出的兴奋控制，窦房结是心脏活动的正常起搏点（normal pacemaker）。以窦房结为正常起搏点的心脏节律称为窦性节律（sinus rhythm）。其他自律性较低的自律细胞由于经常受到来自窦房结的快速节律活动的抑制，其本身的自律性通常不能表现出来，称为潜在起搏点（latent pacemaker）。当潜在起搏点控制部分或整个心脏的活动时，产生异位节律，此时潜在起搏点就成为异位起搏点（ectopic pacemaker）。窦房结对于潜在起搏点的控制，通过两种方式实现：其一，抢先占领，即在潜在起搏点4 期自动去极尚未达到阈电位水平之前，已经受到窦房结传来的兴奋作用而产生了动作电位，其自身的自律性不能表现出来；其二，超速驱动压抑，即自律细胞受到高于其固有频率的刺激时，按外来刺激的频率兴奋，称为超速驱动。

2. 决定和影响自律性的因素

自律性的高低受最大复极电位水平、阈电位水平和 4 期自动去极速度的影响。

（三）传导性

心肌在功能上是一个合胞体，心肌细胞膜上任何部位产生的兴奋不但可以在同一心肌细胞上传播，还可以通过闰盘传递到相邻心肌细胞，从而引起整个心肌的兴奋和收缩。心肌细胞传导兴奋的能力称为心肌的传导性（conductivity）。

1. 心脏内兴奋传播的途径和特点

窦房结发出的兴奋通过心房肌传播到整个右心房和左心房，并沿着心房肌组成的"优势传导通路"（preferential pathway）迅速传到房室交界区，经房室束和左、右束支传到浦肯野纤维网，引起心室肌兴奋，再通过心室肌将兴奋由内膜向外膜扩布，引起整个心室兴奋。心脏各个部分传播兴奋的速度是不相同的。房室交界是兴奋由心房进入心室的唯一通道，交界区这种缓慢传导使兴奋在这里延搁一段时间才向心室传播，称房-室延搁（atrioventricular delay），房-室延搁可以使心室在心房收缩完毕之后才开始收缩，不至于产生房室收缩重叠的现象，从而保证了心房和心室交替收缩，有利于心室充盈和射血。但房-室延搁也使得房室结成为传导阻滞的好发部位，房室传导阻滞是临床好发的心律失常。而心房肌、心室肌和浦肯野纤维的快速传导有利于保持心肌的同步收缩。心脏内兴奋传导速度的不一致性，对于心脏各部分有次序地、协调地进行收缩活动，具有十分重要的意义。

2. 决定和影响传导性的因素

心肌的传导性取决于心肌的某些结构特点和电生理特性。

（四）收缩性

和骨骼肌一样，心肌细胞也有粗、细肌丝的规则排列，因而也呈现横纹。心肌细胞的收缩也由动作电位触发，也通过兴奋收缩偶联使肌丝滑行而引起。除此之外，心肌收缩还有其自身的特点。

（1）心肌收缩的特点：同步收缩、不发生强直收缩和对细胞外 Ca^{2+} 的依赖性。

（2）影响心肌收缩的因素：凡能影响搏出量的因素，如前负荷、后负荷和心肌收缩能力，以及细胞外 Ca^{2+} 浓度等，都能影响心肌的收缩。

四、体表心电图

正常人体是个容积导体。在每个心动周期中，由窦房结产生的兴奋，依次传向心房和心室，这种兴奋在产生和传布时所伴随的生物电变化，可通过周围组织传到全身，使身体各部位在每一心动周期中都发生有规律的电位变化。将引导电极置于肢体或躯干的一定部位可记录下这些电变化，称为心电图。电极放置的位置不同，记录出来的心电图波形也不相同。心电图是心肌不同位相动作电位的总和波，反映了心脏兴奋的产生、传导和恢复过程中的生物电变化。它仅反映心肌的兴奋，不反映心肌的收缩，即与心脏的机械舒缩活动无直接关系。

（一）心电图的形成原理

心肌细胞的生物电变化是心电图的来源，但是心电图曲线与单个心肌细胞的生物电变化曲线有明显的区别。造成这种区别的主要原因有：①单个心肌细胞电变化是用细胞内电极记录到的，测得的是同一细胞的膜内外电位差，可测出膜的动作电位和静息电位，而心电图的记录方法属于细胞外记录法，它只能测出膜外各部位之间的电位差；②单个心肌细胞电变化曲线是一个心肌细胞在静息时或兴奋时膜内外电位变化，而心电图反映的是一次心动周期中整个心脏许多心肌细胞的生物电变化的综合效应；③单个心肌细胞跨膜动作电位具有"全或无"的特征，而心电图波幅与兴奋的心肌数目有关，且各个导联电极在体表放置的位置不同，记录的心电图曲线也不相同。

（二）正常典型心电图的波形及其生理意义

心电图记录纸上有横向和纵向间隔均为 1mm 的小方格，纵向每一小格相当于 0.1mV 的电位差，横向每一小格相当于 0.04s（即走纸速度为 25mm/s）。

记录体表心电图时电极放置的位置及与心电图机的连接称为导联。临床上检查心电图时，一般需要记录 12 个导联，包括：I、II、III三个标准肢体导联，aVL、aVR、aVF 三个加压单极肢体导联，$V_1 \sim V_6$ 六个单极胸导联。

测量电极安放位置和连线方式（导联）不同，所记录到的心电图波形也不同，但基本上都包括一个 P 波、一个 QRS 波群和一个 T 波（图 4-6）。各个波形意义如下。

（1）P 波（P wave）：一个心动周期中，正常情况下，心电图中首先出现小而圆钝的 P 波，其波幅不超过 0.25mV，历时 0.08～0.11s。P 波代表左、右两心房的去极化过程。

（2）QRS 波群（QRS complex）：P 波之后出现持续时间短、幅度高的 QRS 波群。典型的 QRS 波群包括三个紧密相连的电位波动：第一个向下的波为 Q 波，以后是高而尖锐的、向上的 R 波，最后是一个向下的 S 波。正常 QRS 波群历时 0.06～0.10s，各波波幅在不同导联中变化较大。QRS 波群代表左右两心室去极化过程的电位变化，反映心室肌兴奋扩布所需的时间。

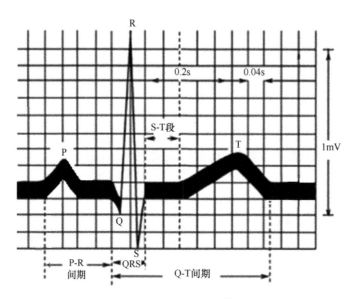

图 4-6　正常人体表心电图的示意图

（3）T 波（T wave）：QRS 波群之后是一个持续时间较长、波幅较低的 T 波。T 波历时 0.05～0.25s，方向与 QRS 波群的主波方向相同，波幅一般为 0.1～0.8mV。在 R 波较高的导联中，T 波不应低于 R 波的 1/10。T 波反映心室 3 期复极过程中的电位变化。

（4）P-R 间期（P-R interval）：是指从 P 波起点到 QRS 波起点之间的时程，为 0.12～0.20s。P-R 间期代表由窦房结产生的兴奋经心房、房室交界和房室束到达心室所需要的时间，故也称为房室传导时间。在房室传导阻滞时，P-R 间期延长。

（5）P-R 段（P-R segment）：从 P 波终点到 QRS 波起点之间的曲线，通常与基线同一水平。P-R 段代表兴奋通过房室交界区的传导。

（6）Q-T 间期（Q-T interval）：从 QRS 波起点到 T 波终点的时程。Q-T 间期代表心室开始去极到完全复极的时间。

（7）S-T 段（S-T segment）：指从 QRS 波群终点到 T 波起点之间的线段，与基线平齐。它代表心室各部分心肌细胞均处于动作电位的平台期（2 期），各部分之间没有电位差存在。心肌缺血时可出现 S-T 段抬高。

虽然多数脊椎动物的心电图相似，但在静脉窦发达的种类，有反映静脉窦除极化的一个 R 波。鱼类和两栖类又有一个小 B 波出现在 T 波之前，提示动脉圆锥除极化。家禽的心电图中有 P 波、小而不全的 R 波以及 S 波和 T 波，没有 Q 波。值得说明的是，哺乳动物心率的快慢虽因种类不同而有差异，但心电图各期所占时间的比例却相当接近。

第四节　血　管　生　理

血液由心房进入心室，再从心室泵出，依次流经动脉、毛细血管和静脉，然后返回心房。全部血液都需流经肺循环，而体循环则由许多相互并联的血管环路组成。淋巴系统参与组织间液的回流，并将其内的淋巴液从外周流向心脏，最后汇入静脉，因而对血液循环起辅助作用。

一、血管分类

按形态学分类，血管可分为动脉、静脉和毛细血管，动脉和静脉可进一步分为大、中、小动脉和静脉；按生理功能分类，可将血管分为以下几类。

（一）弹性贮器血管

弹性贮器血管（windkessel vessel）指主动脉、肺动脉主干及其发出的大的分支。这些血管的管壁坚厚，富含弹性纤维，有明显的可扩张性和弹性。左心室射血时，主动脉压升高，一方面推动血液向前流动，另一方面使主动脉扩张、容积增大。主动脉瓣关闭后，被扩张的大动脉管壁发生弹性回缩，将在射血期多容纳的那部分血液继续向外周方向推动。大动脉的这种功能称为弹性贮器作用，使心室的间断射血转化为血液在血管内的连续流动。

（二）分配血管

分配血管（distribution vessel）指中动脉，是从弹性贮器血管以后到分支为小动脉前的动脉管道，管壁中平滑肌较多，收缩性强，其功能是将血液输送至各器官组织，故称为分配血管。

（三）毛细血管前阻力血管

毛细血管前阻力血管（precapillary resistance vessel）指小动脉和微动脉，管径小，对血流的阻力大，故称为毛细血管前阻力血管。微动脉的管壁富含平滑肌，其舒缩活动可使血管口径发生明显变化，从而改变对血流的阻力以调节器官、组织的血流量，同时对动脉血压的调节有重要作用。

（四）毛细血管前括约肌

毛细血管前括约肌（precapillary sphincter）在真毛细血管的起始部，常有平滑肌环绕。它的收缩或舒张可控制毛细血管的关闭或开放，因此可控制某一时间内毛细血管开放的数量。

（五）交换血管

交换血管（exchange vessel）指真毛细血管。其管壁仅由单层内皮细胞构成，外面有一薄层基膜，故通透性很高，成为血管内血液和血管外组织间液进行物质交换的场所。

（六）毛细血管后阻力血管

毛细血管后阻力血管（postcapillary resistance vessel）指微静脉。微静脉因管径小，对血流也产生一定的阻力。它们的舒缩可影响毛细血管前阻力和毛细血管后阻力的比值，从而改变毛细血管压，影响体液在血管内和组织间隙内的分配情况。

（七）容量血管

容量血管（capacitance vessel）即为静脉系统。与同级动脉比较，静脉数量多、口径粗、管壁薄、可扩张性较大，故其容量大。在安静状态下，循环血量的 60%～70%容纳在静脉中。静脉的口径发生较小变化时，静脉内容纳的血量就可发生很大的变化，而压力的变化较小。因此，静脉在血管系统中起着血液贮存库的作用。

（八）短路血管

短路血管（shunt vessel）指一些血管床中小动脉和小静脉之间的直接吻合，主要分布在手指、足趾、耳郭等处的皮肤中，它们可使小动脉内的血液不经过毛细血管而直接流入小静脉，在功能上与体温调节有关。

二、血流动力学

血液是一种流体，它在心脏的推动下在心血管系统中循环流动，血液在心血管系统中流动的力学称为血流动力学（hemodynamics）。血流动力学的基本研究对象是血流量、血流阻力和血压之间的关系。

（一）血流量和血流速度

单位时间内流过血管某一截面的血量称为血流量（blood flow），其单位通常以 ml/min 或 L/min 来表示。血液中的一个质点在血管内移动的线速度，称为血流速度（blood velocity），通常以 cm/s 或 m/s 为单位。血液在血管流动时，其血流速度与血流量成正比，与血管的截面成反比。

（二）血流阻力

血液在血管内流动时所遇到的阻力，称为血流阻力（blood flow resistance）。血流阻力源于血液成分之间的内摩擦和血液与管壁的摩擦。这种摩擦必然消耗能量，一般表现为热能逐渐散失。因此，血液在血管内流动时压力逐渐降低。

三、动脉血压

血压（blood pressure）是指血管内的血液对于单位面积血管壁的侧压力，也即压强。按照国际标准计量单位规定，压强的单位为帕（Pa），即牛顿/平方米（N/m^2）。帕的单位较小，血压数值通常用千帕（kPa）来表示。

（一）动脉血压的形成

动脉血压（arterial blood pressure）通常指主动脉压。足够的血液充盈是形成动脉血压的前提条件，心脏射血和血管系统的阻力，即外周阻力是形成动脉血压的基本因素。

1. 心血管系统足够的血液充盈

循环系统中血液充盈的程度可用循环系统平均充盈压（mean circulatory filling pressure）来表示。在动物实验中，用电刺激造成心室颤动使心脏暂时停止射血，血流暂停，循环系统中各处的压力很快取得平衡，此时在循环系统中各处所测得的压力都相同，这一压力数值即循环系统平均充盈压。这一数值的高低取决于血量和循环系统容量之间的相对关系。如果血量增多，或血管容量缩小，则循环系统平均充盈压就增高；反之亦然。用巴比妥麻醉的狗，循环系统平均充盈压约为 0.93kPa（7mmHg）。人的循环系统平均充盈压估计接近这一数值。

2. 心脏射血

心室肌收缩时所释放的能量可分为两部分：一部分用于推动血液流动，是血液的动能；另一部分形成对血管壁的侧压，并使血管壁扩张，这部分是势能，即压强能。在心室舒张期，大动脉发生弹性回缩，将一部分势能转变为动能，推动血液继续向前流动。由于心脏射血是间断性的，因此在心动周期中动脉血压发生周期性的变化：心室收缩时动脉血压升高，心室舒张时动脉血压降低。

3. 外周阻力

外周阻力（peripheral resistance）主要是指小动脉和微动脉对血流的阻力。由于外周阻力的存在，心脏一次收缩射出的血液只有部分流向外周，约有 2/3 暂时贮存于弹性贮器血管内。如果没有外周阻力，心脏收缩所释放的能量全部成为推动血液流动的动能，而射出的血液将全部流向外周，因而不可能维持对大动脉血管壁的侧压力。

4. 主动脉和大动脉的贮器弹性作用

在心缩期，心脏射出的血液约有 2/3 可被贮存于弹性贮器血管内，在心舒期，暂存于弹性贮器血管内的血液能继续流向外周。如果大动脉无弹性贮器作用或弹性贮器作用明显减弱，则动脉血压将随心脏射血而显著升高，又随射血中止而显著降低；并且，血管内血液也不能持续流动。弹性贮器血管可缓冲动脉血压的大幅度波动，并且能使间断的心脏射血变为血管内的持续性血流。

（二）动脉血压的正常值

心室收缩时，主动脉压达到的最高值称为收缩压（systolic pressure）。心室舒张时，主动脉压下降的最低值称为舒张压（diastolic pressure）。收缩压和舒张压的差值称为脉搏压，简称脉压（pulse pressure）。一个心动周期中每一个瞬间动脉血压的平均值，称为平均动脉压（mean arterial pressure）。平均动脉压大约等于舒张压加 1/3 脉压（图 4-7）。

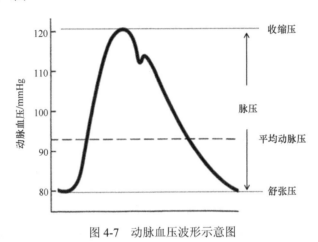

图 4-7 动脉血压波形示意图

在安静状态下，我国健康青年人的收缩压（SBP）为 100~120mmHg，舒张压（DBP）为 60~80mmHg。表 4-2 为常用实验动物的血压。

表 4-2 常用实验动物的血压（田嶋嘉雄，1989）

常用实验动物	血压（SBP/DBP）/mmHg
小鼠	133~160/102~110
大鼠	80~130/60~100
豚鼠	81~90
兔	95~130/60~90
犬	108~189/75~122
猫	155/100
猪	144~185/98~120

（三）影响动脉血压的因素

凡是能影响心输出量和外周阻力的各种因素，都能影响动脉血压。循环血量和血管系统容量的相对关系，即循环系统内血液充盈的程度，也能影响动脉血压。

1. 心脏每搏输出量

心脏每搏输出量主要影响收缩压的高低。每搏输出量增大，心缩期射入主动脉的血量增多，主动脉和大动脉管壁所受的张力也更大，收缩压明显升高。由于动脉血压升高，血流速度加快，收缩期大动脉内增多的血量可在心舒期流至外周，到舒张期末，大动脉内存留的血量增加并不多。因此，当每搏输出量增加而外周阻力和心率变化不大时，动脉血压的升高主要表现为收缩压的升高，而舒张压升高不多，脉压增大；反之，当每搏输出量减少时，则主要使收缩压降低，脉压减小。

2. 心率

心率的快慢主要影响舒张压。每搏输出量和外周阻力不变的情况下，心率加快，心舒期缩短，在心舒期内流至外周的血液减少，主动脉内存留的血量增多，舒张期血压升高。由于心舒期末主动脉内存留的血量增多，动脉血压升高可使血流速度加快，因此，在心缩期内可有较多的血液流至外周，收缩压的升高不如舒张压的升高显著，脉压比心率增加前减小；相反，心率减慢时，舒张压降低的幅度比收缩压降低的幅度大，脉压增大。

3. 外周阻力

外周阻力的大小主要影响舒张压的高低。如果心输出量不变而外周阻力加大，则心舒期血液向外周流动的速度减慢，存留在主动脉中的血量增多，故舒张压升高。在心缩期，由于动脉血压升高使血流速度加快，因此收缩压的升高不如舒张压的升高明显，故脉压减小。外周阻力的改变，主要是受阻力血管口径改变的影响。

4. 主动脉和大动脉的弹性贮器作用

主动脉和大动脉的弹性贮器作用使动脉血压的波动幅度明显小于心室内压的波动幅度。

5. 循环血量和血管系统容量的比例

循环血量和血管系统容量相匹配，才能保证血管系统足够的充盈，维持一定的体循环平均充盈压。有效循环血量（effective circulating blood vessel）是指单位时间内通过心血管系统进行循环的血量，但不包括贮存于肝、脾和淋巴血窦或停滞于毛细血管中的血量。大失血后，有效循环血量减少，而血管系统的容量改变不大，则体循环平均充盈压降低，动脉血压降低。如果有效循环血量不变而血管系统容量增大时，如过敏导致的血管床容积扩大，也会造成动脉血压下降。

四、静脉血压和静脉回心血量

静脉不仅是血液回流入心脏的通道，而且由于静脉易扩张、容量大，起着血液贮存库的作用。静脉的收缩或舒张可有效地调节回心血量和心输出量，以适应机体在各种生理条件下的需要。

（一）静脉血压

当血液流经动脉和毛细血管到达微静脉时，血压下降至 15～20mmHg。右心房作为体循环的终点，血压接近于零。通常将右心房和胸腔内大静脉的血压称为中心静脉压（central venous pressure），而各器官静脉的血压称为外周静脉压（peripheral venous pressure）。中心静脉压的正常变动范围为 4～12 mmHg。中心静脉压的高低取决于心脏射血能力和静脉回心血量之间的相互关系。如果心脏射血能力较强，能及时地将回流入心脏的血液射入动脉，中心静脉压就较低；反之，心脏射血能力减弱时（如心力衰竭），中心静脉压就升高。另一方面，如果静脉回心血量增多或回流速度加快，中心静脉压也会升高。中心静脉压可以反映心脏射血能力和静脉回心血量，是判断心血管功能的又一重要指标，也是指导补液速度和补液量的重要监测指标。临床上在输液治疗休克时，中心静脉压升高提示输液过快或心脏射血功能不全，中心静脉压降低提示输液量不足。

当心脏射血功能减弱而使中心静脉压升高时，静脉回流将会减慢，较多的血液滞留在外周静脉内，导致外周静脉压升高。

（二）重力对静脉血压的影响

血液因受重力的影响，对血管壁产生一定的静水压。身体各部分血管内血压除由于心脏做功形成以外，还要加上该部分血管处的静水压。各部分血管静水压的高低取决于人体体位。

（三）静脉回心血量及其影响因素

1. 静脉对血流的阻力

单位时间内由静脉回流入心脏的血量等于心输出量。静脉对血流的阻力很小，微静脉至右心房的压力降仅约 15mmHg。静脉的功能是将血液从组织引流回心脏，并且起血液贮存库的作用。血流阻力小与静脉的功能是相适应的。

2. 静脉回心血量及其影响因素

单位时间内的静脉回心血量取决于外周静脉压和中心静脉压的差，以及静脉对血流的阻力。静脉回心血量受到体循环平均充盈压、心脏收缩力、体位改变、骨骼肌的挤压作用和呼吸运动的影响。鱼类心脏特殊的解剖位置和其他因素也影响着静脉回流量。①硬骨鱼类的心脏位于围心腔，肩带从侧面和腹面包围着围心腔，使得围心腔十分坚固；软骨鱼类的心脏位于中间下凹的盘状软骨中，心脏搏动时会使坚韧的围心膜内压力大大下降；鱼的呼吸运动、肩带交替外展和内收，以及鳃腔内压力的变化也都会影响到围心腔内的压力，在心脏其他部位收缩时，静脉窦和心房内压力降低，产生的吸引力增大，有利于静脉回流。②肌肉运动及水对躯体的拍打，再加上许多鱼类的动静脉内部有瓣膜，可以防止血液倒流，促使静脉血回流。③鱼类向前游泳时，最大压力在鱼的正前方，前进时水流经过身体表面，外界压力降低，最低的压力正好在心脏附近，有利于促进静脉血回流心脏。许多鱼类运动会使脾的容量减少，有助于增加心输出量和静脉回血。

第五节　心血管活动的调节

人体在不同的生理状况下，各器官组织的代谢水平不同，对血流量的需要也不同。机体可以通过神经和体液调节机制对心脏及各部分血管的活动进行调节，协调各器官之间的血流分配，以适应不同情况下各器官组织对血流量的需要。

一、神经调节

自主性神经通过对心肌和血管平滑肌的作用，调节心血管的活动。这种调节方式，大多以神经反射的方式进行。

（一）心脏和血管的神经支配

1. 心脏的神经支配

支配心脏的传出神经为心交感神经和心迷走神经（图 4-8）。

1）心交感神经及其作用

心交感神经的节前神经元位于脊髓第 1～5 胸段的中间外侧柱，其轴突末梢释放的递质为乙酰胆碱，能激活节后神经元上的 N_1 型胆碱能受体。心交感节后神经元位于星状神经节或颈交感神经节内。节后神经元的轴突形成心脏神经丛，支配窦房结、房室交界、房室束、心房肌和心室肌。两侧心交感神经对心脏的支配有所差别。右侧心交感神经主要支配窦房结，左侧心交感神经支配房室交界。右侧心交感神经兴奋时以引起心率加快为主，而左侧心交感神经兴奋则以加强心肌收缩能力为主。

心交感节后神经元末梢释放的递质为去甲肾上腺素，与心肌细胞膜上的 β（主要是 $β_1$）肾上腺素能受

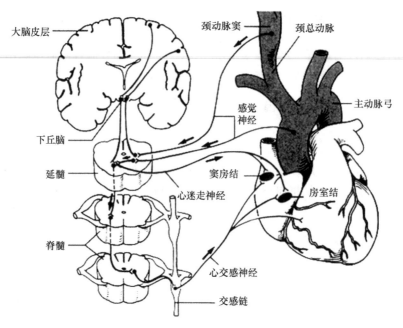

图 4-8 心脏的神经支配示意图

体结合，可导致心率加快，心肌收缩力增强，房传导加快。这些效应分别称为正性变时作用（positive chronotropic action）、正性变力作用（positive inotropic action）和正性变传导作用（positive dromotropic action）。

心肌上也有 α 肾上腺素能受体。去甲肾上腺素对心肌的 α 受体有较弱的激活作用，主要引起正性变力效应，而对心率的影响则不显著。

2）心迷走神经及其作用

支配心脏的副交感神经节前神经元的胞体位于延髓的迷走神经背核和疑核。心迷走神经和心交感神经一起组成心脏神经丛。心迷走神经的节前神经元释放的神经递质是乙酰胆碱，作用于节后神经元胞体的 N_1 受体。心迷走神经节后神经支配窦房结、心房肌、房室交界、房室束及其分支。右侧迷走神经对窦房结的影响占优势，左侧迷走神经对房室交界的作用占优势，但不如两侧心交感神经支配的差别显著。心室肌也有迷走神经支配，但纤维数量远少于心房肌。

心迷走神经节后纤维末梢释放的乙酰胆碱作用于 M 型胆碱能受体，可导致心率减慢，心房肌收缩能力减弱，房室传导速度减慢，即具有负性变时作用（negative chronotropic action）、负性变力作用（negative inotropic action）和负性变传导作用（negative dromotropic action）。

心迷走神经和心交感神经对心脏的作用是相拮抗的。生理情况下，心迷走神经的作用占优势。

3）支配心脏的肽能神经元

心脏中还存在多种肽能神经纤维，含神经肽 Y、血管活性肠肽、降钙素基因相关肽、阿片肽等多种肽类递质。这些肽类递质可与其他递质，如单胺和乙酰胆碱共存于同一神经元内，一起释放，参与对心肌和冠状血管的调节。

2. 血管的神经支配

除真毛细血管外，血管壁都有平滑肌分布。支配血管平滑肌的神经纤维可分为缩血管神经（vasoconstrictor nerve）纤维和舒血管神经（vasodilator nerve）纤维两大类，两者统称为血管运动神经（vasomotor nerve）。

1）缩血管神经纤维

缩血管神经纤维都是交感神经纤维，故一般称为交感缩血管纤维（sympathetic vasoconstrictor nerve），其节前神经元位于脊髓胸、腰段的中间外侧柱，末梢释放的递质为乙酰胆碱，作用于椎旁和椎前神经节内的节后神经元，引起节后神经元兴奋，末梢释放的递质为去甲肾上腺素。血管平滑肌细胞有 α 和 β_2 两类肾上腺素能受体。去甲肾上腺素与 α 肾上腺素能受体结合，可导致血管平滑肌收缩；与 β_2 受体结合，则导致平滑肌舒张。去甲肾上腺素与 α 肾上腺素能受体结合的能力较强，与 β_2 受体结合的能力较弱，故缩血管纤维兴奋时引起的总效应是血管收缩。

体内几乎所有的血管都受交感缩血管纤维支配，但不同部位的血管上缩血管纤维分布的密度不同。皮肤血管中缩血管纤维分布最密，骨骼肌和内脏的血管次之，冠状血管和脑血管中分布较少。同一部位动脉上缩血管纤维的密度高于静脉，微动脉中密度最高，毛细血管前括约肌中缩血管纤维分布很少。多数血管只接受交感缩血管纤维的单一神经支配。

2）舒血管神经纤维

体内有一部分血管除接受缩血管纤维支配外，还接受舒血管纤维支配。舒血管神经纤维主要有以下几种。

（1）交感舒血管神经纤维（sympathetic vasodilator nerve）：有些动物如猫和狗，支配骨骼肌微动脉的除了交感缩血管纤维外，还有舒血管纤维。交感舒血管纤维释放的递质为乙酰胆碱，阿托品可阻断其效应。交感舒血管纤维在平时没有紧张性活动，只有情绪激动和发生防御反应时才发放冲动，使血管舒张，供应骨骼肌的血流量增多。

（2）副交感舒血管神经纤维（parasympathetic vasodilator nerve）：少数器官如脑膜、唾液腺、胃肠外分泌腺和外生殖器的血管平滑肌除接受交感缩血管纤维支配外，还接受副交感舒血管纤维支配。副交感舒血管纤维末梢释放的递质为乙酰胆碱，与血管平滑肌的 M 型受体结合，引起血管舒张。副交感舒血管纤维只对局部血流起调节作用，对循环系统总外周阻力的影响很小。

（3）脊髓背根舒血管神经纤维：当皮肤受到伤害性刺激时，感觉冲动一方面沿传入纤维向中枢传导，另一方面可在末梢分叉处沿其他分支到达受刺激部位邻近的微动脉，使微动脉舒张，局部皮肤出现红晕。这种仅通过轴突外周部位完成的反应，称为轴突反射。这种神经纤维也称背根舒血管神经纤维。

（4）血管活性肠肽神经元：有些自主神经元内有血管活性肠肽和降钙素基因相关肽，和乙酰胆碱共存。例如，支配汗腺的交感神经元和支配颌下腺的副交感神经元，一方面释放乙酰胆碱引起腺细胞分泌；另一方面释放血管活性肠肽，引起舒血管效应，使局部组织血流增加。

（二）心血管中枢

在生理学中将与控制心血管活动有关的神经元集中的部位称为心血管中枢（cardiovascular center）。控制心血管活动的神经元广泛分布在中枢神经系统从脊髓到大脑皮层的各个水平上，它们互相密切联系，使整个心血管系统的活动协调一致，并与整个机体的活动相适应。

1. 脊髓

脊髓胸腰段中间外侧柱有支配心脏和血管的交感节前神经元，脊髓骶段有支配血管的副交感节前神经元，这些神经元受高位心血管中枢的调控，是调节心血管活动的最终传出通路。

2. 延髓

延髓是最基本的心血管中枢。这一概念的提出基于以下动物实验：在延髓上缘横断脑干后，动物的血压并无明显的变化；但如果将横断水平逐步移向脑干尾端，则动脉血压就逐渐降低；横断水平下移至延髓闩部时，血压降低至大约 40mmHg。这些结果说明，心血管的正常紧张性活动起源于延髓，只要保留延髓及以下中枢部分的完整，就可以维持血压在正常水平，并完成一定的心血管反射活动。

延髓心血管中枢的神经元是指位于延髓内的心迷走神经元，以及控制心交感神经和交感缩血管神经的神经元。这些神经元在平时都有紧张性活动，表现为持续的低频放电，分别称为心迷走紧张、心交感紧张和交感缩血管紧张。延髓心血管中枢至少可包括以下四部分神经元。

（1）缩血管区：位于延髓头端的腹外侧部，称为 C_1 区，是引起交感缩血管神经紧张性活动的延髓心血管神经元的细胞体所在的部位。神经元内含有肾上腺素，轴突下行到脊髓的中间外侧柱。心交感紧张也起源于此区。

（2）舒血管区：位于延髓尾端腹外侧部 A_1 区（即在 C_1 区的尾端）的去甲肾上腺素神经元，兴奋时可抑制 C_1 区神经元的活动，导致交感缩血管紧张减弱，血管舒张。

（3）传入神经接替站：延髓孤束核的神经元接受由颈动脉窦、主动脉弓、心脏感受器经舌咽神经和迷走神经传入的信息，发出纤维到达延髓和中枢神经系统其他部位的神经元，继而调节心血管活动。

（4）心抑制区：位于延髓的迷走神经背核和疑核，是心迷走神经元的细胞体聚集的部位。

3. 延髓以上的心血管中枢

在延髓以上的脑干部分以及大脑和小脑中，也都存在与心血管活动有关的神经元，对心血管活动的调节比延髓心血管中枢更高级，特别是表现为对心血管活动和机体其他功能之间复杂的整合。

下丘脑是一个非常重要的整合部位，在体温调节、摄食、水平衡，以及发怒、恐惧等情绪反应中，都起着重要作用。这些反应都有相应的心血管活动的变化。在动物实验中可以看到，电刺激下丘脑的"防御反应区"，可立即引起动物的警觉、骨骼肌肌紧张加强，表现出准备防御的姿势，同时出现心率加快、心搏加强、心输出量增加、皮肤和内脏血管收缩、骨骼肌血管舒张、血压轻度升高。这些心血管反应是与当时机体所处的状态相协调的，主要是使骨骼肌的血液供应充足，以适应防御、搏斗或逃跑等行为的需要。

禽类的心血管活动基本中枢在延髓，有心抑制中枢（迷走神经）、心加速中枢（心交感中枢）和血管运动中枢（交感性兴奋和抑制）之分。禽类的心脏也受交感和副交感神经的双重支配，但在安静状态下迷走神经和交感神经的作用较为均衡，并没有呈现出迷走紧张现象。

鱼类心脏受双重神经的支配，对其研究较为清楚的是关于副交感神经（迷走神经）的支配。鱼类心脏通常处于强烈的迷走神经紧张抑制下，当切断迷走神经时，心搏数增加，刺激迷走神经时心搏数减缓，而且使用阿托品可以抑制这种情况。对于鱼类心脏是否受交感神经的支配，尚缺乏一些解剖学证据。学者们根据不同研究结果持不同特点，但是肾上腺素、去甲肾上腺素能对心脏产生促进效果，如对鱼鳢心脏使用 10^{-6}g 肾上腺素，便有促进搏动作用，对鳗鲡心脏使用 $5×10^{-9}$g 肾上腺素时搏动稍有增加，使用 10^{-9}～$2×10^{-8}$g 肾上腺素时可观察到心搏幅度和搏动次数增加。生化分析发现鱼类心脏含有儿茶酚胺，如鲑鱼的心脏含有肾上腺素 $0.042μg/g$、去甲肾上腺素 $0.027μg/g$，这些又表明鱼类心脏活动受交感神经的支配。鱼类肌肉的血液循环研究还没有发现神经支配，但含有 β-肾上腺素能受体，刺激它会使血管舒张、血流阻力降低。

（三）心血管反射

1. 颈动脉窦和主动脉弓压力感受性反射

当动脉血压升高时，可引起压力感受性反射（baroreceptor reflex），使心率减慢，外周血管阻力降低，血压回降，这一反射也被称为减压反射或降压反射（depressor reflex）。

1）压力感受器

压力感受性反射的感受器是位于颈动脉窦和主动脉弓血管外膜下的感觉神经末梢，称为动脉压力感受器（baroreceptor）。动脉压力感受器并不直接感受血压的变化，而是感受血压对血管壁的机械牵张。当动脉血压升高时，动脉管壁被牵张的程度升高，压力感受器传入的神经冲动也就增多。在一个心动周期内，随着动脉血压的波动，窦神经的传入冲动频率也发生相应的变化。

2）传入神经

颈动脉窦压力感受器的传入神经纤维是窦神经，汇入舌咽神经，进入延髓，与孤束核的神经元发生突触联系。主动脉弓压力感受器的传入神经纤维行走于迷走神经干内，进入延髓。兔的主动脉弓压力感受器传入纤维在颈部自成一束，与迷走神经伴行，称为主动脉神经（aortic nerve）或减压神经（depressor nerve）。

压力感受器的传入神经冲动到达孤束核后，使延髓头端腹外侧部 C_1 区的心血管运动神经元抑制，从而使心交感紧张和交感缩血管紧张活动减弱；还与迷走神经背核和疑核发生联系，使迷走紧张加强。孤束核神经元还与延髓内其他神经核团及脑干其他部位的神经核团发生联系，传入信息经多级水平的中枢整合后，最终效应都是使交感紧张性活动减弱，迷走紧张性活动增强。

3）反射效应

动脉血压升高时，压力感受性反射增强，压力感受器传入冲动增多，心迷走紧张加强，心交感紧张和交感缩血管紧张减弱，最终使心率减慢，心输出量减少，外周血管阻力降低，血压下降；反之，当动脉血压降低时，压力感受器传入冲动减少，迷走紧张减弱，交感紧张加强，心率加快，心输出量增加，外周血管阻力增高，血压回升。

4）压力感受性反射的生理意义

在心输出量、外周血管阻力、血量等发生突然变化的情况下时，对动脉血压进行快速调节的过程中压力感受性反射发挥重要的作用，使动脉血压不致发生太大的波动，因此在生理学中将动脉压力感受器的传入神经称为缓冲神经。切除两侧缓冲神经动物，血压出现很大的波动，但平均动脉压并不明显高于正常。压力感受器对快速变化的血压敏感，对缓慢变化的血压不敏感，因此在动脉血压的长期调节中并不起重要作用。在慢性高血压患者或实验性高血压动物中，压力感受性反射功能曲线向右移位，这种现象称为压力感受性反射的重调定（resetting），表示在高血压的情况下压力感受性反射在较高的血压水平上进行工作，缓冲每个心动周期中动脉血压的波动，但对血压的长期调节不起作用，故不能将动脉血压调节回正常水平。压力感受性反射重调定的机制可发生在感受器水平，也可发生在中枢部分，机制不清。

2. 颈动脉体和主动脉体化学感受性反射

颈动脉体和主动脉体是存在于颈总动脉分叉处和主动脉弓区域的一些特殊的感受装置，可以感受血液中氧分压（PO_2）降低、二氧化碳分压（PCO_2）过高、H^+浓度过高等化学刺激，因此这些感受装置被称为颈动脉体和主动脉体化学感受器（chemoreceptor）。这些化学感受器受到刺激后，其感觉信号分别由窦神经和迷走神经传至延髓孤束核，使延髓呼吸运动神经元和心血管活动神经元的活动发生改变而引起化学感受性反射（chemoreceptor reflex）。

化学感受性反射的效应主要是调节呼吸，使呼吸加深加快。在动物实验中人为地控制呼吸频率和深度保持不变，则化学感受器传入冲动对心血管活动的直接效应是心率减慢，心输出量减少，冠状动脉舒张，骨骼肌和内脏血管收缩。由于外周血管阻力增大的作用超过心输出量减少的作用，故血压升高。而在动物保持自然呼吸的情况下，化学感受器受刺激时引起的呼吸加深加快，心输出量增加，外周血管阻力增大，血压升高。

化学感受性反射在平时对心血管活动的调节作用不明显，只有在低氧、窒息、失血、动脉血压过低和酸中毒情况下才发生作用，使骨骼肌和内脏血管收缩，而心脑血管无明显收缩，保证危急情况下心脑等重要器官的优先供血。

3. 心肺感受器引起的心血管反射

在心房、心室和肺循环大血管壁存在许多感受机械牵张刺激和化学刺激的感受器，总称为心肺感受器（cardiopulmonary receptor），其传入神经纤维行走于迷走神经干内。在生理情况下，心房壁的牵张主要是由血容量增多而引起的，因此心房壁的牵张感受器也称为容量感受器。容量感受性反射是经典的心肺感受性反射，主要调节循环血量和细胞外液的量。心肺感受器位于循环系统压力较低的部分，故常称之为低压力感受器，而动脉压力感受器则称为高压力感受器。前列腺素、缓激肽等化学物质和藜芦碱等药物也能刺激心肺感受器。

大多数心肺感受器受刺激时引起的反射效应是交感紧张降低、心迷走紧张加强，导致心率减慢、心输出量减少、外周血管阻力降低、血压下降。另外，心肺感受器兴奋时，肾交感神经活动的抑制特别明显，使肾血流量增加，肾排水和排钠量增多。心肺感受性反射的传入冲动还可降低血管升压素和醛固酮水平，导致肾排水增多。可见心肺感受器引起的反射在血量及体液的量和成分的调节中有重要意义。

4. 躯体感受器引起的心血管反射

肌肉活动、皮肤冷热刺激及各种伤害性刺激都能通过刺激躯体传入神经引起各种心血管反射。反射的效应取决于感受器的性质、刺激的强度和频率等。例如，用低至中等强度的低频电脉冲刺激骨骼肌传入神经，常可引起降压效应；而用高强度、高频率电刺激皮肤传入神经，则常引起升血压效应。

5. 其他内脏感受器引起的心血管反射

扩张肺、胃、肠、膀胱等空腔器官和挤压睾丸等，都可引起心率减慢、外周血管舒张等效应。压迫眼球可以反射性引起心率减慢，可用于室上性心动过速，主要与迷走神经的兴奋有关。

6. 脑缺血反应

急性大出血、脑血流量减少时，交感缩血管紧张显著加强，外周血管强烈收缩，动脉血压升高，称为脑缺血反应，有助于紧急情况下改善脑供血。

压力感受性反射在低等脊椎动物和无脊椎动物中也同样存在。例如，在硬骨鱼和板鳃鱼类，当鳃的血压升高时，鳃通过抑制反射可引起心脏活动减慢，以保护纤弱的鳃毛细血管。这说明鳃的反射与陆栖的颈动脉窦和主动脉弓压力感受性反射是同源的。例如，角鲨和鳗鲡血管血压的上升，是促使心脏搏动减慢和血压下降的一种刺激，反射的传入神经是第Ⅸ和第Ⅹ对脑神经的分支，而传出神经是迷走神经的心脏支，刺激切断的迷走神经、鳃下神经、侧线神经的中枢端都有可能引起心抑制反应。刺激鲨鱼的皮肤和内脏也可以引起心抑制反射。

（四）心血管反射的中枢整合模式

中枢神经系统可以对复杂环境变化中的各种信息进行整合，使机体各部分适应不同功能状态的需要做出相应的反应。不同生理状态下，中枢神经系统对心血管活动的调节具有不同的整合模式（integration pattern）。具体地说，对于某种特定的刺激，不同部位的交感神经的反应方式和反应程度不同，导致各器官之间的血流重新分配以适应机体当时功能活动的需要。例如，当动物的安全受到威胁而处于警戒状态时，可出现一系列复杂的行为和心血管反应，称为防御反应（defense reaction）。猫的防御反应表现为瞳孔扩大、竖毛、耳郭平展、弓背、伸爪、呼吸加深、怒叫，最后发展为搏斗或逃跑。防御反应的心血管整合形式是心率加快，心输出量增加，骨骼肌血管舒张，而内脏和皮肤血管收缩，血压轻度升高。这种反应与骨骼肌对血供的需求是相适应的。人在运动时心率加快，血管舒张仅发生在进行运动的肌肉，内脏血管发生收缩；进食时心率加快、心输出量增加，胃肠血管舒张而骨骼肌血管收缩；睡眠时心率减慢，心输出量稍减少，内脏血管舒张，骨骼肌血管收缩，血压稍降低。

二、体液调节

心血管活动的体液调节是指血液和组织间液中一些化学物质对心脏和血管平滑肌活动的调节。这些体液因素中，有些以远距离分泌的方式通过血液运输，广泛作用于心血管系统；有些则在组织中形成，主要通过自分泌和旁分泌的形式作用于局部的血管，对局部组织的血流起调节作用。

（一）肾素-血管紧张素-醛固酮系统

肾素-血管紧张素-醛固酮系统（renin-angiotensin-aldosterone system）是人体中非常重要的体液调节系统。肾素（renin）是由肾脏近球细胞合成和分泌的蛋白酶，在血液中将肝脏合成的血管紧张素原（angiotensinogen）水解，生成十肽的血管紧张素Ⅰ（angiotensin Ⅰ，Ang Ⅰ）；在血浆和组织中，特别是在肺循环血管内皮表面，存在血管紧张素转换酶（angiotensin-converting enzyme，ACE），将 Ang Ⅰ 水解，产生八肽的血管紧张素Ⅱ（angiotensin Ⅱ，Ang Ⅱ）；血管紧张素Ⅱ在血浆和组织中 ACE2 的作用下进一步水解为七肽的血管紧张素Ⅲ（angiotensin Ⅲ，Ang Ⅲ）（图 4-9）。

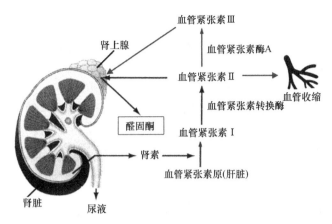

图 4-9　肾素-血管紧张素-醛固酮系统作用示意图

血管紧张素中最重要的是 Ang Ⅱ。Ang Ⅱ 的生理作用主要有以下几个方面。①缩血管作用。Ang Ⅱ 可直接使全身微动脉收缩，血压升高；也可使静脉收缩，回心血量增多。②促进交感神经释放递质。Ang Ⅱ 可作用于交感缩血管纤维末梢上的血管紧张素受体，起突触前调制的作用，使交感神经末梢释放递质增多。③对中枢神经系统的作用。Ang Ⅱ 还可作用于中枢神经系统内神经元的血管紧张素受体，使交感缩血管紧张加强，促进垂体释放血管升压素，增强促肾上腺皮质激素释放激素的作用，还可以增强渴觉引起饮水行为。④促进醛固酮的合成和释放。Ang Ⅱ 可强烈刺激肾上腺皮质球状带细胞合成和释放醛固酮，醛固酮可促进肾小管对 Na^+ 的重吸收，增加循环血量。总之，Ang Ⅱ 可以通过中枢和外周机制，增大外周血管阻力，增加循环血量，升高血压。Ang Ⅰ 不具有生理活性，Ang Ⅱ 和 Ang Ⅲ 都可作用于血管紧张素 1型受体（angiotensin type 1 receptor，AT_1 receptor），引起相似的生理效应，Ang Ⅲ 缩血管效应仅为 Ang Ⅱ 的 10%～20%，而刺激肾上腺皮质合成和释放醛固酮的作用较强。

在某些病理情况下，如失血时，肾素-血管紧张素-醛固酮系统的活动加强，并对循环系统功能的调节起重要作用。

（二）肾上腺素和去甲肾上腺素

肾上腺素（epinephrine，E 或 adrenaline）和去甲肾上腺素（norepinephrine，NE 或 noradrenaline）在化学结构上都属于儿茶酚胺类物质。循环血液中的肾上腺素和去甲肾上腺素主要由肾上腺髓质分泌。肾上腺髓质释放的儿茶酚胺中，肾上腺素约占 80%，去甲肾上腺素约占 20%。肾上腺素能神经末梢释放的递质 NE 也有一小部分进入血液循环。

血液中的肾上腺素和去甲肾上腺素对心脏与血管的作用有许多共同点，但并不完全相同，主要因为两者对不同的肾上腺素能受体的结合能力不同。肾上腺素与 α 和 β 两类肾上腺素能受体结合能力都很强。在心脏，肾上腺素与 β_1 受体结合，产生正性变时和变力作用，使心输出量增加。在血管，肾上腺素的作用取决于血管平滑肌上 α 和 β 肾上腺素能受体分布的情况。在皮肤、肾、胃肠、血管平滑肌上，α 肾上腺素能受体在数量上占优势，肾上腺素的作用是使这些器官的血管收缩；在骨骼肌和肝的血管，β_2 肾上腺素能受体占优势，小剂量的肾上腺素常以兴奋 β_2 受体的效应为主，引起血管舒张，大剂量时也兴奋 α 肾上腺素能受体，引起血管收缩。去甲肾上腺素主要与 α 肾上腺素能受体结合，也可与心肌的 β_1 肾上腺素能受体结合，但和血管平滑肌的 β_2 肾上腺素能受体结合的能力较弱。所以静脉注射去甲肾上腺素，可导致全身血管广泛收缩，动脉血压升高；血压升高又使压力感受性反射活动加强，压力感受性反射对心脏的负性效应超过去甲肾上腺素对心脏的直接正性效应，故心率减慢。

（三）血管升压素

血管升压素（vasopressin，VP）是下丘脑视上核和室旁核神经元内合成的，经下丘脑垂体束进入垂体后叶，作为垂体后叶激素由神经末梢释放进入血循环。因此，血管升压素的合成和释放过程也称为神经分泌。

VP 的主要生理作用有：作用于远曲小管和肾集合管，促进水的重吸收，故又称为抗利尿激素（antidiuretic hormone，ADH）；作用于血管平滑肌的相应受体，引起血管平滑肌收缩，是已知最强的缩血管物质之一。在正常情况下，血浆中 VP 浓度升高时首先出现抗利尿效应；只有当血浆浓度明显高于正常时，才引起升压效应。这是因为血管升压素能提高压力感受性反射的敏感性，缓冲了其升血压效应。血管升压素对细胞外液量的调节和血压的稳定都起重要作用。在禁水、脱水、失血等情况下，血管升压素通过增加肾脏对水的重吸收保留体内液体量，并进一步收缩血管增加外周阻力，维持动脉血压。

（四）血管内皮生成的血管活性物质

血管内皮细胞可以生成并释放若干种血管活性物质，调节血管平滑肌的收缩或舒张。

1. 血管内皮生成的舒血管物质

血管内皮生成和释放的舒血管物质主要有 NO、前列环素。

ACh 对内皮完整的血管起到舒张作用，但是对去内皮的血管平滑肌的直接作用是收缩。研究发现，ACh 可以促进血管内皮释放一种舒张血管平滑肌的物质，称为内皮舒张因子（endothelium-derived relaxing factor，EDRF）。EDRF 的化学结构就是一氧化氮（nitric oxide，NO）。内皮细胞内的花生四烯酸在前列环素合成酶作用下生成前列环素（prostacyclin，PGI_2），有舒张血管的作用。血管内的搏动性血流对内皮产生的切应力可使内皮释放 PGI_2。

2. 血管内皮生成的缩血管物质

血管内皮细胞还可以产生多种缩血管物质，称为内皮缩血管因子（endothelum-derived vasoconstrictor factor，EDCF）。目前研究较清楚的是内皮素（endothelin，ET）。ET 是内皮细胞合成和释放的、由 21 个氨基酸构成的多肽，具有强烈而持久的缩血管效应，是已知最强烈的缩血管物质之一。ET 通过与细胞上的内皮素受体（endothelin receptor，ETR）结合发挥作用。血管平滑肌上的 ETR 与 ET-1 亲和力较高，两者结合后可引起血管强烈收缩。心肌上也有 ETR，ET-1 与心肌 ETR 结合后发挥强大的正性肌力作用。血管内血流对内皮产生的切应力可使内皮细胞合成和释放内皮素。

（五）激肽释放酶-激肽系统

激肽释放酶（kallikrein）是体内的一类蛋白酶，将激肽原（kininogen）分解为激肽（kinin）。激肽具有舒血管效应，参与血压和组织局部血流的调节。

许多组织细胞上分布有激肽受体（kinin receptor），激肽与血管内皮细胞上的激肽受体结合促进内皮释放舒血管物质，引起血管平滑肌舒张，但对内脏等其他平滑肌是收缩作用。缓激肽和血管舒张素是已知最强烈的舒血管物质。激肽可以使器官局部的血管舒张，增加器官血流量。循环血液中的激肽也参与对动脉血压的调节，使血管舒张、血压降低。

（六）心房利尿钠肽

心房利尿钠肽（atrial natriuretic peptide，ANP）是由心房肌细胞合成和释放的一类多肽，也称心钠素（cardionatrin），主要是一种由 28 个氨基酸构成的多肽。心房利尿钠肽可舒张血管，降低外周阻力；减少每搏输出量，减慢心率，减少心输出量；抑制肾小管的重吸收，使排水和排钠增多；抑制肾的近球细胞释放肾素，抑制肾上腺球状带细胞释放醛固酮，发挥利钠利尿作用。因此，心房利尿钠肽是体内调节水盐平衡的一种重要的体液因素。

当心房壁受到牵拉时，可引起心房利尿钠肽的释放。在生理情况下，当血容量增多、取头低足高体位、身体浸入水中（头露出水面）时，都可引起心房利尿钠肽浓度升高，并引起利尿和尿钠排出增多等效应。

（七）前列腺素

前列腺素（prostaglandin，PG）是一族二十碳不饱和脂肪酸，前体是花生四烯酸，由环加氧酶介导产生。全身各部的组织细胞几乎都含有生成前列腺素的前体及酶，因此都能产生前列腺素。前列腺素类型多样，各种前列腺素对血管平滑肌的作用不同，例如，PGE_2 具有强烈的舒血管作用，$PGF_{2\alpha}$ 则使静脉收缩。前列环素（即 PGI_2）是在血管组织中合成的一种前列腺素，有强烈的舒血管作用。

（八）阿片肽

体内的阿片肽（opioid peptide）有多种。垂体释放的 β-内啡肽可使血压降低。β-内啡肽的降压作用可能主要是中枢性的。血浆中的 β-内啡肽可进入脑内并作用于与心血管活动有关的神经核团，抑制交感神经活动而加强心迷走神经活动，也可以作用于血管使平滑肌舒张，具有降压效应。针刺穴位可通过促进阿片肽的释放使高血压患者血压下降；内毒素、失血等强烈刺激可引起 β-内啡肽释放，可能引起休克。

（九）组胺

组胺（histamin）是由组氨酸在脱羧酶的作用下产生的。特别是皮肤、肺和肠黏膜的肥大细胞等多种组织细胞中含有大量的组胺。组胺有强烈的舒血管作用。当组织受到损伤或发生炎症和过敏反应时，都可释放组胺，使毛细血管和微静脉的管壁通透性增加，血浆漏入组织，导致局部组织水肿。

三、自身调节

体内各器官的血流量一般取决于器官组织的代谢活动，代谢活动越强，耗氧越多，血流量也就越多。通过对灌注某器官的阻力血管的口径的调节可以控制器官血流量。除了神经和体液调节外，还有局部组织内的调节机制参与。在不同器官，神经、体液和局部机制对血管调节的作用是不同的，在多数情况下，往往是几种机制协同发挥作用，有些情况下也可起相互对抗的作用。不同器官功能活动变化范围不一样，血流量变化范围也有较大的差别。功能活动变化较大的器官，如骨骼肌、胃肠、肝、皮肤等，血流量的变化范围较大；而脑、肾等器官的血流量则比较稳定，当循环血压在一定范围内变化时，这些器官的血流量可保持稳定。

去除神经、体液因素后，在一定的血压变动范围内，器官、组织的血流量仍能通过局部调节机制得到适当的控制。这种调节机制存在于器官组织或血管本身，故也称为自身调节。

（一）代谢性自身调节机制

组织细胞代谢消耗 O_2，并产生各种代谢产物，如 CO_2、H^+、腺苷、ATP、K^+ 等。局部组织中的氧和代谢产物对该组织局部的血流量起调节作用，称为代谢性自身调节。组织代谢活动增强时，局部组织中 PO_2 降低、代谢产物增加，都能使局部的微动脉和毛细血管前括约肌舒张，局部血流量增多，从而向组织提供更多的氧并带走代谢产物。这种代谢性自身调节的局部舒血管效应相当明显，即使同时发生交感缩血管神经活动加强，该局部组织的血管仍舒张。

（二）肌源性自身调节机制

血管平滑肌本身经常保持一定的紧张性收缩，称为肌源性活动（myogenic activity）。血管平滑肌受牵张时，其肌源性收缩活动加强。因此，当供应某一器官的血管的灌注压突然升高时，血管跨壁压增大，血管平滑肌受到牵张，引起平滑肌收缩，结果使器官的血流阻力增大，不致使血流量因灌注压升高而增加太多，器官血流量因此能保持相对稳定。当器官灌注压突然降低时，阻力血管舒张，血流量仍可以保持相对稳定。这种肌源性自身调节在肾脏血管表现得特别明显，在脑、心、肝、肠系膜和骨骼肌的血管也能看到。

四、动脉血压的长期调节

神经调节主要是在短时间内，在血压发生变化的情况下起调节作用。而当血压在较长时间内（数小时、数天、数月或更长）发生变化时，神经反射的效应常不足以将血压调节到正常水平。动脉血压的长期调节主要是通过肾对细胞外液量的调节实现的，这种机制称为肾-体液控制系统。当细胞外液量增多时，循环血量增多，循环血量和循环系统容量之间的相对关系发生改变，使动脉血压升高，能直接导致肾排水和排钠增加，将过多的体液排出体外，从而使血压恢复到正常水平。

（一）体液平衡与血压稳定的相互制约

体液平衡与血压稳定关系密切。循环血量增多时，引起体循环平均充盈压增多，增加回心血量和心输出量，使动脉血压升高。体液平衡的维持依赖于肾脏对体液的调节，使液体摄入量和排出量平衡。实验证明，血压只要发生很小的变化，就可导致肾排尿量的明显变化。平均动脉血压从正常水平（100mmHg）升高 10mmHg，肾排尿量可增加数倍，从而使细胞外液量减少，循环血量减少，动脉血压下降；反之，动脉血压降低时，肾排尿明显减少，使细胞外液量增多，血压回升。

（二）影响肾-体液控制系统活动的主要因素

肾-体液控制系统的活动受体内若干因素的影响，其中较重要的是血管升压素、肾素-血管紧张素-醛固酮系统和心房利尿钠肽。循环血量增多、血压升高时，调节循环血量和血压恢复正常的机制有：①当血量增加时，血管升压素减少，肾小管和集合管对水的重吸收减少，肾排水量增加，细胞外液量回降；②心房利尿钠肽分泌增多，肾脏对水和钠的重吸收减少，水钠排除量增加，细胞外液量减少；③肾素-血管紧张素-醛固酮系统被抑制，血管紧张素 II 收缩血管效应减弱，血压降低，还能促使肾上腺皮质分泌醛固酮。醛固酮保钠保水作用减小，细胞外液量减少，血压降低。

总之，血压调节是一个复杂的过程，众多参与机制在各个方面发挥调节作用，每一个机制都不能完成全部的、复杂的调节。快速的、短期的调节主要是通过神经对阻力血管口径及心脏活动的调节来实现的；而长期调节则主要是通过肾对细胞外液量的调节来实现的。

第六节 循环系统生理动物模型

一、心脏发育异常模型

斑马鱼是研究心脏发育重要的动物模型，被称为"心脏发育研究的窗口"，其优势体现在：快速发育期的心脏可被高分辨率地显像；心脏形态与功能的显著缺损易于在活体胚胎发现，微小的缺损可以经分子生物学标记识别；易于研究功能障碍的心脏；可以应用遗传学技术对影响心脏发育的相关基因进行大规模的筛选等。另外，斑马鱼胚胎和日龄较小的幼鱼可以通过皮肤供氧，即使在循环系统完全无法运作的情况下，斑马鱼胚胎仍可存活较长一段时间，这在研究致死性心血管畸形及侧枝动脉生成等方面也是很好的动物模型。

二、心脏电生理异常模型

心脏电生理异常导致心律失常发生。心律失常是指心脏冲动的频率、节律、起源部位、传导速度或激动次序的异常。按照心律失常发生时心率的快慢，可分为快速性与缓慢性心律失常两大类。缓慢性心律失常是由于心肌传导功能减弱及心脏起搏功能障碍而引起的一系列心率减慢的疾病，包括窦性缓慢性心律失常、房室交界性心律失常、心室自主心律失常、传导阻滞（包括窦房传导阻滞、心房内传导阻滞、房室传导阻滞）等。大鼠腹腔注射 β 受体阻滞剂——普萘洛尔，通过抑制窦房结、心房、浦肯野纤维的自律性或降低儿茶酚胺所致的晚后除极而防止触发活动，使心肌传导减慢，不应期延长，心率减慢。大鼠尾静脉注射乙酰胆碱，通过兴奋心脏上的 M2 受体，使心率减慢，心肌收缩力减弱，传导减慢。

三、心脏功能异常模型

心力衰竭是各种心脏疾病致心功能不全的临床综合征，也是大多数心血管疾病的最终归宿。临床上引起心力衰竭的病理生理学机制不同，目前从影响心脏功能的主要因素构建心力衰竭的实验动物模型方法。

（1）加快心率构建心力衰竭动物模型。目前快速起搏心室致心力衰竭的模型主要有将起搏器安置在左心房内进行刺激、用电极直接对左心室心外膜进行起搏刺激，以及用电极刺激右心室致右心衰竭的模型。现在应用较为广泛的是右心室电极植入法，该模型所需周期较短，可控性好，并可依研究需要、动物种类及其心电生理特点设置适当的起搏频率及起搏部位，在临床表现、血流动力学和心室重构等方面，均与人类心力衰竭极为相似，并且心力衰竭的严重程度随起搏时间延长呈逐步进展的趋势，在停止起搏一定时间后，心脏结构和功能的改变以及血流动力学、神经内分泌水平还可以部分或全部恢复，从而模拟可逆的心脏扩张和心壁肥厚。

（2）激素诱导构建心力衰竭动物模型。通过皮下或者腹腔给予儿茶酚胺类物质（如异丙肾上腺素和去氧肾上腺素）以及血管紧张素 II 等，诱导剂量依赖性的心功能损害和神经体液的激活，导致心室重构，最终引发心力衰竭。根据实验需要，注射剂量及时间可不同。

（3）增加前负荷构建心力衰竭动物模型。心肌前负荷即容量负荷的增加使舒张期室壁与心肌细胞内肌节应力增高、肌节增多，肌节以串联形式相连，肌细胞长度增加。按 Frank-Starling 定律，舒张期心肌纤维长度增加，必然引起收缩力的增加，表现为心腔扩大，出现离心性肥厚，最终导致收缩功能不全。目前常采用动-静脉瘘方法和心脏瓣膜关闭不全方法复制前负荷增加制作心衰模型。动-静脉瘘方法通常是在肾动脉以下的腹主动脉与下腔静脉间、股动脉与同侧股静脉间或房间隔造瘘，甚至可以在颈动静脉之间造瘘，这样会使体循环动脉血液直接进入静脉，回心血量增多，出现神经内分泌激活，引起容量负荷加重产生心力衰竭。心脏瓣膜关闭不全是利用手术方法破坏房室瓣腱索、乳头肌，或心导管介入穿插二尖瓣、主动脉瓣造成瓣膜关闭不全。

（4）增加后负荷构建心力衰竭动物模型。心脏后负荷增加，导致心脏做功与耗氧量增加，心肌内交感神经末梢去甲肾上腺素释放增高，肾素-血管紧张素-醛固酮系统功能活跃，心肌代谢紊乱，左心室重构而导致心肌肥厚、心脏的舒张功能不全。目前主要的方法是主动脉缩窄法（transverse abdominal aortic constriction，TAC）。通过缩窄主动脉，使主动脉压力升高而增加后负荷。根据缩窄的不同部位可以分为主动脉弓缩窄和腹主动脉缩窄。

（5）心肌损伤因素所致的心力衰竭动物模型。此类模型主要有药物/物理化学方法、心肌缺血/梗死方法和细菌或病毒性心肌炎构建心力衰竭动物模型。药物/物理化学方法主要经腹腔、静脉和冠状动脉内注射阿霉素等蒽类抗癌药，能增加实验动物心肌组织自由基生成，引起膜脂质过氧化，破坏细胞膜完整性。心肌缺血/梗死方法通常结扎左前降支或回旋支冠状动脉，从而诱导心肌区域损伤和梗死。细菌或病毒性心肌炎构建心力衰竭动物模型主要是在离体的情况下用抑菌毒素或者病毒进行离体心脏灌注。

四、血管结构和功能异常模型

（一）高血压动物模型

原发性高血压是以体循环动脉压升高为主要临床表现的心血管综合征，通常简称为高血压。高血压常与其他心血管病危险因素共存，是重要的心脑血管疾病危险因素，可损伤重要脏器，如心、脑、肾的结构和功能，最终导致这些器官的功能衰竭。高血压病因为多因素，尤其是遗传和环境因素相互作用的结果。目前常用的高血压动物模型主要如下。

（1）神经源性高血压动物模型：在影像成像技术指导下利用球囊固定法，在延髓左侧腹外侧舌咽神经、迷走神经根入脑干区（REZ）形成神经血管压迫来建立犬神经源性高血压动物模型。

（2）应激性高血压动物模型：采用电、声波、噪声、冷刺激、热刺激等慢性刺激中枢神经系统可引起动物高级神经活动高度紧张，导致血压明显升高。

（3）肾性高血压动物模型：采用肾脏缺血，导致肾脏合成和分泌肾素增加，进而增加血管紧张素，引起血压升高。

（4）DOCA 盐敏感性高血压模型：制作过程中使用了大剂量的 DOCA（醛固酮的前体），它与醛固酮有相似的生理作用，反馈性抑制循环肾素-血管紧张素系统，导致血浆肾素活性低下，是一种低肾素型高血压模型。

（5）Ang II 灌注诱导高血压：给小鼠皮下灌注 Ang II 可观察到血压升高。

（二）动脉粥样硬化动物模型

动脉粥样硬化是一组称为动脉硬化的血管病中最常见、最重要的一种。各种动脉硬化的共同特点是动脉管壁增厚变硬、失去弹性和管腔缩小。动脉硬化动物模型的建立主要有诱食法（小型猪、猴、兔、鸡、大鼠）和非饲喂法（免疫法、儿茶酚胺法、半胱氨酸法）。由于与人体的生理差异，利用小鼠和大鼠很难诱导出模拟人类动脉粥样硬化疾病表型的模型；猪、非人灵长类是模拟人类动脉粥样硬化的适宜动物，但由于诱导时间较长、实验成本较高，其应用研究也有一定的局限性。

参 考 文 献

陈守良. 2012. 动物生理学. 4 版. 北京: 北京大学出版社.

霍勇, 陈明. 2011. 心血管病实验动物学. 北京: 人民卫生出版社.

李永材, 黄溢明. 1984. 比较生理学. 北京: 高等教育出版社.

刘宝辉, 李明凯, 罗晓星, 等. 2013. 心力衰竭实验动物模型构建方法研究. 中国心血管杂志, 18(3): 233-236.

秦川. 2018. 中华医学百科全书: 医学实验动物学. 北京: 中国协和医科大学出版社.

田嶋嘉雄. 1989. 实验动物的生物学特性资料. 中国实验动物人才培训中心翻译教材.

杨秀平, 肖向红, 李大鹏. 2016. 动物生理学. 3 版. 北京: 高等教育出版社.

朱大年, 王庭槐. 2013. 生理学. 8 版. 北京: 人民卫生出版社.

朱进霞. 2015. 医学生理学. 北京: 高等教育出版社.

（王红霞　黄海霞）

第五章 免疫系统

第一节 概　述

免疫（immunity）是指机体免疫系统识别自身与异己物质，并通过免疫应答排除抗原性异物，以维持机体生理平衡的功能。机体依靠这种功能识别"自己"和"非己"成分，从而破坏和排斥进入机体的抗原物质，或机体本身产生的损伤细胞和肿瘤细胞等。免疫系统（immune system）由具有免疫功能的器官、组织、细胞和分子组成，是机体免疫机制发生的物质基础。免疫系统内的各种淋巴样器官和细胞在机体的整体免疫功能中分别担负着不同的角色，根据其功能不同可将整个系统分成免疫器官、免疫细胞、免疫分子 3 个层次。各层次不同类型的组织与细胞又有着不同的作用，通过淋巴细胞再循环和各种免疫分子将各部分的功能协调统一起来。

免疫系统是伴随着生物种系发生和发展过程逐步进化而建立起来的。无脊椎动物仅有吞噬作用和炎症反应，到了脊椎动物才开始有腔上囊等特异组织或器官，出现特异性抗体，至哺乳动物才逐渐产生较多种类的免疫相关分子。进化程度不同的动物中免疫分子类型出现的多少不一。本章将重点介绍人类与常用实验动物的主要免疫器官、细胞、分子的功能和区别，以及免疫相关疾病动物模型。

第二节 免疫器官

免疫器官（immune organ）是机体执行免疫功能的组织结构，也是淋巴细胞和其他免疫细胞发生、分化、成熟、定居、增殖及产生免疫应答的场所。根据其功能分为中枢免疫器官和外周免疫器官（表 5-1）。

表 5-1　机体的免疫系统

免疫器官	主要功能	组成
中枢免疫器官 （初级淋巴器官）	免疫细胞发育、分化和成熟的场所	骨髓 胸腺
外周免疫器官 （二级淋巴器官）	淋巴细胞活化、增殖、分化及免疫反应进行的场所	脾脏 淋巴结 黏膜免疫系统

一、中枢免疫器官

中枢免疫器官（central immune organ）又称初级淋巴器官（primary lymphoid organ），是免疫细胞发育、分化和成熟的场所，同时对外周免疫器官的发育起主导作用（图 5-1）。人类的中枢免疫器官包括骨髓和胸腺，鸟类则是腔上囊。

（一）骨髓

人类骨髓位于骨髓腔内，分为黄骨髓和红骨髓。黄骨髓主要为脂肪组织；红骨髓具有活跃的造血功能，由造血组织和血窦组成。造血组织主要由基质细胞和造血细胞组成。基质细胞包括网状内皮细胞、成纤维细胞、巨噬细胞、血管内皮细胞等，由基质细胞及其所分泌的细胞因子与细胞外基质共同构成了造血细胞的微环境，称为造血诱导微环境。骨髓是各类造血细胞和免疫细胞发生的场所，也是 B 细胞和

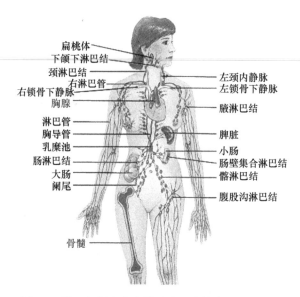

图 5-1　淋巴组织在全身的分布（金伯泉，2008）

NK 细胞分化成熟的场所，同时是再次体液免疫应答发生的主要部位，因此，骨髓既是中枢免疫器官，也是外周免疫器官。

鱼类没有骨髓，肾脏是鱼类最重要的淋巴组织，可分为头肾（pronephros）、中肾（mesonephros）和后肾（metanephros）。在肾脏的发育过程中，头肾失去排泄功能，保留了造血和内分泌的功能，而成为造血器官和免疫器官。鱼类头肾是继胸腺之后第 2 个发育的免疫器官，不依赖抗原刺激可以产生红细胞和 B 淋巴细胞等，相当于哺乳动物的骨髓。

小鼠骨髓为红骨髓而无黄骨髓，终生造血。

（二）胸腺

胸腺（thymus）是 T 细胞分化、发育和成熟的场所。人类胸腺由胚胎期 III、VI 咽囊的内胚层发育而来，出现于胚胎第 9 周，第 20 周成熟，胸腺随年龄增长逐渐萎缩退化（图 5-2）。人类胸腺位于胸腔前纵隔，分为左、右两叶，表面覆盖有一层结缔组织被膜，被膜深入胸腺实质，将实质分为若干胸腺小叶。胸腺小叶的外层为皮质，内层为髓质，皮髓交界处含有大量血管。皮质（图 5-3）内 85%～90% 是未成熟 T 细胞，并有胸腺上皮细胞（thymus epithelial cell，TEC）、巨噬细胞（macrophage，Mφ）、树突状细胞（dentritic cell，DC）等。髓质含有大量 TEC 和疏散分布的较成熟的胸腺细胞、单核-巨噬细胞和 DC。

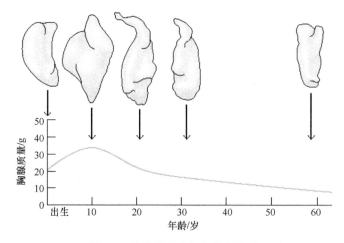

图 5-2　胸腺的变化与年龄的关系

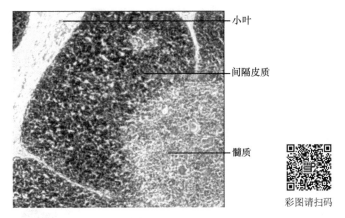

小叶

间隔皮质

髓质

彩图请扫码

图 5-3　胸腺的结构

TEC 是胸腺微环境中最重要的组分，它以两种方式参与 T 细胞的分化：①通过分泌细胞因子 SCF、GM-CSF、IL-6、TNF 和胸腺肽类分子（如胸腺素、胸腺肽、胸腺生成素等）；②通过细胞-细胞间相互接触：TEC 与胸腺细胞间可通过细胞表面分子的相互作用，诱导和促进胸腺细胞的分化、发育和成熟。

鱼类胸腺是淋巴细胞增殖分化的主要场所，并向血液和外周淋巴器官输送淋巴细胞。鱼类有类似哺乳动物的 T 细胞和 B 细胞，来源于胸腺器官，淋巴细胞从胸腺游走但不返回。鱼类胸腺随着性成熟和年龄的增长，或在外环境的胁迫下会发生退化。

较低等的有尾类（如蝾螈），虽有了胸腺和脾脏，但分化极为简单，尚未发现有淋巴结构，也无骨髓，其体内抗体与鱼类相似，也只有 IgM 一种。较高等的无尾类（如蛙、蟾蜍）的胸腺已有中枢免疫器官的功能，出自胸腺的淋巴细胞在外周淋巴器官中分布成细胞集落。幼体阶段的胸腺已出现皮质和髓质的分化，T 细胞和 B 细胞有了明显分化。实验表明，胸腺切除后的蟾蜍，可以产生抗体，但丧失了排斥移植和淋巴细胞对 T 细胞有丝分裂原应答的能力，而这些缺陷可通过输入组织相容的淋巴细胞予以恢复。

鸟类具有发达的胸腺和腔上囊，并出现较发达的淋巴组织。

小鼠胸腺呈乳白色，由左、右两叶组成，位于心脏后方，为中枢免疫器官，性成熟时最大。大鼠胸腺由两叶组成，似等边三角形，大部分位于胸腔前纵隔，顶端近喉部，基底部附着在心包腹面的前上方。其大小与结构随年龄而变化，40～60 日龄时胸腺最大，以后逐渐退化。豚鼠胸腺全部在颈部，位于下颌骨角到胸腔入口中间，为两个光亮、淡黄色、细长、椭圆形、充分分叶的腺体。兔胸腺位于心脏腹面，粉红色，幼兔较大，以后随年龄增长逐渐萎缩。

二、外周免疫器官和组织

外周免疫器官又称外周淋巴器官、二级淋巴器官，是淋巴细胞活化、增殖、分化和定居的场所，也是免疫反应进行的场所，包括淋巴结、脾脏和黏膜免疫系统。

（一）淋巴结

淋巴结（lymph node）是结构完备的二级免疫器官，主要分布在黏膜部位。

1. 淋巴结结构

淋巴结由皮质区、副皮质区和髓质组成（图 5-4）。

2. 淋巴结功能

（1）淋巴结是 T 细胞和 B 细胞定居的场所，其中 T 细胞占 70%～75%，B 细胞占 25%～30%。
（2）淋巴结是免疫应答发生的场所。侵入机体的病原微生物或其他有害异物通常随组织淋巴液进入

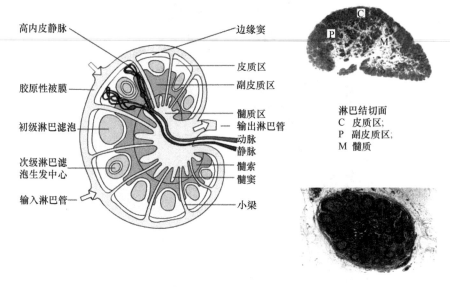

图 5-4 淋巴结的结构（金伯泉，2008）

局部引流淋巴结。淋巴结内淋巴细胞的再循环可使带有不同抗原受体的淋巴细胞不断循环，以增加与抗原接触的机会。

（3）淋巴结是产生特异性免疫的基地。由于 T 及 B 淋巴细胞均位于淋巴结内，抗原进入淋巴结可引起细胞免疫及体液免疫反应。

小鼠淋巴系统尤为发达，包括淋巴管、胸腺、淋巴结、脾脏、外周淋巴结及肠道派氏淋巴集结（图 5-5）。外来刺激可使淋巴系统增生，因此，易患淋巴系统疾病。豚鼠淋巴系统较为发达（图 5-6），对侵入的病

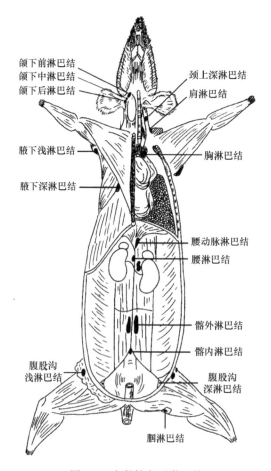

图 5-5 小鼠的主要淋巴结

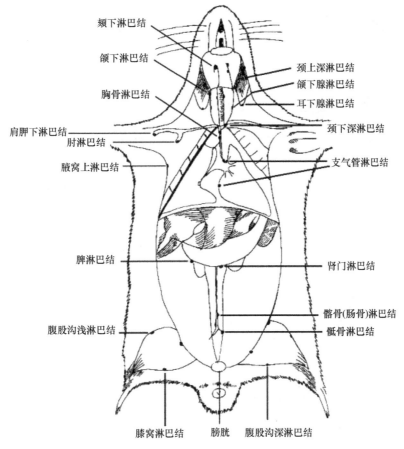

颏下淋巴结

颌下淋巴结

胸骨淋巴结

肩胛下淋巴结

肘淋巴结

腋窝上淋巴结

颈上深淋巴结

颌下腺淋巴结

耳下腺淋巴结

颈下深淋巴结

支气管淋巴结

脾淋巴结

肾门淋巴结

髂骨(肠骨)淋巴结

腹股沟浅淋巴结

骶骨淋巴结

膝窝淋巴结　　膀胱　　腹股沟深淋巴结

图 5-6　豚鼠的主要淋巴结

原微生物极为敏感。剖检豚鼠时，常发现其颈淋巴结和肠系膜淋巴结肿大、充血或出血，甚至化脓，说明此部位远端已被细菌感染或侵害，淋巴结本身也常受到严重损害。肺部淋巴结具有高度反应性，在少量机械或细菌刺激时，很快发生淋巴结炎。兔淋巴系统由淋巴管和淋巴结组成。在淋巴管的通路上有形状不一、大小不等的淋巴结。淋巴结具有制造淋巴细胞、吞噬入侵细菌及异物的作用。淋巴结主要有下颌淋巴结、髂淋巴结、胰淋巴结、肠系膜淋巴结、股骨沟淋巴结、腘淋巴结等。家兔特有腘淋巴结，位于后肢膝关节屈面腘窝内，非常明显，适合注射。地鼠口腔两侧的颊囊缺乏腺体和完整的淋巴通路，植入其内的异种组织不引起免疫排斥反应，能成功地移植某些正常或肿瘤组织及细胞，甚至非近交系也能移植成功，近年来受到肿瘤实验研究人员的重视。金黄地鼠的全身淋巴数为 35～40 个，分为 15 个淋巴中心（图 5-7）。

　　鱼类没有淋巴结，肾脏是成鱼最重要的淋巴组织。

　　鸟类不具有真正的淋巴结，但常在某些淋巴管周围有较多的淋巴组织，并在肾脏、肝脏、胰等器官内有大量的淋巴细胞。

　　腔上囊（bursa fabricii）是鸟类体液免疫系统 B 淋巴细胞分化成熟的中枢器官，位于泄殖腔背侧的囊状结构。腔上囊在幼稚期发达，性成熟时退化，是鸟类最早发生并提供 B 淋巴细胞的器官。迁入的淋巴干细胞在其中向抗体生成细胞分化，包括由淋巴干细胞分化为前 B 淋巴细胞，进而分化出现 IgM 生成细胞，再分化出现 IgG 生成细胞等，尤其是从 IgM 生成细胞向 IgG 生成细胞的转化必须依赖腔上囊的微环境。一旦腔上囊淋巴细胞迁出，外周体液免疫功能建立，腔上囊切除对体液免疫反应的影响就会减弱乃至消失。另一方面，腔上囊的滤泡上皮具有内吞功能，并且通过腔上囊途径给予抗原，可以使鸟类获得对特异抗原的免疫能力，这表明腔上囊可能同时具有外周淋巴器官的功能。此外，腔上囊还产生促进 B 淋巴细胞分化成熟的激素物质——腔上囊因子或腔上囊素。

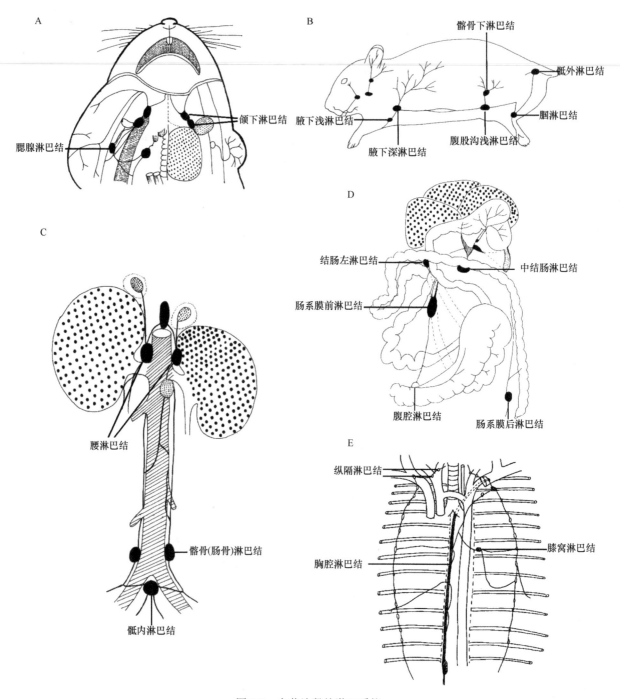

图 5-7　金黄地鼠的淋巴系统
A. 头颈部淋巴结和血管；B. 体表淋巴结和血管；C. 腹腔壁淋巴结和血管；D. 腹腔器官和血管；E. 胸腔淋巴结和血管

（二）脾脏

脾脏是机体最大的免疫器官，占全身淋巴组织总量的 25%，含有大量的淋巴细胞和巨噬细胞，是机体细胞免疫和体液免疫的中心。人类的脾脏由被膜、白髓、红髓、边缘区几部分组成，其中边缘区为白髓与红髓交界的狭窄区域（图 5-8），主要功能包括：脾脏是 T 细胞和 B 细胞的定居场所，其中 T 细胞占 35%～50%，B 细胞占 50%～65%；脾脏是机体对血源性抗原产生免疫应答的主要场所；脾脏可合成某些生物活性物质如补体、细胞因子等；约 90%循环血液流经脾脏，脾脏内的 Mφ 和网状内皮细胞均有较强的吞噬作用，可清除血液中的病原体和衰老红细胞等。

脾脏是鱼类红细胞及中性粒细胞产生、贮存和成熟的主要场所。有颌鱼类才出现真正的脾脏，软骨鱼的脾脏可分为红髓和白髓，包括椭圆形的淋巴小泡，内有大量淋巴细胞、巨噬细胞和黑色素吞噬细胞。

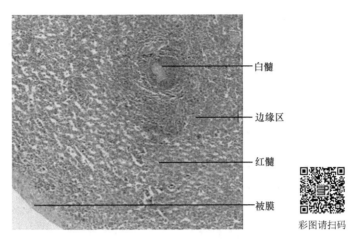

图 5-8 脾脏的结构

硬骨鱼类的脾脏虽没有明显的红髓和白髓，但同时具有造血和免疫功能。

小鼠脾脏呈镰刀状，靠胃底部左侧，有明显的造血功能，所含细胞包括巨核细胞、原始造血细胞等，并组成造血灶。脾脏雄性比雌性大。大鼠脾脏位于腹腔的左侧背部，在肋骨下面。豚鼠脾脏位于胃大弯侧，呈扁平长圆形。兔脾脏紧靠胃大弯左侧，位于血液循环通路上，是血液循环中的主要滤过器官。

（三）黏膜免疫系统

黏膜免疫系统又称黏膜相关淋巴组织（mucosal-associated lymphoid tissue，MALT），包括消化道、呼吸道和泌尿生殖道等非膜包化淋巴组织，以及带有生发中心的器官化淋巴组织、扁桃体、小肠的派氏集合淋巴结和阑尾。黏膜淋巴组织是鱼类分散的淋巴细胞生发中心，存在于黏液组织，如皮肤、鳃和消化道等，但不具备完整的淋巴结构。

MALT 包括肠相关淋巴组织（gut-associated lymphoid tissue，GALT）（图 5-9）、鼻相关淋巴组织（nose-associated lymphoid tissue，NALT）和支气管相关淋巴组织（bronchus-associated lymphoid tissue，BALT）。其主要功能是在消化道、呼吸道和泌尿生殖道构成了一道免疫屏障，在黏膜局部抗感染免疫防御中发挥关键作用。MALT 中的 B 细胞是分泌型 IgA 的主要来源。

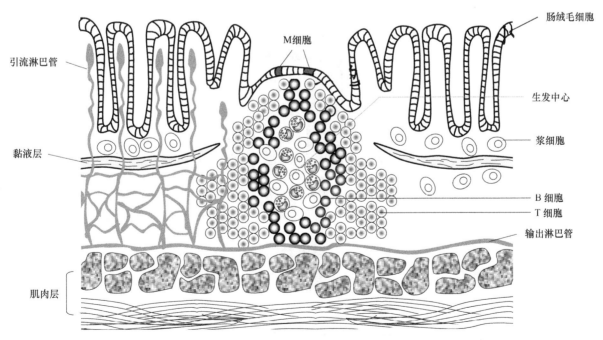

图 5-9 肠相关淋巴组织的结构

第三节 免 疫 细 胞

所有参加免疫应答或与免疫应答有关的细胞及其前体细胞称为免疫细胞,包括淋巴细胞(T细胞、B细胞、第三类淋巴细胞)、抗原提呈细胞(B细胞、单核巨噬细胞、DC)和其他免疫细胞(造血干细胞、粒细胞、肥大细胞、红细胞、血小板等)(表5-2)。

表 5-2 主要免疫细胞的功能和组成

主要免疫细胞	主要功能	组成
固有免疫细胞	介导固有免疫应答	中性粒细胞、单核吞噬细胞、DC、NK、NK T、γδT、B-1、肥大细胞、嗜碱性粒细胞和嗜酸性粒细胞等
免疫活性细胞	介导细胞免疫应答和体液免疫应答	T细胞、B细胞
抗原提呈细胞(APC)	加工处理抗原,并将处理后的抗原肽提呈给抗原特异性T淋巴细胞	单核吞噬细胞、DC、活化的B细胞

一、T 淋巴细胞

T 淋巴细胞(T lymphocyte)简称T细胞,来源于骨髓中的淋巴样前祖细胞,在胸腺中发育成熟。T细胞的主要功能是介导细胞免疫应答,辅助TD-Ag诱导的体液免疫应答。T细胞功能缺陷既影响细胞免疫,也影响体液免疫,可导致机体对多种病原体的感染(白色念珠菌或卡氏肺囊虫等)。T细胞可分为不同的亚型,功能各不相同。

(一)T淋巴细胞表面分子

1. TCR-CD3 复合物

TCR-CD3 复合物是T细胞识别抗原和转导信号的主要单位。TCR特异识别由MHC分子提呈的抗原肽,CD3是转导T细胞活化的第一信号(图5-10)。

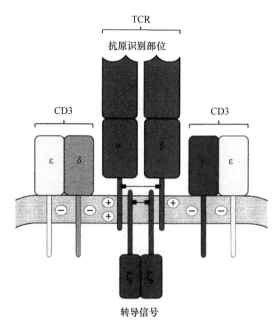

图 5-10 TCR-CD3 复合物结构示意图

2. CD4 和 CD8 分子

CD4 和 CD8 分子属 T 细胞辅助受体（co-receptor），分别与 MHC Ⅱ类和 MHC Ⅰ类分子非多态区结合，这既加强了 T 细胞与 APC 或者靶细胞的相互作用，又参与了抗原刺激 TCR-CD3 信号转导。

3. 共刺激分子

（1）CD28：CD28 与 B7 结合后，由 CD28 转导第二活化信号。

（2）CTLA-4（CD152）：由活化的 T 细胞表达，其结构与 CD28 分子高度同源，CD28 和 CTLA-4 的天然配体均为 CD80（B7.1）和 CD86（B7.2）。CTLA-4 与 CD80/CD86 的亲和力显著高于 CD28，因其胞浆内区有 ITIM，给予已活化 T 细胞抑制信号。

（3）CD40L（CD154）：属 Ⅱ 型跨膜蛋白，主要表达于活化的 CD4$^+$T 细胞和 CD8$^+$T 细胞，其配体为 CD40。

（二）T 细胞亚群及其功能

1. 根据 TCR 类型分类

根据 TCR 类型可分为 TCRαβ T 细胞和 TCRγδ T 细胞（表 5-3）。外周血中 T 细胞绝大多数为 αβT 细胞。γδT 细胞主要分布在皮肤和黏膜组织，是皮肤的表皮内淋巴细胞和黏膜组织的上皮内淋巴细胞的组成部分，有抗胞内感染和抗肿瘤的功能。γδT 细胞抗原受体缺乏多样性，只能识别多种病原体共同表达的非肽类抗原，包括由 CD1 分子提呈的糖脂，且无 MHC 限制性。活化的 γδT 细胞通过分泌多种细胞因子发挥免疫调节作用和介导炎症反应。

表 5-3　TCRαβ T 细胞和 TCRγδ T 细胞特性的比较

特性		TCRαβ T 细胞	TCRγδ T 细胞
TCR		多态性显著	较少多态性
分布	外周血	60%～70%	5%～15%
	组织上	外周淋巴组织上	黏膜上皮
表型	CD3$^+$CD2$^+$	100%	100%
	CD4$^+$CD8$^-$	60%～65%	<1%
	CD4$^-$CD8$^+$	30%～50%	20%～50%
	CD4$^+$CD8$^-$	<5%	>50%
辅助细胞		Th 细胞	
杀伤细胞		Tc 细胞	Tc 细胞

2. 根据 CD 分子分类

根据 CD 分子可分为 CD4$^+$、CD8$^+$亚群。CD4$^+$T 细胞活化后分化的效应性细胞主要是 Th 细胞。CD8$^+$T 细胞活化后分化的效应性细胞主要是 Tc（CTL）细胞。

3. 根据功能特征分类

（1）辅助性 T 细胞（help T cell，Th 细胞）：主要为 CD4$^+$T 细胞，根据分泌的细胞因子不同，将其分为 Th1、Th2 和 Th3 三个亚型，另外还有 Tr 亚型。

（2）CTL 细胞：具有细胞毒作用的 T 细胞主要包括 Tc 细胞、TCRγδ T 细胞和 NK1.1 T 细胞。Tc 细胞主要是表达 TCRαβ 和 CD8 分子的 T 细胞，分为 Tc1 和 Tc2 两类，分泌的细胞因子分别与 Th1、Th2 类似。

（3）Tr 细胞：某些 CD4$^+$T 细胞可表达 CD25，胞质中表达 Foxp3 转录因子，在免疫应答的负调控和自身耐受中起作用，称 CD4$^+$CD25$^+$Foxp3$^+$Tr 细胞。Tr 细胞分为自然调节性 T 细胞（nature nTreg）、诱导性调节性 T 细胞（induced regulatory T cell，iTreg）和其他调节性 T 细胞（如 CD8$^+$Treg）。Tr 主要分泌 IL-10，发挥免疫抑制效应。

4. 根据所处的活化阶段分类

根据所处的活化阶段可分为初始 T 细胞（naïve T cell）、效应性 T 细胞（effector T cell，Te）、记忆性 T 细胞（memory T cell，Tm）。

二、B 淋巴细胞

B 淋巴细胞（B lymphocyte）简称 B 细胞，是免疫系统中的抗体产生细胞。静息 B 淋巴细胞随血循环进入淋巴结与脾脏，在这些周围免疫器官中聚集于淋巴滤泡的冠状带（mantle zone）。在抗原刺激和 Th 细胞辅助下，B 细胞被激活，增殖形成生发中心，进一步分化为分泌抗体的浆细胞或长寿的记忆 B 细胞。B 细胞产生特异的免疫球蛋白，能特异性地与抗原结合。

（一）B 细胞的表面标志

B 细胞表面有众多的膜分子，其中某些为 B 细胞所特有，某些为 B 细胞与其他细胞所共有。它们在 B 细胞识别抗原及随后的激活、增殖、产生抗体、加工提呈抗原给 T 细胞的过程中发挥作用。

1. B 细胞抗原受体复合物

B 细胞抗原受体（B cell receptor，BCR）复合物由识别和结合抗原的胞膜免疫球蛋白、传递抗原刺激信号的 Igα/Igβ 异源二聚体组成（图 5-11）。

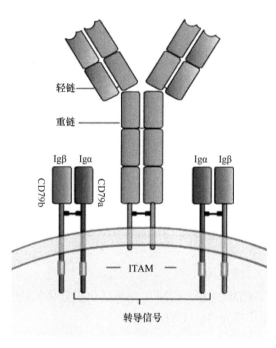

图 5-11　B 细胞抗原受体复合物结构示意图（金伯泉，2008）

2. B 细胞辅助受体

B 细胞表面的 CD19 与 CD21、CD81 以非共价相连，形成一个 B 细胞特异的多分子活化辅助受体，其作用是增强 B 细胞对抗原刺激的敏感性。CD21 也是 B 细胞上的 EB 病毒受体。

3. 协同刺激分子

（1）CD40：表达于成熟 B 细胞，属肿瘤坏死因子受体家族。CD40 的配体表达于活化 T 细胞。CD40 与 CD40L 的结合在 B 细胞分化成熟中起十分重要的作用。

（2）CD80 和 CD86：活化 B 细胞是抗原提呈细胞。T 细胞对抗原的识别只得到第一信号。T 细胞是否能激活，还取决于 APC 能否向 T 细胞提供协同刺激信号。若有协同刺激信号，T 细胞被激活；若无协同刺激信号，T 细胞无法被有效激活，或发生凋亡。CD80 和 CD86 在静息 B 细胞不表达或低表达，在活化 B 细胞表达增强。

4. 黏附分子

Th 细胞对 B 细胞的辅助以及活化 B 细胞向 T 细胞提呈抗原，均需要细胞-细胞的接触，黏附分子在此过程中起很大的作用。属于 B 细胞的黏附分子有 ICAM-1（CD54）、LFA-1（CD11a/CD18）等。

（二）B 细胞亚群及其功能

依照 CD5 的表达与否，可把 B 细胞分成 B-1 细胞和 B-2 细胞两个亚群。B-1 细胞表面表达 CD5，由于发育在先，故称为 B-1 细胞，主要存在于腹膜腔、胸膜腔和肠道固有层。B-2 细胞即通常所说的 B 细胞，是参与适应性体液免疫的主要细胞，主要定居于外周淋巴器官，接受抗原刺激和 Th 细胞辅助，最终分化为浆细胞，分泌抗体参与体液免疫应答。

三、抗原提呈细胞

抗原提呈细胞（antigen-presenting cell，APC）是指能够加工处理抗原并将处理后的抗原肽提呈给抗原特异性 T 淋巴细胞的一组免疫细胞。抗原提呈细胞通过吞噬、胞饮或受体介导的内吞作用摄取抗原物质，并消化、降解成抗原肽的过程称为抗原加工（antigen proccessing）。降解产生的抗原肽在抗原提呈细胞内与 MHC 分子结合形成抗原肽-MHC 复合物，然后被运送到 APC 细胞膜表面进行展示，以供免疫细胞识别，这个过程称为抗原提呈（antigen presentation）。抗原提呈细胞包括单核吞噬细胞系统、树突状细胞、B 细胞等。

（一）单核吞噬细胞系统

单核吞噬细胞（mononuclear phagocyte）包括血液中的单核细胞（monocyte）和组织中的巨噬细胞（macrophage，Mφ）（图 5-12），单核细胞在骨髓分化成熟后进入血液，在血液中停留数小时至数月后，经血液循环分布到全身多种组织器官中，分化成熟为巨噬细胞。巨噬细胞寿命较长（数月以上），具有较强的吞噬功能。

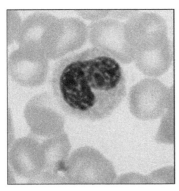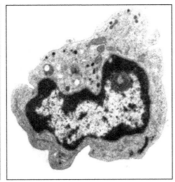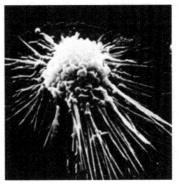

图 5-12　单核巨噬细胞形态

1. 单核吞噬细胞的表面标志

单核吞噬细胞表面表达 MHC I 类和 II 类分子。

2. 单核吞噬细胞的免疫功能

（1）吞噬和杀伤作用：组织中的巨噬细胞可吞噬和杀灭多种病原微生物及处理凋亡损伤的细胞，是机体非特异性免疫的重要因素。特别是结合有抗体（IgG）和补体（C3b）的抗原性物质更易被巨噬细胞吞噬。巨噬细胞可在抗体存在下发挥 ADCC 作用。巨噬细胞也是细胞免疫的效应细胞，经细胞因子如 IFN-γ 激活的巨噬细胞更能有效地杀伤细胞内寄生菌和肿瘤细胞。

（2）抗原加工和提呈：在免疫应答中，巨噬细胞是重要的抗原提呈细胞，外源性抗原物质经巨噬细胞，通过吞噬、胞饮等方式摄取，经过胞内酶的降解处理，形成许多具有抗原决定簇的抗原肽，随后这些抗原肽与 MHC II 类分子结合形成抗原肽-MHC II 类分子复合物，并提呈到细胞表面，供免疫活性细胞识别。因此，巨噬细胞是免疫应答中不可缺少的免疫细胞。

（3）合成和分泌各种活性因子：活化的巨噬细胞能合成和分泌 50 余种生物活性物质，包括：许多酶类（中性蛋白酶、酸性水解酶、溶菌酶）；白细胞介素 1（IL-1）、IL-6、各种集落刺激因子（GM-CSF、G-CSF、M-CSF）、干扰素-α（IFN-α）、肿瘤坏死因子-α（TNF-α）和前列腺素；血浆蛋白和各种补体成分等。

（二）树突状细胞

树突状细胞（dendritic cell，DC）广泛分布于除脑之外的全身脏器和组织，因有许多分支样突起而得名，不同组织有不同的名称。人 DC 的主要特征性标志为 CD1a、CD11c、CD83。DC 是唯一能诱导初始 T 细胞活化的抗原提呈细胞，是适应性免疫应答的始动者。树突状细胞可表达高水平的 MHC II 类分子和共刺激 B7 分子，因此，它们比巨噬细胞和 B 细胞（两者在发挥 APC 功能之前都需要活化）提呈抗原的能力强。在组织中通过吞噬或胞饮等方式捕获抗原之后，树突状细胞可迁移至血液和淋巴液，并循环至淋巴器官将抗原提呈给 Th 细胞。

根据所在部位，树突状细胞包括朗格汉斯细胞（Langerhans cell）、间质树突状细胞（interstitial dendritic cell）、并指状树突状细胞（interdigitating dendritic cell）、滤泡树突状细胞（follicular dendritic cell）和循环树突状细胞（circulating dendritic cell）。循环 DC 包括血液中的 DC（约占血液白细胞总数的 0.1%）及再输入淋巴管和淋巴液中迁移的 DC。此种再输入淋巴管或淋巴液中迁移的 DC 又称为隐蔽细胞（veiled cell）。

（三）B 细胞

B 细胞也是一类重要的抗原提呈细胞，特别是活化的 B 细胞可表达共刺激 B7 分子，具有较强的抗原提呈能力，可将某些抗原决定簇提呈给 Th 细胞产生免疫应答。

四、造血干细胞

造血干细胞（hematopoietic stem cell，HSC）是机体各种血细胞的共同来源，具有自我更新和分化的重要潜能，分为原始（多能）干细胞、定向干细胞、成熟子代细胞。原始 HSC 是多能造血干细胞，最初分化为定向干细胞，包括髓样干细胞和淋巴样干细胞等。人造血干细胞的主要表面标志有 $CD34^+$、$c\text{-}Kit(CD117)^+$、Lin^-。

五、固有免疫细胞

固有免疫细胞主要包括吞噬细胞、树突状细胞、NK 细胞、NK T 细胞、γδT 细胞、B-1 细胞、肥大细胞、嗜碱性粒细胞和嗜酸性粒细胞等。

（一）吞噬细胞

吞噬细胞主要包括中性粒细胞和单核吞噬细胞两类。

中性粒细胞主要分布于骨髓、血液、结缔组织，其功能为吞噬病原体，释放溶酶体酶、多种细胞毒性分子，解体后释放溶酶体酶类、花生四烯酸、白三烯等。

（二）自然杀伤性细胞

自然杀伤性细胞（natural killer cell，NK）来源于骨髓淋巴样干细胞，发育成熟后分布于外周血和脾脏。其不表达特异性抗原识别受体，无需抗原预先作用，就可直接杀伤肿瘤细胞和病毒感染的靶细胞，在机体免疫监视和早期抗感染免疫过程中起重要作用。目前将 TCR$^-$、mIg$^-$、CD56$^+$、CD16$^+$淋巴样细胞认定为 NK 细胞。

1. NK 细胞表面受体

NK 细胞表面表达可对其杀伤效应发挥正负调节的两种受体：杀伤细胞活化受体（killer activatory recepter，KAR）和杀伤细胞抑制受体（killer inhibitroy recepter，KIR）。生理条件下，抑制性受体 KIR2DL/3DL 和 CD94/NKG2A 的作用占主导地位，与 HLA-Ⅰ类分子之间的亲和力高于活化性受体，导致 NK 细胞对自身组织不杀伤。当靶细胞表面的 HLA-Ⅰ类分子表达下降或缺失时，KIR 和 KLR 丧失识别"自我"的能力，NK 细胞表面的另一类活化性受体 NCR 和 NKG2D 通过结合靶细胞表面的非 HLA-Ⅰ类分子发挥杀伤作用。

2. NK 细胞杀伤机制

NK 细胞表面存在着识别靶细胞表面分子的受体结构，通过此受体直接与靶细胞结合而发挥杀伤作用。NK 细胞表面有干扰素和 IL-2 受体。干扰素作用于 NK 细胞后，可使 NK 细胞增强识别靶细胞结构、溶解与杀伤靶细胞的活性。IL-2 可刺激 NK 细胞不断增殖和产生干扰素。NK 细胞表面也有 IgG 的 Fc 受体，凡被 IgG 结合的靶细胞均可被 NK 细胞通过其 Fc 受体的结合而导致靶细胞溶解，即 NK 细胞也具有 ADCC 作用。

（三）NK T 细胞

小鼠 NK T 细胞能够组成性表达 NK1.1 分子和 TCR-CD3 复合受体，分布于胸腺、外周淋巴器官。人 NK T 细胞表达 CD16、CD56 和 TCR，但其 TCR 缺乏多样性，可识别 MHC 样分子 CD1 所提呈的磷脂和糖脂类抗原，不受 MHC 分子限制，发挥细胞毒作用和免疫调节作用。

六、其他免疫相关细胞

（一）嗜酸性粒细胞

在寄生虫感染及 Ⅰ 型超敏反应性疾病中常见嗜酸性粒细胞（eosinophil）数目增多。嗜酸性粒细胞能结合至被抗体覆盖的血吸虫体上，杀伤虫体，且能吞噬抗原-抗体复合物，同时释放出一些酶类，如组胺酶、磷脂酶 D 等，可分别作用于组胺、血小板活化因子，在Ⅰ型超敏反应中发挥负反馈调节作用。

（二）嗜碱性粒细胞

嗜碱性粒细胞（basophil）胞浆内含有大小不等的嗜碱性颗粒，颗粒内含有组胺、白三烯、肝素等参与Ⅰ型超敏反应的介质，细胞表面有 IgE 的 Fc 受体，能与 IgE 抗体结合。带 IgE 的嗜碱性粒细胞与特异性抗原结合后，立即引起细胞脱粒，释放组胺等介质，引起过敏反应。

（三）肥大细胞

肥大细胞（mast cell）存在于周围淋巴组织、皮肤的结缔组织，特别是在小血管周围、脂肪组织和小肠黏膜下组织等。肥大细胞表面有 IgE 的 Fc 受体，胞浆内的嗜碱性颗粒、脱粒机制及其在Ⅰ型过敏反应中的作用与嗜碱性粒细胞十分相似。

七、动物的免疫细胞

部分动物免疫细胞组织分布的比较见表 5-4。

表 5-4 免疫细胞组织分布的比较

动物种类	免疫细胞	组织分布/%				
		胸腺	脾脏	淋巴结节	骨髓	末梢血
小鼠	T	95～100	35～40	75	5	70
	B	0～1	60～65	25	10	10～20
	Mφ		5			
	NK		3			
大鼠	T	95～100	55～60	50～55	0～1	
	B	0～1	40～45	25～30	10	
叙利亚仓鼠	T	95	25～40	70		
	B	0～2	65～70	30		
豚鼠	T	90～100	10～15	35～80		15～45
	B	0	45	20～45		10～30
兔	T	90～100	20～60	30～85	5～25	20～70
	B	0～2	40～50	30～60	40～50	25～60
犬	T	95～100	45	60	20	65～70
	B	0～5	40～50	35～45	35～70	10～30
猫	T	10～75		5～60		5～35
	B	0～10		30～90		25～70
猪	T					40～60
	B					10～30
	Mφ					10～15
	NK					15
食蟹猴	T					55～60
	B					15～20
恒河猴	T					65
	B					20～25

第四节 免 疫 分 子

免疫分子的种类很多，其中有些具有结构和进化上的同源性，主要有以下几类：免疫球蛋白、抗体、补体、细胞因子、膜表面抗原受体、主要组织相容性复合物抗原、白细胞分化抗原、黏附分子等。

一、免疫球蛋白和抗体

免疫球蛋白（immunoglobulin，Ig）是一组具有抗体（antibody，Ab）活性或化学结构与抗体相似的球蛋白，其中，只有与抗原发生免疫应答的免疫球蛋白才是抗体。抗体由浆细胞分泌，被免疫系统用来鉴别与中和外来物质如细菌、病毒等的大型 Y 形蛋白质，仅存在于脊椎动物的血液等体液中和 B 细胞的细胞膜表面。

（一）免疫球蛋白的结构

免疫球蛋白由 2 条较长、相对分子质量较大的相同重链（H 链），以及 2 条较短、相对分子质量较小的相同轻链（L 链）组成。链间由二硫键和非共价键联结。整个抗体分子可分为恒定区（constant region，C）和可变区（variable region，V）两部分（图 5-13）。在可变区内有一小部分氨基酸残基组成和排列顺序更易发生变异的区域，称高变区（hypervariable region，HVR）。高变区氨基酸序列决定了该抗体结合抗原的特异性。一个抗体分子上的两个抗原结合部位是相同的，位于两臂末端，称为抗原结合片段（antigen-binding fragment，Fab）。

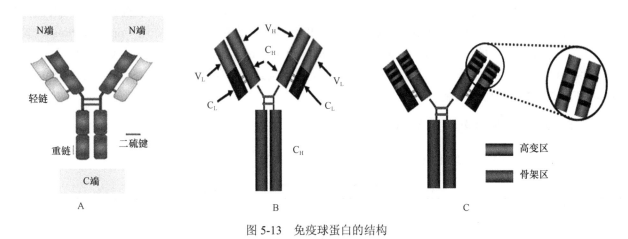

图 5-13 免疫球蛋白的结构

（二）免疫球蛋白的分类

依据 Ig 重链恒定区的氨基酸组成和排列顺序不同，将 Ig 分为 IgG、IgA、IgM、IgD 和 IgE 五类。

1. IgM

IgM 是抗体免疫应答中首先分泌的抗体，在与抗原结合后启动补体的级联反应。它们还把入侵者相互连接起来，便于巨噬细胞的吞噬。

2. IgG

IgG 抗体激活补体，中和多种毒素。IgG 持续的时间长，是唯一能穿过母亲胎盘保护胎儿的抗体，还从乳腺分泌进入初乳，使新生儿得到保护。

3. IgA

IgA 抗体存在于呼吸、消化、生殖等管道的黏膜，中和感染因子。IgA 还可以通过母乳进入新生儿的消化道黏膜，是母乳中含量最多、最为重要的一类抗体。

4. IgE

IgE 抗体分子尾部与嗜碱性粒细胞、肥大细胞的细胞膜结合。与抗原结合后，嗜碱性粒细胞与肥大细胞释放组胺类物质促进炎症的发展。IgE 也是引发速发型过敏反应的抗体。

5. IgD

IgD 抗体作用不太清楚。它们主要出现在成熟 B 淋巴细胞表面上，可能与 B 细胞的分化有关。

（三）免疫球蛋白的生物学功能

（1）特异性结合抗原：抗体本身通常不能直接溶解或杀伤带有特异抗原的靶细胞，需要补体或吞噬细胞等共同发挥效应以清除病原微生物或导致病理损伤。然而，抗体可直接与病毒或毒素特异性结合，发挥中和病毒或毒素的作用。

（2）激活补体：IgM、IgG1、IgG2 和 IgG3 可通过经典途径激活补体，凝聚的 IgA、IgG4 和 IgE 可通过替代途径激活补体。

（3）结合细胞：不同类别的免疫球蛋白可结合不同种的细胞，参与免疫应答。

（4）通过胎盘及黏膜：IgG 能通过胎盘进入胎儿血流，使胎儿形成自然被动免疫。IgA 可通过消化道及呼吸道黏膜，是黏膜局部抗感染免疫的主要因素。

（5）抗原性：抗体分子是一种蛋白质，也具有刺激机体产生免疫应答的性能。不同的免疫球蛋白分子具有不同的抗原性。

（6）通过与细胞 Fc 受体结合发挥多种生物效应：①IgG、IgM 的 Fc 段与吞噬细胞表面的 FcγR、FcμR 结合，增强其吞噬能力，抗体促进吞噬细胞吞噬功能的作用被称为抗体的调理作用（opsonization）。②发挥抗体依赖的细胞介导的细胞毒作用（antibody-dependent cell-mediated cytotoxicity，ADCC）：具有杀伤活性的细胞（NK、巨噬细胞等）通过其表面的 Fc 受体识别结合于靶抗原（病毒感染或肿瘤细胞）上的抗体的 Fc 段，直接杀伤靶细胞。

（四）其他动物的免疫球蛋白

不同种属动物中的免疫球蛋白的种类和数量存在较大差异（表 5-5）。

表 5-5　血清及体液中的免疫球蛋白浓度的比较

动物种类		免疫球蛋白浓度/（mg/L）		
		IgG	IgM	IgA
小鼠	血清	6 700	100	400
豚鼠	血清	10 720	430	72
	乳汁	633	110	758
	唾液	6	1	48
	胆汁	2	0.7	50
	尿	28.5	1.6	1.4
	泪液	16	9	148
兔	血清	9 500～33 000	150～520	10～340
	初乳	2 400	100	4 500
	小肠分泌液	75	15	120
犬	血清	5 000～17 000	700～2 700	200～1 200
	初乳	13 000～33 000	98～895	3 100～15 400
	唾液	10～15	18～35	520
猪	血清	21 500～24 330	1 100～2 920	1 800～2 130
	初乳	24 330	3 200	10 700
	乳汁（3～7 日）	1 910	1 170	3 410
	小肠分泌液	700	100	3 740
猴	血清	8 700～10 820	1 050～1 250	700～4 160
	唾液	<50	<30	120
	胃液	<50	<30	280
	空肠分泌液	660	<30	160
	胆汁	115	<30	52

鱼类的免疫球蛋白只有 IgM 一种，其在血清中的相对水平较哺乳类动物高。无尾类两栖动物开始出现 NK 细胞的 ADCC 功能，并出现了 IgG。

鸟类浆细胞开始能产生 IgM、IgG 和 IgA。

小鼠的 MHC 称为 H-2 复合体。免疫球蛋白有 IgM、IgA、IgE 和 IgG（IgG1、IgG2a、IgG2b、IgG3）。

大鼠的免疫球蛋白有 IgM、IgA、IgE 和 IgG（IgG1、IgG2a、IgG2b、IgG2c）。

豚鼠的免疫球蛋白有 IgG（IgG1、IgG2）、IgA、IgM 和 IgE。

兔的免疫球蛋白有 IgM、IgA、IgE、IgG（IgG1、IgG2a），常用来制备高效价和特异性免疫血清，兔疫学研究中常用的各种免疫血清，大多数用兔制备。

刚出生仔猪体液内的 γ 球蛋白和其他免疫球蛋白含量极少，其血清对抗原的抗体反应非常低。无菌猪体内没有任何抗体，所以在出生后一接触抗原，就能产生特异性免疫反应。

灵长类动物主要有四种免疫球蛋白：IgG、IgM、IgA 和 IgE。除长臂猴外，高等灵长类动物与人的免疫球蛋白有较强的交叉反应。

二、补体

补体（complement）是人和脊椎动物血清中的一组与免疫功能有关、经活化后具有酶活性的蛋白质，包括 30 余种可溶性蛋白和膜结合蛋白，称为补体系统。补体是天然免疫（innate immunity）的重要组成部分，协助特异性免疫起作用。

（一）补体系统的组成

（1）补体固有成分：参与经典激活途径的成分（C1、C4、C2、C3）；甘露聚糖结合凝集素激活途径的 MBL、丝氨酸蛋白酶；参与旁路激活途径的成分（P、D、B 因子）；共同末端通路 C5～C9。

（2）补体调节蛋白：C1 抑制物、I 因子、H 因子、C4 结合蛋白等。

（3）补体受体：CR1～5、C3aR、C2aR、C4aR 等。

（二）补体的理化性质

补体主要由肝细胞和巨噬细胞合成，属于急性期蛋白。补体成分均为糖蛋白，

（三）补体激活途径

补体激活途径包括经典途径、旁路途径和凝集素途径（图 5-14）。

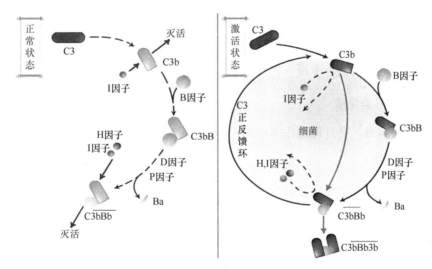

图 5-14　补体激活的旁路途径示意图（金伯泉，2013）

1. 经典途径

在溶菌或溶血反应时被激活，可分为识别、活化和膜攻击三个阶段。这三个阶段一般在靶细胞膜的三个不同部位进行。补体在激活过程中 C2、C3、C4、C5 均分别裂解成两个或两个以上的片段，分别标以 a、b 等符号，如 C3a、C3b、C3c 等。其中，C2b、C3b、C4b、C5b 直接或间接结合在靶细胞上，以固相的形式参与溶细胞过程，C3a、C5a 游离在液相。补体在激活过程中，C5、C6、C7 经活化后还可聚合成 C567，并与 C3a、C5a 一起发挥特殊的生物学功能。

2. 旁路途径

在细菌性感染早期，尚未产生特异性抗体时，旁路途径即可发挥重要的抗感染作用。旁路激活途径与经典激活途径的不同之处在于激活是越过了 C1、C4、C2 三种成分，直接激活 C3 继而完成 C5 至 C9 各成分的连锁反应，而且，还在于激活物质并非抗原抗体复合物，而是细菌的细胞壁成分脂多糖，以及多糖、肽聚糖、磷壁酸和凝聚的 IgA、IgG4 等物质（图 5-15）。

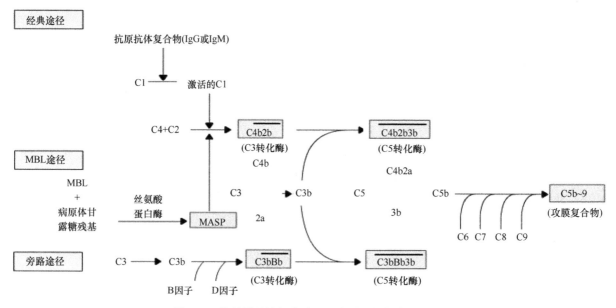

图 5-15　补体激活途径全过程示意图（金伯泉，2013）

3. 凝集素途径

由血浆中甘露聚糖结合凝集素（mannan-binding lectin，MBL）或纤维胶凝蛋白（ficolin，FCN）直接识别多种病原微生物表面以甘露糖、N-乙酰甘露糖、N-乙酰葡萄糖氨、岩藻糖等为末端糖基的糖结构。

（四）补体系统的生物学作用

1. 参与宿主早期抗感染免疫

溶解细胞、细菌和病毒；通过调理作用可促进吞噬细胞的吞噬作用。

2. 维护内环境的稳定

补体与 IgFc 结合，抑制新的免疫复合物（IC）的形成并抑制已沉淀的 IC。补体片段 C1q、C3b 和 iC3b 等可识别凋亡细胞，并通过吞噬细胞将其清除。

3. 参与适应性免疫

C3 可参与捕捉、固定抗原，使抗原易被 APC 处理和提呈；CR2 和 C3d 形成 B 细胞特异的多分子活化辅助受体；C3b 与 B 细胞表面 CR1 结合促进 B 细胞分化为浆细胞；杀伤性细胞结合 C3b 后可增强 ADCC 作用；免疫复合物可通过沉积于其表面的补体与滤泡树突状细胞表面 CR1 和 CR2 相互作用而被滞留在生发中心。

（五）其他动物的补体

各种属动物间血中补体含量不同（表 5-6），补体的合成部分也不相同（表 5-7）。豚鼠是实验动物血清中补体含量最多的一种动物，免疫学动物实验中所用的补体多来源于豚鼠血清。

表 5-6 血清中补体成分的浓度

动物种类	补体成分		
	C1	C4	C2
小鼠	10 000~60 000	100~600	100
大鼠	30 000	500	100
豚鼠	10 000~100 000	10 000~80 000	5 000~15 000
兔	10 000~30 000	200	10~50
犬	10 000	100~200	50

注：表中数据为用致敏羊红血球和无豚鼠各补体成分的试剂测定新鲜血清产生60%溶血（C2，C4）及50%溶血（C1）最终稀释倍数的倒数。

表 5-7 补体成分的合成部位

合成部位	C1	C2	C3	C4	C5	C6
腹腔巨噬细胞	小鼠 大鼠 猴	豚鼠	小鼠 大鼠 豚鼠 兔 猴	猴		兔
肺泡巨噬细胞	猴	豚鼠	大鼠 豚鼠 兔 猴			
脾脏		豚鼠	小鼠 大鼠 豚鼠 兔 猴			兔
肝脏		豚鼠	豚鼠 猴	猴		兔
淋巴组织			豚鼠 猴	猴		
骨髓		豚鼠	大鼠 豚鼠 猴	豚鼠 猴		
小肠		豚鼠				

三、细胞因子

细胞因子（cytokine，CK）是指由活化的免疫细胞和某些基质细胞分泌的、介导和调节免疫应答及免疫反应的小分子蛋白类因子，包括淋巴因子和单核因子。已鉴定的细胞因子达百种以上，习惯上把它们分为下列6类：白细胞介素、干扰素、肿瘤坏死因子、集落刺激因子、趋化性细胞因子和生长因子。

（一）细胞因子的特点

细胞因子多为8~30kDa的小分子多肽，较低浓度下（pg级水平）即具有生物学活性，例如，1pg的干扰素能保护100万个细胞抵御1000万病毒颗粒的感染。细胞因子以自分泌、旁分泌或内分泌形式，通过结合细胞表面的高亲和力受体才能发挥生物学效应。细胞因子具有多效性、重叠性、协同性和拮抗性。

（二）细胞因子的分类

1. 白细胞介素

白细胞介素（interleukin，IL）最初指由白细胞产生、在白细胞间发挥作用的细胞因子。许多 IL 也可由其他细胞产生，不仅介导白细胞相互作用，还参与其他细胞的相互作用。目前发现的白细胞介素已达 37 种，如 IL-1～IL-18 等。

2. 干扰素

因其具有干扰病毒感染和复制的能力，故称干扰素（interferon，IFN）。根据来源和理化性质不同，可将干扰素分为 α、β 和 γ 三种类型（表 5-8）。IFN-α/β 主要由白细胞、成纤维细胞和病毒感染的组织细胞产生，也称为 I 型干扰素。IFN-γ 主要由活化 T 细胞和 NK 细胞产生，也称为 II 型干扰素。

表 5-8　干扰素的类型及主要功能

名称	受体	主要产生细胞	主要功能
IFN-α	CD118	淋巴细胞、单核巨噬细胞	抗病毒，抑制细胞增殖，增强 MHC 分子表达
IFN-β	CD118	成纤维细胞	抗病毒，抑制细胞增殖，增强 MHC 分子表达
IFN-γ	CD119	活化 T 细胞、NK 细胞	激活巨噬细胞，抗病毒，诱导 Th1 细胞的分化，抑制 Th2 细胞

3. 肿瘤坏死因子超家族

肿瘤坏死因子超家族（tumor necrosis factor，TNF）是能直接诱导肿瘤细胞凋亡的细胞因子（表 5-9）。

表 5-9　肿瘤坏死因子超家族的类型及主要功能

名称	受体	主要产生细胞	主要功能
TNF-α	CD120a CD120b	单核-巨噬细胞 T、NK 细胞	局部炎症，杀伤或抑制肿瘤，激活内皮细胞
TNF-β （TLa）	CD120a CD120b	活化 T 细胞 B 细胞	杀伤靶细胞，参与胚胎淋巴样器官的形成，激活巨噬细胞
CD40L	CD40	活化的 T、B、NK 细胞	B 细胞激活、分化及 Ig 类别转换
FasL	CD95	活化 T 细胞	诱导细胞凋亡

4. 集落刺激因子

集落刺激因子（colony stimulating factor，CSF）是能够刺激多能造血干细胞和不同发育分化阶段的造血干细胞进行增殖分化，并在半固体培养基中形成相应细胞集落的细胞因子。目前发现的集落刺激因子有粒细胞-巨噬细胞集落刺激因子（GM-CSF）、单核-巨噬细胞集落刺激因子（M-CSF）、粒细胞集落刺激因子（G-CSF）。此外，红细胞生成素（erythropoietin，EPO）、干细胞生长因子（stem cell factor，SCF）和血小板生成素（thrombopopoietin，TPO）也是重要的造血刺激因子。

5. 趋化性细胞因子

趋化性细胞因子（chemokine）主要由白细胞与造血微环境中的基质细胞分泌，具有对中性粒细胞、单核细胞、淋巴细胞、嗜酸性粒细胞和嗜碱性粒细胞的趋化和激活活性。①IL-8 对中性粒细胞有趋化作用；②单核细胞趋化蛋白-1（monocyte chemotactic protein-1，MCP-1）可趋化单核细胞；③淋巴细胞趋化蛋白（lymphotactin）对淋巴细胞有趋化作用；④生长因子（growth factor，GF）是具有刺激细胞生长作用的细胞因子，包括转化生长因子-β（TGF-β）、表皮细胞生长因子（EGF）、血管内皮细胞生长因子（VEGF）、成纤维细胞生长因子（FGF）、神经生长因子（NGF）、血小板源的生长因子（PDGF）等。

（三）细胞因子的功能

介导天然免疫应答和效应功能；免疫调节功能；调节炎症反应功能；刺激造血细胞增殖和分化成熟的功能；抗肿瘤生长的功能。

四、白细胞分化抗原和黏附分子

免疫应答过程有赖于免疫系统中细胞间的相互作用，包括细胞间直接接触、通过分泌细胞因子或其他活性分子介导的间接作用。免疫细胞相互识别的物质基础是细胞膜分子，包括抗原受体或其他分子，统称为细胞表面功能分子或细胞表面标记，主要有白细胞分化抗原和细胞黏附分子等。

（一）白细胞分化抗原

白细胞分化抗原（leukocyte differentiation antigen）指血细胞在分化成熟为不同谱系、分化的不同阶段及细胞活化过程中，出现或消失的细胞表面标记分子。CD（cluster of differentiation）：以单克隆抗体鉴定为主的方法，将来自不同实验室的单克隆抗体所识别的同一分化抗原归为同一个 CD。到目前为止，人类正式命名的 CD 分子已有 350 个。根据人白细胞分化抗原膜外区结构特点，可分为不同的家族或超家族，常见的有免疫球蛋白超家族（IgSF）、细胞因子受体家族、C 型凝集素超家族、整合素家族、肿瘤坏死因子超家族（TNFSF）和肿瘤坏死因子受体超家族（TNFRSF）等。

（二）细胞黏附分子

细胞黏附分子（cell adhesion molecule，CAM）是众多介导细胞间或细胞与细胞外基质间相互接触和结合的分子的统称。黏附分子以受体-配体结合的形式发挥作用，参与细胞的识别、活化、信号转导、增殖和分化、伸展与移动。根据结构特点，其可分为整合素家族、选择素家族、免疫球蛋白超家族、黏蛋白样血管地址素、钙黏素家族和未归类的黏附分子。

五、主要组织相容性复合体

代表个体组织特异性、导致移植排斥反应的抗原称为组织相容性抗原。脊椎动物有复杂的组织相容性抗原，其中能引起强烈而迅速排斥反应的、在移植排斥中起决定作用的称为主要组织相容性抗原。编码主要组织相容性抗原的基因群称为主要组织相容性复合体（major histocompatibility complex，MHC）。

不同种类哺乳动物 MHC 基因的编码产物的名称各异。人类的 MHC 通常被称为 HLA（human leucocyte antigen），即人类白细胞抗原。MHC 基因定位于人类 6 号染色体短臂，呈高度多态性。其编码的分子表达于不同细胞表面，参与抗原提呈，制约细胞间相互识别及诱导免疫应答。猕猴白细胞抗原（RhLA）是研究主要组织相容性复合体基因区域的重要对象之一。RhLA 的基因位点排列与人类有相关性，与人的 HLA 抗原相似，RhLA 具有高度的多态性。小鼠的 MHC 称为 H-2 复合体。

（一）MHC 的结构与分布

1. MHC I 类分子

MHC I 类分子是由 α 链与 β_2 微球蛋白（β_2m）以非共价键结合的糖蛋白。α 链胞外段有 3 个结构域（α_1、α_2、α_3），其中 α_1 和 α_2 构成抗原结合槽。该类分子广泛分布于人体所有有核细胞表面，包括血小板和网织红细胞，在外周血白细胞、淋巴结和脾脏中的淋巴细胞密度最高。在神经细胞、成熟红细胞和滋养层表面不表达（图 5-16）。

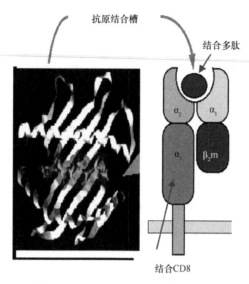

图 5-16 MHC I 类分子结构示意图

2. MHC II 类分子

MHC II 类分子由 α 链和 β 链两条多肽链组成，主要表达于 B 细胞、单核巨噬细胞、树突状细胞等抗原提呈细胞（antigen-presenting cell，APC）、活化的 T 细胞表面（图 5-17）。

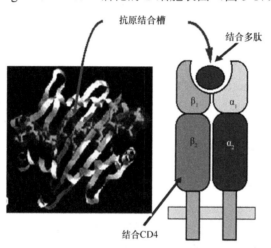

图 5-17 MHC II 类分子结构示意图

（二）MHC 的功能

（1）参与抗原的处理与提呈。MHC I 类分子作为 CD8$^+$T 细胞的识别分子（CD8 的配体）参与内源性抗原的提呈，诱导对病毒感染细胞和肿瘤细胞的杀伤和溶解。MHC II 类分子作为 CD4$^+$T 细胞的识别分子（CD4 的配体）参与外源性抗原的提呈。

（2）MHC 分子参与构成自身免疫性、对非己 MHC 抗原的应答，参与 T 细胞在胸腺中的分化和选择。

（3）MHC 是疾病易感性个体差异的主要决定者。

（4）MHC 参与构成种群基因结构的异质性。

第五节 免疫相关疾病动物模型

一、迟发型超敏反应动物模型

迟发型超敏反应包括结核菌素超敏反应、Jones-Mote 型皮内过敏反应和接触性过敏症等。如用纯蛋白衍生物（PPD）作为抗原时，足垫反应明显的近交系小鼠有 ICR、BALB/c、C57BL/6、DBA/2、C3H/He；反应稍弱的近交系有 CFW、CDF1；反应弱的近交系有 NZB、C57BL、CBA、HR/Jms，其中 HR/Jms 是反应最弱的近交系。如用绵羊红细胞（SRBC）作为抗原时，不同近交系小鼠的反应性也有较大差异，SWM/Ms、ddN、DDy 是高反应的近交系；ICR、DDD、BALB/c（雌性）为较高反应的近交系；C57BL/6J、DBA（雄性）、C3H/He 是低反应近交系。

二、过敏反应动物模型

LEW 小鼠对过敏性实验较敏感，极易感染诱发性自身免疫性心肌炎，对自身免疫性复合性肾小球肾炎敏感，易感染实验过敏性脑炎和药物诱发的关节炎。AS 大鼠易感染实验过敏性脑脊髓炎，对自身免疫性肾小球肾炎敏感。AUG 大鼠对实验过敏性脑脊髓炎敏感，对自身免疫性甲状腺炎有抵抗。WAG 大鼠对实验过敏性脑脊髓炎有抵抗。有些大鼠携带防御右旋糖酐过敏反应的隐性基因 dx，对诱发自身免疫性甲状腺炎敏感。

三、自发性狼疮动物模型

（一）NZB×NZW F₁ 小鼠

NZB（New Zealand black mouse）与 NZW（New Zealand white mouse）的杂交一代。NZB×NZW F₁ 可产生类似于人的 SLE 症状，1 月龄时即出现胸腺组织退化、胸腺上皮萎缩及免疫缺陷、淋巴结病和脾脏肿大；4～5 月龄时出现自身抗体水平升高、尿蛋白水平显著升高并伴有全身水肿；5～6 月龄时出现免疫复合物沉积引起的系膜增生性肾小球肾炎，并常伴有新月体形成；10～12 月龄出现肾衰竭等。该鼠体内主要组织相容性复合体（major histocompatibility complex，MHC）介导的抑制性 T 细胞功能减退或丧失，能自发地发生与人的 SLE 十分相似的自身免疫病，是人类自身免疫病的最佳天然模型。

（二）MRL/lpr 小鼠

MRL/lpr 小鼠由于缺失 Fas 基因而容易引起淋巴结病，同时由于 Fas 所介导的凋亡受到干扰，活化的淋巴细胞和自体反应的 T 细胞、B 细胞的存活时间明显延长，最终使机体自身免疫过度上调，表现出部分狼疮样病理特征。MRL/lpr 小鼠在 3 月龄时可观察到明显的全身性淋巴结肿大，并随日龄增加而逐渐增大。血液中免疫球蛋白的含量明显升高，5 月龄时为正常小鼠的 5 倍，其中 IgG 为正常小鼠的 6～7 倍。血液中补体滴度随月龄增加而下降，与人类 SLE 病理进程相似。抗 ssDNA 抗体、ds-DNA 抗体、Sm 抗体和 ANA 等各种抗体也在 2～3 月龄时随日龄而上升。MRL/lpr 小鼠多于 3～6 个月出现蛋白尿和肾功能受损现象。MRL/lpr 小鼠表现出一些特异性的病理特征，包括风湿性关节炎样的多发性关节炎、血清中活跃的类风湿因子（rheumatoid factor，RF）、免疫复合物和冷球蛋白水平的升高等。MRL/lpr 小鼠可出现类似人的类风湿性关节炎，20%～25% 的小鼠可观察到关节软骨破坏、滑膜增厚、血管翳形成及渗出液贮留等类似人的类风湿性关节炎的症状。

（三）BXSB 小鼠

该品系小鼠可表现出狼疮样症状，疾病的发展不受激素影响，雄性鼠发病较雌性鼠早且严重。BXSB 小鼠的症状主要表现为二级次级淋巴组织增生、免疫复合物介导的肾小球肾炎、高丙种球蛋白血症、ANA 及抗红细胞自身抗体水平升高、血清高逆转录糖蛋白 gp70 水平升高等。雄性鼠从 2 月龄开始出现 ANA 阳性，3 月龄起迅速升高。2 月龄的雄性鼠肾脏中已出现明显的 IgG 免疫复合物沉积，雌性鼠则主要出现在 4 月龄以后。从 3 月龄开始雄性鼠 24h 尿蛋白含量显著升高，并且随着鼠龄的增加而呈现升高的趋势，而雌性鼠在 5 月龄才开始出现变化。

四、诱发性狼疮动物模型

慢性移植物抗宿主病（chronic graft versus host disease，cGVHD）模型是将亲代的 $CD4^+T$ 细胞注入成年 F_1 或者 MHCII 同源的接受者体内，也可将 F_1 脾细胞注入新生父代接受者体内而建立起来的。目前，较为公认的方法是将同种小鼠亲代的淋巴细胞注入 F_1 小鼠体内，使之产生 cGVHD。通常选择将 DBA2 小鼠脾细胞注入 C57BL/10 雄性小鼠与其近交系 DBA2 雌性小鼠杂交产生的 F_1 代小鼠（BDF1）体内，另外也可将 BALB/c 小鼠脾细胞注入 BALB/c 雄性小鼠与其 A/J 雌性小鼠杂交产生的 F_1 代小鼠体内而获得。由于供体 T 细胞的过度活化和扩张，使之相对容易通过流式细胞术进行观察，因此该模型可用于研究各种修饰对捐献者及宿主细胞的影响。

五、自发性免疫缺陷动物模型

（一）T 淋巴细胞功能缺陷小鼠（裸小鼠）

先天无胸腺，其裸基因是隐性突变基因，位于 11 号染色体。通过遗传育种的方法将裸基因回交到不同的小鼠品系中，即导入不同的遗传背景（图 5-18），包括 NIH-nu、BALB/c-nu、C3H-nu 和 C57BL/6-nu 等。所以其表现的细胞免疫反应和实验检查指标不尽相同。

（二）B 淋巴细胞功能缺陷小鼠（CBA/N 小鼠）

B 细胞功能缺陷，基因符号 *xid*，位于 X 性染色体上。CBA/N 小鼠对非胸腺依赖性 II 型抗原没有体液免疫反应，血清中 IgM 和 IgG 含量降低，对 B 细胞分裂素缺乏反应，分泌 IgM 和 IgG 亚类的 B 细胞数量减少，其 T 细胞功能正常。CBA/N 小鼠可以进行骨髓移植修复，所以 CBA/N 小鼠是研究 B 淋巴细胞的产生、功能和异质性的理想动物模型，其病理与人类 Bruton 氏丙种球蛋白缺乏症和 Wiskott-Aidsch 综合征相似。

图 5-18　裸小鼠

（三）NK 细胞功能缺陷小鼠（Beige 小鼠）

NK 细胞活性缺陷的突变系小鼠，由 13 号染色体上的隐性遗传基因 *bg* 发生突变引起，纯合小鼠（*bg/bg*）被毛完整，毛色浅。其内源性 NK 细胞功能缺乏，细胞溶解作用的识别过程受损伤。纯合 *bg* 基因使细胞毒 T 细胞功能受损伤、粒细胞趋化性和杀菌活性降低、巨噬细胞调节抗肿瘤杀伤作用的发生延迟、溶酶体膜受损、溶酶体功能缺陷。

（四）T、B 细胞联合免疫缺陷小鼠（SCID 小鼠）

被毛白色，体重发育正常，但胸腺、脾脏、淋巴结的重量不及正常的 30%，组织学上表现为淋巴细胞显著缺陷。胸腺多为脂肪组织包围，没有皮质结构，仅残存髓质，主要由类上皮细胞合成纤维细胞构成，边缘偶见灶状淋巴细胞群。脾白髓不明显，红髓正常，脾小体无淋巴细胞聚集，主要由网状细胞构成。淋巴结无明显皮质区，麸皮质区缺失，由网状细胞占据。小肠黏膜下和支气管淋巴集结较少见，结构内无淋巴聚集。临床表现为低γ球蛋白血症、低淋巴细胞血症，由于B淋巴细胞缺乏，在淋巴结内生发中心消失；由于T淋巴细胞缺乏，在脾动脉周围细胞鞘和淋巴结副皮质区缩小、淋巴细胞减少。

（五）裸大鼠

裸大鼠免疫器官的组织学与裸小鼠极为近似，缺失有功能的胸腺。脾脏的大小和红髓与白髓之比接近正常。肠系膜淋巴结为同窝正常大鼠的一半，腋窝淋巴结则平均要大3倍。淋巴结表面由于缺乏突出的滤泡而较为光滑。副皮质区淋巴细胞极度缺乏。某些淋巴结缺少生发中心而致皮质发育受抑制。裸大鼠外周血淋巴细胞数量大为减少，但中性粒细胞和单核细胞增多。幼年期嗜酸性粒细胞增多，而老年时与正常个体无大差别。T细胞致有丝分裂原如刀豆素和植物血凝素（PHA）的反应降低或没有反应，而对B细胞致有丝分裂原反应正常。裸大鼠免疫球蛋白水平与正常大鼠没有多大差别。IgM、IgD和IgG2b几乎正常，IgA、IgG1和IgG2略高，而IgG2a较低。

（六）金黄地鼠

金黄地鼠（golden hamster）又称叙利亚地鼠（Syrian hamster），自发瘤发生率低，仅为0.5%～17%，颊囊对诱发肿瘤的病毒和多环碳氢致癌化合物敏感，容易诱导和移植肿瘤。金黄地鼠口腔两侧各有一个颊囊，伸缩性大，可扩张2～3倍以上，可进行多种恶性肿瘤移植研究，亦可用于癌组织植入后，选择任何时间透过小室以显微镜观察癌组织周围血管再生及发育情况和特点。采用二甲基苯丙蒽（DMBA）涂布法可在地鼠颊囊中诱导出类似人类口腔颊部鳞状细胞癌。此外，还可复制肾癌、胰癌、肺癌及胆囊癌等肿瘤模型，广泛用于研究肿瘤移植、生长和致癌、抗癌药物的筛选等。

六、获得性免疫缺陷动物模型

（一）小鼠获得性缺陷综合征（MAIDS）

小鼠白血病病毒混合物LP-BM5 MuLV诱导小鼠免疫缺陷病的机制尚不清楚。有学者认为可能是普遍的多克隆淋巴细胞增生活化抢先抑制了特异性的免疫反应，从而导致免疫缺陷的形成。小鼠的AIDS模型有许多优点，包括对AIDS早期有较准确地反映、遗传学相同的纯种动物有更确切的免疫学参数，并可能在相对短的时间内在大量小鼠中复制疾病模型，故有很大的应用前景。

（二）猴获得性缺陷综合征（SAIDS）

猴免疫缺陷病毒（SIV）的生物学特征和形态学特征与人类免疫缺陷病毒（HIV）相似，对T细胞均有特殊嗜性。恒河猴自然或实验感染SIV后能迅速发生SAIDS。SIV动物模型主要用于下列三个方面的艾滋病研究：①深入了解灵长类动物慢病毒的自然史和演变，并收集携带SIV的野生动物的种属及这些病毒精确的基因组成；②确定艾滋病的发病机制；③发展艾滋病的疫苗和制订治疗对策。

参 考 文 献

金伯泉. 2008. 医学免疫学. 5版. 北京: 人民卫生出版社.
金伯泉. 2013. 医学免疫学. 6版. 北京: 人民卫生出版社.
秦川. 2010. 实验动物学. 北京: 人民卫生出版社.
秦川. 2015. 实验动物学词典 A. 北京: 中国质检出版社, 中国标准出版社.

杨汉春, 姚火春, 王君伟, 等. 2003. 动物免疫学. 2 版. 北京: 中国农业大学出版社.
田嶋嘉雄. 1989. 实验动物的生物学特征资料. 中国实验动物人才培训中心翻译教材.
Hill R W, Wyse G A, Anderson M. 2012. Animal Physiology. 3rd Edition. Sunderland: Sinauer Associates, Inc.
Victor S. 2012. Lamoureux, Current Research in Animal Physiology. Florida: Apple Academic Press.

（丁　怡　彭美玉）

第六章　消化与吸收

消化系统主要由消化道和消化腺组成，通过对摄入的食物进行消化和吸收，为机体的新陈代谢提供所需的物质和能量。消化主要包括机械性消化和化学性消化，而吸收是指经过消化的食物通过消化道黏膜进入血液循环的过程。消化系统的功能主要包括运动功能、分泌与调节功能。运动功能是指消化道能够将食物混合并推送至消化道远端；分泌与调节功能是由部分消化道器官和消化腺参与，通过分泌消化液使食物被消化分解为小分子物质，吸收消化产物、水及电解质，通过血液和淋巴循环转运吸收的物质，并与其他系统相互联系，通过神经体液调控，共同维持机体的稳态。

第一节　概　　述

消化道和与其相连的许多消化腺组成了消化系统。消化道起自口腔，向下延伸至咽、食管、胃、小肠（包括十二指肠、空肠、回肠）、大肠（包括结肠、直肠）和肛门。消化腺有小消化腺和大消化腺两种。小消化腺主要分布于消化道各部的管壁内，大消化腺包括唾液腺、肝脏和胰腺，肝脏是人体最大的消化腺，是机体代谢的枢纽。

食物的消化包括蛋白质、脂肪、糖类和纤维素的消化。消化道内物质的吸收包括水和无机盐的吸收以及营养素的吸收。神经系统和胃泌素、促胰液素、胆囊收缩素等主要胃肠激素共同参与消化系统的调节。动物通过滤食、采食、捕食或吸食等不同的摄食方式摄取食物，摄取到的食物需要在消化管中进行分解并产生营养物质，随后经消化管上皮细胞进入血液和淋巴，从而完成对食物的消化与吸收。

食物中的成分包括水和无机盐类、营养素类（蛋白质、糖、脂肪和包括维生素在内的其他有机物），不同物种对这些物质的需求不同，因此，包括人在内的不同动物的消化系统从解剖结构、消化液的成分到消化吸收的调节器官及功能等诸多方面均存在很大的差异，同时消化道内不同部分肌肉的结构和运动形式也必须与其所在部位的功能相适应，因此，从食物的摄取、消化、吸收到利用，以及该过程所涉及的神经和体液复杂调节过程，各种动物均不尽相同，了解和比较人与各种实验动物消化系统之间的差异，对于更深层次地研究消化系统的机制和功能极其重要。

不同物种消化系统的结构在长期进化过程中科学地匹配食物成分及摄入量，而食物化学成分的改变促使消化系统的多样化，最终表现为消化系统的形态、生理和生物化学的多样化，这也更好地解释了动物在消化效率方面的变化。消化系统的大小和结构、食物在消化道中的流动变化、食物中营养分子的有效摄入和吸收都体现出消化设计的合理性和经济性。人和动物的胃肠道除了可提供消化功能以外，还有调节和保护等多种功能，因此，了解物种内及物种间的变化可以找到更好的进化轨迹证据，并对其适应性特性做出更合理的推断。

第二节　消化系统的组成

消化系统的组成包括消化管和消化腺。消化管是食物在动物体内运行的通道，起自口腔，向下为咽、食管、胃、小肠、大肠、肛门。消化腺分为小消化腺和大消化腺两种，主要承担食物的化学性消化任务。人与各种动物在食物特性上的差异首先体现在消化管、消化腺等形态和功能方面。

一、口腔

人类口腔起始于颜面部唇、颊，止于咽腭弓。腭位于口腔的顶部，隔开口腔与鼻腔。舌是一肌性器官，具有吞咽和味觉作用，人类的舌还具有语言功能。舌除了居于口腔，还有一部分位于咽。三对大唾液腺分别是腮腺、下颌下腺和舌下腺，此处还有许多小唾液腺，包括唇腺、颊腺、腭腺、舌腺，均开口于口腔。口腔以机械性消化为主，其主要作用是通过咀嚼消化食物，这是由牙和舌的精细配合实现的。

人类有两套牙列，分别为乳牙和恒牙。牙列的基本形态包括切牙形态、尖牙形态和磨牙形态，分别对应切牙、尖牙和磨牙。切牙形态（切牙）的作用是切开食物，牙冠较薄，形似刀片；尖牙形态（尖牙）的作用是撕咬食物，牙冠长而结实，呈尖锥状；磨牙形态（磨牙）的作用是研磨食物，在平整的牙面上有许多小的牙尖。

动物牙齿的作用是咬住或破碎食饵，使其更容易与消化酶接触。小鼠与大鼠相似，上下颌各有 2 个门齿和 6 个臼齿。门齿终生不断生长，因此只能靠啃咬物品磨损门齿来维持恒定长度。兔口腔小，上唇分开，形成豁嘴，门齿外露，和啮齿动物不同的是，它有 6 颗切齿，多了一对小切齿。犬齿大而锐利，分为乳齿和恒齿，乳齿约于出生后 20d 开始发生，2 个月以后逐渐换为恒齿，8～10 个月恒齿换齐，1 岁半后犬齿才能长坚实，犬齿呈食肉动物的特点，善于咬、撕，臼齿能切断食物，但咀嚼较粗，撕咬力强。猕猴的牙齿不仅在大体和显微镜解剖方面与人类相似，而且在发育的次序和数目方面也和人类相似。猕猴具有颊囊，颊囊是利用口腔中上下黏膜的侧壁与口腔分界的，颊囊可以用来储存食物，这是跟猕猴的进食方式相适应的特征。

二、咽

人类咽长 12～14cm，属于肌膜性管道，上起颅底，下至环状软骨下缘，似一个倒置的圆锥体。咽与食管相延续。咽缩肌在神经调节下的有序收缩，是将食团推向食管的动力。

三、食管

人类食管长约 25cm，为肌性管状器官，前后扁平，食管的上端与咽相连，下端通过贲门连通胃。食管的肌层结构上 1/3 段为骨骼肌，下 1/3 段为平滑肌，中段为骨骼肌和平滑肌混合组成，其肌纤维的排列特点为内环形和外纵形两层。在形态上，食管最重要的特点是有三处生理性狭窄：第一狭窄为食管的起始处，第二狭窄为食管在左右主支气管的后方与其交叉处，第三狭窄为食管通过膈的食管裂孔处。小鼠食管细长，约 2cm。犬的食道全部由横纹肌构成。

四、胃

人类胃位于食管和小肠之间，可将其分成胃底（fundus）、胃体（body）、幽门部（胃窦）（pylorus/antrum）。食物通过贲门（cardiacorifice），由食管进入胃，再经过幽门，由胃进入十二指肠。幽门括约肌在胃表面的投影表现为一环形幽门狭窄区（pyloric constriction）。胃壁主要有黏膜层、黏膜下层、肌层和浆膜层，这也是消化管其他各段的主要层次。胃的肌层厚，由内向外有斜行、环行和纵行三层平滑肌纤维。环层纤维在幽门窦远端增厚，从而形成环状幽门括约肌。在胃上部其外的纵层（longitudinal layer）最明显，而下半部其内的斜层（oblique layer）最明显。胃肌层的排布导致在肌层活动时可引起胃蠕动，将食物与胃分泌液充分混合。

胃的生理功能包括：接受功能、储存功能、分泌功能、消化功能、运输及排空功能。

反刍动物（牛、羊）的胃分瘤胃、蜂巢胃、重瓣胃和皱胃等四部分。骆驼没有重瓣胃，只有其他三部分。反刍胃中只有皱胃能分泌酸性胃液和胃蛋白酶，相当于其他动物的胃，或称真胃；而瘤胃、蜂巢胃和重瓣胃则属于胃前的扩大部分,并无消化腺分布。反刍动物与人及诸多单胃动物相比,不但胃的数量更多,而且其瘤胃较其他动物的胃容积更大,便于储存大量食物,休息时反刍入口腔慢慢嚼碎后迅速通过瘤胃,为进食新的食物提供空间。小鼠胃容量小,为 1.0~1.5ml,功能较差,故而不耐饥饿,在小鼠灌胃时最大剂量不宜超过 1.0ml。大鼠的胃分为前、后两部分,前部薄而透明,仅含黏液腺;后部壁厚,富含肌肉腺体,伸缩性强。胃中有一肌性皱褶,其收缩时会堵住贲门,因而大鼠不会呕吐。犬胃较小,易施行胃导管手术。人与其他各动物胃的形态比较见图 6-1。

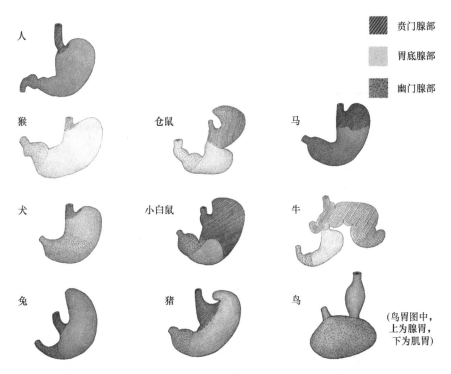

图 6-1 人与其他动物胃形态比较示意图(周正宇等,2012)

五、小肠和大肠

人类小肠(small intestine)包括十二指肠(duodenum)、空肠(jejunum)和回肠(ileum)。肠壁分为四层结构,即黏膜、黏膜下层、肌层及浆膜或外膜。近端小肠黏膜厚,血管丰富,远端较薄,血管较少。部分小肠有环状皱襞(circular folder),由黏膜下层向肠腔突起形成。黏膜形成的指状或叶状肠绒毛(intestinal villi)分布在小肠整个内表面。绒毛基部之间有许多单管状肠腺(intestinal glands)或肠隐窝(intestinal crypts),十二指肠内还有黏膜下腺(submucosal glands)。

成人十二指肠(duodenum)长 20~25cm,是小肠中最短、管径最粗且最固定的部分,分为上部、降部、水平部、升部。胆总管和胰管在降部内侧互相靠近,斜穿入肠壁并汇合成胆胰壶腹,开口于十二指肠大乳头(major duodenal papilla),也叫 Vater 壶腹(ampulla of Vater),内有 Oddis 括约肌。

成人小肠总长约 5m,长度不固定,且范围广,小于 3m 到大于 7m 都有可能。空肠为近侧的 2/5,回肠为远侧的 3/5。空肠和回肠没有明显的界线,从近端到远端小肠的形态结构逐渐发生改变。空肠和回肠常坐落于结肠围成的界限之内,占据了腹腔的中下部;它们的肠系膜附着于腹腔后壁,所以小肠祥具有很大的活动度。小肠的黏膜下层包含有淋巴滤泡组织,尤其在回肠中较多,与肠道免疫相关。

人类大肠平均约为 1.5m 长,由回肠末端至肛门的粗大肠管组成。盲肠处的管径最大,随着肠管的延续逐渐变细,至直肠末端在肛管上方处管径又变大,形成直肠壶腹。大肠与小肠从外形上容易区分,主要特征有结肠袋、脂肪垂以及三条纵肌形成的结肠带,三条结肠带分别位于结肠的腹侧、背侧及内侧。大肠的主要功能是吸收水分和溶于水的物质。

小鼠肠道较短,消化功能差,故以谷物性饲料为主。大鼠肠道较短,分为小肠和大肠。小肠包括十二指肠和回肠；大肠包括盲肠、结肠。其盲肠较大，长 6～8cm，并具有一定的消化功能。兔小肠和大肠的总长度为体长的 10 倍；盲肠非常大，占腹腔的 1/3，其黏膜不断分泌碱性液体，可以中和盲肠中微生物分解纤维素所产生的各种有机酸，有利于消化吸收；在回盲处有特有的圆小囊，囊壁内含有丰富的淋巴滤泡，与肠道免疫相关。犬肠道短，为体长的 3～5 倍，肠壁厚薄与人相似。猕猴肠子的长度与体长的比例为 5：1～8：1，猴的盲肠也很发达。猫的肠管长度很短，约为兔的 1/3，但是其发达的大网膜由十二指肠开始延伸到胃连接大肠，并将游离的小肠包裹，不但起到固定这些器官的作用，还具有保温和保护胃肠等器官以抵御寒冷的作用；另外，由各种动物肠管长度的比较可以发现，草食性动物消化道总长度比杂食性及肉食性动物更长，大肠的直径也更大，这充分反映了动物消化道与食性的密切关系。人与其他动物消化系统的解剖比较见表 6-1。

表 6-1　人与其他动物消化系统解剖结构比较

动物	主要特点	肠	盲肠	肝脏	胃
人	唾液腺 3 对	长度 6.6m 左右，十二指肠 25～30cm	长度 6～8cm	5 个叶，胆囊位于肝脏后方的梨形囊袋构造（肝的胆囊窝内）	单室胃
猴	有颊囊，用于储存食物	长度与体长比 5：1～8：1，小肠横部较发达	很发达，锥形，无蚓蚓体，不易得盲肠炎	6 个叶，胆囊位于肝脏右中心叶	单室胃，胃液中性
犬	胃容积较大	长度与体长比 3：1～4：1，小肠 2～3 m，由肠系膜固定	长度 12.5～15cm	7 个叶，胆囊位于方形叶与右中心叶间的深窝内	胃液含游离盐酸 0.4%～0.6%
兔	唾液腺 4 对，有框下腺	长度与体长比 10：1，小肠黏膜含有丰富的淋巴组织	蜗牛状，较大，0.5m 左右，与体长相近	60～80g，6 个叶，胆囊 1.5g	为单室胃，胃液含游离盐酸 0.4%～0.6%
豚鼠	唾液腺 5 对	长度与体长比 10：1，小肠较长，呈襻状盘绕	发达，0.5m 左右，与体长相近	7 个叶，胆囊位于肝方叶的胆囊窝内	壁很薄，容量 20～30ml
大鼠	无胆囊	十二指肠分为降、横、升三段	较大，直肠末端有皮区，形成肛门腺	约占体重的 4.2%，6 个叶	单室胃，占体重的 0.5%左右，界限嵴隔开，分为前胃和胃体，嵴的褶是大鼠不会呕吐的原因
小鼠	唾液腺 3 对，唾液腺包括耳下腺、颌下腺、舌下腺	小肠接近体长的 4 倍	短，"U" 形，有蚓状突	约占体重的 4.2%，4 个叶	为单室胃，容量小，界限嵴隔开，分为前胃和腺胃，功能差，不耐饥饿，实验时灌胃剂量小

六、肛管

肛管（anal canal）全长在成年人为 2.5～5cm，起自肛门直肠交界处（anorectal junction），止于肛门外界上缘。

七、小消化腺

小消化腺主要包括唇腺、舌腺、食管腺、胃腺和肠腺等，其没有特定的形态，广泛分布于消化管壁的黏膜或黏膜下层，分泌物可直接排入消化管腔内。

八、大消化腺

大消化腺包括唾液腺、肝脏、胰腺。人类唾液腺是口腔内分泌唾液的腺体，有大、小两种唾液腺。小唾液腺散在于各部口腔黏膜内（如唇腺、颊腺、腭腺、舌腺）。大唾液腺包括腮腺、下颌下腺和舌下腺 3 对，它们是位于口腔周围独立的器官，其导管分别开口于口腔黏膜。

肝脏是体内最大的实质性脏器，位于腹腔上部，可随呼吸上下浮动。肝脏的功能非常复杂和重要，涉及多种代谢功能，在维持体内平衡、供给营养和免疫抵抗等方面发挥重要作用。肝脏接受门静脉和肝动脉双重血供，肝细胞和血液之间不断地进行着物质交换。肝细胞还参与一个广泛的小管体系，形成了胆管系统，将胆汁排入肠腔。

胰腺是人体内重要的消化腺，也是机体的一个重要内分泌器官。胰腺大部分起着外分泌腺的功能，可分泌一系列功能强大的消化酶，在糖类、蛋白质和脂肪的消化过程中起着重要作用；而负责内分泌功能的细胞则分散地分布在整个胰腺上，其主要作用是控制糖代谢平衡。

大鼠肝脏分为左外叶、左中叶、中间叶、右叶、尾状叶和一个盘状的乳突，其肝的再生能力很强，部分切除术后仍可再生；大鼠有胆管，无胆囊，胆管与十二指肠相接，受其括约肌的控制；胰腺分散，位于十二指肠和胃弯曲处。兔唾液腺有 4 对，即腮腺、颌下腺、舌下腺和眶下腺。犬的肝脏较大，胰腺小且分左、右两叶，于十二指肠降部各有一胰腺管开口处，因犬胰腺是分离的，易摘除；其唾液中缺少淀粉酶；犬由于缺乏汗腺，唾液腺发达以达到天热时大量分泌唾液而散热的功能。肝脏作为动物体内重要的消化腺，具有分泌和排泄胆汁的功能，大鼠由于缺乏胆囊，其肝脏不具备浓缩和储备胆汁的功能，而蛙有两条胆囊管，因此胆囊中储存的胆液除了可以注入胆总管中，肝脏分泌的部分胆液还可以输入十二指肠内。人和其他动物肝脏的形态比较见图 6-2。

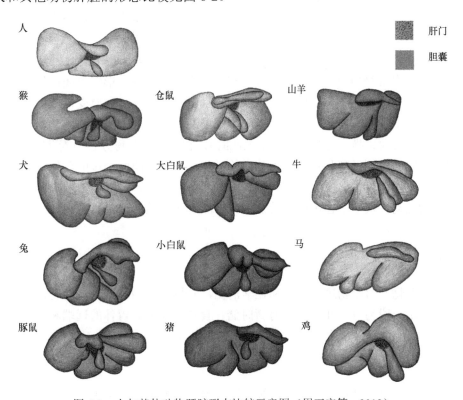

图 6-2　人与其他动物肝脏形态比较示意图（周正宇等，2012）

第三节　消　化

食物在消化道内被分解为小分子物质的过程，称为消化。食物的消化包括机械性消化和化学性消化。机械性消化即消化管对食物的机械研磨，同时使食物在消化道内与消化液混合并向消化管远端推送；化学性消化即通过消化管分泌消化液使食物中的营养成分分解为小分子物质的过程。

一、机械性消化

机械性消化即消化管内食物缓慢移动的过程，是消化作用和吸收作用的基础。人的小肠约 5m 长，它的黏膜具有环形褶皱，并拥有大量的绒毛。人及脊椎动物食物移动的一种方式是依靠肠壁的蠕动或局部的分节运动。另一种方式为推进式运动，即推动食物沿消化管前进，促进食物的消化吸收。软体动物中，吃小颗粒食物的动物（双神经纲、大多数瓣鳃纲和一些腹足纲的动物）主要依靠纤毛的运动，肌肉运动只限于胃，但吃大块食物的软体动物，整条消化道上的肌肉都很发达，许多环节动物、软体动物、棘皮动物，以及所有的节肢动物和脊椎动物都是如此（七鳃鳗幼体和无尾两栖类的蝌蚪例外）。多毛类环节动物的消化管纤毛短或者没有纤毛，依靠内脏肌和体壁肌肉的收缩来推动消化管内食物的移动。头足类的消化则全属于肌肉的运送。

在人类及脊椎动物中，还可以看到紧张性节律、肠的分节运动和摆动等运动形式。环节动物、软体动物、棘皮动物、节肢动物的消化管肌肉有自动活动的特性，这种肌肉运动往往是蠕动，是一种以环肌收缩为主的向前推动的收缩运动，可促使肠内容物与酶充分混合，使食糜与肠壁充分接触。食物的机械性消化伴随着食物在消化道内的各个环节。

（一）咀嚼和吞咽

消化过程从口腔开始。人在进食时，食物的形状、颜色、气味及进食环境，都能形成条件反射，引起唾液分泌。食物在口腔内经咀嚼被磨碎并与唾液混合后形成食团，然后被吞咽入胃。咀嚼是由咀嚼肌按一定顺序进行的一种随意运动。咀嚼肌是骨骼肌，由运动神经纤维支配，在咀嚼运动过程中，口腔内的感受器和咀嚼肌的本体感受器传入的冲动可引起连续的反射动作，咀嚼时上牙列与下牙列相互接触，产生强大的压力以磨碎食物。另外，舌肌和颊肌的运动与咀嚼肌的运动互相协调配合。

咀嚼的作用有：①将食物切断、磨碎；②将磨碎的食物与唾液混合形成食团以便于吞咽；③使食物与唾液淀粉酶充分接触而产生化学性消化作用；④加强食物对口腔内各种感受器的刺激，反射性地引起胃、胰、肝、胆囊的活动加强，为下一步消化和吸收做好准备。在人和少数哺乳动物（如兔、鼠等）的唾液中含有唾液淀粉酶（犬、猫、马等的唾液中无此酶），它可以使淀粉分解为麦芽糖。

吞咽是指将口腔内的食团经咽和食管送入体内的过程。根据食团所经过的部位，吞咽过程可分为口腔期、咽期和食管期。在吞咽的口腔期，食团由口腔被送至咽部。经过咀嚼被研碎并与唾液混合的食物，依靠舌和口腔底部的运动，被集中在硬腭与舌之间，形成食团。然后通过吞咽动作，食团被挤向软腭后方进入咽部、食管。

（二）胃的运动

胃的功能是容纳食物，对食物进行机械和化学消化，并将内容物送入十二指肠，是消化道内最膨大的部分。成人的胃容量一般为 1～2L，因而有暂时储存食物的功能。胃体的远端和胃窦（也称尾区）有较明显的运动，主要功能是磨碎食物、使食物与胃液充分混合形成食糜，并逐步地将食糜排至十二指肠。

1. 容受性舒张

正常人在咀嚼和吞咽时，食物对咽、食管等处感受器的刺激可引起胃头区肌肉舒张，并使胃腔的容量由空腹时约 50ml 增加到进食后 1.0～1.5L，保持胃内压相对稳定。胃的容受性舒张通过迷走神经传入和传出的反射过程（即迷走-迷走反射）实现。切断人或动物双侧迷走神经后，容受性扩张不再出现。在这一反射中，迷走神经的传出通路是抑制性的，其末梢释放的递质既不是乙酰胆碱也不是去甲肾上腺素，可能是某种肽类物质。

2. 胃蠕动

胃的蠕动开始于食物入胃后约 5min。蠕动起始于胃中部，向幽门方向推进。人胃蠕动波的频率为 15～20s 出现一次，每个蠕动波需 1min 到达幽门。胃的蠕动波一般初起时较小，在向幽门传播过程中，其幅度和速度逐渐增加，当接近幽门时明显增强。每个蠕动波可将一部分食糜（1～2ml）排入十二指肠。当蠕动收缩波超越胃内容物到达胃窦终末部时，由于该部位的有力收缩，可将部分食糜反向推回到近侧胃窦或胃体。食糜的这种后退有利于块状食物在胃内进一步被磨碎。胃蠕动的频率受胃平滑肌细胞的慢波控制，一般为 3 次/分。胃的慢波起源于胃大弯的上部，沿纵行肌向幽门方向传播。神经和体液因素如迷走神经活动加强、胃泌素均可使胃的慢波和动作电位的频率增加，从而使胃的收缩频率和强度增加；交感神经兴奋、促胰液素和抑胃肽的作用则相反。蠕动波的频率因胃肠道部位及物种不同而异，人胃的慢波频率为 3 次/分，十二指肠为 12 次/分，回肠末端为 8～9 次/分。人和其他动物的胃肠道蠕动波也略有差异（表 6-2）。胃蠕动波的生理意义主要在于使食物与胃液充分混合，有利于胃液发挥作用。另外，蠕动波还可以搅拌食物，同时将食物向小肠推进。

表 6-2　人和其他动物胃肠蠕动波的节律（周正宇等，2012）（单位：次/min）

种属	胃窦	十二指肠	回肠	结肠
人	3	12	8	7～10
犬	5	17～20	12～24	3～5
猫	5	15～20	12	5
兔	4	17～22	7～11	—
大鼠	4	11～15	—	—

3. 胃排空

1) 胃排空的速度与食糜的性状和化学成分有关

胃排空（gastric emptying）是指胃内食糜由胃排入十二指肠的过程。一般在食物入胃后几分钟即有部分食糜被排入十二指肠。食糜的性状和化学组成不同，胃排空的速度也不同。一般来说，稀的流体食物比稠的或固体食物排空快，颗粒小的食物比大块食物的排空快，等渗溶液比非等渗溶液排空快。对于三大营养物质而言，糖类排空最快，蛋白质次之，脂肪类最慢。混合食物的胃排空通常需要 4～6h。人及杂食动物胃排空时间，糖类为 1h 左右，蛋白质为 2～3h，脂肪为 5～6h，混合性食物则需 4～5h；而食草类动物胃排空时间较慢，如马等进食后 24h 胃内还残留食物。

2) 胃内促进胃排空的因素

胃运动是胃内压产生和增高的原因。胃内容物的量和一些体液因素如胃泌素等都能加强胃的运动，增高胃内压，加快胃的排空。①胃内食物体积对胃排空速率的影响：胃内容物对胃的机械刺激可通过壁内神经反射或迷走-迷走反射加强胃运动，促进排空。一般来说，胃排空的速率与胃内食物量的平方根成正比。②胃泌素的影响：食物的扩张刺激和化学成分（主要是蛋白质消化产物）可引起胃泌素的释放，胃泌素不仅刺激胃液分泌，还对胃的运动有中等强度的刺激作用，同时能加强幽门的活动（指幽门部收缩引起胃内压升高），使幽门括约肌舒张，从而促进胃排空。

3) 十二指肠内抑制胃排空的因素

（1）肠胃反射：在十二指肠壁上存在多种感受器，酸、脂肪、渗透压改变及机械扩张都会刺激这些感受器，反射性地抑制胃运动，使胃排空减慢，称为肠-胃反射（entero-gastric reflex）。肠-胃反射的传出冲动可通过迷走神经、壁内神经，甚至还可能有交感神经等几条途径到达胃，一方面抑制幽门泵收缩，另一方面增加幽门括约肌的紧张度，从而抑制胃排空。十二指肠内引起肠胃反射的因素包括十二指肠的扩张程度、黏膜机械刺激、食糜酸度、食糜渗透压、蛋白质和脂肪的分解产物等。肠-胃反射对胃酸的刺激特别敏感，当小肠内 pH 降到 3.5～4.0 时，即可引起肠-胃反射，抑制胃的运动和胃排空，延缓酸性食糜进入十二指肠。蛋白质分解产物也能诱发肠-胃反射，通过延缓胃排空保证十二指肠和小肠上部的蛋白质得到充分消化。高渗或低渗液体引发的肠-胃反射使非等渗液体不致过快地进入小肠，可防止小肠吸收过程中体内细胞外液电解质浓度的变化过大。

（2）激素的影响：食糜特别是胃酸和脂肪进入十二指肠后，可刺激十二指肠和空肠上皮细胞释放多种激素，通过血液循环进入胃，抑制幽门泵和增加幽门括约肌的活动，从而抑制胃排空。各种激素中，作用最强的是胆囊收缩素（CCK），CCK 由空肠黏膜释放，可竞争性地抑制胃泌素引起的胃运动。胃酸或脂肪由胃进入小肠后，可引起小肠黏膜释放抑制胃分泌和运动的激素，包括促胰液素、抑胃肽等，统称为肠抑胃素。

（三）小肠运动

人类的小肠长度约为 5m，特别是十二指肠和空肠，是最重要的消化和吸收部位。各种动物因为体型和物种差异导致消化道的形态差异，但消化道对于食物的吸收大致相同。小肠平滑肌层由很厚的环形肌和相对较薄的纵行肌组成，二者收缩的相互关系比较复杂，特别是相邻肌肉的收缩在时间和空间上的组合构成了小肠运动的多种形式。小肠的运动也可分为推进型和混合型两种形式，但是本质上小肠的所有运动都是推进型和混合型运动不同程度的综合，小肠的运动能使肠内容物得到充分混合并被推向肠的远端。

1. 紧张性收缩活动

小肠的紧张性收缩活动也是小肠能有效地进行其他形式运动的基础。紧张性收缩可使小肠平滑肌保持一定的紧张性，保持肠道的一定形状，并使小肠腔内维持一定的腔内压。一定的肠腔内压还有助于肠内容物的混合，使食糜能与肠黏膜密切接触，有利于吸收。

2. 分节运动和蠕动

小肠在消化期的运动加强，以分节运动（segmentation contraction）和蠕动（peristalsis）的形式为主。

1）分节运动

分节运动为一种以肠壁环形肌为主的节律性舒缩活动，由小肠平滑肌细胞的慢波控制。小肠中食糜所在的一段肠管上环形肌在许多点同时收缩，把食糜分成许多节段，随后，原来收缩的部位发生舒张，而原来舒张的部位发生收缩，使原来的食糜节段分为两半，而相邻的两半则合并为一个新的节段，如此反复进行。分节运动在空腹时几乎不出现，进食后逐渐增强。通过分节运动可使食糜与消化液充分混合，便于化学性消化。分节运动也可以使肠内容物中的消化产物与肠黏膜的接触增加，并通过挤压肠壁而有助于血液和淋巴液回流，这些都为吸收创造了良好的条件。

2）蠕动

蠕动是一种环形肌和纵行肌相互协调的连续性收缩，可发生于小肠的任何部位，并向肠的远端传播。速度为 0.5～2.0cm/s，近端小肠蠕动的速度大于远端小肠。小肠的蠕动波很弱，每个波通常在传播 3～5cm后即自行消失。

蠕动的功能不仅在于使食糜向回盲瓣方向推进，而且使食糜沿小肠黏膜延伸，使经分节运动作用后的食糜向前推进一段，再开始新的分节运动。正常情况下，食糜在小肠内的实际推进速度约为 1cm/s，从幽门到回盲瓣需 3～5h。此外，在小肠还可见到一种行进速度很快（2～25cm/s）、传播较远的蠕动，称为蠕动冲（peristaltic rush），可将食糜从小肠的始端一直推送到末端，甚至进入结肠。蠕动冲常见于进食过程中，可能是由吞咽动作或食物进入十二指肠引起的。

3. 移行性复合运动

人和动物的小肠在消化间期或禁食期，胃肠平滑肌的电活动和收缩活动呈现周期性变化，即移行性复合运动（migrating motor complex，MMC）。MMC 起源于胃或小肠上端，并沿肠管向肛门方向移动，移动过程中传播速度逐渐减弱，当达到回盲部时另一个 MMC 又在十二指肠发生。每个周期的 MMC 为 90～120min。其生理意义可能在于：①防止结肠内的细菌在消化间期逆向迁入回肠，当 MMC 减弱时常伴有小肠内细菌的过度繁殖；②将小肠内的残留物清除至结肠；③使小肠平滑肌在消化间期或禁食期间保持良好的功能状态。迷走神经兴奋可使 MMC 的周期缩短，切断迷走神经后 MMC 消失并造成食物在肠内滞留。胃动素也与 MMC 的产生有关，给禁食动物注射胃动素可诱发额外的 MMC。

4. 回盲括约肌的收缩和舒张

与盲肠相连接的回肠末端有一个类似于食管括约肌的高压带，此处的环形肌明显增厚，称为回盲括约肌，长度约为4cm。静息状态下压力约为2.66kPa（20mmHg）。当盲肠黏膜受到机械或化学刺激时，回盲括约肌的收缩会进一步加强。进食时，食物对胃的牵张可引起胃-回肠反射，促进回肠蠕动。当蠕动波到达回肠末端时，回盲括约肌舒张，此时约4ml食糜（人）回肠内容物会被推入结肠。胃肠黏膜释放的胃泌素也能引起回盲括约肌舒张。盲肠的充盈刺激及其黏膜所受的机械刺激均可通过肠段局部的壁内反射引起回盲括约肌收缩，从而阻止回肠内容物向结肠排放。正常情况下，成人每天有450～500ml食糜进入结肠。回盲括约肌的基本功能是防止回肠内容物过快进入结肠，以便进行充分的小肠内消化和吸收。此外，回盲括约肌还具有瓣膜样作用，可阻止大肠内容物返流入肠。小肠内容物向大肠的排放，除与回盲括约肌的活动有关外，还与食糜的流动性及回肠和结肠之间的压力差有关，食糜越稀，通过回盲瓣越容易；回肠内压力升高也可迫使食糜通过括约肌。

5. 小肠运动的调节

1）肠神经

机械和化学刺激作用于肠壁感受器时，可通过局部壁内反射引起小肠蠕动加强。在切断支配小肠的外来神经后，蠕动仍可进行，说明肠道内在神经对小肠运动起主要作用。小肠平滑肌的肌向神经丛有不同类型的神经元，其中一类是中间神经元或抑制性运动神经元，含血管活性肠肽、腺苷酸环化酶激活肽、一氧化氮合酶等，对平滑肌活动起抑制作用；另一类是中间神经元或兴奋性运动神经元，含ACh、速激肽、P物质等，对平滑肌活动起兴奋作用。这些神经元通过它们末梢释放的递质调节小肠平滑肌的活动。

2）外来神经

一般说来，副交感神经兴奋可增强小肠运动，而交感神经兴奋则具有抑制小肠运动的作用。但是上述效果又依赖于小肠平滑肌所处的状态，如果小肠平滑肌的紧张性很高，无论副交感神经或交感神经兴奋都能使之抑制；相反，当小肠平滑肌的紧张性很弱时，副交感神经和交感神经兴奋都能增强其活动。

3）体液因素

小肠的壁内神经丛和平滑肌对化学物质具有广泛的敏感性，多种体液因素可直接作用于平滑肌细胞上的相应受体或通过壁内神经丛介导，调节小肠平滑肌的运动。胃泌素、胆囊收缩素、胰岛素、5-羟色胺等可增强小肠蠕动，而促胰液素和胰高血糖素等则可抑制小肠蠕动。向人的静脉注入0.5mg/min 5-羟色胺，持续8min，能刺激小肠上下部运动。

（四）大肠运动

人及动物的大肠没有重要的消化活动，成人盲肠每日从回肠末端接纳500ml食糜，内含未被消化吸收的食物残渣。大肠的主要功能是：①吸收食糜中的水和电解质以形成固体粪便；②储存粪便直至排出体外。

1. 大肠的运动形式

（1）袋状往返运动：空腹时，大肠常出现一种非推进性的袋状往返运动，由环形肌的收缩引起，使结肠出现一串结肠袋，结肠内的压力升高，结肠袋中的内容物可向前、后两个方向短距离移动，但并不能向结肠远端移动。这是空腹情况下最多见的一种结肠运动形式。

（2）多袋推进运动：多袋推进运动是一个或一段结肠袋收缩，使其内容物向前推进一段。这种形式的运动主要见于进食后或副交感神经兴奋时。

（3）蠕动：大肠的蠕动表现为稳定向前推进的收缩和舒张波。正常人大肠的蠕动过程为收缩波前方的肌肉舒张，往往充有气体，收缩波的后面则保持收缩状态，从而使该段肠管闭合并排空。

（4）集团蠕动：结肠的集团蠕动（mass peristalsis）是一种行进很快、传播很远的蠕动，可使结肠内压明显升高。集团蠕动通常开始于横结肠，其可将一部分结肠内容物推进至降结肠或乙状结肠。这种蠕动一般发生在进食后，通常发生在早餐后 60min 内，可能是由于食物进入十二指肠引起十二指肠-结肠反射所致，睡眠时集团运动消失；长期卧床的患者结肠集团运动减少，易发生便秘。

2. 排便

一旦粪便被集团蠕动推进到直肠，便会使直肠内压升高，当刺激达到一定程度时，直肠壁机械感受器发出的冲动传至中枢，引起便意和排便反射。正常人的直肠对粪便的压力刺激具有一定的阈值，当达到此阈值时即可引起便意。直肠内容物刺激直肠壁感受器引起的传入冲动，主要沿盆神经和腹下神经到达腰骶部脊髓的排便中枢（初级中枢），然后再向上传至大脑皮层的高级中枢。

人类及高等动物的排便是可以受意识控制的，如果条件不许可排便，高级中枢可发出抑制性冲动，暂时中止排便反射的进行。如果条件许可，大脑皮层可发出兴奋性冲动，兴奋腰骶脊髓的初级排便中枢。初级中枢发出的冲动沿盆神经传出，引起降结肠、乙状结肠和直肠收缩，肛门内括约肌舒张。与此同时，阴部神经（为躯体神经）的传出冲动减少，肛门外括约肌舒张，粪便被排出体外。

若大脑皮层长时间发出抑制性冲动，将使直肠逐渐对粪便刺激的敏感性降低，再加上粪便在大肠内停留过久，粪便中的水被吸收过多，粪便变得干硬，使排便变得困难，这是便秘常见的原因之一。食物中的纤维素对肠道功能具有重要影响，包括：①刺激肠运动，缩短粪便在大肠内的停留时间；②多糖、纤维素可以与水结合形成凝胶，从而限制水的吸收，增加粪便体积，促进粪便排出；③降低食物中热量的比例，减少含高热量物质的吸收，有助于纠正肥胖。纤维素摄取不足常可引起胃肠功能紊乱。

（五）胃肠激素对胃肠运动的调节

食物在消化道的不同部位停留时间不同，所进行的混合和推进的运动方式也不同，除了自主神经和肠神经系统对胃肠道平滑肌运动的调节外，许多胃肠激素对胃肠道运动也起着重要的调节作用。

人及其他哺乳动物常见的胃肠激素有胃动素（motlin）、生长素（ghrelin）、生长抑素、胃泌素（gastrin）、阿片肽、胰高血糖素样肽-1（glucagon-like peptide-1，GLP-1）、酪酪肽（peptide YY，PYY）等。胃动素是能够促进胃肠道运动的激素，作用于消化道平滑肌的胃动素受体，导致平滑肌收缩加强，加速胃排空和缩短食物在小肠内的停留时间，增加食管括约肌压力，使胆囊收缩。红霉素是胃动素受体的拟似剂，作为抗生素应用时常有胃肠不适的副作用。生长素是一种主要由胃黏膜合成和分泌的脑肠肽，也有促进胃排空和小肠转运功能。生长抑素由胰岛、胃及肠黏膜中的 D 细胞分泌，中枢神经系统也能分泌生长抑素。生长抑素在外周表现为对消化道运动的抑制作用，包括抑制胃的排空及胃的紧张性收缩、延长食糜通过小肠和结肠的时间。此外，生长抑素对其他胃肠激素的抑制作用也是其抑制胃肠运动的机制之一。胆囊收缩素（CCK）在胃肠道内以激素和神经肽两种方式存在，前者由小肠黏膜中的内分泌细胞产生，后者广泛存在于胃肠道肌间神经丛的神经纤维中。CCK 的作用是促进胆囊收缩、增加胆汁分泌，同时抑制进餐后的胃底舒张和胃排空。

在常见实验动物如大、小鼠等，体内最先被发现的激素是促胰泌素，由盐酸进入十二指肠后刺激肠黏膜而分泌，随后进入血液引起胰液分泌。除促胰泌素外的胃肠道激素还有胃泌素和促胰酶素，在整个胃肠道激素系统中，它们主要由多肽组成，低等脊椎动物上也有类似效应。高级哺乳动物胃液的分泌既受神经支配，也受激素支配。鸟类迷走神经和胃泌素不仅可引起胃腺的分泌，而且也可引起条件反射性胃液分泌。在蛙体内，食物对胃的机械性刺激或牵拉均可引起胃液的连续分泌，而视觉和味觉对胃液的分泌无直接影响。鱼和蛙类似，胃液的分泌不受神经调控，但蟾蜍的胃液分泌可能受副交感神经的控制。许多两栖类的胃液分泌可能不受神经支配，但受激素的支配，注射猪或牛蛙胃的提取物时可引起胃液的分泌。在蛙体内，小剂量的胃泌素只引起酸的分泌，大剂量的胃泌素才引起胃蛋白酶的分泌。人和其他动物胃肠激素分泌比较见表 6-3。

表 6-3 人和其他动物胃肠激素分泌的比较

物种	胃肠激素种类	胃肠激素分泌调控特点
人	促胰液素、胃泌素、胆囊收缩素、胰高血糖素、胰高血糖素样肽-1、胰高血糖素样肽-2、抑胃肽、血管活性肠肽、生长激素释放肽、垂体腺苷酸环化酶激活肽、肥胖抑制素、胃动素、酪酪肽、生长抑素、脑啡肽、β-内啡肽	神经调节、激素调节
其他哺乳动物	促胰液素、胃泌素、胆囊收缩素、胰高血糖素、胰高血糖素样肽-1、胰高血糖素样肽-2、抑胃肽、血管活性肠肽、生长激素释放肽、垂体腺苷酸环化酶激活肽、肥胖抑制素、胃动素、酪酪肽、生长抑素、脑啡肽、β-内啡肽	神经调节、激素调节
鸟类	生长抑素、胰多肽、酪酪肽、胰高血糖素、促胰液素、血管活性肠肽、胃泌素、胆囊收缩素、神经降压素、蛙皮素、P 物质、脑啡肽	神经调节、条件反射性调节
两栖类	蛙皮素、胰高血糖素、胰高血糖素样肽-1、胃泌素、生长抑素、胰多肽、5-羟色胺、神经肽 Y、生长激素释放肽、P 物质	激素调节为主、神经调节、机械性刺激调节

二、化学性消化

除了机械性消化以外，消化腺分泌各种消化液帮助食物进行分解。消化液包括唾液、胃液、胰液、胆汁及小肠液、大肠液。人体与实验动物的唾液腺、胃腺、胰腺、胆汁、小肠液、大肠液的分泌及功能有一定的差异。

（一）唾液腺

唾液腺是人等脊椎动物口腔内分泌唾液的腺体。口腔内有大、小两种唾液腺，大唾液腺（如腮腺、下颌下腺、舌下腺）位于口腔周围，小唾液腺散在于各部口腔黏膜内（如唇腺、颊腺、腭腺、舌腺）。大、小唾液腺会分泌一种无色无味、近于中性（pH6.6～7.1）混合液体，即唾液。唾液的主要作用是：①湿润溶解食物，使食物易于吞咽，唾液淀粉酶能够使淀粉分解为麦芽糖；②清除口腔中的残余食物，中和进入口腔中的有害物质。另外，唾液中的溶菌酶还有杀菌作用。

正常人每日的唾液分泌量为 1.0～1.5L，其中水分约占 99%，其余成分主要是黏蛋白、球蛋白、唾液淀粉酶、溶菌酶等有机物和少量无机盐。反刍动物的唾液分泌量很多，约占体重的 1/3，如绵羊和山羊每天的唾液分泌总量为 6～16L，牛分泌 100～190L。除了水分，有些动物的口腔分泌物也含有酶等其他成分，并且唾液的成分随着动物种类不同而有所区别，人和一些哺乳动物如猪、鼠、兔的唾液中就含有淀粉酶，而猫、犬、马等唾液中没有淀粉酶。有些动物口腔腺分泌有毒物质，用来麻痹食物。例如，毒蛇分泌的毒液中含有蛋白酶和磷脂酶，磷脂酶能使血液中的卵磷脂分解而产生溶血，而蛋白酶作用于凝血激酶原，在血管内引起广泛的凝血作用。两栖类的口腔腺也产生这些有毒化合物。反刍动物的唾液中含大量的磷酸盐和碳酸盐，是很好的缓冲液，可中和反刍胃中发酵所产生的酸，以保持良好的发酵环境。人与其他动物唾液分泌的比较见表 6-4。

表 6-4 人与其他动物唾液分泌的比较

物种	分泌量/L	成分	特点
人	1.0～1.5	水、黏蛋白、球蛋白、唾液淀粉酶、溶菌酶、无机盐	水分约占 99%
反刍动物	牛 100～190 羊 6～16	水、黏蛋白、球蛋白、唾液淀粉酶、溶菌酶、无机盐	含大量的磷酸盐和碳酸盐，可中和反刍胃中发酵所产生的酸
其他哺乳动物	1.0～1.5	水、黏蛋白、球蛋白、唾液淀粉酶、溶菌酶、无机盐	猪、鼠、兔的唾液中含有淀粉酶，而猫、犬、马等唾液中没有淀粉酶

（二）胃

胃是动物体的消化器官，帮助机体将大块食物研磨成小块（又称物理消化），并将食物中的大分子降解成较小的分子（又称化学消化），以便于进一步被吸收。胃主要吸收少量水和酒精，以及很少的无机盐。胃内存在胃腺，分泌胃液，胃液中含有盐酸和蛋白酶，可初步消化蛋白质。

人类的胃液包括水、电解质、脂类、多肽激素等蛋白质。纯净胃液为无色透明液体，pH0.9～1.5，比重为1.006～1.009，每日分泌量为1.5～2.5L，含固体物0.3%～0.5%，无机物主要为Na^+、K^+、H^+和Cl^-。离子浓度随胃液分泌率而异，分泌率增加时，Na^+浓度下降，H^+浓度迅速上升，最高可达150mEq/L，Cl^-也稍有升高，而K^+基本稳定，H^+和Cl^-结合形成盐酸。有机物有胃蛋白酶原、黏液蛋白和"内因子"。这些成分由胃黏膜层各种不同上皮细胞分泌，壁细胞分泌HCl和内因子，激活胃蛋白酶原，并为胃蛋白酶的作用提供酸性环境，保护维生素B_{12}并促进它在回肠的吸收；泌酸细胞会在消化过程中分泌出胃酸（氢氯酸HCl，pH2）用于杀死附在食物表面的细菌；而主细胞会分泌蛋白酶（胃蛋白酶）、凝乳酶等；胃壁会分泌黏液层，从而防止由胃腺所分泌的蛋白酶及胃酸的消化。

人与其他动物胃液的pH存在一定的差异（表6-5）。啮齿类动物胃液的pH在2.9～6.9，兔的胃液pH为1.9，犬的胃液pH为3.4～5.5，猫的胃液pH为4.2～5.0，猪的胃液pH为2.2～4.3，猴的胃液pH为2.8～4.8，鸟类前胃内pH为4.4～4.9，砂囊内pH为2.2～2.6。蛙胃内容物的pH与哺乳类相近。真骨鱼类胃液的酸度不如哺乳动物高，但板鳃鱼类胃内容物的酸度比真骨鱼类的高。胃酸除了为胃蛋白酶的作用提供适宜的酸性环境外，还可杀死随食物进入胃内的微生物，使食物脱钙而软化。有些动物（如爬行类、某些鱼类）把其他动物吞到胃内，在胃内经过几天甚至几星期之后才全部消化。

表6-5　人与动物的消化管部位pH（田嶋嘉雄，1989）

物种	胃		小肠				大肠		
	前部	后部	十二指肠	上部	中部	下部	盲肠	大肠	粪便
人	1.5	0.9	7.0	6	6.5	6.8	6.0	6.6	—
小鼠	4.5	3.1	—	—	—	—	—	—	—
大鼠	5.0	3.8	6.5	6.7	6.8	7.1	6.8	6.6	6.9
豚鼠	4.5	4.1	7.6	7.7	8.1	8.2	7.0	6.7	6.7
地鼠	6.9	2.9	6.1	6.6	6.8	7.1	7.1	—	—
兔	1.9	1.9	6.0	6.8	7.5	8.0	6.6	7.2	7.2
犬	5.5	3.4	6.2	6.2	6.6	7.5	6.4	6.5	6.2
猫	5.0	4.2	6.2	6.7	7.0	7.6	6.0	6.2	7.0
猪	4.3	2.2	6.0	6.0	6.9	7.5	6.3	6.8	7.1
猴	4.8	2.8	5.6	5.6	6.0	6.0	5.0	5.1	5.5

上述为脊椎动物的一般情况，并不是普遍规律，即使哺乳动物也有例外，例如，仓鼠的胃没有腺体结构，胃内容物是中性的，有利于大量唾液淀粉酶的作用。有些鱼完全没有胃，如银鲛、肺鱼及个别科中的某些鱼，圆口类脊椎动物也没有胃。无胃鱼既不分泌HCl，也不分泌胃蛋白酶，食物直接进入到中性或碱性的肠液内。大多数两栖类分泌胃蛋白酶的细胞单独分布在食道内，而泌酸细胞则分布在胃上皮内。少数鱼类的胃内只有一种分泌细胞，既分泌HCl，又分泌蛋白酶，而一般动物的HCl和胃蛋白酶分别由不同的细胞分泌。

（三）胰腺

人胰腺分为内分泌部和外分泌部，内分泌部主要分泌胰岛素和胰高血糖素，外分泌部主要分泌胰液。胰液是无色、无臭的碱性液体，pH7.8～8.4，成人每日的分泌量为1～2L，含有多种消化酶。

1. 碳水化合物的水解酶

胰淀粉酶，最适pH为6.7～7.0，可水解淀粉、糖原及大多数其他糖水化合物，但不能水解纤维素。

2. 蛋白质的水解酶

蛋白质的水解酶包括胰蛋白酶、糜蛋白酶、羧基肽酶。其中,胰蛋白酶含量最多,正常时,以酶原的形式存在,在肠激酶的作用下可激活为有活性的胰蛋白酶。之后,胰蛋白酶继续激活胰蛋白酶原、糜蛋白酶原和羧基肽酶原,将蛋白质分解为小分子多肽和氨基酸。

3. 脂类水解酶

胰脂肪酶,最适 pH 为 7.5~8.5,可将中性脂肪分解为甘油、一酰甘油和脂肪酸,在胰脂肪酶发挥作用时需要辅脂酶的作用。

脊椎动物的胰腺外分泌部是最重要的消化腺体,分泌一整套消化酶。圆口类脊椎动物已经有肝和胆囊,但没有形成外分泌的胰脏,其肠壁上有分散的产生胰酶原的细胞。板鳃鱼类及银鲛的胰腺外分泌部像哺乳类那样是单独的葡萄状器官,有导管开口于肠,分泌典型的胰酶。大多数真骨鱼类的胰腺外分泌部是分散的,往往为细的腺状器官,可穿过肝脏以及肉眼看不到的腺体结构。有的真骨鱼的胰腺组织也分散在肠壁上。肠壁通常有一些盲囊状的突起(如幽门盲管),这些盲管不仅使消化和吸收表面大大增加,而且由于上面分布着胰腺细胞,可分泌消化液。

脊椎动物胰脏分泌物中含有大量的碳酸氢钠,使胰液呈碱性(pH 为 7.5~8.5),可用来中和来自胃内的盐酸,而且由于肠黏膜也主动分泌和吸收 Na^+、HCO_3^- 和 Cl^- 离子,使肠内的 pH 保持在 7~8.5 的范围内,这也是一些胰酶作用的适宜环境(胰蛋白酶的最适 pH 为 7.8,胰淀粉酶的最适 pH 为 6.7~7.2)。人和其他动物胰腺分泌电解质(HCO_3^-)的差异见表 6-6。

表 6-6 人和其他动物的胰腺分泌电解质(HCO_3^-)的差异(周正宇等,2012,有修改)

物种		分泌量	最大量/(mmol/L)	来源
人	基础	+	—	—
	+促胰液素	++++	?	导管
	+胆囊收缩素	++	?	腺泡
	+刺激迷走神经	++	?	腺泡
犬、猫	基础	0(+)	—	—
	+促胰液素	+++++	145	导管
	+胆囊收缩素	+	60	腺泡
	+刺激迷走神经	+	?	腺泡
大鼠	基础	+	25	?
	+促胰液素	++	70	导管
	+胆囊收缩素	++++	30	腺泡
兔	基础	++	60	导管
	+促胰液素	+++	95	导管
	+胆囊收缩素	++	65	导管
猪	基础	+	?	导管?
	+促胰液素	+++++	460	导管
	+胆囊收缩素	++	35	腺泡
	+刺激迷走神经	++++	150	导管
豚鼠	基础	+	95	导管
	+促胰液素	+++++	120	导管
	+胆囊收缩素	++++	120	导管
	+刺激迷走神经	+++	120	导管

注:"?"表示仍存在疑问。

（四）小肠

小肠位于腹部，上端接幽门与胃相通，下端通过阑门与大肠相连，是食物消化吸收的主要场所。小肠内有两种腺体：十二指肠腺（布氏腺）分布于十二指肠黏膜层内，肠腺（李氏腺）分布于全部小肠黏膜内。

人类及其他常见哺乳动物的十二指肠腺主要分泌碱性液体，内含黏稠度较高的黏蛋白，主要防止十二指肠免受胃酸侵蚀；肠腺分泌液构成了小肠液的主要成分，其黏度略低，除肠致活酶外，由于大部分肠消化酶为细胞内酶，在肠液中不发挥作用。十二指肠腺和肠腺分泌液共同构成小肠液。成人每日分泌小肠液 1～3L，小肠液为弱碱性液体，pH7.8～8.0，其渗透压与血浆相似。小肠液中除含大量水分外，还有丰富的 Na^+、K^+、Cl^-、Ca^{2+} 等多种离子。小肠液中有淀粉酶、脂肪酶、氨基多肽酶、肠致活酶等。大量的小肠液还可以稀释消化产物，使其渗透压下降，从而有利于吸收的进行。

小鼠小肠液中的主要消化酶是淀粉酶，在小肠中保持着较高的浓度。鸭子小肠液中淀粉酶和蛋白酶在 5～15 日龄时明显增高，在 15～45 日龄期间上升趋势不明显，并且消化酶活性显著变化，可能与雏鸭消化系统的生长发育及营养来源有关。鱼类小肠液中的淀粉酶活性和含量因鱼而异，黄颡鱼、草鱼等鱼类中含量较低，梭鱼、银鲫等鱼中含量及活性较强。斑节对虾小肠液中的淀粉酶活性随着生长逐渐升高，体长 12.5cm 之后，肠淀粉酶活性远高于肝胰腺。

（五）肝与胆囊

胆汁为肝细胞的分泌物，经胆毛细胆管流入肝管，再经胆总管流至十二指肠，亦可转入胆囊管而储存于胆囊。

正常人胆囊可容纳 40～70ml 胆汁，在消化期可将胆汁经胆总管排入十二指肠。胆汁为具有苦味的黄绿色黏液样液体，弱碱性，pH 为 7.4，而胆囊胆汁则因水分及碳酸氢盐被吸收而呈弱酸性，pH 为 6.8。成人每日胆汁量为 800～1000ml，其成分为水、胆盐、胆色素、胆固醇、脂肪酸、卵磷脂及一些无机盐。胆汁的生成量和蛋白质的摄入量有关，高蛋白食物可生成较多的胆汁。正常情况下，胆汁中的胆盐（或胆汁酸）、胆固醇和卵磷脂的适当比例是维持胆固醇成溶解状态的必要条件。当胆固醇分泌过多，或胆盐、卵磷脂合成减少时，胆固醇就容易沉积下来，这是形成胆石的一种原因。

兔与大鼠的胆汁酸是人的一半左右，豚鼠不含胆汁酸。犬、羊每日胆汁量与人大致相当，无机盐含量也与人类似，但是羊胆汁内没有 Ca^{2+} 与 Mg^{2+}，犬的胆汁酸含量是人的 4 倍左右，而羊胆汁酸量与人相当。大鼠没有胆囊，而兔、大鼠、豚鼠的胆汁量是人的数十倍，且大鼠与豚鼠胆汁内不含 Ca^{2+} 与 Mg^{2+}。人与动物肝胆汁的流量和电解质的浓度比较见表 6-7。

表 6-7 人与其他动物肝胆汁的流量及电解质浓度比较（周正宇等，2012）

物种	肝胆汁流量 [μl/ (min·kg)]	Na^+/ (mmol/L)	K^+/ (mmol/L)	Ca^{2+}/ (mmol/L)	Mg^{2+}/ (mmol/L)	Cl^-/ (mmol/L)	HCO_3^-/ (mmol/L)	胆汁酸/ (mmol/L)
人	1.5～15.4	5.74～7.17	0.11～0.144	0.03～0.12	0.06～0.13	2.70～3.55	0.28～0.90	3～45
犬	10	6.13～10	0.12～0.31	0.08～0.35	0.09～0.23	0.87～3.01	0.23～1.0	16～187
羊	9.4	6.94	0.14	—	—	2.68	0.35	42.5
兔	90	6.43～6.78	0.09～0.17	0.07～0.17	0.01～0.03	2.17～2.79	0.66～1.03	6～24
大鼠	30～150	6.83～7.22	0.15～0.16	—	—	2.65～2.76	0.36～0.43	8～25
豚鼠	115.9	7.61	0.16	—	—	1.94	0.80～1.07	—

（六）大肠

大肠居于腹中，其上口在阑门处接小肠，其下端接肛门，是人体消化道的重要组成部分，为消化道下段。大肠液的分泌主要是由食物残渣对肠壁的机械刺激引起的，刺激副交感神经可使分泌增加，而刺激交感神经则可使正在进行着的分泌减少，目前尚未发现大肠具有重要的体液调节作用。

人及其他常见的哺乳动物的大肠液的分泌形式及组成大致相同，均是由大肠黏膜上皮和大肠腺受到机械刺激而产生，由于其中含有许多分泌黏液的杯状细胞，所以大肠的分泌物富含黏液及黏液蛋白。黏液能保护肠黏膜并润滑粪便，便于粪便下行；黏液蛋白能够保护肠壁防止机械损伤，免受细菌侵蚀等。大肠还能分泌碳酸氢盐，故大肠液呈碱性（pH8.3～8.4），其中可能还含有少量的二肽酶和淀粉酶，帮助机体消化吸收营养物质。

三、营养物质的消化

（一）糖类的消化

人类50%左右的能量来自糖类，包括淀粉、蔗糖、乳糖和果糖等。

人类的唾液中含有淀粉酶，可以对淀粉进行初步的消化，由于食物在口腔中停留的时间太短，胃内是酸性，不宜于唾液淀粉酶的作用，故唾液淀粉酶的消化作用有限。对糖类的消化作用主要在小肠内进行。胰脏分泌淀粉酶，把淀粉水解为低聚糖（麦芽糖及麦芽三糖），再经肠上皮细胞刷状缘上的麦芽糖酶和γ-淀粉酶的作用而分解为葡萄糖被吸收。此外，人类还具有一种叫藻酶的α-糖苷酶，这种酶作用于藻糖，藻糖见于藻类、真菌类和昆虫，在人的食物中不难见到。人类血液中主要的糖类是葡萄糖，葡萄糖吸收后被转变为藻糖。

动物食物中的大多数糖类来自植物，食肉动物的食物中含糖类很少。食物中的多糖分为两类：一类是结构多糖，包括纤维素、木质素、葡聚糖、琼脂、果胶、戊聚糖、几丁质等，这些多糖本身不被消化，需特别提出的是，纤维素虽不能直接被消化，但是某些脊椎动物可通过食管共生微生物消化纤维素，其具体过程见"（四）纤维素的消化"；另一类是食物中的多糖，主要是淀粉和糖原。淀粉是植物性食物中最重要的营养成分，它是葡萄糖的聚合物，在消化管内通过淀粉酶作用而分解为麦芽糖，进而分解为葡萄糖。

猕猴、猪、兔、鼠、豚鼠的唾液中也含有淀粉酶，可以对淀粉进行初步的消化，但猫、犬、牛、马、绵羊和山羊的唾液中则几乎不含淀粉酶。鸟类也有唾液淀粉酶，食物在嗉囊中停留的时间虽较长，但由于这时食物还是大颗粒，酶作用的表面小，不可能有重要的消化作用。切除鸡的嗉囊后，对食物的消耗量和生长也没有任何影响。

脊椎动物对糖类消化场所及淀粉酶的来源与人类类似，但对淀粉的消化力可随淀粉来源、动物种类和年龄而不同。例如，犬和水貂对生的玉米淀粉的消化力很差，但煮熟后就容易消化；猪对生的和煮熟的玉米淀粉都可以利用。无论生熟的小麦淀粉都容易被犬、水貂和猪消化。

消化管内某些糖类水解酶的存在是与其食物相适应的，例如，哺乳动物肠上皮刷状缘上有乳糖酶，把乳汁中的乳糖分解为半乳糖和葡萄糖，但非哺乳动物没有这种酶。海水中生活的某些哺乳动物，尤其是鳍脚类动物（如海豹、海狮、海象），乳汁中不含乳糖（也不含其他糖类），幼体的肠中也没有乳糖酶。其他哺乳动物断奶（离乳）后，肠内乳糖酶的量通常减少。

鳍脚类动物的食物中不含蔗糖，故也没有蔗糖酶。一些吃鱼的鸟类，其蔗糖酶的量也很微小。哺乳动物（人类例外）中，蔗糖酶和麦芽糖酶也只在断奶后才出现，因为这时食物中才有蔗糖和麦芽糖。许多反刍动物，蔗糖在瘤胃内被微生物分解，因此，肠内不含蔗糖酶，或者含量很少。

如果消化管内不含某种双糖酶，动物就不能耐受这种双糖，它会引起腹泻，甚至引起动物死亡，因为这种双糖不能被消化吸收，它在消化管内具有渗透活性。这点在人类也很有意义，有些人由于消化管内没有乳糖酶，喝牛奶后往往引起腹泻。但动物在自然选择过程中，总是朝着保存动物的方向发展，因此，消化管内通常保持足够的双糖酶来分解食物中的双糖。人和动物胃肠道分泌糖类消化酶差异见表6-8。

表 6-8 人和其他动物胃肠道分泌糖类消化酶的差异

物种	口腔	瘤胃	胰腺	胃	小肠	大肠
人和肉食-杂食单胃类动物	唾液淀粉酶	—	α-淀粉酶 寡糖酶	—	肠淀粉酶 葡萄糖化酶 乳糖酶 蔗糖酶 糊精酶	—
草食单胃类动物	—	—	α-淀粉酶 寡糖酶	—	—	α-淀粉酶 蔗糖酶 呋喃果聚糖乳酶 半纤维素酶 纤维素酶 （以上由共生微生物分泌）
家禽类动物	少量淀粉酶	—	α-淀粉酶 寡糖酶	—	α-糊精酶 麦芽糖酶	—
反刍类动物	无或极少淀粉酶	α-淀粉酶 蔗糖酶 呋喃果聚糖乳酶 半纤维素酶 纤维素酶 （以上由共生微生物分泌）	α-淀粉酶	—	麦芽糖酶 异麦芽糖酶	—

（二）蛋白质的消化

蛋白质是通过肽键连接起来的高分子化合物。与多糖的消化不同，蛋白质的消化过程从胃开始。消化蛋白质的酶根据其作用的位置可分为内肽酶和外肽酶。胃蛋白酶、胰蛋白酶、糜蛋白酶水解蛋白质或多肽内部的肽键，属于内肽酶；而氨基肽酶和羧基肽酶水解肽链中氨基端和羧基端最末一个氨基酸的肽键，属于外肽酶。另外，在肠上皮的刷状缘上还有二肽酶和三肽酶，只分解短的肽链。这些蛋白酶与细胞内消化的蛋白酶不同，细胞内消化的蛋白酶只在溶酶体内，应称为组织蛋白酶。

人类的胃能分泌胃蛋白酶原，在酸性环境中活化为有活性的胃蛋白酶，其最适 pH 为 1.8～2.0。此外，在人的胃液内至少还有一种蛋白酶称为胃亚蛋白酶，其最适 pH 为 3.3～4.0。当食物到了胃内，一般保持着稍高于 2 的 pH，而食物内部的 pH 可能更高，因此，胃内除胃蛋白酶以外还有最适 pH 更高的其他蛋白酶存在是有好处的。

除人类外的其他脊椎动物（不包括无胃的鱼类、圆口类脊椎动物及少数没有胃黏膜的动物）都分泌胃蛋白酶原及胃亚蛋白酶，哺乳时期的幼小反刍动物还有一种使奶凝固的凝乳酶，其最适 pH 为 3.7。胃蛋白酶、胃亚蛋白酶和凝乳酶的氨基酸顺序很相似，推测这些酶是由共同的前身演化而来。所有脊椎动物的胰腺都分泌胰蛋白酶原和糜蛋白酶原，哺乳动物还分泌弹性蛋白酶，这些酶的氨基酸顺序也很相似，活性中心的结构相同，其中含有组氨酸和丝氨酸残基，说明由同一种中性蛋白酶产生。胰蛋白酶原由肠激酶所激活，肠激酶是小肠产生的一种蛋白酶，使胰蛋白酶原失去一部分肽链而活化，而已活化的胰蛋白酶又可使新的胰蛋白酶原活化。糜蛋白酶原的分子至少有三种形式，而且可以同时出现在一种动物体内。弹性蛋白酶以弹性蛋白酶原的形式分泌，弹性蛋白酶能够分解许多蛋白质，特别是能分解弹性蛋白。推测食肉的脊椎动物的胰液中所含弹性蛋白酶的量比食草动物要多，许多哺乳动物、鸡和一些鱼类的胰腺中都可以看到这种酶，而圆口类脊椎动物则没有。

脊椎动物有羧基肽酶 A 和 B。羧基肽酶 B 与胰蛋白酶共同起作用，羧基肽酶 A 与糜蛋白酶共同起作用，从而构成有效的分解蛋白质的酶系统。最后阶段是由氨基肽酶、三肽酶和二肽酶把这些短的肽链全部分解为氨基酸。

（三）脂肪的消化

人体中脂肪在脂肪酶的作用下分解为脂酸、甘油二酯、甘油单酯和甘油，这些分解产物被肠上皮细胞吸收后又合成甘油三酯，并以乳糜微粒的形式进入淋巴或血液。脂肪的消化需要乳化剂的协助，使脂肪滴分散成很小的微粒。人类的乳化剂是胆汁中的胆盐、牛磺酸或甘氨酸与胆酸结合而成。胆酸是胆固醇的衍生物。

脊椎动物中一般脂肪和油脂的消化与人类相似，但有的脂类物质（如蜡）不被一般脂肪酶水解。蜡是由一个分子的长链脂肪醇和一个分子的脂酸所形成的酯，绝大多数脊椎动物消化不了蜂蜡，但南非的响蜜䴕则吃蜂蜡，因为其消化管内含有消化蜡质的共生细菌。虽然蜡并不是陆生生物的重要食物，但对于海产生物的食物链来说则是重要的，可与一般脂肪和油质并列。虽然各种各样的海洋动物（包括鲸）中可见到蜡质，但是，这些蜡质是否可以代谢来供给能量，或者是否吃下后由于不能代谢而被储存起来，还有待研究确认。

（四）纤维素的消化

植物中最重要的结构物质是纤维素，木材成分中纤维素约占干重的 40%～62%；木质素占 18%～38%；其次是半纤维素，这是一些多糖（包括戊聚糖 2%～14%和己聚糖 6%～23%）的混合物，淀粉和蛋白质的含量很少（淀粉 0～5.9%，糖 0～6.2%，蛋白质 1.1%～2.3%）。纤维素是葡萄糖的一种聚合物，极不溶于水，能抗化学侵蚀。

人体内没有 β-糖苷酶，不能对纤维素进行分解与利用。

脊椎动物的消化性分泌物中没有纤维素酶，但许多脊椎动物可以消化纤维素作为其主要能源。大多数情况下，纤维素的消化是由生活在宿主消化管内的共生微生物来完成的，而食草哺乳动物依靠纤维素构成的食物生活。饲料中的半纤维素最容易消化，纤维素也比较容易消化，而木质素则不能被微生物破坏。如果在饲料中加入容易消化的淀粉、蔗糖或糖蜜等糖类，微生物优先利用这些易消化的物质，纤维素的消化率反而降低。

反刍动物（包括牛、绵羊、山羊、骆驼等家畜），以及马、兔等食草动物的消化管内都有高度适应于共生消化纤维素的特化部位（如反刍胃或大的盲肠）。反刍动物中，瘤胃似一个大发酵罐，每毫升瘤胃内容物中含几十万个纤毛虫，纤毛虫是专性厌氧生物，必须通过发酵过程供给能量，而发酵产物又供宿主所利用，通过共生微生物消化纤维素是哺乳动物利用纤维素的唯一途径。食物与唾液混合后在瘤胃内进行发酵，发酵产物主要是乙酸、丙酸和丁酸，乙酸占总量的 2/3 或 3/4，甚至更多，这些低级脂肪酸被动物吸收和利用。由于牛的瘤胃内微生物的作用，饲料中 40%～80%的干物质在瘤胃和蜂巢胃消失，其中80%左右是糖类。瘤胃内发酵产物是能量的一个主要来源。据估计，由瘤胃产生的有机酸所得到的能量占所需能量的 70%。发酵过程所产生的 CH_4 和 CO_2 则通过嗳气排出。牛每天进食 5kg 干草可产生大 191L 甲烷，由此丧失的热量超过每天所消化食物能量的 10%。

许多非反刍的食草哺乳动物如马、驴、斑马、象、海牛、河狸、毛丝鼠、豚鼠、兔、袋鼠等的纤维素的消化也借助于微生物，其消化作用与反刍动物类似，主要在盲肠内消化纤维素。盲肠内微生物的发酵在很大程度上与瘤胃相似，但在瘤胃内的发酵较在盲肠内发酵有三个好处：第一，瘤胃在消化管的前段，发酵产物经过长的小肠和大肠之后才排出，因而消化和吸收比较完全；第二，由于反刍动物瘤胃中一些粗的、未消化的颗粒可以返到口中再咀嚼，因而消化更完全，若把牛和马的粪便加以比较，会发现非反刍的马的粪便所含的未消化的粗碎片就比牛的多；第三，反刍胃的微生物发酵可反复利用尿素氮而不致使其丧失，这可能是最大的好处。大袋鼠也像反刍类那样，在消化性胃之前有微生物的发酵，其机制与反刍类相同。吃桉叶的树袋熊的盲肠也相当大（占肠长度的 20%左右），也靠发酵消化纤维素。

有些鸟类也通过发酵作用来促进植物性物质的消化，例如，美国阿拉斯加的柳雷鸟，在冬季几个月内吃柳树的小枝和芽。大多数鸡形目都有两个大的盲肠，适宜于发酵。

少数低等脊椎动物也吃草，如蝌蚪、草鱼、少数蜥蜴和龟，关于这些动物是否能消化纤维素或如何消化纤维素的问题仍不清楚。草鱼的消化管虽然较长，但对纤维素的消化并不充分，因为不难看到草鱼排出大量颜色像青草那样的粪便。所有吃草的蜥蜴体形都比较大，而所有小的蜥蜴都以肉类或昆虫为食。

第四节 消化道内物质的吸收

食物完成机械性及化学性消化过程后，经过分解的营养物质被小肠（主要是空肠）黏膜吸收进入血液和淋巴液。糖、蛋白质、脂肪三大物质的消化及吸收的过程和部位，以及水、无机盐及其他一些物质的吸收过程和部位各不相同。

一、主要的吸收部位

吸收是指消化道内的物质通过消化道上皮细胞进入血液或淋巴的过程。被吸收的物质包括摄入的水、电解质和营养物质等。一般食物中的成分除维生素、无机盐和水外，都需要经过水解成为小分子物质后才能被吸收。

人类与常见动物的消化道各部位的吸收能力和吸收速度不同，主要取决于各部位消化管的组织结构、食物的消化程度和停留时间。口腔和食管基本不具有吸收能力。胃黏膜没有绒毛，上皮细胞之间是紧密连接，只能吸收极少数高度脂溶性物质（如酒精）和某些药物（如阿司匹林）。小肠是吸收的主要部位，糖类、蛋白质和脂肪的消化产物绝大部分都在小肠被吸收。小肠各段对各营养物质的吸收速度也不完全相同，糖类和脂肪的水解产物、蛋白质水解后产生的寡肽主要在小肠上段吸收，而氨基酸则可能主要在回肠被吸收。此外，回肠对胆盐、维生素 B_{12} 具有独特的吸收能力。进入大肠时仅剩余一些食物的残渣，大肠主要吸收其中的水分和盐类。

（一）小肠黏膜的绒毛结构

小肠的结构和功能特点非常有利于吸收的进行。小肠绒毛是黏膜层的上皮和固有膜在腔肠方向形成的突起。十二指肠绒毛呈叶状，空肠绒毛呈杆状，回肠绒毛呈指状。微绒毛是小肠的特有结构，它的高矮和密度大小直接影响小肠的吸收面积。小肠绒毛和微绒毛的存在，使小肠具有巨大的表面积，有利于食物的消化和营养物质的吸收。

在人体中，小肠黏膜具有大量的环形皱褶，可使吸收面积增大 3 倍，黏膜的表面有大量绒毛（villus），向肠腔突出达 1mm，这使吸收面积又增加 10 倍，绒毛上柱状上皮细胞的顶端有多达 1000 根长约 1μm、直径 0.1μm 的微绒毛（microvillus），进一步使吸收面积增加 20 倍。小肠黏膜的这种结构使小肠的吸收总面积可达 $200\sim250\text{m}^2$。食物在小肠中分解为适于吸收的小分子物质，在小肠中的停留时间长达 3~8h，为小肠的吸收提供了有利条件。此外，绒毛内有很丰富的毛细血管和淋巴管，进食后绒毛中平滑肌收缩可使绒毛发生节律性的伸缩和摆动，加速血液和淋巴回流。刺激内脏大神经时可加强绒毛的运动。另外，小肠黏膜释放的一种胃肠激素——缩肠绒毛素（villikinin）也能促进绒毛运动。

哺乳动物与人体小肠黏膜结构类似，而啮齿类动物则有所不同，例如，小鼠回肠绒毛整齐且密集均一，呈舌形，其表面呈现类似大脑沟回样的外形，绒毛平均高度 255.00μm，平均直径 127.85μm。研究表明，5%酒精会使小鼠回肠微绒毛肿胀增厚，直径增大，当酒精浓度增加到 10%~15%时，绒毛外表沟回样褶皱消失，小鼠进食减少，体重降低，说明小鼠回肠绒毛在营养物质的吸收中起着重要作用。

（二）小肠吸收途径

人和常见实验动物吸收途径大致类似。水、电解质和食物的水解产物通过两条途径进入血液和淋巴。一条为跨细胞途径（transcellular pathway），即通过小肠上皮细胞的顶端膜进入细胞，再由细胞基底侧膜转移出细胞，到细胞间液，然后进入血液和淋巴；另一条为细胞旁途径（paracellular pathway），即肠腔内的物质通过上皮细胞间的紧密连接（tight junction）进入细胞间隙，然后再转运到血液和淋巴。

二、水、无机盐的吸收

机体中重要的小物质包括水、Na^+、Cl^-、HCO_3^-、Ca^{2+}、Fe^{2+}离子，这些物质的吸收方式各不相同，通过不同的转运途径及不同的转运体蛋白进行。

（一）水分子

水分子以渗透的方式被吸收。每日摄入的水约 1.5L，消化腺分泌约 7L 液体，而随粪便排出的水分只有 150ml，所以胃肠道每日吸收约 8L 的水。水在小肠的吸收属于被动转运。各种溶质的吸收（特别是 NaCl 的主动吸收）所产生黏膜两侧的渗透压梯度是水重吸收的主要驱动力。跨黏膜的渗透压一般只有 3～5mOsm/L，但由于小肠黏膜上皮细胞及细胞之间的紧密连接对水具有很高的通透性，所以水很容易被吸收。

（二）Na^+

Na^+主要通过跨细胞途径以主动转运的方式被吸收。成年人每日摄入的 Na^+ 为 5～8g，肠道分泌 Na^+ 约 30g。因此，在机体 Na^+ 保持稳态的情况下，小肠每天吸收的 Na^+ 量为 25～35g，相当于体内总 Na^+ 量的约 1/7。小肠黏膜对 Na^+ 的吸收属于主动转运。上皮细胞内的 Na^+ 浓度远较周围液体为低，而且细胞内的电位也较细胞外低约 40mV。在小肠黏膜上皮细胞的微绒毛上存在着多种 Na^+ 载体（如 Na^+-葡萄糖同向转运体、Na^+-氨基酸同向转运体、Na^+-Cl^- 同向转运体、Na^+/H^+ 交换体等）和 Na^+ 通道，肠底侧膜上的钠泵逆电化学梯度将 Na^+ 转运至细胞间隙，然后进入血液。Na^+ 的吸收在小肠吸收功能中具有非常重要的意义。Cl^-、HCO_3^-、水、葡萄糖、氨基酸等跨小肠黏膜的转运都与 Na^+ 的主动转运有关。

醛固酮对 Na^+ 的吸收具有重要作用。机体脱水时，肾上腺皮质分泌大量醛固酮，1～3h 内促使肠上皮细胞上 Na^+ 吸收的酶和转运体系的活性增加，继而使 Cl^-、水和其他一些物质的继发吸收也增加。醛固酮的这个机制在结肠尤为重要，它可减少 NaCl 和水从粪便丢失。

（三）Cl^-

小肠黏膜对 Cl^- 的吸收可通过细胞旁途径以扩散方式进入细胞间隙。Na^+ 的主动吸收形成跨上皮的电位差，使上皮细胞间隙中的电位呈正性，肠腔内的 Cl^- 顺着电位差随着 Na^+ 的吸收而被吸收。Cl^- 的吸收也可以通过跨细胞的途径完成。上皮细胞的顶端膜上有 Na^+-Cl^- 同向转运体，故 Cl^- 可以与 Na^+ 一起被吸收入细胞内。另外，在上皮细胞的顶端膜上还有 Cl^--HCO_3^- 逆向转运体，可以发生 Cl^- 与 HCO_3^- 交换。

（四）HCO_3^-

胰液和胆汁中有大量 HCO_3^-，这些 HCO_3^- 大部分在小肠上段通过间接方式被吸收，即 Na^+ 与 H^+ 的交换使 H^+ 进入肠腔，肠腔内的 H^+ 与 HCO_3^- 结合形成 H_2CO_3，H_2CO_3 在碳酸酐酶的作用下解离成 H_2O 和 CO_2。脂溶性的 CO_2 很容易通过上皮被吸收。另外，空肠的上皮细胞及整个大肠的上皮细胞都能分泌 HCO_3^-，其途径是通过与 Cl^- 交换（见 "（三）Cl^-"）。向肠腔分泌 HCO_3^- 对于中和大肠内细菌的酸性产物非常重要。

（五）Ca^{2+}

食物中的结合钙必须变成离子钙才能被吸收。Ca^{2+} 吸收的主要部位在小肠，以十二指肠的吸收能力最强。Ca^{2+} 吸收是一个主动过程，黏膜细胞的微绒毛上存在一种钙结合蛋白（calcium-binding protein，CaBP），与 Ca^{2+} 有很强的亲和力。每 1 分子 CaBP 一次可运载 4 个 Ca^{2+} 进入胞质。Ca^{2+} 在细胞内储存在线粒体内，随时被转运出细胞。在上皮细胞的基底侧膜，细胞内 Ca^{2+} 通过 Na^+ - Ca^{2+} 交换机制被转运出细胞。Ca^{2+} 也可以通过上皮细胞顶端膜的 Ca^{2+} 通道进入细胞，或通过细胞旁途径被吸收。

Ca^{2+} 的吸收量由机体的需要量精确控制。影响吸收的两个重要因素是维生素 D 和甲状旁腺激素，其他如食物中钙与磷的适宜比例、肠内一定的酸度、脂肪、乳酸、某些氨基酸（如赖氨酸、色氨酸和亮氨酸）等都可促进 Ca^{2+} 吸收，而食物中的草酸和植酸可以与 Ca^{2+} 形成不溶解的化合物而妨碍 Ca^{2+} 吸收。

（六）Fe^{2+}

铁主要以二价铁离子的形式被吸收。人体每日摄取约 10mg 铁，其中约 1/10 在小肠上段被吸收，吸收过程包括上皮细胞对肠腔中铁的摄取和向血浆转运，两步都需要消耗能量。上皮细胞顶端膜上存在铁转运蛋白，它对 Fe^{2+} 的转运效率比对 Fe^{3+} 的转运效率高约数倍，所以 Fe^{2+} 更容易吸收。维生素 C 能将 Fe^{3+} 还原为 Fe^{2+}，促进铁吸收。胃酸有利于铁的溶解，故对铁吸收有促进作用。当机体铁需要量增加时，铁转运蛋白表达增多，小肠吸收铁的能力增强。Fe^{2+} 进入细胞后，只有一小部分通过基底侧膜被主动转运出细胞，进入血液，大部分则被氧化为 Fe^{3+}，并与细胞内的脱铁蛋白结合为铁蛋白而储存，以后再慢慢释放。

三、营养物质的吸收

（一）糖类的吸收

食物中的糖类必须水解为单糖后才能被机体吸收利用，吸收的部位主要在小肠上部。人体中不同单糖的吸收速率有很大差别，己糖的吸收很快，戊糖则很慢。在己糖中，又以半乳糖和葡萄糖吸收为最快，果糖次之，甘露糖最慢。若以葡萄糖的吸收速率为 100 计，则其他单糖吸收速率分别为：半乳糖 110、果糖 43、甘露糖 15、阿拉伯糖 9。造成这种差别的原因取决于转运单糖载体的种类和单糖对载体的亲和力。上皮细胞纹状缘上有一种依赖 Na^+ 的葡萄糖载体，即 Na^+-葡萄糖同向转运体，每次可同时将肠腔中的 1 个葡萄糖分子和 2 个 Na^+ 转运至细胞内，细胞的基底侧膜上存在另一种非 Na^+ 依赖性葡萄糖转运体，可将胞质中的葡萄糖转运到细胞间液而吸收。葡萄糖的吸收过程依赖于钠泵的主动转运以维持细胞内 Na^+ 的低浓度，因此葡萄糖需要消耗能量才能吸收，即继发性主动转运。对于葡萄糖的吸收来说，Na^+ 和钠泵转运是两个必需的因素。半乳糖的吸收机制与葡萄糖的相同，但它与 Na^+ 依赖性载体的亲和力比葡萄糖略高，所以速率更快。果糖的吸收机制与葡萄糖略有不同，介导它通过纹状缘的是另一种非 Na^+ 依赖性载体，然后再经载体转运出细胞。果糖的吸收是不耗能的被动过程。

人及哺乳动物的糖类吸收与其他动物不同，主要在于其葡萄糖转运蛋白的不同。人及哺乳动物中负责糖吸收的转运蛋白主要包括钠-葡萄糖共转运蛋白（SGLT）和葡萄糖转运蛋白（GLUT）。

SGLT1 是一种高亲和力、低容量的转运体，对钠和葡萄糖的耦合比为 1：2。在人体小肠中，SGLT1 主要表达在小肠刷状缘膜的顶端，而在隐窝细胞的胞膜部位表达量很少；在啮齿类动物小肠中，SGLT1 在小肠刷状缘膜的顶端和隐窝细胞的胞膜部位均有丰富的表达。SGLT1 的表达及活性主要受 PKC 及 mTOR 信号通路的调节。在人体小肠中，PKC 上调 SGLT1 的表达；而在兔小肠中，PKC 下调 SGLT1 的表达。另外，SGLT1 的表达也受某些氨基酸的影响，例如，缺乏异亮氨酸饮食，则抑制小肠 SGLT1 的表达。人 SGLT3（hSGLT3）是葡萄糖传感器（glucose sensor），而猪 SGLT3 是 Na^+-D-葡萄糖协同转运蛋白。

GLUT2 主要表达在人及哺乳动物肠道和肾脏的基底膜外侧，是一种低亲和力转运蛋白，其以低亲和力转运葡萄糖、果糖、甘露糖和半乳糖，以高亲和力转运 N-乙酰氨基葡萄糖。猪的 GLUT2 的基因序列与人和小鼠的同源性分别为 87% 和 79.4%。成年大鼠中，GLUT2 的表达定位在小肠绒毛顶端和侧面。在啮齿类动物中，当肠腔中糖含量正常时，GLUT2 主要表达在小肠上皮细胞的基底膜处，负责将单糖转运入血；而肠腔中糖含量过高时，GLUT2 也会在小肠上皮细胞的顶膜处表达。GLUT5 属于溶质载体家族

（SLC）的一员，主要表达在肠上皮细胞的顶膜，果糖的摄入将导致其 mRNA 表达上调以及 GLUT5 蛋白表达增加。在人类及成年大鼠小肠中，GLUT5 主要定位于绒毛中部区域，在隐窝部位几乎没有表达。此外，GLUT1、GLUT2 和 GLUT5 在鸡小肠中的表达丰度随年龄线性增加。GLUT7 是葡萄糖和半乳糖的转运体，以 D-葡萄糖作为底物，与 GLUT5 序列的相似性约为 53%，也主要表达在小肠上皮细胞的顶膜。GLUT8 在啮齿类动物、人类等哺乳动物的小肠和大肠中均有表达，主要表达在肠上皮细胞，负责葡萄糖和果糖的转运。在人类和啮齿类动物中，GLUT9 被鉴定为高容量尿酸转运蛋白，而不是葡萄糖转运蛋白。GLUT9 在小鼠十二指肠中表达较低，但是在空肠和回肠中表达较高。GLUT12 在哺乳动物的小肠中也有表达，主要负责己糖、D-葡萄糖和 2-脱氧-D-葡萄糖的转运。

鸟类的血糖浓度高于与其他体重相近的脊椎动物，在大多数情况下，细胞内储存的糖原相对较少。鸟类肠道吸收的主要单糖物质是葡萄糖，其主要吸收方式包括通过载体（葡萄糖转运蛋白）介导地穿过上皮细胞顶端和基底外侧膜的转运，以及通过细胞间隙的扩散。鸡十二指肠、空肠以及结肠段是通过 SGLT1 吸收葡萄糖。

（二）蛋白质的吸收

食物中的蛋白质必须在肠道中分解为氨基酸和寡肽后才能被小肠吸收，吸收过程也是耗能的主动过程，涉及的载体比单糖吸收复杂。

在人体中小肠黏膜细胞的纹状缘上至少已发现 7 种氨基酸载体，这些载体可以分别将不同种类的氨基酸转运至细胞内，这些载体在转运过程中大多需要 Na^+、K^+、Cl^- 参与，并且依赖跨膜电位的存在。细胞基底侧膜上存在着不同于纹状缘的载体（目前已发现的有 5 种），可将胞质中的氨基酸转运至细胞外，再进入血液。肠道中的寡肽也可以被小肠黏膜上皮细胞摄取。目前认为纹状缘上存在 H^+-肽同向转运系统，可以顺浓度差由肠腔向细胞内转运 H^+，同时也可逆浓度梯度将寡肽带入细胞内。进入细胞后，寡肽被胞质中的寡肽酶水解为氨基酸，再经基底侧膜上的氨基酸载体转运出细胞。这一转运过程需要钠泵的活动维持 Na^+ 的跨膜势能，进而维持 H^+ 的浓度差，因此也是一种耗能过程，上述寡肽的吸收过程也被称为第三方主动转运。

哺乳动物中氨基酸和肽由肠细胞摄取并被消化为游离氨基酸、二肽和三肽。游离氨基酸在小肠中的摄取具有重叠的特点，其结果是大量的氨基酸可由多个转运蛋白摄取。相比之下，肽只能被选择性非常高的单个转运蛋白所摄取。在食肉类脊椎动物中，氨基酸没有明显的肠道运输活力。目前对于鱼类和鸟类中的蛋白质的吸收研究较少。

（三）脂肪的吸收

脂肪在肠腔内被分解，其产物包括脂肪酸、一酰甘油、胆固醇、溶血性卵磷脂等。脂肪消化产物被小肠上皮吸收的过程包括：通过不流动水层进入上皮细胞内，在细胞内转化、形成乳糜微粒，以及乳糜微粒向细胞外转运。所有生物膜的表面均附有一层不流动水层，在大鼠的肠黏膜表面其厚度为 620～700μm。脂肪酸、一酰甘油、胆固醇及其水解产物基本上都是脂溶性的物质，必须与胆盐形成混合微胶粒后才能顺利通过不流动水层。混合微胶粒到达纹状缘表面后，将脂肪水解产物释放出来，进入上皮细胞内，胆盐则在回肠被吸收，进入胆盐的肠肝循环。

在人体中，脂肪水解产物进入上皮细胞后的去路主要有两条：①游离的脂肪酸直接从细胞的基底侧膜扩散进入血液；②在细胞内重新合成三酰甘油，然后与胆固醇等结合于载脂蛋白并形成乳糜微粒。胞质内的乳糜微粒形成小的囊泡，囊泡在细胞的基底侧膜以出胞方式将乳糜微粒释放出细胞，再进入淋巴液。一般来说，大部分短链脂肪酸和部分中链脂肪酸及其构成的一酰甘油通过第一条通路被吸收，长链脂肪酸及一酰甘油、胆固醇等通过第二条途径被吸收。进入肠道的胆固醇来源主要为食物和胆汁，还有一小部分来自脱落的消化道上皮，总量为每日 1～2g。胆固醇以游离的胆固醇和酯化的胆固醇酯两种形式存在。一般认为，胆固醇酯需要在肠内被胆固醇酯酶水解为胆固醇和脂肪酸后才能渗入混合微胶粒，再被转运至纹状缘表面。胆固醇通过纹状缘进入细胞内的过程被认为是单纯的扩散过程，但近年的研究提示可能是载体介导的主动过程。胆固醇进入细胞后的转运途径与脂肪类似，即大部分重新在高尔基体被酯化，并渗入乳糜微胶粒和极低密度脂蛋白，再经淋巴系统进入血液循环。

动物的脂肪吸收与人略有不同，其脂质主要通过水解产生三酰甘油和短链脂肪酸，三酰甘油等产物主要在远离胃区的消化道被吸收。例如，昆虫三酰甘油的吸收主要发生在中肠，而脊椎动物对三酰甘油的吸收则发生在小肠。短链脂肪酸（由哺乳动物结肠和盲肠中的微生物发酵产生）主要通过结肠细胞等在动物的后肠壁上被吸收。脊椎动物中，吸收脂质水解产物和固醇取决于它们在小肠管腔中形成的胶束。胶束是直径 4～8nm 的聚集体，具有胆汁酸的疏水性脂质产物，其作为两亲性物质介导脂质产物穿过水性边界层到达肠内细胞的顶膜。胶束对脂质等物质的介导包括简单扩散和主动运输。大多数饮食中的脂质主要是三酰甘油（TAG），伴随着各种小的极性和非极性脂质，包括磷脂、甾醇，以及脂溶性维生素 A 和 E。脂肪消化的产物包括游离的脂肪酸、甘油、单酸甘油酯和溶血磷脂，通过扩散和转运体摄取后，这些产物被运送到内质网，合成二酰甘油（DAG）、TAG、磷脂和胆固醇酯等，然后以脂蛋白包装形成乳糜微粒。在哺乳动物中，乳糜微粒被输送到淋巴管中。短链脂肪酸类脂质相关分子（SCFA）与其他脂质相比有两个方面较为特殊：首先，与长链脂肪酸相比它们具有较低的疏水性，故而 SCFA 通过渗透膜简单扩散的速度更缓慢；其次，它们是非肠道细菌发酵呼吸的产物，在消化道缺氧区消化，这意味着它们在后肠产生和吸收，而不是中肠、小肠等。SCFA 通过简单扩散和载体介导的组合运送到哺乳动物的结肠壁，其运输机制尚未明确。有研究表明，结肠上皮组织中 SCFA 的吸收可能与 HCO_3^- 交换有关。

第五节　消化活动的调节

消化活动是指消化系统的组织器官，包括口腔、食道、胃、肠道等消化腔和肝脏、胰腺、胆囊等分泌腺对食物进行消化、吸收和传导等活动。消化系统主要有神经和体液两方面的调节，其调节活动又与多系统和多器官相协调，如神经系统、循环系统、内分泌系统等在消化活动的调节中发挥重要作用。通过神经体液调节，释放神经递质、组胺、胃肠激素等共同维持消化系统的功能及机体的稳态。

一、消化系统的神经调节

（一）人体消化系统神经调节

人体支配消化道的神经有分布于消化道壁内的内源神经系统和外来神经系统两大部分。

1. 内源神经系统对消化系统的调节

消化道的内源神经系统又称为肠神经系统，是由分布于消化道壁内无数不同类型的神经元和神经纤维组成的神经网络系统。其神经元的总数约 10^8 个，相当于脊髓内神经元的总和。神经元分为感觉神经元和运动神经元，感觉神经元感受消化道内化学、机械和温度等刺激；运动神经元则支配消化道平滑肌、腺体和血管的活动。此外，还有大量的中间神经元。各种神经元之间通过短的神经纤维形成网络系统，组成一个结构和功能都十分复杂、相对独立而完整的网络整合系统，因此内源神经系统具有"肠脑"之称。

内源神经系统包括两类神经丛，即位于纵行肌和环行肌之间的肌间神经丛，以及位于环行肌和黏膜层的黏膜下神经丛。这些神经丛广泛分布于消化道壁内，它们将消化道壁内的各种感受器、效应细胞、外来神经和壁内神经元紧密联系在一起。内源神经系统在调节胃肠运动和分泌以及胃肠血流中起重要作用。

2. 外来神经系统对消化系统的调节

（1）交感神经：从脊髓第 5 胸段至第 2 腰段侧角发出，其结前纤维在腹腔神经节、肠系膜神经节或腹下神经节内更换神经元，而后发出节后纤维，主要终止于壁内神经丛内的胆碱能神经元，抑制其兴奋性；还有少数交感节后纤维可直接支配消化道平滑肌、血管平滑肌和消化道腺体细胞。当交感神经兴奋时，可引起消化道运动减弱、腺体分泌抑制和血流量减少，而消化道括约肌却收缩。

（2）副交感神经：包括迷走神经和盆神经，其节前纤维进入胃肠组织后，主要与肌间神经丛和黏膜下神经丛的神经元形成突触，节后纤维支配腺细胞、上皮细胞、血管和消化道平滑肌细胞。消化道内副交感节后纤维主要为胆碱能纤维，兴奋时释放乙酰胆碱，通过激活其 M 受体，可使消化道收缩，腺体分泌增多，消化道括约肌松弛。

在交感和副交感神经中，除上述传出纤维外，还存在大量传入神经。在支配消化道的近 3 万根交感神经纤维中，约 50% 是传入神经；在迷走神经中至少 80% 是传入性的。消化道各种感受器的传入纤维可将各种信息传到壁内神经丛，除引起肠壁局部反射外，还可以通过交感和副交感神经的传入纤维传向中枢，以调节消化系统的活动。例如，迷走-迷走反射就是一种传入和传出信息分别经迷走神经中传入和传出纤维而完成的胃肠反射活动。

（二）动物消化系统神经调节

各种脊椎动物的植物神经系统（交感和副交感）结构大致相同，但并不完全相同。例如，圆口类脊椎动物没有形成交感神经链，鱼类没有骶部副交感神经，无尾两栖类才出现骶部副交感神经。骶部副交感神经的出现可能与泄殖腔的出现和分化有关。绝大多数脊椎动物交感神经从脊髓腹根发出，但七鳃鳗有一部分纤维从背根发出，此外，鱼类没有椎前神经节。低等脊椎动物的交感神经往往与迷走神经纤维混合为迷走交感神经。到爬行类，这两种成分才分开，但直到哺乳动物还有一些交感纤维混合在迷走神经内。低等脊椎动物消化管壁内有分散的嗜铬细胞的分布，比较高等的动物（如蜥蜴）的消化管壁内还有来自中枢神经系统的肾上腺能神经，但看不到与神经节的联系，更高等的动物才有发达的交感神经节和来自脊髓的明确的神经控制。

基于人与各种动物神经结构的不同，其对消化系统的调节功能存在差异。高级哺乳动物的唾液腺受Ⅶ、Ⅸ、Ⅹ三对脑神经的支配，刺激这些副交感神经时，引起胃肠运动加强，分泌酸性胃液。切除迷走神经后，胃液的分泌减少，而交感神经通常与迷走神经起相反的抑制作用。在鸟类中，刺激迷走神经也引起唾液腺的分泌。

在 20 世纪 70 年代，有科学家认为低等脊椎动物的迷走神经对胃肠道主要起抑制作用，这与高等脊椎动物的相反。这些低等脊椎动物的植物性神经系统也与高等动物的不同，有兴奋和抑制两种作用，以兴奋作用占优势。不过各种鱼的情况不同，例如，用电刺激棘鳍鱼的迷走神经时，引起胃的运动，而在更原始的鱼上，则起抑制作用。交感神经通常对胃肠运动起抑制作用，但在鲛鲼鱼中则起兴奋作用，当刺激板鳃鱼类的迷走神经时可引起食道和胃收缩，但看不到肠的收缩。鲛鲼鱼的迷走神经也只支配食道和胃，而肠则受交感神经支配。交感神经同时也支配胃，因此在鱼类中只有胃受双重神经支配。刺激交感神经引起肠的运动，而且迷走神经和交感神经不是对抗的，刺激这两种神经可以产生加和作用，使胃的运动加强。

在脊椎动物进化过程中，交感神经节后纤维的递质存在由乙酰胆碱改变为去甲肾上腺素的更替过程。例如，爬行类下的脊椎动物，内脏器官（如胃和肺）的肌肉由胆碱能交感神经支配，因此，当刺激交感神经时引起胃肠道的运动，而低等脊椎动物则起非肾上腺能的抑制作用。从两栖类进化到爬行类的过程中，交感神经的胆碱能兴奋作用被神经所取代，交感神经节后纤维逐渐变为哺乳动物起抑制作用的肾上腺能纤维。爬行类和鸟类则处于中间状态，爬行类和鸟类的交感神经纤维中既含有肾上腺能纤维，也含胆碱能纤维。由于系统进化中，支配消化管的交感神经存在由胆碱能纤维改变为肾上腺能的过程，因此，哺乳动物有时也受胆碱能神经的支配。

除此之外，在某些脊椎动物中还发现植物神经除胆碱能节后纤维和肾上腺能节后纤维外，还有非胆碱能非肾上腺能即嘌呤能纤维（purinergic fiber），这些嘌呤能纤维对消化管起抑制作用。在低等脊椎动物中，这种嘌呤能纤维只见于胃，而哺乳动物则扩展到整个消化管，胃和直肠末端受胆碱能节前纤维的控制，而大肠则受壁内嘌呤能纤维的控制，这说明植物性神经控制的多样性。胃肠道上的神经递质，除乙酰胆碱、去甲肾上腺素和 ATP 外，可能还有 5-羟色胺（5-HT）、γ-氨基丁酸（GABA）、多巴胺及内啡肽（enkephalin）、血管活性肠肽（VIP）、P 物质、蛙皮肤素（bombesim）、生长激素释放抑制因子（somatostatin）、神经紧张素（neurotensin）、缓激肽，运动素（motilin）等，情况较为复杂。

二、消化系统的胃肠激素调节

（一）人体胃肠激素的调节作用

人体胃肠激素调节较为复杂多样，本节主要讲述在消化系统活动中起主要作用的激素，包括促胰液素、胆囊收缩素、胃泌素等。

1. 促胰液素

促胰液素是由小肠上段黏膜内的 S 细胞分泌的、由 27 个氨基酸残基组成的直链多肽，它需要完整的分子结构才能表现最强的生物活性作用。胃酸是引起促胰液素释放最强的刺激因素，其次是蛋白质分解产物和脂酸钠，糖类对促胰液素则无刺激作用。

促胰液素主要作用于胰腺小导管上皮细胞，促进胰液的分泌，但主要使其分泌大量的水和碳酸氢盐，而酶的分泌量则不高，碳酸氢盐可迅速中和酸性食糜，同时使进入十二指肠的胃消化酶失活，使肠黏膜免受损害；大量的碳酸氢盐还为胰腺分泌的消化酶提供适合的 pH 环境。此外，促胰液素还可促进肝胆汁分泌，抑制胃酸分泌和胃泌素的释放。

2. 胆囊收缩素

胆囊收缩素是由小肠黏膜 I 型细胞释放的、由 33 个氨基酸残基组成的多肽。能促进胆囊收缩素释放的因素，按强弱顺序依次为蛋白质分解物、脂肪酸、胃酸和脂肪，而糖类则无促进作用。

胆囊收缩素的作用有：促进胰腺腺泡分泌多种消化酶；促进胆囊平滑肌强烈收缩，从而促进胆囊胆汁排出；对胰腺组织具有营养的作用，促进胰腺组织蛋白质和核糖核酸的合成。

促胰液素和胆囊收缩素对胰腺的分泌作用是通过不同的细胞内信号转导机制实现的。促胰液素以 cATP 为第二信使，胆囊收缩素则通过激活磷脂酰肌醇系统，在 Ca^{2+} 介导下起作用。此外，促胰液素和胆囊收缩素共同作用于胰腺时具有协同作用，即一种激素可以加强另一种激素的作用。

3. 胃泌素

胃泌素由胃肠道 G 细胞分泌。G 细胞是典型的开放型细胞，以胃窦部最多，其次是胃底、十二指肠和空肠等处。胃泌素对整个胃肠道几乎均有作用。胃泌素通过其受体，可促进胃肠道的分泌功能，刺激壁细胞分泌盐酸、刺激主细胞分泌胃蛋白酶原；促进胃窦与肠的运动，胃体收缩，同时促进幽门括约肌收缩，整体综合作用使胃排空减慢；促进胃及上部肠道黏膜细胞的分裂，刺激黏膜细胞增殖；刺激胰液、胆汁和肠液分泌。近期研究发现，胃泌素通过其受体作用于小肠上皮细胞调节对 Na^+ 的吸收，以及作用于肾脏小管调节对 Na^+ 的重吸收，调节机体钠水代谢，参与机体血压的调控。

（二）动物胃肠激素的调节作用

1. 各种动物的胃肠激素

对于包括实验大、小鼠在内的哺乳动物，其胃肠道激素主要由多肽组成。最初被了解的激素是促胰泌素，当盐酸进入十二指肠后刺激肠黏膜分泌促胰泌素，其进入血液后，可以引起胰液分泌，在低等脊椎动物中也有类似效应。除促胰泌素外的胃肠道激素还有胃泌素和促胰酶素；胆囊收缩素和促胰酶素实为同一种物质，故称胆囊收缩素-促胰酶素（cck-pz）。

（1）胃泌素有三种分子，大的含 34 个氨基酸，是由胃窦、幽门和十二指肠黏膜的 G 细胞合成分泌的；较小的含 17 个氨基酸；最小的含 14 个氨基酸。胃泌素末端 4 个氨基酸是完全相同的，为色氨酸-甲硫氨酸-天冬氨酸-色氨酸-NH_2，生理和药理作用也相同，但各种动物的胃泌素的氨基酸顺序不完全相同。

（2）促胰泌素含 27 个氨基酸，是十二指肠黏膜的 S 细胞分泌的。胆囊收缩素含 33 个氨基酸，末端 5 个氨基酸为甘氨酸-色氨酸-甲硫氨酸-天冬氨酸-苯丙氨酸-NH_2，与胃泌素的相近，因此也有胃泌素的作用。澳大利亚一种雨蛙（*Hyla caevulea*）的皮肤中含有一种 10 个氨基酸的肽，称雨蛙肽（caerulin），末端 4 个氨基酸也与胃泌素和胆囊收缩素的相同，因而有胃泌素和胆囊收缩素的作用。

（3）小肠内可能还产生肠阻胃素，抑制胃的运动和盐酸的分泌；产生绒毛收缩素，刺激绒毛的运动；产生肠泌素、十二指肠泌素，刺激肠道的分泌活动。近年来，又发现不少对胃肠道具有活性的物质，其中有些物质被认为是神经递质，但也有人认为是激素。值得注意的是，有些胃肠道激素也见于神经系统，如胃泌素、胆囊收缩素、血管活性肠肽等，但在神经系统内的作用尚不清楚。

2. 胃肠激素对不同动物的调节差异

高级哺乳动物唾液腺的分泌只受神经的支配，而胃液的分泌则既受神经支配，也受激素支配。胰腺和肠的活动主要受激素的调节。鸟类迷走神经和胃泌素不仅可引起胃腺的分泌，而且可引起条件反射性胃液分泌。在蛙中，食物对胃的机械性刺激或牵拉均可引起胃液的连续分泌，而视觉和味觉对胃液的分泌无直接影响。有人认为，蛙胃液（盐酸和胃蛋白酶原）的分泌受交感神经的支配而不受副交感神经支配，但后来有人切除交感神经后，用蚯蚓刺激胃时，也引起胃蛋白酶原的分泌。扩张切除神经的胃同样可引起分泌，因此，又有人认为蛙胃液的分泌不受神经调控。

许多两栖类的胃液分泌可能不受神经支配，但受激素的支配，注射猪或牛蛙胃的提取物时引起胃液的分泌。在蛙中，小剂量的胃泌素只引起酸的分泌，大剂量的胃泌素才引起胃蛋白酶的分泌。

真骨鱼类也像其他脊椎动物那样，胃液的分泌是由进入胃的食物引起的。全头类中的银鲛没有胃，但在肠黏膜上也能形成促进胰腺分泌消化酶的物质。此外，银鲛肠黏膜的提取物可以促进胰脏分泌重碳酸盐，可见这些鱼具有促胰泌素。板鳃鱼类胃内的食物能引起酸的分泌，组织胺和乙酰胆碱也有刺激作用，肠黏膜也可分泌促胰泌素。因此，所有脊椎动物都有多肽胃肠道激素，低等脊椎动物存在这类激素的事实说明胃肠道激素在演化中已经有很长的历史。

第六节 消化系统生理动物模型

消化系统的基本生理功能是对食物进行消化和吸收，为机体的新陈代谢提供不可缺少的营养物质、能量、水和电解质。人与动物的消化系统从结构到功能存在着许多相似性及差异性，针对不同动物消化系统的特点，人类展开了更多的科学研究，尤其是对该系统相关的生理动物模型的探索为生命科学研究开启了新的视角。

一、胃部减肥手术模型

减肥手术又称肥胖症手术，是指针对严重肥胖人群，以减肥为目的的一系列医疗治疗手段。肥胖症定义为 BMI 35 以上，或者 BMI 30～35 并患有一项与肥胖相关的严重疾病者。目前胃部减肥手术主要分为袖状胃切除术、胃旁路手术、胃束带引、胃内水球。减肥手术通过改变胃的解剖结构、生理和神经激素的功能导致体重的持续减轻，已成为减肥治疗的前沿领域。

胃肠减肥手术能够改善 2 型糖尿病。采用胃肠减肥手术之后、体重下降之前，机体胰高血糖素分泌显著下降，且胃肠食欲抑制激素 GLP-1 升高，胰岛素抵抗明显改善。从 Pavlov 时代开始，人们就已经意识到大脑可以通过调节各种胃肠激素的释放来调节饮食，进食过程中大脑和胃肠道会产生复杂的神经内分泌网络，其中饥饿素和神经肽 Y 发挥了很重要的作用。当饥饿时或者缓慢进食的过程中，饥饿素和神经肽 Y 的分泌会增加以促进机体摄入。与此相反，神经肽 Y 和瘦素能抑制食欲的产生，且与脂肪组织的生成相关，肥胖个体的神经肽和瘦素水平明显高于正常水平，曾有研究者尝试用瘦素进行减重治疗，结果却并不理想，因为肥胖者会产生不明原因的瘦素抵抗。之后的研究证明，血清瘦素水平只适合用作减重的生理学指标，并不适合作为治疗手段。研究证实，减重手术后，饥饿素、神经肽 Y、瘦素的分泌水平均有所下降，而通过运动或节食减肥则无此种变化，说明减重手术可能也通过影响肠脑内分泌轴，达到减肥的效果。

二、间歇性禁食动物模型

间歇性进食（intermittent fasting，IF）有多种形式，而基本前提都涉及定期进行进食中断。常规形式的间歇性进食包括每周一次或两次禁食 24h，其余时间随意摄入食物，称为定期延长禁食（PF）或间歇性卡路里限制（ICR）。其他 IF 还包括限时喂养（TRF）和隔日禁食（ADF）。目前大多数研究证明 IF 能够促进体重减轻，并可能改善代谢健康。一些动物模型发现，间歇性进食可以减少氧化应激，改善认知，延缓衰老。此外，间歇性进食还具有抗炎、促进自噬的作用，并有益于肠道微生物组的作用。间歇性进食是否是一种可行且可持续的基于人群的促进代谢健康的策略，已经成为一个重要的临床和科学问题。

大、小鼠的胃分为前胃和胃腺，胃容量小、功能较差，且食欲旺盛，是进行间歇性禁食研究的优质动物模型。研究表明，间歇性进食通过改变肠道菌群，有效降低血压和炎症因子水平，提高胰岛素敏感性，抑制多种疾病发生；间歇性进食对机体的影响具有整体性，包括降低肠动力、削弱免疫系统功能、改变营养代谢方式等，长期性的间歇性进食能有效地改善肠道菌群并延长小鼠寿命。间歇性进食能重塑 2 型糖尿病小鼠的 β 细胞，增加胰岛素分泌，致血糖稳定。通过对青壮年大鼠观察研究发现，间歇性进食可以改善代谢情况，并降低肥胖、肥胖相关疾病（如非酒精性脂肪肝病）及慢性病（如糖尿病和癌症）的风险。暴露于间歇性进食模型的动物表现出明显的体重减轻，以及血浆葡萄糖、三酰甘油和胰岛素生长因子-1 水平的降低。然而在重新喂食正常饮食 1 天后，身体组成和代谢变量又能够恢复到基线水平。这些动物试验表明间歇性进食有益于改善代谢健康。

三、巴甫洛夫小胃模型

巴甫洛夫小胃模型是一种人为从实验动物的胃上分离出一个用于实验目的的小袋。第一个分离的小袋由 R. Klemensevich 于 1875 年从胃的幽门部分创建。1879 年，R. Heidenhain 提出了一种由胃的基底部分制成的改良分离袋，以研究腺体的分泌原理。Heidenhain 小袋是一个"死胡同"，有一个导致皮肤伤口的瘘管，通过完全切开的壁（包括切除迷走神经），从胃的大弯曲部分制成。通过创建分离的小袋，可以获得纯胃液，因为摄入的食物不会进入分离的小袋。然而，由于去神经支配，Heidenhain 小袋中的分泌液不能完全反映胃的分泌。

1894 年，巴甫洛夫制定了一种没有这些缺陷的隔离袋的方法。根据巴甫洛夫的方法，纵向切口与神经纤维平行，仅通过一层黏膜将胃与分离的小袋分开，在它们之间留下浆液层和肌肉层的"桥"，并有大量迷走神经和血管的分支通过。巴甫洛夫的方法具有保持分离的小袋的神经支配的优点，从而允许研究胃分泌的神经调节机制。目前，已经通过对巴甫洛夫小袋的各种改良，如海氏小胃等，用于研究胃的消化、食物选择和吸收以及药物的作用。

四、胆石症动物模型

啮齿类动物会发生胆囊缺失。小鼠和大鼠在系统发育上非常接近，解剖特征彼此非常相似，但小鼠有构造良好的胆囊而大鼠完全缺失胆囊。

胆石症是一种临床综合征，全球发病率高达成人人口的 20%。发生胆结石的风险因素包括性别、年龄、地理位置、基因、种族、代谢状况、肥胖、怀孕、饮食和酒精或药物消耗。胆石症可引发急性胆囊炎或胆囊炎症，导致严重的腹痛、黄疸和肠道微生物的继发感染。更危及生命的并发症包括急性胆管炎或胰腺炎。大于 3cm 的石块或装有结石的胆囊也可能增加患胆囊癌的风险。通过使用不同的方法，包括胆囊感染、诱导胆汁淤滞和改良饮食，已经创建了胆石症动物模型以模拟人类病理生理表型。然而，这些模型通常成本高、效益不可靠，具有低的胆结石形成率或显著的肝毒性。此外，它们的胆结石组合物可能与人类不同，使得难以将实验结果外推至临床应用。

大鼠缺乏胆囊的生理结构可用于建立大鼠胆石症模型。包括小鼠和大鼠在内的啮齿动物是廉价且广泛应用的实验动物。大鼠的尺寸比小鼠大 10 倍，这简化了许多研究程序，包括使用临床扫描仪进行无创性影像诊断。但是，与小鼠相比，大鼠本质上缺乏胆囊。基于其独特的胆胰功能，可在大鼠中首先创建一个空心胆管器官作为虚拟胆囊（VGB），然后植入人体胆结石而不损害 22.5ml/d 的正常胆汁流动。通过体内磁共振成像（MRI）、连续血液胆红素测试、大鼠死后微血管造影和组织形态学检查进一步验证该模型。

五、小肠吸收动物模型

吸收是指食物消化后的产物、水和盐类通过肠上皮细胞进入血液及淋巴的过程。关于物质吸收的机制，可分为被动吸收和主动吸收两种。前者包过滤过、扩散、易化扩散等，均为顺着浓度梯度转运；后者则为逆着浓度梯度转运，并需要细胞提供额外的能量。渗透是被动转运的一种类型，肠内容物的渗透压制约着肠上皮的吸收，如果肠内溶质浓度过高（或某些二价离子不易被肠上皮吸收），引起肠内渗透压升高，反而会出现反渗现象，阻碍水分与溶质的吸收。

兔的肠非常长（大肠约 1.6m、小肠约 2.5m、盲肠 0.6m），约为体长的 8 倍，其摆动运动幅度较大。对兔的小肠注入不同浓度物质，可观察小肠的吸收速率，从而了解小肠吸收与渗透压的关系。

六、肠运动动物模型

肠道平滑肌除具有肌肉的共性，如兴奋性、传导性和收缩性之外，还有自己的特性，主要表现为紧张性和自动节律性收缩（其特点是收缩缓慢且不规则），可以形成多种形式的运动及摆动。在整体情况下，消化管平滑肌的运动受到神经和体液的调节。即使动物麻醉后，这些运动依然存在。如果再刺激胃肠道的副交感神经或给胃肠道直接的化学因素刺激，这些运动形式会变得更加明显。

兔、豚鼠、大鼠、小鼠的肠道运动活跃且运动形式典型，是观察肠运动的最佳实验动物，因此可以用来观察肠道的各种形式运动，以及神经和体液因素对胃肠运动的调节。

七、肠道菌群动物模型

人体肠道中有 $10^{13} \sim 10^{14}$ 个细菌，数量是人体细胞的 10 倍，由 1000 多种不同种类以及 3.5 亿个独特的微生物集团组成。正常情况下，肠道菌群与宿主处于共生状态，主要参与生物拮抗（防御感染）、营养吸收与代谢、免疫应答调节等。然而，当肠道微生物受损或失调时，可导致肥胖、炎症性肠病和相关性疾病。近年来，人类把其当作特定的"器官"用于研究人类健康。肠道菌群对人体免疫系统的影响受到越来越多关注，对肠道菌群的研究已经成为全世界研究的热点。

以无菌动物为基础构建人源菌群（human source flora，HFA）动物模型是目前研究人体肠道菌群与宿主之间的作用及相关机制的主要手段。利用 HFA 动物模型，可以在无菌动物中接种人体粪便，模拟人体肠道菌群，在一定程度上能更好地说明人类的饮食、疾病和健康与肠道菌群的关系。研究表明，在无菌小鼠体内接种 6 种健康成年人的粪便悬浮液，部分人体肠道菌群能成功定植到无菌小鼠体内，优势菌群在 HFA 小鼠中占主导地位；将 HFA 小鼠的粪便移植到无菌小鼠中，发现人体肠道菌群也可以在无菌小鼠体内定植，并可以在肠道中繁衍后代。这些研究结果均表明，人体肠道菌群一旦在无菌小鼠体内成功定植，就可以维持很长一段时间。研究发现，将肠道微生物从表现出代谢紊乱综合征的实验室小鼠移植到无菌实验室小鼠中，受体小鼠表现出代谢综合征。无菌饲养条件下小鼠肠道肿瘤的诱发率较低，肠道慢性炎症增加了致瘤性转化风险；Tialsma 等提出了一种微生物参与结直肠癌发展的 driver-passenger 模型，并指出该模型与肿瘤进展的基因模式是一致的；Ahna 等研究发现结直肠癌患者肠道微生物的多样性减少，发酵纤维素的梭状芽孢杆菌减少，促炎的梭杆菌和卟啉单胞菌增多。

八、胰液分泌动物模型

胰液的分泌受神经和体液两种因素的调节，与神经调节相比较，体液调节更为重要。在稀盐酸和蛋白质分解产物及脂肪的刺激作用下，十二指肠黏膜可以产生胰泌素和胆囊收缩素。通过观察犬的唾液、胰液以及胆汁的基础分泌，并且观察对神经和激素刺激后的反射性分泌，可以了解动物的几个消化腺（颌下腺、胰腺、肝脏）的生理分泌，以及神经、激素对其分泌的调控。

啮齿类动物的胰腺分散在十二指肠、胃底及脾门处，色淡红似脂肪组织，分布面积较广。胰腺炎发生时胰酶异常分泌及激活，消化胰腺本身及周围组织。可以利用结扎胰管或使胆汁反流手术，或腹腔注射雨蛙肽或 L-精氨酸，制作急性胰腺炎动物模型，开展胰腺炎发病机制研究和治疗药物研发。

九、唾液分泌动物模型

唾液腺包括腮腺、颌下腺、舌下腺。颌下腺的分泌活动受副交感及交感神经的双重支配，支配颌下腺的副交感神经为面神经的鼓索支；支配颌下腺的交感神经来自颈前神经节的节后纤维。副交感神经兴奋时，引起颌下腺分泌大量黏稠的唾液；交感神经兴奋时，引起颌下腺分泌少量黏稠的唾液。

大鼠头颈部唾液腺和腺样器官较多，其唾液腺分为耳下腺、颌下腺和舌下腺等。常见的与下颌下腺分泌障碍相关的动物模型如干燥综合征动物模型，该模型通过提取动物的颌下腺匀浆或者蛋白提取物，与弗氏完全佐剂混合作为抗体注射，诱导颌下腺出现淋巴细胞浸润，导致唾液异常，出现干燥综合征。

参 考 文 献

陈守良. 2012.动物生理学. 北京: 北京大学出版社: 200-225.

范少光, 杨浩. 2006.人体生理学. 北京: 北京大学医学出版社: 221-260.

周正宇, 薛智谋, 邵义祥. 2012. 实验动物与比较医学. 苏州: 苏州大学出版社: 315-345.

田嶋嘉雄. 1989. 实验动物的生物学特性资料. 中国实验动物人才培训中心翻译教材.

Alonso C, Vicario M, Pigrau M, et al. 2014. Intestinal barrier function and the brain-gut axis. Adv Exp Med Biol, 817: 73-113.

Antoni R, Johnston K L, Collins A L. 2017. Effects of intermittent fasting on glucose and lipid metabolism. Proc Nutr Soc, 75: 361-368.

Beloqui A, Brayden D J, Artursson P, et al. 2017. A human intestinal M-cell-like model for investigating particle, antigen and microorganism translocation. Nat Protoc, 12: 1387-1399.

Braun E J, Sweazea K L. 2008. Glucose regulation in birds. Comp Biochem Physiol B Biochem Mol Biol. 151(1): 1-9.

Chen C, Yin Y, Tu Q, et al. 2018. Glucose and amino acid in enterocyte: absorption, metabolism and maturation. Front Biosci (Landmark Ed). 23: 1721-1739.

Dyer J, Daly K, Salmon K S, et al. 2007. Intestinal glucose sensing and regulation of intestinal glucose absorption. Biochem Soc Trans. 35(Pt 5): 1191-1194.

Jose P A, Yang Z, Zeng C, et al. 2016. The importance of the gastrorenal axis in the control of body sodium homeostasis. Exp Physiol, 101: 465-470.

Lehmann A, Hornby P J. 2016. Intestinal SGLT1 in metabolic health and disease. Am J Physiol Gastrointest Liver Physiol, 310(11): G887-898.

Park C W, Torquati A. 2011. Physiology of weight loss surgery. Surgical Clinics of North America, 91: 1149-1161.

Patterson R E. 2017. Metabolic effects of intermittent fasting. Annu Rev Nutr, 37: 371-393.

Stanirowski P J, Szukiewicz D, Pyzlak M, et al. 2017. Impact of pre-gestational and gestational diabetes mellitus on the expression of glucose transporters GLUT-1, GLUT-4 and GLUT-9 in human term placenta. Endocrine, 55(3): 799-808.

Stockman M C, Thomas D, Burke J.2018. Intermittent fasting: is the wait worth the weight? Curr Obes Rep, 7: 172-185.

Tanoue T, Atarashi K, Honda K. 2016. Development and maintenance of intestinal regulatory T cells. Nat Rev Immunol, 16: 295-309.

Vaz M, Raj T. 2013. Guyton and Hall Textbook of Medical Physiology. NewDelhi: Elsevier India.

Vrhovac I, Balen-Eror D, Klessen D, et al. 2015. Localizations of Na(+)-D-glucose cotransporters SGLT1 and SGLT2 in human kidney and of SGLT1 in human small intestine, liver, lung, and heart. Pflugers Arch, 467(9): 1881-1898.

Wall R, Ross R P, Ryan C A, et al. 2009. Role of gut microbiota in early infant development. Clin Med Pediatr, 3: 45-54.

（杨志伟　刘　星　姜晓亮）

第七章 呼 吸 系 统

第一节 概 述

机体与外界环境之间的气体交换过程，称为呼吸。呼吸是维持新陈代谢和其他功能所必需的基本生理活动之一，补充机体在新陈代谢过程中消耗的 O_2，同时排出新陈代谢过程中生成的多余的 CO_2。呼吸系统（respiratory system）是执行机体与外界进行气体交换的器官总称，对于多数脊椎动物而言，其呼吸系统是由呼吸道（鼻腔、咽、喉、气管、支气管）和肺组成，鱼类和两栖类幼体的主要呼吸器官是鳃，辅助呼吸器官有皮肤等。

鳃裂是指咽部两侧一系列成对的裂缝，直接或间接与外界相通。低等脊椎动物及鱼类的鳃裂终生存在，其他脊椎动物仅在胚胎期有鳃裂。人和哺乳动物鳃裂退化形成肺，部分个体鳃裂未完全退化的组织发育成先天性疾病鳃裂囊肿。两栖类的肺构造简单，仅仅是一对中空半透明和富有弹性的薄壁囊状结构，气体交换面积有限，氧气的供应在很大程度上还得依靠皮肤呼吸，如蛙的肺表面积与皮肤表面积之比为 2∶3，将蛙的全身用蜡封上，仅留鼻孔通气，蛙将窒息而死。爬行类与两栖类的肺虽同属囊状肺，但爬行类的肺内有复杂的间隔，使之分隔成无数蜂窝状的小室，并分布着极其丰富的微血管，从而使爬行动物更有效地扩大了气体交换的表面积。鸟类的肺结构十分致密，是一种没有弹性的海绵状结构，与 9 个薄膜状的气囊相通，气囊内储存大量空气，鸟类在吸气时，空气先到达肺，其中的部分气体未进行交换即直接入气囊，呼气时，气囊中的这些未交换气体被压出，再次经过肺部进行气体交换，因而鸟类的呼吸为双重呼吸。本章将对比介绍人类、哺乳类、鸟类、爬行类、两栖类、鱼类等呼吸系统的结构与功能。

第二节 呼吸系统的组成

人的呼吸系统由呼吸道和肺构成。其中，呼吸道是气体进入肺的通道，包括鼻、咽、喉、气管和支气管，并以喉环状软骨下缘为界，分为上呼吸道（包括鼻、咽和喉）及下呼吸道（气管和各级支气管）。肺由肺实质和肺间质两部分构成，前者由支气管树和肺泡组成，后者包括血管、淋巴管、淋巴结、神经和结缔组织等。

一、上呼吸道

上呼吸道是人呼吸的第一道门户，由鼻、咽、喉三部分组成。

（一）鼻

人的鼻由外鼻、鼻腔及鼻窦三部分结构构成。鼻部呼吸依赖于鼻腔适当的阻力，由于阻力的存在，进入鼻腔的气体分为层流和湍流，层流有助于空气与黏膜大面积接触从而起到加温、加湿作用，湍流有助于空气中的尘埃降落。

1. 外鼻

面部的一部分，突出于颜面中央。

2. 鼻腔

由骨和软骨作为支架围成的一个不规则狭长腔隙，由鼻前庭和固有鼻腔组成。鼻前庭位于鼻腔最前部，分布有粗短的鼻毛和皮脂腺，防御异物及大颗粒进入呼吸道。固有鼻腔分为内侧、外侧、顶部、底部共四个壁，外侧壁自下而上有三个呈阶梯状排列的下、中、上鼻甲。三个鼻甲上曲折的黏膜使鼻腔的表面积明显增加，吸入的空气与鼻黏膜充分接触，迅速将气体加温、加湿。中鼻甲下缘以下部分黏膜为假复层柱状纤毛上皮，黏膜中含有丰富的分泌黏液的细胞和腺体，使黏膜表面覆盖一层黏液毯，随纤毛不断运动，将小颗粒送入咽部或吐出，还可经反射性喷嚏排出。

3. 鼻窦

鼻窦为围绕鼻腔、藏于某些面颅骨和脑颅骨内的含气骨腔，分为上颌窦、筛窦、额窦及蝶窦。

（二）咽

咽为呼吸和消化系统的交叉部位，是空气和食物的共同通道，上界为颅底，下界平第六颈椎下缘，于环状软骨处和食管相连。咽分为鼻咽、口咽和喉咽部。鼻咽部范围由颅底至软腭游离缘，口咽为软腭游离缘至会厌水平，喉咽部起自会厌上缘达环状软骨下缘。咽部黏膜对进入人体的空气同样可起到加温、加湿的作用。

（三）喉

喉是呼吸道的一部分，有呼吸、发声、保护和吞咽的重要功能，位于颈前正中，上通喉咽，下接气管。喉是由软骨、肌肉、韧带、纤维组织、黏膜等组成的漏斗状腔性器官。喉软骨中环状软骨对于保持呼吸道通畅有着重要意义。喉腔以声带为界，包括声门上区、声门区、声门下区。声门裂为两侧声襞之间的裂隙，是喉腔最狭窄的地方，喉神经通过支配声带的运动调节声门裂的大小。

二、下呼吸道

下呼吸道由气管和支气管组成，是由多个软骨环构成的长圆筒状器官，生理状态下处于开张状态，以利于气体流通。

气管位于食管前颈部正中，上端起自环状软骨下缘，向下至胸骨角平面分为左、右主支气管。左主支气管较细长，与气管中线的延长线形成35°～36°的角，斜行，通常有7～8个软骨环。右主支气管粗短，与气管中线延长线之间的夹角为22°～25°，走向较陡直，通常有3～4个软骨环（图7-1）。气管及支气管形状如一棵倒置的树，以气管为0级，主支气管为1级，逐级向下分支，分别为叶、段、亚段、细支气管、终末细支气管、呼吸性细支气管、肺泡管，至肺泡囊时为23级，每个肺泡囊由大约17个肺泡组成（图7-2）。气管的不断分支，使呼吸道数目越来越多，口径越来越小，总横断面积越来越大。

气管总长约12cm，直径为1.8～2.0cm，管壁由前侧的U形软骨和背侧的平滑肌及结缔组织组成。第1～10级支气管也有软骨支撑，称为软骨性气道。随着气管树分叉越来越深，第11～16级软骨片越来越小，直至消失，称为膜性软骨。软骨的消失意味着细支气管的开始，平滑肌排列由以横行肌纤维为主变为呈纵行排列。17～19级的膜性气道开始具有气体交换的功能，称为呼吸性细支气管。20～22级为肺泡管，与肺泡相通。各级平滑肌接受交感神经及副交感神经的支配，交感神经兴奋时，平滑肌舒张、气管变粗；副交感神经兴奋时，平滑肌收缩、气管变细变短。

呼吸道管壁由黏膜、黏膜下层与外膜构成。黏膜为具有纤毛的上皮细胞组成的假复层柱状纤毛上皮，上皮细胞之间散在可分泌黏液的杯状细胞，黏膜下层有分泌黏液与浆液的腺体，当人体吸入一些粉尘颗粒后，纤毛通过规则的协同摆动将异物颗粒和黏液以咳嗽的方式排出体外。

哺乳类动物的呼吸系统与人类相似，由呼吸道和肺构成。其中哺乳类动物的下呼吸道结构与人类相比有部分差异。例如，大鼠有24个软骨环、犬有40～45个软骨环、兔有48～50个软骨环。此外，小鼠

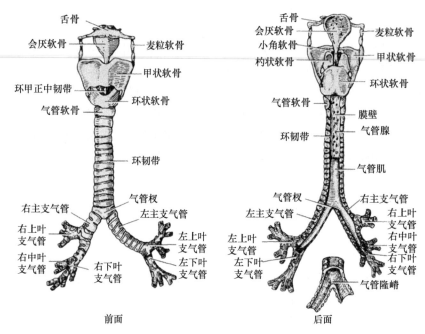

图 7-1　人气管结构（柏树令和应大君，2010）

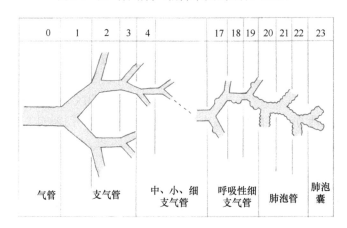

图 7-2　人呼吸道分级（王玢和左明雪，2001）

肺动脉中无平滑肌结构，而人与其他哺乳动物肺动脉中有平滑肌；大鼠与小鼠类似，只是在所有啮齿动物中大鼠具有最薄的肺动脉和最厚的肺静脉，支气管走向各有规律，其余大体结构与人相似。

三、肺

肺位于胸腔内，膈的上方、纵隔两侧，由肺实质和肺间质构成。正常人的肺呈粉红色，质地柔软，富有弹性，分为左、右两肺，在两肺内侧、心脏的背侧，有支气管、肺动脉及静脉和神经出入肺的地方称为肺门。肺以叶间裂分叶，右边两叶、左边三叶（图 7-3）。人类和小鼠与兔肺解剖结构比较见表 7-1。

哺乳类动物的肺也呈粉红色，质地柔软，富有弹性，分为左肺和右肺，但哺乳动物的肺脏分叶各有不同，图 7-4 是几种常见哺乳类实验动物肺脏的分叶情况。

由于飞行需要充足氧气的缘故，鸟类进化出一种高效的呼吸系统，该系统分为三个不同的部分，即前气囊（分别位于锁骨、颈、胸前部）、肺及后气囊（分别位于腹部和胸后部）。前气囊和后气囊加起来通常是 9 个，其中只有锁骨气囊是单个出现，其他的气囊都是成对出现的。有些鸟类如雀形目，气囊的数量是 7 个，是因其胸前气囊和锁骨气囊是相通的，甚至是融合到了一块。两栖类动物的幼体主要通过鳃呼吸。这些鳃的表面多是肉质的；呈羽毛状，且有良好的血液供应，便于从水中获取氧气。成体用肺和皮肤呼吸，具有一对囊状的肺，结构简单，肺内仅少数褶皱，呼吸面积小。肺缺少毛细血管，皮肤

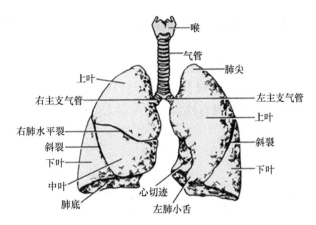

图 7-3 人肺的结构（柏树令和应大君，2010）

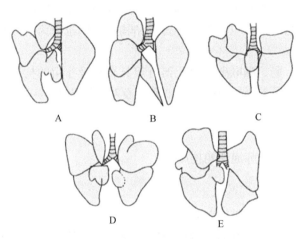

图 7-4 常见哺乳类实验动物肺结构（秦川，2010）

A. 大鼠；B. 小鼠；C. 兔；D. 豚鼠；E. 犬

表 7-1 人类、小鼠与兔肺解剖结构比较（Fox et al.，2006；Kamaruzaman et al.，2013）

结构及参数	小鼠	兔	人类
肺叶数量	5 叶 右边 4 叶，左边 1 叶	6 叶 右边 2 叶，左边 4 叶	5 叶 右边 3 叶，左边 2 叶
肺实质/肺总体积	18%	—	12%
肺泡直径	39～80μm	—	200～400μm
血气屏障厚度	0.32μm	—	0.62μm
气管	软骨形成不完整，仅上气道有完整的软骨环	软骨为 C 形软骨环，即半环状软骨	完整的气管软骨环
气道级数	13～17 级	32 级	17～24 级
主气管直径	1mm	5.34mm	10～15mm
气道分支模式	单轴分支	双分支	双分支
细支气管直径	0.01～0.05mm	0.17～0.22mm	<1mm
终末支气管直径	0.01mm	0.17mm	0.6mm
黏液产生细胞	黏膜下腺（只存在于主气管上段两侧）和杯状细胞	只有杯状细胞	黏膜下腺和杯状细胞

"—"表示查无数据。

用毛细血管呼吸；无胸廓，采用口咽式呼吸。皮肤为辅助的呼吸器官，对蛰眠的蛙蟾类和鲵螈类来说，皮肤成为代替肺的呼吸器官。

鱼类的主要呼吸器官是鳃，有些鱼类具有辅助呼吸器官。

1. 鳃

鳃由咽部后段两侧发生，胚胎时期形成鳃裂，前、后鳃裂以鳃间隔分开，鳃间隔基部有鳃弓支持，鳃间隔两侧发生鳃片。软骨鱼类的鳃间隔明显，硬骨鱼类的鳃间隔退化。鳃裂开裂于咽部的一侧为内鳃裂，开裂于体外的一侧为外鳃裂。

鱼类鳃弓上的每一鳃片，称为半鳃，每一鳃弓前后的两个半鳃合为一个全鳃，一般鱼类都有四对全鳃。一般鱼类鳃弓的内缘着生鳃耙。鳃耙是取食器官，与呼吸作用无关，但可保护鳃片。硬骨鱼类具有鳃盖，覆盖于鳃腔外面，圆口类及板鳃类没有鳃盖。鳃片由无数鳃丝排列而成，每一鳃丝两侧为鳃小片，是气体交换的场所。

2. 鳔

大多数硬骨鱼类的腹部上部、消化管与脊椎之间有一大而中空的囊状器官，即为鳔，鳔内充满着 O_2、CO_2 及 N_2 等气体。鱼类鳔的形状多种多样，多数鱼类只含有一个鳔，不少种类可分两个室，也有三室的，少数低等硬骨鱼类的鳔分左、右两叶。

肺鱼类鳔的构造和作用与陆生脊椎动物的肺相似，已成为真正的呼吸器官，它可直接呼吸空气。另外，多鳍鱼类、雀鳝和弓鳍鱼等的鳔也有类似肺鱼的结构，内壁也分为许多小气室，可直接利用空气进行呼吸。

此外，少数鱼类的皮肤、肠、咽喉壁、鳃上器官等具有呼吸作用的构造，称之为辅助呼吸器官，其中鳃上器官是辅助呼吸器官中最重要的一种，见于攀鲈及斗鱼等鱼类。

（一）肺实质

肺实质由各级支气管及其终端肺泡结构构成。

1. 各级支气管

气管下行分左、右主支气管，又称一级支气管；主支气管分为次级支气管进入肺叶，即肺叶支气管，又称二级支气管；肺叶支气管进入肺叶后，继续分为再次级支气管，即肺段支气管，又称三级支气管；各级支气管在肺内分支形成树枝状，称为支气管树。

2. 肺泡

呼吸道的终末部位为肺泡，肺泡由一单层细胞构成，Ⅰ型肺泡上皮细胞主要为扁平型，覆盖肺泡高达 95% 的表面积，但细胞数量仅占Ⅱ型肺泡上皮细胞的一半。Ⅰ型肺泡上皮细胞之间为紧密连接，不仅防止肺泡间质的液体和蛋白质渗入肺泡腔，同时也防止肺泡腔中的液体漏入间质内。Ⅱ型肺泡上皮细胞呈立方形，占细胞的绝大多数，仅占肺泡表面积的小部分，可合成、分泌表面活性物质，又称为分泌细胞。Ⅲ型肺泡上皮细胞呈立方形，细胞数量少，有短小的微绒毛，可能为一种感受器细胞。

气体在肺泡和肺毛细血管之间进行交换所通过的组织结构称为呼吸膜，由 6 层结构组成，包括含有肺表面活性物质的液体层、肺泡上皮细胞层、上皮基底膜层、间质层、毛细血管基底膜层和毛细血管上皮细胞层。呼吸膜的平均厚度小于 1μm，总面积约 70m²，有效地支撑了人体换气。

鸟类的肺部结构和哺乳类动物的完全不同（图 7-5）：鸟类肺部并没有如哺乳动物肺部中的肺泡，只有呼吸性细支气管，故三级支气管（又叫旁支气管）承担交换气体的功能。与哺乳类动物死迷宫般的肺泡结构不同，三级支气管两端分别与次级支气管及背支气管相连，呈蜂窝管道状。三级支气管会辐射出许多肺毛细管，管壁上布满毛细血管，连同与之相连的一个三级支气管所构成的六面棱柱体称为肺小叶，气体交换即发生在此。除此之外，鸟类的横膈膜较哺乳动物不发达。

爬行类动物用肺呼吸，肺呈海绵状，且有气管和支气管，可进行咽式呼吸和胸式呼吸。另外，次生性水生种类在咽和泄殖腔壁上都有丰富的毛细血管，可进行辅助呼吸。

（二）肺间质

相邻肺泡之间为肺泡隔，肺泡隔毛细血管间的结缔组织称为肺间质，包含胶原纤维、弹性纤维、网

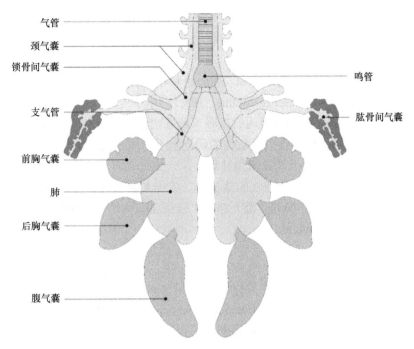

图 7-5　鸟类呼吸系统结构图（丁汉波，1983）

状纤维、成纤维细胞、巨噬细胞、肥大细胞、浆细胞等。

第三节　呼吸系统的生理功能

　　人的呼吸由外呼吸（external respiration）、气体在血液中的运输和内呼吸（internal respiration）三个过程组成。外呼吸是指肺毛细血管血液与外环境之间的气体交换过程，包括肺通气（pulmonary ventilation）和肺换气（gas exchange in lungs）两个过程。气体在血液中的运输是衔接外呼吸和内呼吸的中间环节，即循环血液将 O_2 从肺运输到组织以及将 CO_2 从组织运输到肺的过程。内呼吸也称组织换气（gas exchange in tissue），是组织毛细血管血液与组织、细胞之间的气体交换过程。

一、人的外呼吸功能

　　人的外呼吸主要包括肺通气和肺的气体交换。

（一）肺通气

　　肺通气是气体流动进出肺的一个过程，是推动气体流动的动力和阻止气体流动的阻力相互作用的结果，是整个呼吸过程的基础。肺泡内的气体压力称为肺内压（alveolar pressure 或 intrapulmonary pressure），肺内压与外界大气之间的压力差是实现肺通气的直接动力（direct force）。肺内压在呼吸过程中的变化取决于呼吸运动（respiratory movement），即呼吸肌的收缩和舒张所引起的胸廓节律性扩张和缩小。因此，呼吸运动是实现肺通气的原动力（primary force）。根据气体运动规律，气体由高压处流向低压处。在吸气之初，肺容积随肺扩张而加大，肺内压暂时下降，低于大气压，使外界气体进入肺内。到吸气末期，进入肺的空气已充填了扩大的肺容积，于是肺泡内压力又恢复到与大气压相等。呼气之初，肺内压随肺容积减小而升高，超过大气压，因而使肺内气体排出体外，在呼气末期，肺内压又回降到与大气压相等。

　　肺通气过程中，呼吸肌的收缩活动、肺和胸廓的弹性特征、气道阻力（气道内异物、气管和支气管等黏膜腺体分泌过多）等多种因素都会影响肺通气功能。因此，通常采用肺容积（pulmonary volume）和肺容量（pulmonary capacity）、肺通气量（pulmonary ventilation）和肺泡通气量（alveolar ventilation）、最大呼气流速-容积（maximum expiratory flow volume，MEFV）曲线、气道反应性测定和呼吸功（work of

图中标注：
气管
颈气囊
锁骨间气囊
支气管
前胸气囊
肺
后胸气囊
腹气囊
鸣管
肱骨间气囊

breathing）指标来评价肺通气功能。

1. 肺容积

不同状态下肺所能容纳的气体量称为肺容积，其会随着呼吸运动而变化。肺容积又分为潮气量（tidal volume，TV）、补吸气量（inspiratory reserve volume，IRV）、补呼气量（expiratory reserve volume，ERV）和余气量（residual volume，RV）。平静呼吸时每次吸入或呼出的气体量称为潮气量。潮气量的大小取决于呼吸肌收缩的强度、胸和肺的机械特性以及机体的代谢水平。成年人的潮气量为 400～500ml。在平静吸气后再做最大吸气工作所能增加的吸气量叫做补吸气量，反之，再尽力呼出所能呼出的气体量称为补呼气量。补吸气量和补呼气量反映吸气和呼气的储备量。成年人补吸气量为 1500～1800ml，补呼气量成年男性约为 3500ml、成年女性约为 2500ml。最大呼气末残留在肺内的气量叫做余气量，平静状态下成年男性约为 1500ml，成年女性约为 1000ml。

2. 肺容量

肺容积中两项或两项以上的联合气体量称为肺容量（pulmonary capacity），其又包括深吸气量（inspiration capacity，IC）、功能余气量（functional residual capacity，FRC）、肺活量（vital capacity，VC）和肺总量（total lung capacity，TLC）。深吸气量是潮气量和补吸气量之和，即从平静呼气末做最大吸气时所能吸入的气体量。深吸气量是衡量最大通气潜力的指标之一。功能余气量是平静呼气末尚存留于肺内的气体量，对呼吸过程中肺泡氧分压（PO_2）和二氧化碳分压（PCO_2）的变化幅度起一定的缓冲作用，从而有利于肺换气。尽力吸气后，从肺内所能呼出的最大气体量称为肺活量，是潮气量、补吸气量与补呼气量之和。

哺乳类动物与人的肺活量具有较大的个体差异性，因为肺活量与个体的体型大小、性别、年龄、体位、呼吸肌强弱等多种因素密切相关。例如，成年男性的肺活量平均约为 3500ml，女性约 2500ml。哺乳类动物的肺容量随种类不同亦有很大的差别，通常肺容量会随体重及氧的摄取量而增加。鸟类的肺容量只是同等大小哺乳动物的一半稍多，但是鸟类因具有较长的颈，故气管容量比哺乳类动物的大。此外，因为鸟类还具有比肺大几倍的气囊，因此鸟类呼吸系统的空气总容量约为哺乳类动物的 3 倍（表 7-2）。肺容量会随着运动强度的大小不同而改变。例如，鸟类中的鸽子，其在飞翔时，虽然潮气量变化不大（这与人在运动时的状态不同），但是通气量却是安静状态时的 20 倍。鸽子的通气量与其翅膀的运动完全同步，当翅最大限度地向下垂时，呼出的气流最大。

表 7-2　哺乳类与鸟类的呼吸系统容量比较（李永材和黄溢明，1984）

名称	肺容量/ml	气管容量/ml	气囊容量/ml	总容量/ml	呼吸频率/（次/min）	潮气量/ml
哺乳类	53.5	0.9	—	54.4	53.5	7.7
鸟类	29.6*	3.7	127.5	160.8	17.2	13.3

*表示鸟肺的总容积。

3. 肺通气量

肺通气量是指单位时间内吸入或呼出的气体量。肺通气是肺的动态气量，既有静态的肺容量因素，又有时间因素，故其能比肺容量更好地反映肺的通气功能。成人每分钟呼吸 12～18 次。平静状态下，成人每分钟通气量为 6～9L。肺通气功能会因性别、年龄、体型、体力劳动或运动的轻重幅度、身体情况的不同而有所差异。一般情况下，哺乳类动物个体越大，潮气量及通气量会越大，但每小时单位体重耗氧量比较接近，具体详见表 7-3。

（二）肺的气体交换

肺通气的目的在于肺换气，而肺换气是在肺泡与血液之间，以及血液与组织之间 O_2 和 CO_2 的交换。

表 7-3　人与其他哺乳类动物呼吸参数比较（李永材和黄溢明，1984）

名称	潮气量/ml	通气量/（L/min）	耗氧量/［ml/（g·h）］	肺泡面积/m²	肺比面积/（m²/kg）
人	400～500	6～9		70	
猴	21.0 (9.8～29.0)	0.86 (0.31～1.41)	0.79		
犬	320 (251～432)	5.21 (3.30～7.40)	0.38～0.65	6.80	2.30
兔	21.0	1.07		5.21	2.50
猪	19.30～24.60	0.80～1.14	0.47～0.85		
小鼠	0.15 (0.09～0.23)	0.024 (0.011～0.036)	1.63～2.17	0.12	5.40
大鼠	0.86 (0.60～1.25)	0.073 (0.05～0.101)	0.69 (0.68～1.10)	0.56	3.30
山羊	310	5.7			

肺泡中的氧气必须穿过肺泡毛细血管膜（表面液体层、肺泡上皮、间隙腔、肺泡毛细血管内皮）进入肺毛细血管，由血液运输到组织，再离开组织中的毛细血管，穿过细胞膜，进入细胞。CO_2 则通过相反的过程由细胞到达肺泡。两种气体交换都是通过物理扩散方式实现。因此，气体分压差、扩散面积、扩散距离、温度和扩散系数等因素均可影响肺换气功能。

呼出气中 PO_2 为 16kPa（120.0mmHg），PCO_2 为 4.3 kPa（32.0mmHg）；肺泡气中氧分压为 14kPa（105.0mmHg），PCO_2 为 3.5kPa（40.0mmHg）。由此可知，细胞、组织间液与毛细血管血液之间之所以能够顺利进行气体交换是通过呼出气/呼入气的 PO_2/ PCO_2 与毛细血管血液的 PO_2/ PCO_2 差来实现的。人类的组织、血液和肺泡中气体的分压见表7-4。值得注意的是，呼出气的成分与肺泡气的成分是不同的。因为人体在吸气时大约有 150 ml 的气体是停留在无效腔中，不进入肺泡，不参加与血液的气体交换，在下一次呼出时与肺泡气混合，从而只引起 PO_2 和 PCO_2 的小范围变化，以维持肺泡气中 O_2 和 CO_2 的分压稳定。

表 7-4　安静时人类呼吸气体的总压力和各种气体的分压（Reece，2014；Comroe，1975）

（在海平面，单位：mmHg）

气体	静脉血	肺泡	动脉血	组织
O_2	40	99	100	30 或更低
CO_2	45	40	40	50 或更高
N_2	569	574	569	569
水蒸气	47	47	47	47
总量	701	760	756	696

人类肺的气体交换不仅和肺泡气与肺毛细血管血液气压差相关，还和气体扩散速率、气体溶解度、扩散面积等相关。体温状态下，在压力差相等时，CO_2 的扩散速率是 O_2 的 20 倍左右，由此可保证在肺泡气与肺动脉血之间，二氧化碳分压差虽然只是氧分压差的 1/10，但仍能以不低于氧的交换速率进行气体交换。气体扩散速率与扩散面积成正比。正常成年人的两肺约有 3 亿个肺泡，总扩散面积约 70m²，肺组织的表面积为 300cm²。通常肺表面积及肺容量会随体重及氧的摄取量而增加。然而，哺乳动物单位体重耗氧量随动物体重的增加而有规律地减少。哺乳类的肺也是由许多相互联系的肺泡组成，从而大大地增加了气体交换的表面积。气体交换表面积增加主要是为了适应温血动物的高代谢率对氧的更大需要量。哺乳类动物的呼吸表面积随种类不同亦有很大的差别，通常表面积会随体重及氧的摄取量而增加。例如，小的哺乳动物单位体重所吸收的氧较大的哺乳动物高。

呼吸频率（respiratory frequency）是指每分钟呼吸周期的次数或每分钟呼吸的次数。呼吸频率的变化可指示机体的健康状况。不同种属哺乳类动物的呼吸频率受体型、年龄、运动、兴奋状态、环境温度、怀孕、消化道的食物充盈度、健康状态等影响而不同（表 7-5）。一般来说，动物个体越小，呼吸频率越快，潮气量越小。动物怀孕或消化道的食物充盈度增加时，由于在吸气时限制了膈肌的兴奋，可导致呼吸频率增加。当肺扩张被限制时，机体通过增加呼吸频率来维持充足的通气。例如，当牛躺卧时，巨大的瘤胃挤压膈肌并限制其运动，进而导致呼吸频率增加。当环境温度升高时，哺乳动物可通过增加呼吸频率来进行体温调节，但不会超过窒息所致的呼吸频率。当哺乳动物患病时，呼吸频率通常会增加，很少会导致呼吸频率下降，因此呼吸频率是动物健康状况有意义的指标之一。

表7-5　人与其他哺乳类动物的呼吸频率和耗气量比较（Reece，2014；李永材和黄溢明，1984）

物种	条件	呼吸频率范围/（次/分）	呼吸频率平均值/（次/分）	耗气量/（mm^3/g）
人	静息	12-18		
马	站立（安静）	10～14	12	
猪	躺卧（安静）（体重23～27kg）	32～58	40	220
犬	睡眠	18～25	21	580
	站立（安静）	20～34	24	
猫	睡眠	16～25	22	710
	清醒、躺卧	20～40	31	
山羊	站立	14～22	18	220
绵羊	站立（安静）	20～34	25	220
大鼠	静息	66～114	85.5	2000
猕猴	静息	39～60	40	
小鼠	雌，静息	84～230	163	1530
	雄，静息	118～139	128.6	
兔	雄，静息	26.2～47.4		640～850
	雌，静息	20～33.2		
牛		10～22	20	184

　　鸟类吸气时，吸入的空气大部分进入后气囊，也有一部分吸入的新鲜空气进入背支气管，虽然气囊也有扩张，但是不接受刚从外界吸入的空气，而是接受来自肺的空气。呼气时，后气囊的空气进入肺。在下一次吸气时，肺内的空气进入前气囊，第二次呼气时，前气囊的气体才直接呼出。因此鸟类要经过两次呼吸周期才能把一次性吸入的气体从呼吸系统排出。鸟类无论吸气和呼气，都有后气囊的气体通过肺而到前气囊，这种单方向的流动对于在高海拔地区生活的动物特别重要，其肺中单方向的气流与血液间的逆流交换可以更有效地吸取氧气。哺乳类动物的肺泡只能在 O_2 浓度较高时才能有效地吸收 O_2，而鸟类肺中单方向的气流与血液间的逆流交换可以更有效地吸取 O_2。

　　爬行类动物大多是陆生的，进行肺呼吸，但也有水生的。爬行类的肺内表面比两栖类的大，外有肋骨形成的胸廓包围。肺的通道比较复杂，有一条明显的气管。在大多数爬行类，气管又分出两条支气管。爬行类的呼吸机制是：吸气时，鼻孔及声门开放，肋骨架扩张，使胸腹内压和肺内压低于大气压，空气进入肺；肺充气之后，声门关闭，接着是一段短时间的呼吸暂停，然后肌肉舒张，肺因弹性而回缩，气体被动地排出。爬行类动物没有哺乳类那样的横膈膜，其肺充气主要依靠吸泵而不像鱼类和两栖类那样依靠口腔的压泵。爬行类动物肺充气的动力来自肋骨和体壁肌肉引起的胸廓扩大，使肺内压低于大气压，空气即进入肺。爬行类动物肺的通气随环境变化而不同。

　　两栖类所用的呼吸表面有皮肤及皮肤的衍生物，以及口腔和肺。两栖类除肺和咽部的呼吸作用外，皮肤也是一个重要的呼吸器官。无肺两栖类口咽部的毛细血管很多，占呼吸毛细血管总面积的 5%～10%。例如，水栖的蝾螈可用肺和皮肤呼吸，而皮肤占呼吸毛细血管的 75%。蛙类的肺呼吸有明显的季节性差异。冬季，氧的吸收量低，通过皮肤吸收的氧比通过肺吸收的多；在夏季，耗氧量增大，通过肺吸收的氧比通过皮肤吸收的多一倍以上。一年四季，通过皮肤吸收的氧量比较恒定，这与大气中氧浓度的恒定是一致的。总的来说，两栖类的皮肤是 CO_2 交换的主要途径。在无尾两栖类中，肺是取得 O_2 的主要途径，而有尾两栖类皮肤既是 O_2 也是 CO_2 交换的主要途径。大体上，越是在空气中生活的两栖类，对肺的依赖性也越大。

不同种类的鱼呼吸器官不同。大多数鱼类是靠鳃呼吸的，但有一些鱼可以利用肺或鳔作为辅助的呼吸器官来呼吸空气。例如，肺鱼呼吸空气的器官是肺，它是由咽部腹侧发生的囊状结构，有丰富的血管。有许多真骨鱼用鳔呼吸，一般认为鳔与肺是同源结构。有一部分鱼如缦鲡可利用皮肤呼吸，其表皮下有丰富的毛细血管，便于气体交换。乌鱼、斗鱼、黄鳝等可利用咽部的上皮或鳃上器官进行呼吸。有些鱼如泥鳅、花鳅、条鳅等可用肠呼吸。当水中含氧量充足时，这些鱼用鳃呼吸；当水中含氧量低或 CO_2 含量增加时，则上升到水面吞入空气，通过肠壁吸收氧，剩余的气体自肛门排出。

二、气体在血液中的运输

（一）氧在血液中的运输

氧以两种形式存在于血液中，一是溶解在血液的血浆中，二是与血红蛋白（hemoglobin，Hb）分子结合。1L 动脉血约含 200ml 氧，其中血浆只溶解 3ml 氧，剩余的 197ml 氧均与红细胞中的血红蛋白结合。血红蛋白是由一个珠蛋白（globin）分子结合四个血红素（heme）构成的，相对分子质量为 64 500。每个血红素中心有一个亚铁离子，每个亚铁离子能携带一个氧分子。血红蛋白与氧结合的速度很快，并且是可逆的。与氧结合的血红蛋白叫做氧合血红蛋白（oxyhemoglobin），一般用 HbO_2 表示。正常人每 100ml 血液中约含 15.0g 血红蛋白，每克血红蛋白可结合 1.34～1.36ml 氧。血红蛋白是动物体内呼吸色素之一，几乎分布于全部脊椎动物。当血液中的血红蛋白全部转变为氧合血红蛋白时，叫做完全饱和；没有全部转变为氧合血红蛋白，则叫做部分饱和。血液中 O_2 与血红蛋白氧饱和度关系的曲线被称为氧解离曲线（oxygen dissociation curve），也称为氧合血红蛋白解离曲线（oxyhemoglobin dissociation curve）。血液的氧分压、血液中的氢离子浓度（酸度）、温度等对血红蛋白的饱和度均有影响。在任何条件下，氧与血红蛋白的结合及解离总在不断发生。人和哺乳类动物的氧释放分数为 1/4，而禽类动物正常的血液氧释放分数约为 1/2。

O_2 通过动物组织比通过纯水更快地扩散。气体总是从高分压区域扩散到低分压区域，并以与分压差成比例的速率扩散。动物中的气体运输通常是通过交替的对流和扩散发生。人体和哺乳动物的呼吸主要经过以下四个步骤：吸入运动将空气运输到肺深处，通过气体填充的肺泡末端囊（包括肺泡）扩散，然后通过肺泡上皮和肺毛细血管，进入红细胞（red blood cell，RBC），最后 O_2 与血红蛋白结合。具体表现为：第一步是通过对流将 O_2 从环境空气输送到肺中的肺泡末端囊中。正常情况下，氧分压从环境空气中约为 0.2atm 下降到肺泡气体中 PO_2 约 0.13atm。第二步是转运的 O_2 通过扩散的方式穿过肺泡囊，通过上皮细胞将血液中的 O_2 与肺泡气进行交换，该过程的扩散速率取决于肺泡气体和血液之间的 PO_2 的差异。在健康的肺部，大约需要 0.007atm 大气压差才能促使 O_2 以所需的速率扩散。吸烟或疾病导致肺部损伤时，往往需要较大的分压差，这也可能意味着血液分压低于正常水平。第三步是动脉血和全身血液中血液之间的 O_2 交换。动脉血的 PO_2 约为 0.12atm，毛细血管中的 PO_2 平均约为 0.09atm。毛细血管的平均分压是由动脉血流量将 O_2 带入毛细血管的速率动态决定的。最后一步是 O_2 运输的"收益"，即将 O_2 通过扩散从全身毛细血管的血液转运到周围细胞的线粒体，其速率取决于全身毛细血管和线粒体本身之间的血液中的 PO_2 的差异。线粒体中 O_2 部分压力低于毛细血管血液的原因是线粒体通过化学消耗 O_2，将其转化为水，不断降低其附近的分压。在正常氧化分解代谢情况下，线粒体分压不能低于约 0.001atm。因此，毛细血管 PO_2 必须保持高于 0.001atm，并以等于线粒体 O_2 消耗的速率进行扩散。综上所述，随着 O_2 的级联，PO_2 逐级降低，因此细胞表面的分压必须保持足够高才能使 O_2 以足够的速率扩散到线粒体（图 7-6）。

（二）二氧化碳在血液中的运输

血液流经组织毛细血管时，氧合血红蛋白释放氧供给组织，CO_2 则从细胞中扩散出来，经过组织间液，进入血浆。血液中物理溶解的 CO_2 约占 CO_2 总输入量的 5%，化学结合的占 95%。其中化

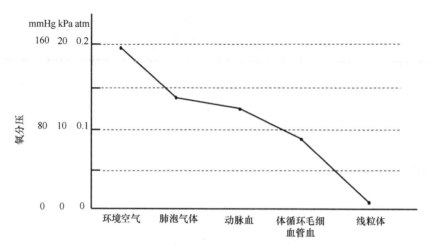

图 7-6　O_2 在人体级联转运过程（修改自 Hill and Wyse，2012）

学结合的形式主要是碳酸氢盐（HCO_3^- 占 88%）和氨基甲酰血红蛋白（占 7%）。表 7-6 为人体血液中各种形式的 CO_2 含量（ml/100ml 血液）和释出量及其各自所占的百分比（%）。

表 7-6　人体血液中各种形式的 CO_2 含量（朱大年和王庭槐，2013）

人	动脉血		静脉血		动静脉血含量差值	释出量
	含量	/%	含量	/%		/%
CO_2 总量	48.5	100.00	52.5	100.00	4.0	100.00
溶解的 CO_2	2.5	5.15	2.8	5.33	0.3	7.50
HCO_3^- 的 CO_2	43.0	88.66	46.0	87.62	3.0	75.00
氨基甲酰形式的 CO_2	3.0	6.19	3.7	7.05	0.7	17.50

CO_2 运输主要通过 CO_2 平衡曲线来详细阐述。PCO_2 与 CO_2 浓度关系的曲线被称为 CO_2 平衡曲线或 CO_2 解离曲线。CO_2 平衡曲线的形状取决于氧合作用，即氧气与血红蛋白结合可促使 CO_2 释放到血液缓冲系统。

肺泡的气体交换效率除与气体扩散过程有关，还与肺泡通气量和肺血流量的配比情况有关。一是通过呼吸肌的节律性收缩，每分钟向肺泡输入 O_2 和输出 CO_2；二是通过右心室的活动，每分钟向肺泡周围的毛细血管输入一定量的血液，从而运走部分氧，并将静脉血中的 CO_2 排入肺泡。也就是说，肺泡通气量与肺血流量之间必须保持一个恰当的比值才能保证肺换气的完成。

空气在海平面的压力为 101.3kPa(760mmHg)，其中含氧量为 20.84%，所以 PO_2 为 21kPa（158.4mmHg）；CO_2 含量低，故分压为 40Pa（0.3mmHg）。人在静息状态下，呼出气中的 PO_2 为 16kPa（120mmHg），PCO_2 为 4.3kPa（32mmHg）；肺泡气中 PO_2 为 14kPa（105mmHg），PCO_2 为 5.3kPa（40.0mmHg）。哺乳类动物的 O_2 和 CO_2 在血液中的运输随种类不同亦有很大不同。一般来说，小的哺乳动物单位体重所吸收的氧比大的哺乳类动物高（表 7-7），例如，大鼠的血氧含量为 18.6ml%，高于兔的 15.6ml%。

表 7-7　人与不同哺乳类动物的 pH、CO_2、O_2 含量比较（李永材和黄溢明，1984）

名称	pH	CO_2浓度/（mmol/L）	HCO_3^-/（mmol/L）	PCO_2/kPa	PO_2/kPa	血氧含量/ml%
人动脉血	7.35～7.45			4.6～6.0	10.6～13.3	
人呼出气				4.3	16	
人肺泡气				5.3	14	
猕猴				5.33～6.0	10.80～16.0	
兔	7.35（7.12～7.57）	22.8	17a	5.33（2.93～6.80）		15.6
大鼠	7.35（7.26～7.44）	24.0（20.0～28.0）	22.8	4.2（4.67～6.53）		18.6
小鼠	7.26～7.44					

　　鸟类的血红蛋白与其他脊椎动物的有明显差异，但鸟类的血红蛋白与氧之间显示出更好的协调效应。成年鸟的血红蛋白有 A 和 D 两种类型，彼此对氧的亲和力存在着差异。这样的血红蛋白结构有助于鸟应对从一个栖息地迁徙到另一个栖息地时 PO_2 的巨大变化。

　　CO_2 也能影响氧合血红蛋白的结合，整个过程被认为是波尔效应（Bohr effect）。在哺乳动物中会发生波尔效应的其他过程，但在鸟类程度较弱，因为在鸟类，有机磷与血红蛋白表现出很强的结合力，因此阻止了这种 CO_2 的波尔效应。

三、呼吸力学

　　呼吸力学是以物理力学的观点和方法对呼吸运动进行研究的一门学科，是一门有助于了解呼吸生理，进而对人体状态进行监测的学科。呼吸力学分为动态呼吸力学（压力与流速的相互关系研究）和静态呼吸力学（压力与容积的相互关系研究）。气道阻力和肺顺应性是呼吸力学的基本特性。肺通气过程所遇到的阻力称为肺通气阻力，分为弹性阻力和非弹性阻力。机体对抗外力作用所引起的变形的力称为弹性阻力（elastic resistance）。一般情况下，肺的弹性阻力可用肺顺应性（compliance of lung，CL）表示。肺顺应性是指其在外力作用下发生变形的难易程度，实际上是弹性阻力数值的倒数。肺的顺应性大，表示其变形能力强，可扩张性大，即在较小的跨壁压作用下就能引起较大的腔内容积改变，故顺应性的大小可用单位跨壁压的变化（ΔP）所引起的腔内容积的变化（ΔV）表示，即肺顺应性（CL）$= \dfrac{\text{肺容积的变化}\Delta V}{\text{跨肺压的变化}\Delta P}$

（L/cm H_2O）。肺弹性阻力主要来源于肺的弹性成分（肺弹力纤维和胶原纤维）和肺泡表面张力（surface tension）。肺扩张时，纤维被牵拉而倾向于回缩，肺扩张越大，其牵拉作用越强，肺的回缩力和弹性阻力便越大。

　　非弹性阻力（inelastic resistance）包括惯性阻力（inertial resistance）、黏滞阻力（viscous resistance）和气道阻力（airway resistance）。惯性阻力是气流在发动、变速、换向时因气流和组织的惯性所产生的阻止肺通气的力。黏滞阻力是呼吸时组织相对位移所发生的摩擦。气道阻力则来自气体流经呼吸道时气体分子之间和气体分子与气道壁之间的摩擦，是导致非弹性阻力的主要原因。气道阻力越小，呼吸越省力。气道流速、气流形式、气道口径等因素均可影响气道阻力。健康成人平静呼吸时，总气道阻力为 $1\sim3$cm $H_2O\cdot L^{-1}\cdot s$。

　　呼吸力学参数是评价肺功能，进而评定呼吸功能及人体状态的重要生理参数。常规的呼吸力学参数包括呼吸频率、潮气量、呼气吸气时间比、峰值流量、峰值压力等。目前呼吸力学参数的检测方法也由最初的热敏法、阻抗法等相对简单的、只能检测呼吸频率的间接检测法发展到现在的直接检测法，并不断向着多参数、动态、实时监测的方向发展。人和其他哺乳类动物的呼吸力学参数比较见表 7-8。

表 7-8　人与其他哺乳类动物的呼吸力学参数比较（王玢和左明雪，2001）

名称	体重	呼吸气时间比	肺阻力/（R_L/cm $H_2O\cdot L^{-1}\cdot s$）	肺顺应性/（L/cm H_2O）	高位扩张点	
					P/mmHg	V/ml
人				0.2		
犬	$10\sim11$kg	$1:1.5$			20 ± 3	1325 ± 97
大鼠	0.17 ± 20g		0.319 ± 0.042	0.3058 ± 0.3369		

四、呼吸调节

　　呼吸运动是一种节律性的活动，呼吸的深度和频率随机体内外环境改变而改变，而这种改变都是在体液调节和神经调节下实现的。

（一）呼吸的中枢调节

呼吸中枢是指中枢神经系统内产生和调节呼吸运动的神经细胞群所在的部位，其分布于各级水平的中枢神经系统，如脊髓、低位脑干、脑桥以上中枢部位（图 7-7）。正常的节律性呼吸运动是各级呼吸中枢相互配合、共同作用的结果。

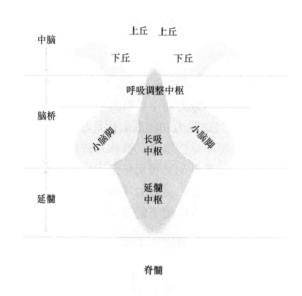

图 7-7　横切脑干对呼吸运动的影响（王玢和左明雪，2001）

1. 脊髓

支配呼吸机的运动神经元发自第3～5颈段和胸段脊髓的前角。脊髓本身的神经元虽然可控制呼吸肌，但不能产生呼吸节律，如果切断脊髓和延髓之间的联系，呼吸运动则立即停止，表明脊髓脱离了延髓则不能控制节律性呼吸，脊髓是联系呼吸肌和高位中枢的中继站，并对某些呼吸反射活动具有一定初级整合作用。

2. 低位脑干

低位脑干包括脑桥和延髓。

（1）脑桥：脑桥上部有呼吸调整中枢，与迷走神经一起能周期性地抑制长吸中枢；脑桥中下部有长吸中枢，对吸气活动有紧张性的易化作用，如果不受控制，可出现吸气痉挛或长吸呼吸；延髓内存在喘息中枢，可以发动和维持呼吸节律，但在正常情况下它被另外两个较高级的中枢活动所掩盖。

（2）延髓：目前认为延髓内存在有两种神经元：吸气神经元和呼气神经元。吸气神经元是指吸气时发放神经冲动，呼气时停止；而呼气神经元则恰好与此相反，在呼气时发放神经冲动，吸气时停止。吸气神经元有 α、β、γ、δ 四种。α 神经元的轴突可支配膈肌运动神经元，β 神经元则主要接受肺牵张感受器的冲动，γ 神经元主要支配肋间肌运动神经元，少部分支配膈肌运动神经元，δ 并未发现支配具体某神经元，但可抑制呼吸神经元活动，目前认为其可能是一种中间神经元。其中 α 和 γ 神经元之间有兴奋性纤维可相互联系。

呼吸神经元主要集中于三个区域。①延髓背内侧的背侧呼吸组（doral respiratory group，DRG），主要集中在孤束核的腹外侧区，以吸气神经元为主。该组的吸气神经元通过兴奋膈运动神经元支配膈肌运动，同时也接受第IX、X对脑神经纤维传入的来自肺、咽、喉部和外周化学感受器的感觉冲动。②延髓腹外侧的腹侧呼吸组（ventral respiratory group，VRG），主要集中在疑核、后疑核、包氏复合体三个核团区。

疑核既有吸气也有呼气神经元，主要支配同侧咽喉部的辅助呼吸肌。后疑核分为前部和后部。前部主要为吸气神经元，支配肋间外肌运动神经元和少部分同侧膈肌运动神经元。后部以呼气神经元为主，支配脊髓胸腰段的肋间内肌运动神经元和腹壁肌的运动神经元。包氏复合体位于后疑核的最前部，位于面神经后核附近，主要为呼气神经元，支配脊髓的运动神经元，也与延髓内吸气神经元有抑制性联系，可能在呼吸相相互转换中有重要作用。③脑桥头端背侧的脑桥呼吸组（pontine respiratory group，PRG）。该区域受到刺激可抑制长吸中枢运动，故称为呼吸调整中枢，主要集中于臂旁内侧核及其相邻的 Kölliker-Fuse（KF）核，除吸气和呼气神经元外，还有一种特殊的神经元——吸气-呼气跨时相神经元，其特点为电活动从吸气相开始一直持续到呼气相，主要作用为促使吸气向呼气转换。

哺乳类动物的神经中枢调节大多类似，仅有少部分的不同，因此，常用大小鼠或兔开展人类呼吸系统呼吸调节的研究。兔延髓背侧呼吸组吸气神经元占54%，呼吸神经元占46%。而 Feldman 等指出，人的孤束核中有4%为呼气相神经元。家禽前脑的视前区有促进呼吸的作用，两侧丘脑区（圆核以前）有抑制呼吸的作用，中脑前背区有调节呼吸的中枢，延髓前部和脑桥区有调节正常呼吸节律的中枢，与哺乳动物相似，延髓是呼吸的基本中枢。脊椎动物、鸟类和哺乳动物的呼吸器官均为肺，与同样大小的哺乳动物相比，鸟类的整个呼吸系统容积比哺乳动物大三倍。延脑是鱼类呼吸中枢所在地，在呼吸中枢控制下，通过第5、第9、第10对脑神经的支配，使颌部和鳃部的肌肉产生反射性协调运动，完成呼吸动作。

3. 高位脑

除了上述部位以外，下丘脑、边缘系统、大脑皮层也对呼吸运动有调节作用，其中研究最多的为大脑皮层。呼吸运动在一定范围内可随意调节，并建立条件反射，而大脑皮层在该调节中发挥了重要作用。例如，日常生活中说话、唱歌、情绪和思维等活动时呼吸的改变都受到大脑皮层调节。其对呼吸运动的调节主要通过两个方面：一方面是通过调节脑桥和延髓呼吸中枢从而调节呼吸节律，另一方面是通过调节皮层脊髓束和黑质红核脊髓束调节呼吸相关活动。

4. 呼吸反射性调节

呼吸反射性调节包括肺牵张反射、呼吸肌本体感受性反射和防御性呼吸反射。

（1）肺牵张反射：肺牵张反射又叫黑-伯反射（Hering-Breuer's reflex），由 Hering 和 Breuer 于1868年首次发现，见前述防御反射部分的牵张反射。而关于肺牵张反射，研究发现兔和豚鼠的反射最强，人的最弱，人在正常呼吸时肺牵张反射不起作用。

（2）呼吸肌本体感受性反射：呼吸肌本体感受器如肌梭传入冲动引起的反射性变化称为呼吸肌本体感受性反射。在人类，呼吸肌本体感受性反射对维持正常呼吸运动尤其是呼吸肌负荷增加方面有一定调节作用。

（3）防御性呼吸反射：防御性呼吸反射是指呼吸道黏膜受刺激时产生的对机体有保护作用的呼吸反射，主要分为咳嗽反射和喷嚏反射。咳嗽反射是最常见的防御性呼吸反射，其感受器位于喉、气管和支气管的黏膜。大气管以上部位对机械性刺激较敏感，而二级支气管以下部位对化学刺激较敏感。有髓 A 类纤维的传入神经将传入冲动沿迷走神经传入延髓。喷嚏反射的感受器为鼻黏膜，传入神经为三叉神经，反射效应为腭垂下降，舌压向软腭，使气体从鼻腔和口腔喷出，清除鼻腔内刺激物。

（二）呼吸运动的分泌调节

近年来研究证明肺合成、分解、储存、释放一些生物活性物质，例如，血管紧张素 I 经过肺后被激活为血管紧张素 II，而 5-羟色胺、乙酰胆碱、缓激肽、前列腺素则被肺完全或几乎完全清除，儿茶酚胺则被肺部分清除。具体肺循环的内分泌代谢功能见表7-9。与人类不同的是，大鼠和兔的支气管肌肉不是由肾上腺素神经控制的，而是由迷走神经控制的。大鼠肺的气道已发现有至少10种形态上不同的细胞类型。大鼠的呼吸道上皮有浆液细胞，这是该物种特有的。人类、兔等哺乳动物肺的表面活性剂是由单不饱和磷脂组成，但大鼠表面活性剂却含有大量的多不饱和磷脂。此外，大鼠肺具有高血清素活性和低组胺活性。鱼类也有肺，但鱼类的主要呼吸器官是鳃，鳃板是气体交换的表面，鳃板中血液流动方向正好与水流经鳃板方向相反，为一种逆流交换系统，呼吸效率很高，可吸收水中 80% 的氧。鳃血管既受交感神经支配，也受副交感神经支配。交感神经释放去甲肾上腺素，增加鳃板的血流，副交感神经释放乙酰胆碱，减少鳃板的血流。通过这两种神经来调节鳃板上的气体交换以适应机体的需要。此外，鳃还有排泄氮代谢废物及参与鱼体内、外环境的渗透调节等机能。

表 7-9   肺循环的内分泌代谢功能（Levitzky，2008）

进入肺循环的物质	肺循环对该物质的内分泌代谢影响
前列腺素 E1，E2，F2α	几乎全部清除
白三烯	几乎全部清除
血清素	清除 85%～95%
乙酰胆碱	血液中胆碱酯酶灭活
去甲肾上腺素	清除约 30%
缓激肽	约 80% 失活
血管紧张素 I	约 70% 转化为血管紧张素 II
ATP、AMP	清除 40%～90%

第四节   呼吸器官的防御功能

包括人类在内的哺乳动物、两栖类动物、爬行动物、鸟类的呼吸系统直接与外界环境相通，外环境中的空气含有多种物理、化学和生物的致病因子，呼吸系统的防御机制使得机体能够抵御大多数外来致病因子，使机体保持健康状态。防御功能的实现依赖于呼吸系统黏膜和黏液的物理屏障、防御性神经反射对外来物质的排除，以及肺部的免疫防御（表 7-10）。脊椎动物中鱼类和两栖类幼体呼吸系统主要是鳃，它与外界水环境相通，鳃中含有的淋巴组织和表面分泌的黏液物质共同防御外界致病因子的入侵。

表 7-10   哺乳动物肺部的免疫防御机制

固有性防御机制		获得性防御机制
第一道防线	第二道防线	第三道防线
气道黏膜及黏膜分泌物	吞噬细胞、NK 细胞 抗菌蛋白 炎症应答	淋巴细胞 抗体
固有性免疫是种系发育、进化过程中形成，经遗传获得。它并不专门针对某一种病原体		获得性免疫可以特异地识别及有选择地清除外来的病原体，具有特异性、多样性、记忆性、识别自我/非我四个明显特征

一、生理性免疫反应

在人类和哺乳动物中，呼吸系统的黏膜和黏液构成机体防御的第一道屏障。黏膜可以分泌黏液，对进入气道的冷空气有加温、加湿作用，空气进入下呼吸道前已经接近体温，相对湿度达到 80% 以上，使机体免于干燥冷空气对气道黏膜层的损害。假复层纤毛柱状上皮细胞是气道黏膜表层细胞，具有节律性摆动的纤毛，它们之间也有分泌黏液的杯状细胞，分泌的黏液能黏附并清除灰尘和细菌等异物，借助于纤毛有节律性的摆动，将含有灰尘、细菌的黏液排除至口咽部，被咳出或者咽下，这个过程称为黏液纤毛清除作用（图 7-8）。

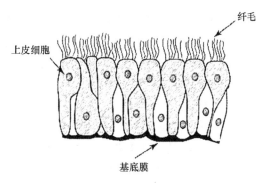

图 7-8　假复层纤毛柱状上皮

黏膜层表面的黏液含有溶菌酶、抗菌肽、天然抗体等，对进入呼吸系统的生物致病因子有直接杀伤作用（图 7-9）。黏液由柱状细胞和黏膜下腺体分泌，主要由高分子黏性的糖蛋白、多糖、脂质和其他蛋白质组成。气-血屏障是哺乳动物肺泡内气体与血液内气体进行交换所通过的结构，包括肺泡表面活性物质、Ⅰ型肺泡细胞与基膜、薄层疏松结缔组织、毛细血管基膜与内皮，可阻止微生物和大分子物质进入肺实质。

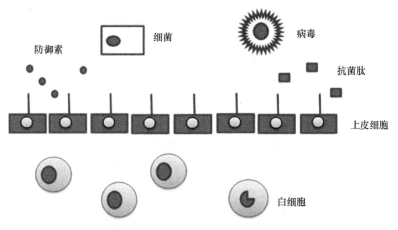

图 7-9　黏膜表面抗微生物分子（改编自何维，2010）

二、防御反射

（一）局部免疫防御器官

淋巴结是重要的局部免疫防御器官，生理情况下发挥清除呼吸器官局部病原体和异物的作用。人和哺乳动物淋巴结的免疫防御详见第五章第二节二（一）。

大部分鸟类没有淋巴结而只有集合淋巴样组织发挥免疫效应。哈德腺是眼旁的一些淋巴组织集合，在鸟类较发达，它位于眼正后的眼眶上，腺体内上皮细胞间浸润有大量的浆细胞，它可以发挥呼吸系统的免疫防御作用。

爬行类肺部有淋巴结样组织，发挥免疫防御作用。类似哺乳类，肺部上皮组织中有丰富的免疫细胞和溶菌酶、抗菌肽等发挥防御作用。由于爬行动物是变温动物，其免疫防御反应有很大的温度依赖性。随着环境温度的变化，爬行动物的免疫防御反应也发生变化，抗体合成水平不同，效价也不一样。有时可检测到二次免疫反应，有时检测不到，这与抗原种类、抗原剂量的大小、不同的免疫途径、环境温度的高低以及不同的实验动物等有关。

两栖类动物是从水生的鱼类演化到真正陆生动物之间的过渡类群，在脊椎动物的系统进化中占有非常关键的位置。两栖类动物分布广泛，在平原、丘陵、高山的各种复杂生态环境中均可发现它们的踪影。两栖类动物幼体用鳃呼吸。成年动物可以用肺呼吸，但肺并不发达，仅仅是一对薄壁的囊，肺泡的数目少，构造很简单，气体的交换量也很少，依靠它得到的氧气不能满足身体的需要，必须由皮肤呼吸来补足。两栖类动物高度专化的皮肤结构（即毒液或颗粒腺）能分泌一些复杂的化学混合物，这些分泌物含有很多生物活性成分，包括生物碱、生物胺、肽和蛋白质。大量的糖蛋白和蛋白聚糖形成"多肽网"，覆盖皮肤表面，形成一道天然的屏障，抵御病原菌的侵袭。

鳃是多数水生动物的呼吸器官，也是一个功能多而广泛的表层调节渗透平衡器官，并负责部分免疫防御作用。除了淋巴细胞之外，鳃小片中还有属于网状内皮系统的柱细胞，有助于有毒有害物质的排出。斑马鱼和人类基因有着 87%的高度同源性，是一种重要的鱼类模式生物。其成体可以在没有胸腺、淋巴细胞生成的情况下存活传代，这又是小鼠模型无法比拟的。它的巨噬细胞具有对外源微生物高效的吞噬能力，系统中注射大肠杆菌 5h 后即可在局部被斑马鱼巨噬细胞清除。未接触病原体的巨噬细胞也同样表现出活化特性，这提示斑马鱼体内可能还存在与哺乳动物相类似的细胞因子或趋化因子系统。

（二）发热反应

发热反应是由于致热原的作用使体温调定点上移而引起的调节性体温升高，是人类和哺乳动物的保护性防御反应，在一定范围内，发热时免疫功能增强，发热能缩短疾病时间、增强抗生素的效果、使感染不具传染性，有利于清除病原体和促进疾病的痊愈。由呼吸系统吸入的外源性发热激活物细菌、病毒、真菌等可以作用于肺部，导致内生致热原（endogenous pyrogen，EP）的产生并进入脑部作用于体温调节中枢，进而导致发热中枢介质的释放，继而引起调定点的改变，最终引起发热。发热的调节详见第二章体温调节一章第三节。家兔对体温变化敏感，易于产生发热反应。发热反应典型恒定，常用来作为体温研究模型。

（三）咳嗽反射

咳嗽反射是人类和哺乳动物重要的防御反射。它的感受器位于喉、气管和支气管的黏膜。大支气管以上部位的感受器对机械刺激敏感，二级支气管以下部位的感受器对化学刺激敏感。传入冲动经迷走神经传入延髓，触发一系列协调的反射反应，引起咳嗽反射。

咳嗽时，先是短促或深吸气，接着声门紧闭，呼气肌强烈收缩，肺内压和胸膜腔内压急速上升，然后声门突然打开，由于气压差极大，气体更以极高的速度从肺内冲出，将呼吸道内异物或分泌物排出。剧烈咳嗽时，因胸膜腔内压显著升高，可阻碍静脉回流，使静脉压和脑脊液压升高。

小鼠在氢氧化铵雾化剂刺激下有咳嗽反射，可以利用这个特点研究镇咳药物。

（四）牵张反射

人类和哺乳动物中，当肺扩张或向肺内充气时可引起吸气运动的抑制，而肺萎缩或从肺内放气则可引起吸气活动的加强。切断迷走神经后上述反应消失，由肺扩张或缩小而反射地引起吸气抑制或加强效应，包括两部分。最常见为肺充气时引起吸气抑制效应，称肺充气反射。充气的肺牵张反射的生理意义在于防止肺扩张的过度。肺扩张反射有种属差异，兔的最强，人的最弱。在人体，当潮气量增加至 800ml 以上时，才能引起肺扩张反射，可能是由于人体肺扩张反射的中枢阈值较高所致。所以，平静呼吸时，肺扩张反射不参与人的呼吸调节。但初生婴儿存在这一反射，大约在出生 4～5 天后，反射就显著减弱。病理情况下，肺顺应性降低，肺扩张时使气道扩张较大，刺激较强，可以引起该反射，使呼吸变浅变快。另一种为肺放气时所引起的吸气效应，也称肺放气反射，此反射当用力呼气才发生。

三、呼吸器官的代谢生理

人类和哺乳动物中，肺不仅是呼吸器官，也是重要的代谢器官，肺由大量的细胞和组织构成，肺细胞必须不断工作以维持气体交换和内环境的稳态。肺实质细胞利用中间代谢以储存能量，它的代谢途径能够通过产生三磷酸腺苷（ATP）而对缺氧产生相当的耐受性。肺蛋白质的合成与肺的需要相适应，某些蛋白质是肺特异的（如肺泡表面活性物质的脱辅基蛋白），而且与肺结构和功能的维持（如基质结缔组织蛋白）及肺高氧化剂负荷的防御（如合成抗氧化剂酶）关系很密切。肺细胞脂质代谢关系到肺泡表面活性物质系统的产生，肺泡表面活性蛋白也与肺的防御功能相关。肺产生的大量介质，如血小板激活因子（PAF）、激肽（kinin）、神经多肽和前炎症多肽（proinflammatory polypeptide），这些介质可影响肺的结构和防御功能等。

（一）肺的蛋白质代谢

肺细胞能合成自身的结构蛋白、胶原纤维、免疫球蛋白和多种蛋白酶。

蛋白质是基因表达产物，蛋白质合成必须经历一系列复杂的过程才能完成。这种步骤的复杂过程包含着许多特异的反应和调节机制。肺既与外界环境沟通，又与机体发育和自稳态密切相关，因此肺蛋白合成的调节必定是相当复杂的。例如，众所周知，吸烟或者空气中的多环芳香烃类物质与肺癌的发生有关，但多环芳香烃本身并不致癌，其进入体内后，经芳香烃羟化酶作用，芳香环羟基化或环氧基化以后，成为强烈的致癌物。所以，个体内芳香烃羟化酶的含量与肺癌的发生密切相关，在空气污染严重的环境中，羟化酶高的居民即使不吸烟也会因吸入一定量芳香烃而患肺癌，但羟化酶含量较低的人若大量吸烟也会增加发生肺癌的危险性。

肺是一个独特的器官，不同区域有许多不同类型的细胞，每种细胞的蛋白合成的调控可能是相对独立的，这体现在肺特定区域某些细胞基因表达的独特性。

肺损伤对肺蛋白合成有明显影响，在对肺损伤的反应中，蛋白合成是修复过程的一部分。

肺间质结缔组织的支架作用是维持肺结构和正常呼吸动力所必需，是细胞迁移和交换的重要场所，也是防止有害物质侵袭的第二道防线。

胶原纤维占肺结缔组织 60%～70%，其主要成分是含三条多肽链的胶原蛋白。目前已经在脊椎动物发现 5 种类型的胶原：Ⅰ和Ⅲ型胶原蛋白由成纤维细胞和平滑肌细胞合成，存在于间质基质内；Ⅱ型胶原蛋白由软骨细胞产生，存在于气管和支气管中；Ⅳ型胶原蛋白组成基底膜，其主要由上皮和内皮细胞合成；Ⅴ型胶原蛋白也主要分布于基底膜，主要由平滑肌细胞合成。正常人肺含 100～200mg 胶原（干重），其中 60%～70% 是Ⅰ型胶原蛋白。

胶原的生物合成包括细胞内过程和细胞外过程。细胞内过程包括 α 链转录、翻译、翻译后修饰、前胶原的形成、移位和分泌。细胞外过程包括前胶原两端前肽的切除形成原胶原，最后原胶原分子内和分子间共价交联形成胶原纤维。

胶原的分解代谢缓慢，且随不同的发育阶段和生理状况变化。年幼动物胶原半衰期为 2～3h，成年动物为几小时至几年不等。胶原的羟脯氨基酸和羟赖氨基酸占氨基酸总量的 10%，胶原降解后这两种氨基酸量增加并随尿排出，因此可以根据尿中这两种氨基酸含量判断胶原代谢状况。

此外，肺合成特异性的表面活性蛋白（surfactant protein，SP）如 SP-A、SP-B、SP-C、SP-D，调控肺泡表面张力，防止肺泡萎陷。SP-A、SP-D 参与肺防御功能，防御微生物和尘烟的侵袭，在进入吞噬细胞后能增强该细胞的吞噬功能并增加其趋向性；可使 T 辅助细胞发生抗原性而产生相应的抗体，从而引发各种效应物机制，增强免疫细胞对靶目标的摄取和杀伤。

（二）肺的脂质代谢

脂质是肺的重要组分，并且代谢活跃。脂质占肺组织干重的 10%～20%，70%～80% 的脂质是磷脂，以磷脂酰胆碱（phosphatidylcholine，PC）最为丰富，约占肺总磷脂的 50%，而主要的中性磷脂是胆固醇和三酰甘油。肺磷脂与其他脏器类似，具有多种生物学功能，包括构成细胞膜、影响膜蛋白功能、调节酶的活性、能量储备等。肺表面活性物质（pulmonary surfactant，PS）大约由 90% 脂质和 10% 的 SP 组成，主要由Ⅱ型肺泡上皮细胞合成。在Ⅱ型肺泡上皮细胞内质网中，二棕榈酰辅酶 A 代谢生成二棕榈酰卵磷脂胆碱（1,2-dihexadecanoyl-rac-glycero-3-phosphocholine，DPPC），通过高尔基体运送到板层体，此后被分泌进入肺泡，内质网也生成 SP，通过多泡体运送到板层体。此外，小支气管非纤毛上皮细胞也可合成

SP。

磷脂酸的生物合成：所有二酰甘油酯的合成都是从磷脂酸（phosphatidic acid，PA）合成开始，PA 由甘油-3-磷酸和两个乙酰辅酶 A 经过两次酰基化形成，反应分别由甘油-3-磷酸乙酰基转移酶和 1-酰基甘油-3-磷酸酰基转移酶催化形成。

肺 PC 的从头合成几乎都通过胞苷二磷酸胆碱途径进行，从血中摄取的胆碱很快在胆碱激酶的作用下磷酸化，生成磷酸胆碱，进而在磷酸胆碱胞苷酰基转移酶（phosphorylcholine cytidylyl transferase，PCT）作用下，形成胞苷二磷酸胆碱，最后由胆碱磷酸转移酶催化形成 PC。

人类、兔等哺乳动物肺的表面活性剂是由单不饱和磷脂组成，但大鼠表面活性剂却含有大量的多不饱和磷脂。此外，大鼠肺具有高血清素活性和低组胺活性。

目前代谢组学已经广泛应用于疾病早期诊断、药物代谢、毒理研究等众多领域。以往很多动物模型中动物的选择都是基于理论分析动物与人类在种属层次上的远近关系。李志水等通过来源于人、奶牛、小鼠、猪、大鼠和豚鼠的血样本，以及来源于人、Balb/c 小鼠、昆明小鼠、兔、SD 大鼠和 Wistar 大鼠的尿液核磁共振谱图分析人与动物血液和尿液样本，研究得出人与不同动物的代谢轮廓存在一定的差异，但也存在类似之处。与人血样代谢轮廓比较接近的为奶牛、猪和大鼠，而与人尿样代谢轮廓比较接近的为小鼠和兔。

第五节　呼吸系统生理动物模型

一、慢性气道阻塞性炎症反应模型

据文献报道，慢性气道阻塞性炎症反应生理功能异常动物模型主要由小鼠、豚鼠和大鼠诱发，大多数模型是通过暴露于香烟烟雾、气管内脂多糖和鼻内弹性蛋白酶诱发的。主要测量指标是肺组织病理和肺部炎症，即检测肺的病理变化、肺泡灌洗液中炎症细胞的数量和分类，以及炎症因子的表达。

小鼠是慢性气道阻塞性炎症反应动物模型的最佳选择，此外小鼠基因组已被测序并显示出与人类基因组的相似性。豚鼠在气道中发生更容易被识别的肺气肿、更明显的小气道重塑和气道中大量杯状细胞化生；另外，由于它们体积较小，更适合用于肺功能评估。

狗也被广泛用作气道高反应和慢性气道炎症反应模型，因为狗接触香烟烟雾刺激后，慢性支气管炎和肺气肿病理及病理生理学与人类相似。狗支气管上皮的杯状细胞主要含有磺基黏蛋白，但黏液腺也产生磺基黏蛋白和唾液黏蛋白。在人类中，几乎所有的杯状细胞都含有一些由高碘酸盐反应性磺基霉素和唾液黏蛋白组成的酸性黏膜物质。人支气管系统的黏液腺主要含有酸性黏膜物质，其中大部分是唾液黏蛋白。人呼吸道黏液中的唾液黏蛋白有两种类型，一种对神经氨酸酶敏感，另一种对神经氨酸酶有抗性。已经在狗呼吸道中鉴定出两种类型的唾液黏蛋白。一般来说，狗和人类呼吸道的黏膜物质是相似的，然而分布存在差异，特别是狗气管支气管树上皮杯状细胞中磺基黏蛋白占优势。慢性支气管炎的狗与人类相似，可出现上皮磺基黏蛋白减少和上皮唾液黏蛋白的相应增加。

目前研究发现，猪黏膜下腺体与人类相似，且经常发生气管炎及肺炎，故认为是复制人类慢性气管炎较合适的动物。用去甲肾上腺素可以引起与人类相似的气管腺体肥大。猴是另一个适合研究过敏性气道疾病和慢性阻塞性肺部炎症反应的非人灵长类动物模型。

二、肺气肿型生理功能异常模型

给兔等动物气管内或静脉内注射一定量木瓜蛋白酶、菠萝蛋白酶（bromelin）、败血酶（alcalas）、胰蛋白酶（trypsin）、致热溶解酶（thermolysin），以及由脓性痰和白细胞分离出来的蛋白溶解酶等，可复制成实验性肺气肿。以木瓜蛋白酶形成的实验性肺气肿最为典型，或在木瓜蛋白酶基础上再加用气管狭窄方法复制成肺气肿和肺源性心功能不全模型，其优点是病因、病变更接近于人。猴每天吸入一定量的 SO_2

和烟雾（烟草丝 50g，持续 2.5h），一年后，可出现不同程度的肺气肿。这种模型比较符合人的临床生理功能异常规律，有利于进行肺气肿的病理生理及药物治疗研究。

三、肺水肿型生理功能异常模型

目前，国内外制备实验性肺水肿动物模型的方法很多，主要有 9 种，其中采用最多的是化学药物方法致肺水肿，此外还有海水吸入致急性肺损伤和高原性肺水肿等方法。常用的化学药物致肺水肿模型有氯化铵、肾上腺素、氯仿、油酸、甲醛、光气、全氟异丁烯。

氯化铵、肾上腺素及氯仿经腹腔注射均可引起大鼠急性肺水肿，其中氯化铵和肾上腺素复制大鼠肺水肿的成功率较高。肾上腺素及氯仿经耳缘静脉注射也可引起家兔急性肺水肿，其中肾上腺素复制家兔肺水肿症状典型，成功率高。由于氯仿不稳定，见光易分解、不易保存，因此，除非必要，一般不选择氯仿复制动物肺水肿。油酸经尾静脉注射可致大鼠急性肺水肿，经耳缘静脉或心导管注入可致家兔及小型猪急性肺损伤，也可经颈外静脉或右心导管注入，均可导致犬急性肺水肿。通过自制封闭装置，连续通气促进甲醛挥发并结合间歇喷雾，给大鼠持续吸入高浓度甲醛挥发气体制作肺水肿动物模型。利用染毒柜对小鼠及大鼠进行光气静态吸入染毒，可建立光气中毒肺水肿动物模型。采用自制的、具有半自动监测浓度功能的全氟异丁烯动态吸入染毒系统可成功制备大鼠、小鼠、家兔及犬的肺水肿模型。

利用可接在气管插管上的 Y 管（一端用于通气，另一端连接储存海水的装置），将通气端堵塞使大鼠屏气 10s 后，开放连接储存海水装置的一端使海水吸入大鼠肺内，可复制海水吸入致大鼠肺水肿。此外，根据高原地区的环境特点，利用低压舱模拟高原低压、低氧环境，可模拟高原肺水肿的大鼠动物模型。

四、支气管痉挛、高敏反应型生理功能异常模型

支气管高敏反应作为 IgE 介导的（外在的）或非 IgE 介导的（内在的）高敏反应，其在除狗以外的其他动物中一般不发生。临床疾病中，人类最常见的超敏反应是豚草花粉症，随后是对草、树、屋尘和猫抗原的超敏反应。豚鼠气管、支气管腺体不发达，常选用豚鼠复制急性过敏性支气管痉挛。一些研究人员认为豚鼠为气道高敏反应的最佳模型动物，因为豚鼠过敏原致敏后生理功能异常发展有特征性的早期和晚期气道反应，这样有利于调查每个反应期以及两个反应期之间的关系特点。其引起的肺部相关的炎症反应，主要由嗜酸性粒细胞和中性粒细胞引起，与人类气道高反应型功能异常一致。此外，也有使用兔模拟高敏反应型功能异常模型。过敏性肺部炎症反应（外源性过敏性肺泡炎症反应）已被确定为牛和马的一种自然发生的气道高反应功能异常，尽管推测其他物种也可能患上这种疾病。

五、缺氧型生理功能异常模型

龟对缺氧耐受性很强，淡水龟属有最具特征性的耐缺氧神经元，西方彩龟可以在冬季休眠期 1～3℃缺氧存活 5 个月。鲫鱼也是极具耐受缺氧，缺氧可以持续数周。鸟类通常比哺乳动物更耐受缺氧，例如，海拔 6100m 的麻雀是警觉的，表现活跃、行为正常，而暴露于同一高度的小鼠则表现出昏迷，因此建立长期慢性缺氧型生理功能异常模型可使用如上提及物种。

六、肺纤维增生型生理功能异常模型

猫和狗有自发性肺纤维增生可能。肺纤维增生型模型动物有小鼠、狗、驴、马、猫。常使用博来霉素诱导小鼠肺纤维增生，主要表现为胶原沉积、与炎症浸润相关的斑片状纤维增生。狗模拟的间质性肺生理功能异常模型的主要特征是肺间隔增宽以及胶原沉积。驴可用于模拟慢性胸膜肺纤维增生，主要改变与疱疹病毒 5 相关，胸膜、胸膜下和间隔及间质均纤维增生。马可模拟多发性结节肺纤维增生，与疱

疹病毒 5 相关，主要表现为以肺泡为中心的实质内多灶性聚结节。猫可以作为短暂性的异质性无炎症特发性纤维增生动物模型。

七、呼吸调节模型

兔的减压神经在颈部与迷走神经、交感神经分开而单独成为一束，常作为呼吸运动调节模型。例如，其常用于呼吸运动、胸内负压及膈神经放电的同位观察，呼吸中枢、牵张反射和各种化学感受器的反射性调节。

参 考 文 献

柏树令, 应大君. 2008. 系统解剖学. 北京: 人民卫生出版社: 146-148.

蔡柏蔷, 李龙芸. 2011. 协和呼吸病学(第 2 版). 北京: 中国协和医科大学出版社: 89-94.

陈守良. 2012. 动物生理学. 4 版. 北京: 北京大学出版社.

丁汉波. 1983. 脊椎动物学. 北京: 高等教育出版社.

何维. 2010. 医学免疫学. 2 版. 北京: 人民卫生出版社: 157-159.

李永材, 黄溢明. 1984. 比较生理学. 北京: 高等教育出版社.

秦川. 2010. 实验动物学. 北京: 人民卫生出版社, 92.

王玢, 左明雪. 2001. 人体及动物生理学. 2 版. 北京: 高等教育出版社: 269.

姚泰. 1978. 生理学. 6 版. 北京: 人民卫生出版社: 425.

姚泰. 2010. 生理学. 2 版. 北京: 人民卫生出版社.

张才乔. 2014. 动物生理学实验. 2 版. 北京: 科学出版社.

周定刚. 2016. 动物生理学. 2 版. 北京: 中国林业出版社.

朱大年, 王庭槐. 2013. 生理学. 8 版. 北京: 人民卫生出版社: 455.

田嶋嘉雄. 1989. 实验动物的生物学特性资料. 中国实验动物人才培训中心翻译教材.

Comroe J H. 1975. Physiology of Respiration. 2nd Edition. Chicago: Year Book Medical.

Fox G, Barthold S, Davisson M, et al. 2006. The Mouse in Biomedical Research. New York: Elsevier Academic Press.

Hill R W, Wyse G A, Anderson M. 2012. Animal Physiology.3rd Edition. Sunderland: Sinauer Associates, Inc.

Kamaruzaman N A, Kardia E, Kamaldin N A, et al. 2013. The rabbit as a model for studying lung disease and stem cell therapy. Biomed Res Int, 2013: 691830.

Levitzky M G. 2008. Pulmonary Physiology. Seventh edition. New York : McGraw-Hill Education: 225.

Reece W O. 2014. 家畜生理学. 12 版. 赵茹茜译. 北京: 中国农业出版社.

（罗凤鸣　汤小菊　孙　凌　魏传琦　王发平）

第八章　内分泌系统

第一节　概　述

　　内分泌系统（endocrine system）是机体的功能调节系统，由内分泌腺及具有内分泌功能的组织细胞共同组成，以所分泌的各种激素为化学信使传递体液性调节信息，参与机体内各种生理机能的调节，包括维持内环境的稳态、调节新陈代谢、保证各器官的正常发育和功能活动、调控生殖器官的发育和成熟及生殖活动。动物体内各种细胞和组织以及各种器官之间需要相互联系与配合，使各种生理活动协调一致有规律地进行。参与这些调节作用的物质统称为化学信使。从广义上看，动物的化学信使包括递质、激素，以及与激素相似的副激素（parahormone）和外激素（pheromone）。亦可以把它们归纳为神经递质（neurotransmitter）、神经激素（neurohormone）、腺体激素（glandular hormone）、外激素、环核苷酸（cyclic nucleotide）和无机离子等六类。

　　神经递质和神经激素都是神经分泌物。神经递质由神经元末梢释放，扩散距离很短，通过突触间隙作用于与末梢邻近的其他神经元、肌肉或腺体。神经分泌细胞的轴突终止于微血管附近，其细胞体产生的神经激素沿着轴突运送到神经末梢，并且储存于由神经末梢与微血管直接接触而形成的神经血管器官（neurohemal organ）（图 8-1）。当神经冲动到达末梢时，就促使储存的神经激素释放到血液而运送到身体各部的靶组织，神经激素能对距离较远的靶组织在较长的时间起某种调节作用，亦可以对另一些近距离的内分泌腺起调节或支配作用。

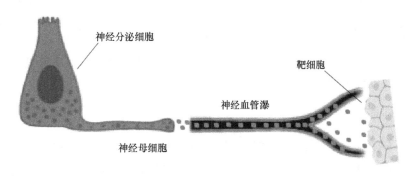

图 8-1　神经血管器官示意图

　　由活动组织产生的一些起重要生理作用的物质，如由活动的汗腺和唾液腺释放的血管舒缓激肽（bradykinin），以及肾脏在缺氧时产生的促红细胞生成素（erythropoietin）、血管紧张肽（angiotensin）、组胺（histamine）、激肽（kinin）、前列腺素（prostaglandin）等，都是局部的调节物质，而不是真正的激素，可称为副激素或组织激素。有些动物把具有明显特异性的物质释放到周围环境中而引起行为、发育或生殖的反应，这是外激素，又称信息素。它们可以用作对异性的引诱、协调性周期活动，或作为行动标志识别其他个体，以及在调节种内各个体之间的某些关系中起重要作用。其他的化学信使（如环核苷酸）作用于同一细胞内，起第二信使的作用。细胞内无机离子（K^+、Na^+、Cl^-、Mg^{2+}、Ca^{2+}等）的浓度直接影响到细胞的生理和生化功能。尤其是细胞质内 Ca^{2+} 的浓度具有重要的调节作用，如当 Ca^{2+} 通过细胞膜或细胞器膜的浓度稍有变化时，就会产生不同的影响。

第二节　内分泌系统组成与演化

一、内分泌系统组成

最原始的内分泌调节作用是由神经内分泌细胞产生的神经分泌物来完成的，它们比一般的神经细胞产生的神经递质能保持较长的时间并扩散或运送到较远的部位，从而作用于较大的范围，所以无脊椎动物的内分泌主要是神经分泌作用，只有较高等的无脊椎动物（软体动物和节肢动物）和脊椎动物才具有非神经性分泌特性和起源于非神经性组织的内分泌腺体。

脊椎动物除神经分泌腺（如下丘脑和神经垂体）和起源于神经组织的内分泌腺（如肾上腺髓质）外，还有一些由消化管前部产生的内分泌腺，例如，腺垂体起源于口腔顶部；甲状腺、甲状旁腺、鳃后体及甲状腺 C 细胞起源于咽部；胰岛起源于小肠；胃和十二指肠本身亦分泌激素。体腔后部的生肾组织（中胚层）分化形成肾上腺皮质、性腺和肾脏。此外，还有松果体、胸腺、鱼类的尾下垂体（urophysis）和斯氏小体（corpuscle of Stannius）等。

二、内分泌系统演化

（一）神经系统

神经系统是内分泌腺发生的第一个部位。脊椎动物的原始模式构造可能包括许多神经分泌细胞。对低等脊椎动物的研究证实了这点，因为神经分泌和神经胶质分泌广泛分布于圆口类的脑和脊髓。高等脊椎动物的神经分泌只限于 2～3 个范围很小的部位。四足类只有两个神经分泌的部位，且都位于脑内：一是间脑的下丘脑区发展起来的松果体，其内分泌功能和体色变化与生殖有关；二是间脑的下丘脑（低等脊椎动物的视前核、哺乳动物的视上核和室旁核）的神经分泌细胞，产生一系列相近而又不同的肽类激素。这些下丘脑激素可分为两类：一类（释放或调节的因子）调节控制腺体的分泌活动；另一类由神经轴突运送到神经垂体暂时储存，在必要时释放出来以调节水分和离子的平衡、平滑肌的收缩等。鱼类脊髓末端的胃下垂体是神经分泌的第三个部位，是由一些分散的神经分泌细胞逐渐集中起来而形成的小腺体，在有尾两栖类和高等脊椎动物则不存在。

（二）消化管前部

消化管前部是内分泌腺发生的第二个部位。鱼类的消化管前部是滤食器官，在鳃弓和咽壁上有纤毛上皮，它们不断运动把黏性分泌物输送到消化管后部，因此在消化与代谢活动中发挥重要作用。随着颌的形成、捕食习性周期性摄食的发展，用黏着的方式来滤取食物已经不能适应，但对调节物质的需要却增加，这可能就是在这个部位形成与发展一系列内分泌腺的主要原因。例如，七鳃鳗幼体没有甲状腺，变态时由幼体器官（内柱）形成甲状腺。内柱是有纤毛的沟或囊，其在原索动物和七鳃鳗幼体中的主要作用是分泌黏液来黏着食物，它亦能使碘结合到酪氨酸上。在这个部位的其他内分泌器官亦有类似的演化情况。又如，胃和肠上皮散布着一些分泌激素（如肠促胰液肽和促胃酸激素）的细胞，以调节消化液的分泌。胰脏的腺上皮囊形成胰岛泡，它分泌胰岛素和胰高血糖素以调节血液的葡萄糖浓度。

鱼类的鳃上皮不仅能够交换气体、分泌与吸收盐分，还是调节钙和磷平衡的甲状旁腺及鳃后体的起源处。它们和甲状腺一样，都是由原索动物的黏液分泌细胞发展而来。胚胎时期口腔顶部上皮形成凹窝或囊，向上生长，而后和其上方的下丘脑紧密接触，这种上皮增生就形成腺垂体，与从下丘脑往下生长的神经垂体结合而形成脑垂体。现存鱼类中的芦鳗属（*Calamoichthys*）还保留开口于口腔的脑垂体囊，且具有外分泌和内分泌的功能。此外，硬骨鱼类的腺垂体只通过一个囊状物与扁平的神经垂体相连接，而神经垂体的神经分泌纤维直接穿入腺垂体；较高等的脊椎动物形成特有的垂体门脉系统，神经分泌产物释放到这些血管中然后送到腺垂体。

（三）生肾组织

生肾组织是内分泌腺形成的第三个部位。胚胎时期，生肾组织和体腔联系，而在鱼类，体腔具有排泄和生殖功能。由这个组织发展形成肾上腺和性腺分泌的激素都属于类固醇，并且具有相似的合成途径。不同的是，肾上腺分泌的激素主要调节物质代谢，而性腺激素主要控制生殖机能。鱼类的肾上腺皮质是分散的，称为肾间腺，且与嗜铬组织（相当于高等脊椎动物的肾上腺髓质）分开。两栖类的肾上腺皮质和嗜铬组织常结合在一起形成肾上腺。有些种类（如泥螈 *Necturus*）的肾上腺在肾脏腹面排列成一些小岛状，有些种类（如蛙类）在肾脏腹面形成两条肾上腺。这两种分泌组织在高等脊椎动物中紧密结合在一起具有特别作用。肾上腺皮质在没有髓质的离体培养条件下仍能正常分泌激素，但肾上腺皮质激素能促进髓质的苯乙醇胺-*N*-甲基转移酶的形成，这种酶能使去甲肾上腺素甲基化而转为肾上腺素。所以，两种组织结合通过局部门脉系统而使髓质产生较多的激素。

总的来说，脊椎动物的内分泌腺是由分散的神经分泌系细胞、原始脊索动物的黏液分泌细胞，以及形成性腺、肾脏和体腔的一部分中胚层所形成的，最原始的机能是调节离子平衡。促使它们演化发展的主要因素，一方面是生殖、发育和生长季节性调节的需要；另一方面是颚的形成，无选择的被动滤食方式转变为有选择的主动捕食方式，因而需要调节消化与代谢的机能。在长期演化发展过程中，内分泌腺形态构造的主要变化是由分散的内分泌细胞发展为密实的、血管丰富的腺体。

第三节　激　　素

一、激素的类别

激素（hormone）是由内分泌腺或器官组织的内分泌细胞所合成与分泌，以体液为媒介，在细胞之间递送调节信息的高效能生物活性物质。内分泌细胞合成的激素按化学性质可分为蛋白质、肽、类固醇及脂肪酸衍生物等。也可依据激素分子的溶解性能分为亲水激素（hydrophilic hormones）与亲脂激素（lipophilic hormone）。

（1）胺类：如儿茶酚胺（catecholamine）、5-羟色胺（serotonin，5-HT）、褪黑激素（melatonin）等，多为氨基酸修饰而成。

（2）类固醇：如肾上腺皮质激素、性激素和昆虫的蜕皮素（ecdyson），均由胆固醇合成。此类激素与定位于靶细胞胞质或核受体结合引起生物效应。

（3）多肽和蛋白质：如下丘脑、垂体、甲状旁腺、胰岛、胃肠道等部位分泌的激素、昆虫的脑激素、滞育激素（diapau hormone）等。这类激素合成后经高尔基体包装，以激素前体原、激素原或者激素等形式储备在细胞内，在机体需要时经胞吐方式分泌。

（4）脂肪酸衍生激素：花生四烯酸（arachidonic acid）转化的前列腺素族（prostaglandin，PG）、血栓素类（thromboxane，TX）和白三烯类（leukotriene，LT）等廿烷酸类（eicosanoid）衍生物可作为短程信使广泛参与细胞活动的调节，因此也将它们视为激素。由于这类物质的合成原料来源于细胞的膜磷脂，所以体内几乎所有组织细胞都可以生成。

二、激素的合成和释放

与其他蛋白质合成一样，蛋白质和肽类激素的合成主要在粗面内质网进行。激素的氨基酸序列由来源于细胞核的 mRNA 所决定，由核酸指导肽和蛋白质合成的过程称为翻译。mRNA 的翻译从 N 端开始，直至 mRNA 所翻译的全段肽类序列结束。在粗面内质网，经 mRNA 翻译所形成的肽为前激素原。前激素原在由内质网转运至高尔基体的过程中经过肽链片段的剪切形成前激素。在高尔基体内，前激素被包裹形成分泌囊泡，后者通常含有将前激素转变为激素的蛋白水解酶。

胺类激素和类固醇激素的合成分别以酪氨酸和胆固醇为原料，通过一系列的酶促反应最后生成。蛋白质、肽和胺类激素的释放通过囊泡的出胞过程（exocytosis）而实现，类似于神经递质的释放，含有激素的囊泡通过胞质转运至细胞膜，当胞质内 Ca^{2+} 浓度升高时，触发囊泡膜与细胞膜融合，使囊泡所含的激素释放到细胞外。

三、激素的作用和特点

（一）激素的作用

分泌是腺上皮组织的基本功能，其表现为两种方式：内分泌与外分泌。外分泌是分泌物通过导管排到体腔或体表的分泌方式，如胰腺等消化腺将消化液分泌到消化管腔内发挥作用，汗腺将汗液分泌到体外，这些腺体统称外分泌腺。内分泌是指腺细胞将所产生的物质，即激素直接分泌到体液中，并以血液等体液为媒介对靶细胞产生调节效应的一种分泌形式，而具有这种功能的细胞称为内分泌细胞（endocrine cell）。典型的内分泌细胞集中位于垂体、甲状腺、甲状旁腺、肾上腺、胰岛等，形成内分泌腺（endocrine gland）。此外，神经元、心肌、血管内皮、肝、肾、脂肪细胞及免疫细胞等非典型的内分泌细胞也可产生激素。

激素作用方式包括经典的远距分泌［telecrine，或血分泌（hemocrine）］，以及非经典的旁分泌（paracrine）、神经分泌（neurocrine）、自分泌（autocrine），甚至内部分泌（intracrine）和腔分泌（solinocrine）等短距细胞通讯方式（图 8-2）。同一内分泌腺可以合成和分泌多种激素，如腺垂体；同一种激素又可由多部位组织细胞合成和分泌，如生长抑素分别可在下丘脑、甲状腺、胰岛、肠黏膜等部位合成和分泌。

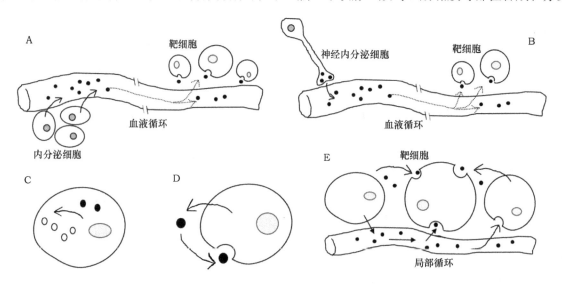

图 8-2　激素作用方式
A. 血分泌；B. 神经分泌；C. 内部分泌；D. 自分泌；E. 旁分泌

激素对靶组织的作用是多种多样的，主要可归纳为三个方面。①动力作用（kinetic effect），如色素移动、肌肉收缩、腺体分泌等。②代谢作用（metabolic effect），如呼吸速率的调节、糖和蛋白质平衡、电解质和水分的平衡、钙和磷的平衡等。③形态发生作用（morphogenetic effect），包括生长、蜕皮、变态、再生、性腺成熟、配子释放、生殖管道分化和第二性征的形成等。

激素对机体整体功能的调节作用可大致归纳为以下几个方面。

（1）整合机体稳态：激素参与水电解质平衡、酸碱平衡、体温、血压等调节过程，还直接参与应激反应等，与神经系统和免疫系统协调、互补，全面整合机体功能，适应环境变化。

（2）调节新陈代谢：多数激素都参与调节组织细胞的物质代谢和能量代谢，维持机体的营养和能量平衡，为机体的各种生命活动奠定基础。

（3）维持生长发育：促进全身组织细胞的生长、增殖、分化和成熟，参与细胞凋亡过程等，确保并影响各系统器官的正常生长发育和功能活动。

（4）维持生殖过程：维持生殖器官的正常发育成熟和生殖的全过程，维持生殖细胞的生成直到妊娠和哺乳过程，以保证个体生命的绵延和种系的繁衍。

但是，一种激素往往有多种作用。例如，甲状腺激素既可影响细胞的代谢，亦可影响一些组织的形态发生，表明激素并不直接产生它们的最终效应，而是激活一些中间作用。对于不同的组织和细胞类型，这些中间作用可能是不同的。大多数激素因为分子大或者有极性不能进入细胞内，而和表面膜的受体起作用。因为受体分子和酶相联系，激素与受体的相互作用就影响酶的活性。激素-受体的特异性和受体-酶的特异性是不同的激素有不同作用的原因。相反，如果一种激素能够激活和相似的受体分子联系的各种不同的酶，这种激素就能在不同的细胞或者在同一种细胞中产生完全不同的作用。

（二）激素的特点

高等无脊椎动物（如软体动物和节肢动物）和脊椎动物具有各种非神经性的内分泌腺，产生多种腺体激素。这些内分泌腺中有些受到神经分泌物的控制。所以，激素通常是指神经激素和腺体激素。它们的共同特点是：①都是由内分泌细胞产生与分泌的微量化学物质；②都通过体液或细胞外液运送到特定的靶组织；③它们和靶组织的特异性受体分子起作用；④一般是通过激活特殊的酶而起某种催化作用；⑤一种激素对一种靶组织可能有多种作用，亦可能对几种不同的靶组织起作用。

激素通过血液循环可以作用于距离较远的靶组织，但有的神经激素作用于很近的靶组织，如下丘脑和脑垂体紧靠在一起；还有个别激素不通过血液循环而直接由神经轴突运送到靶组织，如昆虫脑间部神经分泌细胞产生的激素通过神经轴突直接送到靶器官咽侧体。激素在动物体内的调节作用是一个长时间的复杂过程。其中包括在分泌细胞内的合成和储存、释放到血液中并运送到所作用的靶组织，以及分解和作用的消除。各种激素持续作用的时间长短不同，它们的半衰期可以从几分钟（如后叶加压素）到几小时（如甲状腺素）。

各种激素对靶细胞所产生的调节效应不尽相同，但可表现出一些共同的作用特征。

1. 特异作用

激素只选择性地对能识别它的靶细胞起作用，表现为激素作用的特异性，这主要取决于靶细胞特异性受体与激素的结合能力，即亲和力。尽管多数激素通过血液循环广泛接触各部位的组织、细胞，但某些激素只选择性地作用于特定目标，犹如"靶"，故相应的器官、腺体、组织或细胞，分别称为该激素的靶器官、靶腺、靶组织和靶细胞，以及靶蛋白、靶基因等。例如，腺垂体促激素主要作用于相应的靶腺；也有些激素作用范围遍及全身，如生长激素、甲状腺激素和胰岛素等，这完全取决于这些激素受体的分布。激素作用的特异性并非绝对，有些激素与受体的结合表现出交叉现象，如胰岛素与胰岛素样生长因子的受体等，只是亲和力有所差异。

2. 信使作用

激素所起的作用是传递信息，犹如"信使"的角色。由内分泌细胞发布的调节信息以分泌激素这种化学的方式传输给靶细胞，其作用旨在启动靶细胞固有的、内在的一系列生物效应，而不是作为某种反应物直接参与细胞物质和能量代谢的具体环节。与膜受体结合的激素通常作为"第一信使"先与膜受体结合，再进一步引起胞质中"第二信使"的生成，第二信使是细胞内下游信号转导分子的激活物或者抑制物，再引起细胞产生某种生物效应。在发挥作用过程中，激素对其所作用的细胞，既不添加新功能，也不提供额外能量。

3. 高效作用

激素是高效能的生物活性物质。在生理状态下，激素的血浓度很低，多在 $10^{-12}\sim10^{-7}$ mol/L 的数量级

（pmol/L 至 nmol/L）。激素与受体结合后，通过引发细胞内信号转导程序，经逐级放大，可产生效能极高的生物放大效应。例如，1mol 胰高血糖素通过 cAMP-PKA 途径，引起肝糖原分解，生成 3×10^6 mol 葡萄糖，其生物效应放大约 300 万倍；在下丘脑-垂体-肾上腺皮质轴系的活动中，0.1μg 促肾上腺皮质激素释放激素（CRH）可使腺垂体释放 1μg 促肾上腺皮质激素（ACTH），后者再引起肾上腺皮质分泌 40μg 糖皮质激素，最终可产生约 6000μg 糖原储备的细胞效应。

4. 相互作用

内分泌腺体和内分泌细胞虽然分散在全身，但它们分泌的激素又都以体液为基本媒介传播，相互联系并形成一体化内分泌系统。因此，每种激素产生的效应总是彼此关联、相互影响、错综复杂，这对于生理活动的相对稳定具有重要意义。协同作用表现为多种激素联合作用时所产生的效应大于各激素单独作用所产生效应的总和，如生长激素与胰岛素都有促生长效应，只有同时应用时动物体重才显著增长。生长激素、糖皮质激素、肾上腺素与胰高血糖素等具有协同的升高血糖作用，而胰岛素与这些生糖激素的作用相反，通过多种途径降低血糖，表现为拮抗作用。胰岛素一旦缺乏，将导致血糖显著升高。激素之间还存在一种特殊的关系，即某激素对特定器官、组织或细胞没有直接作用，但它的存在却是另一种激素发挥生物效应的必要基础，这称为允许作用（permissiveness/permissive action）。糖皮质激素具有广泛允许作用的特征，其他许多激素需要它的存在才能呈现出相应的调节效应。例如，糖皮质激素本身对心肌和血管平滑肌并无直接增强收缩的作用，但只有当它存在时，儿茶酚胺类激素才能充分发挥调节心血管活动的作用。这可能是由于糖皮质激素调节相应靶细胞膜、肾上腺素能受体的数量，或者调节受体中介的细胞内信息传递体系活动，如影响腺苷酸环化酶的活性及 cAMP 的生成过程等。有实验表明，雌激素可增加禁食大鼠的肝糖原量，但在摘除肾上腺后此反应消失，若再给予动物注射少量肾上腺提取物后，则上述反应可重新出现。后来证明，这是肾上腺提取物中含有糖皮质激素的缘故。

四、激素分泌的调控

激素是实现内分泌系统调节作用的基础，其分泌活动受到严密的调控，可因机体的需要适时、适量分泌，及时启动和终止。激素的分泌除有本身的分泌规律（如基础分泌、昼夜节律、脉冲式分泌等）之外，还受神经和体液性调节。

（一）生物节律性分泌

许多激素具有节律性分泌的特征，短者表现以分钟或小时计的脉冲式，长者可表现为月、季等周期性波动。例如，腺垂体一些激素表现为脉冲式分泌，且与下丘脑调节肽的分泌活动同步；褪黑素、皮质醇等表现为昼夜节律性分泌；女性生殖周期中性激素呈月周期性分泌；甲状腺激素则存在季节性周期波动（图 8-3）（Yoshihara et al., 2018）。激素分泌的这种节律性受机体生物钟（biological clock）的控制，取决于自身生物节律。下丘脑视交叉上核可能是机体生物钟的关键部位。

（二）体液调节

1. 轴系反馈调节

下丘脑-垂体-靶腺轴（hypothalamus pituitary target glands axis）调节系统是控制激素分泌稳态的调节环路，也是激素分泌相互影响的典型实例。在调节系统内，激素的分泌不仅表现等级层次，同时还受海马、大脑皮质等高级中枢的调控。一般而言，在此系统内高位激素对下位内分泌细胞活动具有促进性调节作用；而下位激素对高位内分泌细胞活动多表现负反馈性调节作用。在调节轴系中，分别形成长反馈（long-loop feedback）、短反馈（short-loop feedback）和超短反馈（ultrashort-loop feedback）等闭合的自动控制环路。长反馈指在调节环路中终末靶腺或组织所分泌激素对上位腺体活动的反馈影响；短反馈指垂体所分泌的激素对下丘脑分泌活动的反馈影响；超短反馈则指下丘脑肽能神经元活动受其自身所分泌调

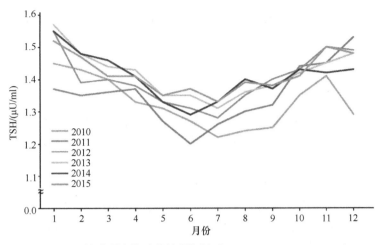

图 8-3 甲状腺激素的季节性周期波动（Yoshihara et al., 2018）

节肽的影响，如肽能神经元可调节自身受体数量等。通过这种闭合式自动控制环路，能维持血液中各级别激素水平的相对稳定。例如，下丘脑-垂体-甲状腺轴、下丘脑-垂体-肾上腺皮质轴和下丘脑-垂体-性腺轴，调节环路中任一环节障碍，都将破坏这一轴系激素分泌水平的稳态。

在轴系反馈调节中，正反馈调节机制很少见。在卵泡成熟发育进程中，卵巢所分泌雌激素在血液中达到一定水平后，可正反馈地引起 LH 分泌高峰，最终促发排卵。

2. 体液代谢物调节效应

很多激素都参与体内物质代谢过程的调节，而物质代谢引起血液中某些物质的变化又反过来调整相应激素的分泌水平，形成直接的反馈调节。例如，进餐后血中葡萄糖水平升高时可直接刺激胰岛 B 细胞增加胰岛素分泌，结果使血糖降低；血糖降低则可反过来使胰岛素分泌减少，从而维持血糖水平的稳态。同样，血 K^+ 升高和血 Na^+ 降低都可直接刺激肾上腺皮质球状带细胞分泌醛固酮；血 Ca^{2+} 的变化则直接调节甲状旁腺激素和降钙素的分泌。这种激素作用所致的终末效应对激素分泌的影响，能直接、及时地维持血中某种化学成分浓度的相对稳定。

有些激素的分泌受到自我反馈调控，如 1,25-二羟维生素 D_3[1,25-(OH)$_2$D$_3$]生成增加到一定程度后，可抑制分泌细胞内 1α-羟化酶系的活性，能有效限制更多的 1,25-(OH)$_2$D$_3$ 生成。

此外，有些激素的分泌直接受功能相关联或相抗衡的激素的影响。例如，胰高血糖素和生长抑素可通过旁分泌作用分别刺激和抑制胰岛 B 细胞分泌胰岛素，它们的作用相互抗衡、制约，共同参与血糖稳态的维持。

（三）神经调节

下丘脑是神经系统与内分泌系统活动相互联络的重要枢纽。下丘脑的上行和下行神经联系通路复杂而又广泛，内、外环境各种形式的刺激都可能经这些神经通路影响下丘脑神经内分泌细胞的分泌活动，实现对内分泌系统及整体功能活动的高级整合作用。神经活动对激素分泌的调节对于机体具有特殊的意义，如胰岛、肾上腺髓质等腺体和许多散在的内分泌细胞都有神经纤维支配。应激状态下，交感神经系统活动增强，肾上腺髓质分泌的儿茶酚胺类激素增加，可以配合交感神经系统广泛动员整体功能，释放能量增加，适应机体活动的需求；而在夜间睡眠期间，迷走神经活动占优势时又可促进胰岛 B 细胞分泌胰岛素，有助于机体积蓄能量、休养生息。再如，吸吮乳头通过神经反射途径引起催乳素和缩宫素释放，发生射乳反射；进食期间迷走神经刺激 G 细胞分泌胃泌素，不仅促进胃液分泌，也有助于相应器官的营养性功能。

第四节 主要的内分泌器官及其分泌物

脊椎动物重要的内分泌腺有下丘脑（hypothalamus）、垂体（pituitary）、松果体（epiphysis）、甲状腺（thyroid）、甲状旁腺（parathyroid）、胰腺（pancreas）、肾上腺（adrenal）、性腺（gonad，包括睾丸与卵巢）。

一、下丘脑-垂体系统

下丘脑（hypothalamus）与垂体（hypophysis）位于大脑底部，两者在结构及功能上都有着密切联系。成人下丘脑重量不足全脑的 1%，平均仅 4g 重，但它是极为重要的结构，与中枢神经系统其他脑区存在错综复杂的传入、传出联系。下丘脑内有一些能分泌肽类物质的神经元，称为肽能神经元（peptidergic neuron），它们分泌的肽类物质被称为神经肽（neuropeptide）。

垂体位于蝶鞍构成的垂体窝中，根据其发生、结构和功能特点，可分为腺垂体（adeno-hypophysis）和神经垂体（neuro-hypophysis）两个部分。腺垂体主要包括垂体前叶（anterior lobe）和垂体中叶（intermediate lobe）；神经垂体包括神经部和漏斗部，漏斗部与下丘脑相连。下丘脑与垂体既通过结构上延续相连，也可通过体液的方式相互联系，从而形成下丘脑-垂体功能单位，主要包括下丘脑-腺垂体系统和下丘脑-神经垂体系统两部分。

（一）下丘脑-腺垂体系统

下丘脑与腺垂体之间并没有直接的神经联系，但存在独特的血管网络，即垂体门脉系统（hypophyseal portal system）。垂体上动脉先进入正中隆起，形成初级毛细血管网，然后再汇集成几条垂体长门脉血管进入垂体，并再次形成次级毛细血管网。这种结构可经局部血流直接实现腺垂体与下丘脑之间的双向沟通，而不需通过体循环。下丘脑的内侧基底部，包括正中隆起、弓状核、腹内侧核、视交叉上核、室周核及室旁核内侧的小细胞神经元（parvocellular neuron）组成小细胞神经分泌系统。这些神经元胞体发出的轴突多终止于下丘脑基底部正中隆起，与初级毛细血管网密切接触，其分泌物可直接释放到垂体门脉血管血液中。因为能产生多种调节腺垂体分泌的激素，故又将这些神经元胞体所在的下丘脑内侧基底部称为下丘脑的促垂体区（hypophysiotrophic area）。由下丘脑促垂体区肽能神经元分泌的、能调节腺垂体活动的肽类物质，统称为下丘脑调节肽（hypothalamic regulatory peptides，HRP）。迄今已发现的下丘脑调节肽主要有 9 种，其化学性质和主要作用列于表 8-1 中。

表 8-1　九种下丘脑调节肽的主要作用（陈灏珠，2018）

调节肽	结构	主要作用
促性腺激素释放激素（GnRH）	多肽	刺激垂体分泌黄体生成素（LH）及卵泡刺激素（FSH）
生长激素释放激素（GHRH）	多肽	刺激垂体释放生长激素（GH）
生长抑素（SS）	多肽	抑制 GH、胰岛素、胰高血糖素分泌
促甲状腺激素释放激（TRH）	多肽	刺激垂体分泌促甲状腺激素（TSH）和催乳素（PRL）
促肾上腺皮质激素释放激素（CRH）	多肽	刺激垂体分泌促肾上腺皮质激素（ACTH）
促黑激素细胞释放抑制因子（MIF）	多肽	抑制促黑素细胞激素（MSH）的释放和合成
促黑素细胞激素释放因子（MRF）	多肽	兴奋促黑素细胞激素（MSH）的释放和合成
催乳素释放抑制因子（PIF）	多肽	抑制 PRL 分泌
催乳素释放激素（PRH）	多肽	刺激 PRL 释放

各种下丘脑调节肽的作用机制有所不同。CRH、GHRH、GHIH 等下丘脑调节肽与腺垂体靶细胞膜受体结合后以 cAMP、IP_3/DG 或 Ca^{2+} 作为第二信使；TRH、GnRH 等仅以 IP_3/DG 和 Ca^{2+} 为第二信使。

腺垂体（或脑垂体前叶）至少分泌 7 种多肽激素，其靶组织和功能列于表 8-2。

表 8-2　腺垂体分泌激素的靶组织和功能（朱大年，2018）

激素	靶组织	主要功能
生长激素（GH）	几乎所有组织器官	①促进生长：骨、软骨、肌肉和其他组织细胞的增殖，增加细胞中蛋白质的合成，促进全身多数器官细胞的大小和数量增加，从而促进机体生长 ②调节新陈代谢：主要促进氨基酸向细胞内转运，并抑制蛋白质分解，增加蛋白质含量。GH 可激活对胰岛素敏感的脂肪酶，促进脂肪分解，增强脂肪酸氧化、提供能量，最终使机体的能量来源由糖代谢向脂肪代谢转移，有助于促进生长发育和组织修复。GH 也可通过降低外周组织对胰岛素的敏感性而升高血糖
催乳素（PRL）	乳腺和性腺	①调节乳腺活动：PRL 可促进乳腺发育，发动并维持乳腺泌乳 ②调节性腺功能：PRL 对卵巢活动有双相调节作用，低水平、小剂量的 PRL 可促进卵巢雌孕激素的分泌，而大剂量则有抑制作用。PRL 对男性生殖腺的功能也有影响。在睾酮存在的条件下，PRL 能促进前列腺和精囊腺的生长，增加睾丸间质细胞 LH 受体的数量，提高睾丸间质细胞对 LH 的敏感性，增加睾酮的生成量，促进雄性性成熟
促黑素（MSH）	黑素细胞	促进黑素细胞增殖，促进黑素的生物合成
促甲状腺激素（TSH）	甲状腺	促进甲状腺细胞的增殖、甲状腺激素的合成和分泌
促肾上腺皮质激素（ACTH）	肾上腺皮质	促进肾上腺皮质的组织增生，以及皮质激素的生成和分泌
卵泡刺激素（FSH）	卵泡	促进卵泡成熟，促进卵泡颗粒层细胞增生分化，促进整个卵巢长大发育
黄体生成素（LH）	性腺	胆固醇在性腺细胞内转化为性激素

　　上述各种腺垂体激素分别由不同的分泌细胞分泌，如硬骨鱼类的腺垂体至少有 5 种分泌细胞。这些细胞的组织化学性质不同，用染色方法可大致分为三类：①嗜酸性粒细胞，分泌生长激素和催乳激素；②嗜碱性粒细胞，分泌促甲状腺激素、促肾上腺皮质激素、促卵泡激素和促黄体激素；③嫌色细胞。

　　由于腺垂体激素都是蛋白质，特别是生长激素、催乳激素和促性腺激素等大分子，因此，都具有明显的种族特异性。虽然采用脑垂体碎片进行种间试验都会产生一些反应，但相近种类的作用通常要大得多，这与蛋白质分子大小及构造的复杂性亦有关系。例如，牛的促甲状腺激素是较小的分子（相对分子质量约为 10 000），能够引起从圆口类到哺乳类的所有脊椎动物的甲状腺细胞起反应；但牛的促性腺激素的分子质量比促甲状腺激素的大 4～10 倍，对低等脊椎动物一般没有作用。又如，虽然各种脊椎动物对异源性的促性腺激素都能起一些反应，但生物学效能不同。哺乳动物的促性腺激素对各类脊椎动物都有一定活性，如哺乳动物的促黄体激素和绒毛膜促性腺激素对鱼类有作用，而鱼类的促性腺激素对哺乳动物无作用。在鱼类中，一般亦以同类或相近种类的促性腺激素活性较强。两栖类、爬行类和鸟类与哺乳类的促性腺激素亦有一定反应。鸟类的促性腺激素对蜥蜴的活性要比对哺乳动物的强。爬行类的促性腺激素对鸟类和两栖类的活性亦比对哺乳动物的强，这表明激素的种族特异性是相对的，很有可能与其分子结构的差异性有关。促甲状腺激素亦有类似情况。哺乳动物的 TSH 对硬骨鱼类有活性，而硬骨鱼类的 TSH 对哺乳类和硬骨鱼类都有比较明显的作用，这亦说明 TSH 和其他激素一样，在演化过程中的分子结构发生变化。

　　所有脊椎动物（圆口类可能除外）都有生长激素和催乳激素。生长激素的活性可以用切除脑垂体的大白鼠，测定其促进胫骨生长的能力来鉴定。所有四足类的脑垂体提取物都有这种功能，而这种功能的大小常和种类之间的亲缘关系有联系。软骨鱼类和硬骨鱼类的脑垂体提取物没有这种功能，但鱼类中的古老类群，如软骨硬鳞类的鲟鱼、硬骨硬鳞类的弓鳍鱼和雀鳝以及肺鱼类的脑垂体提取液则有促进大白鼠胫骨生长的作用，这表明硬骨鱼类生长激素的化学结构与哺乳动物的明显不同。人的生长激素的种族特异性是非常特殊的例子，其他哺乳动物的生长激素对人体完全没有作用，对灵长类亦没有反应，但对鼠类却有反应。

　　催乳激素注射到不同类群的脊椎动物产生不同的效应，这包括促进哺乳动物乳腺的分泌活动、鸽子嗉囊的鸽乳形成、蝾螈的趋水效应，以及硬骨鱼类的鳃对离子的通透性降低等。如果把脊椎动物主要类群的催乳激素对促进这些反应的情况进行比较，就可以反映演化过程中激素构造的变化。圆口类没有催乳激素，但其他类群脊椎动物的催乳激素都能促使蝾螈的趋水效应，肺鱼类（不包括其他鱼类）和所有四足类的催乳激素能够促进鸽子嗉囊的分泌活动；而只有四足类的催乳激素能促使哺乳类的乳腺分泌活动。但是，免疫交叉反应证明，鱼类和四足类的催乳激素是同系的分子，例如，抗羊催乳激素血清能和鱼类催乳激素起反应,而抗鱼催乳激素血清和羊催乳激素起反应。

(二)下丘脑-神经垂体系统

在脑垂体的形成过程中已经提到神经垂体是下丘脑往下的突出部分,下丘脑的正中隆起和神经垂体直接联系。神经垂体又称为脑垂体后叶,由神经分泌纤维的轴突和它们的末梢组成。哺乳类的这些轴突的细胞体位于下丘脑的视上核和室旁核内,由这些细胞合成的分泌物和后叶激素运载蛋白结合后运送到神经垂体内的神经血管器官中储存,然后释放到周围的微血管中。由神经垂体分泌的是两种八肽激素,即后加压素(又称抗利尿激素)和催产素。这两种激素的基本作用是引起子宫和动脉血管平滑肌的收缩。在哺乳动物,催产素的主要作用是分娩时刺激子宫收缩和乳腺的排乳;在鸟类中是刺激输卵管运动。抗利尿激素的主要作用是促进肾脏将水分保存下来。

垂体后叶加压素和催产素的化学结构差别不大,它们的名称只是根据它们的生理作用而定。哺乳动物分泌的主要是精氨酸加压素和催产素,猪则分泌赖氨酸加压素。精氨酸加压素和赖氨酸加压素对哺乳动物都能引起增加水分重吸收和升高血压的作用,催产素有促进子宫和动脉血管平滑肌收缩以及乳腺上皮细胞收缩的作用,赖氨酸加压素亦有类似作用,但比催产素弱得多。哺乳类以外的脊椎动物都有精氨酸管催产素,而哺乳动物只有在胚胎时期才可找到,由于圆口类亦有这种激素,因此认为它可能是最原始的神经垂体激素。精氨酸管催产素和精氨酸加压素都是碱性肽,对膜的通透性,包括肾小管和集合管,以及蛙类皮肤、膀胱、泄殖腔等的通透性都有明显影响。两栖类、爬行类和肺鱼类都有中催产素,说明它们在演化上的亲缘关系比较接近。此外,由于精氨酸管催产素对保持水盐平衡起重要调节作用,可以推想神经垂体激素最初的作用就是调节水和电解质的平衡;而在演化过程中,四足类逐渐形成发达的神经垂体,亦可能和陆上生活对水盐平衡调节的重要性有关。近年来的研究表明,腺垂体内分泌细胞的分泌活动受到 9 种由下丘脑神经分泌细胞分泌的激素所控制。这 9 种下丘脑激素中有些是释放激素,有些是抑制激素,例如,TSH 由它的释放激素(TSH)所控制;催乳激素由抑制它释放的抑制激素(PRIH)所控制,等等。这些促脑垂体激素的释放既受脑的控制,又受到它们最终控制的激素在血液循环中的含量变化引起的反馈作用所调节。反馈作用的部位是在下丘脑,包括正中隆起,亦可能包括脑垂体。甲状腺激素、皮质类固醇、性类固醇及催乳激素在血液循环中的含量都能产生负反馈作用。到目前为止,已经知道至少有 3 种腺垂体激素受到下丘脑的双重控制,即一种释放激素和一种抑制激素分别调节控制生长激素、催乳激素和黑色素刺激的分泌活动。最近对金鱼促性腺激素分泌活动的研究表明,它不仅受到释放激素的调节,还受到来自下丘脑视前区的抑制因子的控制。

这些激素都是小分子,如 TRH 和 MSH-R-IH 只有 3 个氨基酸,LH/FSH-RH 有 10 个,它们很可能是较大分子的片段,如 NSH-R-IH 和催产素的侧链是一样的,在正中隆起还发现能把这个片段从催产素分开的酶。在下丘脑和正中隆起亦发现 TRH 合成酶,它促使 3 个氨基酸集合在一起形成 TRH。

虽然各种下丘脑激素都是最先从哺乳类开始研究的,近年来对各类群脊椎动物下丘脑激素的比较研究亦取得一些进展。例如,King 和 Millar(1980)系统地对哺乳类(鼠)、鸟类(鸽和鸡)、爬行类(龟和蜥蜴)、两栖类(蛙和蟾蜍)、硬骨鱼类(罗非鱼)和软骨鱼类(鳖鱼)的代表种类的下丘脑提取物,用兔抗 LH-RH 血清检验具有免疫反应的 LH-RH 物质,发现两栖类和哺乳类具有结构相似的 LH-RH;软骨鱼类、硬骨鱼类、爬行类和鸟类的 LH-RH 结构相似,但和两栖类、哺乳类的不同。根据他们的分析,这两类 LH-RH 的结构差别可能是在第 7 个氨基酸残基,因而使它们的生物活性差别不大。

二、松果体、胸腺和尾下垂体

(一)松果体

原始脊椎动物除位于头两侧的一对眼睛外,还有一对位于头部正中的眼睛,即顶眼和松果眼。在演化过程中,顶眼退化,而松果眼在高等脊椎动物失去感觉作用而发展成为内分泌器官的松果体(或松果腺）。松果体分泌的激素主要是褪黑激素，虽然亦曾检测到 5-羟色胺和去甲基肾上腺素，但这属于神经递质而不是激素，而且，5-羟色胺是褪黑激素合成过程的中间产物。褪黑激素的分泌亦有昼夜节律，一般在黑暗（夜间）条件下分泌增加。褪黑激素除了能使皮肤色素细胞收缩、体色变淡之外，还有抑制性腺发育的作用。例如，切除雌鼠松果体会使卵巢肥大，而注射褪黑激素会使卵巢重量减轻，特别是在幼年期，有阻抑性成熟的作用。褪黑激素的这种作用可能和抑制脑垂体促性腺激素的分泌有关。对鲤科和鳉科鱼类的研究还证明，光周期对性腺发育的影响是通过松果体和眼睛而起作用。一方面，驯养在长光周期下的、性腺正在发育的金鱼和青鳉，在变盲或切除松果体后性腺退化；另一方面，驯养在短光周期下的金鱼，切除松果体能促进性腺发育；性腺退化的金鱼切除松果体后，处于各种不同的环境条件下都对性腺发育没有任何影响。因此，松果体和眼睛参与了长光周期刺激鱼类性腺发育的某些作用。至于松果体和眼睛传送光周期信息是神经传递还是化学传递，目前仍不完全清楚，但后一种的可能性较大，因为注射褪黑激素能抑制鱼类的性腺发育。

（二）胸腺

胸腺是否属于内分泌腺尚有争议，但已肯定其作用与免疫过程有关。从鱼类到哺乳类都有胸腺，由咽部内胚层凹陷的小囊发展而来。从胸腺分泌的激素称为胸腺素（thymosin），是多肽，相对分子质量约为 12 500，由两个亚基或四个亚基组成。切除胸腺或动物衰老后（胸腺萎缩），胸腺素在血液中的浓度下降，动物的抗病力（免疫能力）亦降低。胸腺的免疫作用和血液中的淋巴细胞有关。胸腺本身也是一种淋巴组织，能产生淋巴细胞，胸腺素很可能作用于胸腺的淋巴细胞并使它们具有免疫能力。因为没有细胞的胸腺提取液具有免疫能力，可以认为胸腺是通过进入血液循环的胸腺素的媒介作用，影响外周及胸腺内的淋巴细胞。

（三）尾下垂体

鱼类的尾下垂体和渗透压的调节有关。早期的研究发现，在不同的渗透压环境中，鱼类尾下垂体的组织学构造发生变化，而切除尾下垂体后，鱼类对淡水或海水的适应力降低。最近，Marshall 等（1981）对提纯的鱼类尾垂体分泌的激素-尾紧张素 I（uI）和尾紧张素 II（uII）的研究表明，它们主要通过三条途径影响鱼体内的运输过程：①影响各个渗透压调节器官的血液供应，如增高血压、促进尿液形成和排泄；②抑制或刺激调节渗透压的激素分泌，如 uII 能抑制罗非鱼催乳激素的分泌；③直接影响各种膜（包括皮肤、鳃盖膜、膀胱和肠）的离子输送作用。在皮肤和鳃盖膜，影响氯化物运输；在膀胱，影响钠的运输；在前肠，影响水和离子移动。此外，uI 和 uII 对肠的运输机能有不同影响，取决于鱼是适应于淡水还是海水生活。uI 使淡水鱼肠对水和氯化钠的吸收减少，而对海水鱼类没有影响；uII 对淡水鱼类没有作用，但能增加海水鱼类对水和氯化钠的吸收。

三、甲状腺内分泌

甲状腺激素是唯一含有卤族元素的激素，主要包括 3,5,3-三碘甲腺原氨酸和四碘甲腺原氨酸。脊椎动物的主要类群，从圆口类到哺乳类都有甲状腺，它们的形态构造各异。例如，板鳃鱼类的甲状腺是一个密实的器官，硬骨鱼类、两栖类和鸟类通常是一对，而哺乳类的甲状腺是一对或一个（如猪）。甲状腺激素是由甲状腺滤泡利用两个碘酪氨酸分子合成的，和儿茶酚胺一样，由于分子小，在演化过程中变化不大，天然类似物亦很少。

（一）甲状腺激素的生理作用

1. 促进生长发育

在各种脊椎动物的发育和成熟过程中，甲状腺激素亦起重要作用。甲状腺激素对发育的促进作用只是在生长激素的情况下才表现出来，因为生长激素和甲状腺激素一起作用促进发育期间的蛋白质合成。

在鱼类、鸟类和哺乳类发育的早期，甲状腺机能减退会引起呆小病（又称克汀病），身体、神经系统和性腺发育都明显迟缓，代谢率降低，对疾病的抵抗力亦减弱。

甲状腺激素对两栖类变态的影响尤为明显。如果缺乏甲状腺激素，蝌蚪就不能变为青蛙，如果给蝌蚪投喂甲状腺素粉，就能加快变态过程。

2. 调节新陈代谢

（1）增强能量代谢：提高机体基础代谢率是甲状腺激素最显著的效应。1mg T4 可使机体产热量增加 4200kJ，基础代谢率提高约 28%；甲状腺功能亢进患者的基础代谢率较常人高 60%～80%。甲状腺激素增加全身绝大多数组织的基础氧耗量，增大产热量，体温也将因此升高。甲状腺激素的产热效应部分是通过刺激除脑、脾和性腺等少数组织以外的所有组织中 Na^+-K^+-ATP 酶活性起作用。甲状腺激素对不同组织代谢率影响的差别可能与受体分布有关。甲状腺激素也增加线粒体的数量、大小、膜面积，并增加线粒体解偶联蛋白（uncoupling protein，UCP）的表达及一些关键的呼吸酶的表达。此外，甲状腺激素还可以降低超氧化物歧化酶（superoxide dismutase，SOD）水平，导致超氧阴离子自由基生成增加，这对长期甲状腺功能亢进的患者将产生有害影响。

（2）调节物质代谢：TH 对物质代谢的影响广泛，包括合成代谢和分解代谢，因此十分复杂。生理水平的 TH 对蛋白质、糖、脂肪的合成和分解代谢均有促进作用，而大量的 TH 则对分解代谢的促进作用更为明显。

甲状腺激素对变温动物的代谢亦起着重要作用，而在产热方面的作用很少。硬骨鱼类处于渗透压变化的环境中，甲状腺激素能促进渗透压调节所需的能量代谢增强。在广盐性鱼类的洄游过程中，甲状腺激素对环境盐度变化的生理适应性起重要作用。有些硬骨鱼类，甲状腺分泌活动增强在行为上引起对海水的选择，而另一些硬骨鱼类则引起对淡水的选择。

（3）影响器官系统功能：TH 是维持机体基础性功能活动的激素，所以对机体几乎所有器官系统都有不同程度的影响，但多数作用是继发于 TH 促进机体代谢和耗氧过程的。TH 对器官系统功能活动的主要影响概要归纳于表 8-3。

表 8-3　TH 对器官系统功能活动的主要影响（管又飞，2013）

器官系统	甲状腺激素的主要作用
心血管系统	增加肌凝蛋白 α 重链的基因转录，抑制肌凝蛋白 β 重链基因转录，促进肌质网释放 Ca^{2+}，增强心肌收缩力；增加肌质网 Ca^{2+}-ATP 酶的表达，提高心肌舒张期张力；增加 β 肾上腺素能受体的数量和 G 蛋白浓度；心率加快，心输出量增加，心脏做功增加
血液系统	促红细胞生成素升高，红细胞生成增多；增加红细胞内 2,3-DPG 含量，加速血红蛋白释放氧，有助于供氧
呼吸系统	保持低氧和高碳酸血症时呼吸中枢的正常驱动作用，增加呼吸频率和深度
消化系统	刺激肠蠕动，增加食欲
骨骼系统	刺激骨吸收和骨形成
泌尿系统	增加肾的体积，增加肾血流量、肾小球滤过率，促进机体排水
神经肌肉系统	促使肌肉结构蛋白质的合成；加速肌肉收缩和舒张的速度；提高中枢神经系统兴奋性
内分泌系统	具有允许作用，增强组织对其他激素的敏感性，增加激素分泌；加速多种激素和有关药的代谢率
生殖系统	维持正常的性欲和性功能

3. 甲状腺功能的调节

甲状腺功能直接受腺垂体分泌的 TSH 调节，并形成下丘脑-腺垂体-甲状腺轴调节系统，维持血液中甲状腺激素水平的相对稳定和甲状腺正常生长。

在下丘脑-腺垂体-甲状腺轴调节系统中，下丘脑释放的 TRH 通过垂体门脉系统刺激腺垂体分泌 TSH，TSH 刺激甲状腺滤泡增生、甲状腺激素合成与分泌；当血液中游离的 T3 和 T4 达到一定水平又产生负反馈效应，抑制 TSH 和 TRH 的分泌，如此形成 TRH-TSH-TH 分泌的反馈自动控制环路（图 8-4）。

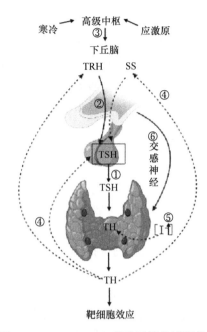

图 8-4　TRH-TSH-TH 的负反馈分泌调节轴

①TSH 维持甲状腺的生长、促进 TH 的合成与分泌；②TSH 的合成与分泌受下丘脑调节肽的调控，TRH 具有刺激作用，SS 具有抑制作用；③内外环境的变化可通过高级中枢，经下丘脑-腺垂体-甲状腺轴调节 TH 的分泌；④TH 对 TRH 和 TSH 的分泌有负反馈抑制作用；⑤血碘水平过高可直接抑制甲状腺的功能；⑥交感神经兴奋可促进甲状腺分泌 TH。TRH，促甲状腺激素释放激素；SS，生长抑素；TSH，促甲状腺激素；TH，甲状腺激素

（二）甲状旁腺、甲状腺 C 细胞内分泌与维生素 D_3

甲状旁腺和鳃后体都起源于消化管前部的咽或鳃囊，和在这个部位发展起来的胸腺、颈动脉体、扁桃体都由内胚层的咽上皮所形成。

甲状旁腺通常有两对，来源于第三、四两对鳃囊。鱼类没有甲状旁腺，两栖类以上的陆栖脊椎动物才有，这似乎与陆地生活、钙盐的储存和调节活动有关。甲状旁腺一般和甲状腺并列，但也有例外，如兔的甲状旁腺离甲状腺很远，羊的甲状旁腺则和胸腺在一起。甲状旁腺分泌甲状旁腺激素（PTH），是一种约含 80 个氨基酸的多肽，作用于骨基质及肾脏，使血浆中的钙浓度升高。

鳃后体起源于最后一对鳃囊。除圆口类外，所有脊椎动物都有鳃后体。在非哺乳动物，鳃后体一般位于心脏周围，但在哺乳动物，鳃后体细胞在个体发育过程中，其到甲状腺内，成为甲状腺的 C 细胞和旁腺泡细胞。鳃后体分泌的激素是降钙素，是由 32 个氨基酸组成的多肽，作用和甲状旁腺激素相反，能促使钙离子沉积在骨骼中，因而使血钙含量降低。

甲状旁腺激素与降钙素的化学结构在不同类群的脊椎动物中有些差别，特别是人和硬骨鱼类（鲑鱼）之间的差异更大，但是鱼类降钙素对人体的作用甚至比人本身的降钙素要大 10 倍左右，这是因为人体内使鱼降钙素失活的机制不如使人降钙素失活有效，因而，鱼降钙素在人体内的作用时间长得多。

1. 甲状旁腺激素的生理作用

甲状旁腺激素作用的效应主要是升高血钙和降低血磷，调节血钙和血磷水平的稳态。实验中将动物的甲状旁腺切除后，其血钙水平逐渐下降，出现低钙抽搐，甚至可致死亡；而血磷水平则逐渐升高。临床上进行甲状腺手术时，若误将甲状旁腺摘除，可造成严重后果。PTH 的靶器官主要是肾和骨。

1）对肾的作用

PTH 作用于近端肾小管上皮细胞，可通过增加 cAMP 而促进近端小管对钙的重吸收，减少尿钙排泄，升高血钙；同时可抑制近端小管对磷的重吸收，促进磷的排出，使血磷降低。

PTH 对肾的另一作用是激活肾内 1α-羟化酶，后者可催化 25-(OH)D_3 转变为有高度活性的 1,25-(OH)$_2$$D_3$。1,25 - (OH)$_2$$D_3$ 可促进小肠和肾小管上皮细胞对钙、磷的吸收。

2）对骨的作用

PTH 可促进骨钙入血，其作用包括快速效应与延迟效应两个时相。PTH 的快速效应在数分钟内即可产生，其产生机制是骨细胞膜对 Ca^{2+} 的通透性迅速增高，骨液中的 Ca^{2+} 进入细胞，然后由钙泵将 Ca^{2+} 转运至细胞外液中，引起血钙升高。PTH 的延迟效应在激素作用 $12\sim14h$ 后出现，一般在几天或几周后才达高峰，其作用机制是刺激破骨细胞的活动，加速骨基质的溶解，使钙、磷释放进入血液。因此，PTH 分泌过多可增强溶骨过程，导致骨质疏松。

2. 甲状旁腺激素分泌的调节

1）血钙水平的调节作用

甲状旁腺主细胞有钙受体分布，对血钙变化极为敏感，血钙水平轻微下降，1min 内即可增加 PTH 分泌，从而促进骨钙释放和肾小管对钙的重吸收，使血钙水平迅速回升。长时间低血钙可致使甲状旁腺增生，促进 PTH 基因的转录；相反，长时间高血钙则可抑制 PTH 基因的转录，导致甲状旁腺萎缩。因此，血钙水平是调节甲状旁腺分泌最主要的因素。

其他因素对甲状旁腺分泌的调节导致血磷升高，可使血钙降低，从而间接刺激 PTH 的分泌。血镁降低也可刺激 PTH 分泌，但血镁慢性降低则可减少 PTH 分泌。儿茶酚胺可通过 B 受体、组织胺通过 H_2 受体促进 PTH 分泌，而受体激动剂和 PGE 可抑制 PTH 分泌。

此外，尽管 1,25-$(OH)_2D_3$ 与 PTH 有协同作用，但 1,25-$(OH)_2D_3$ 可抑制 PTH 的基因转录和分泌，也可抑制甲状旁腺细胞的增殖，产生负反馈调节作用。

2）降钙素的作用与分泌调节

降钙素（calcitonin，CT）是由甲状腺 C 细胞分泌的肽类激素。C 细胞位于滤泡之间和滤泡上皮细胞之间，因此又称滤泡旁细胞。CT 是含有一个二硫键的 32 肽，分子质量为 3.4kDa。正常人血清 CT 浓度为 $10\sim20ng/L$。血中 CT 的半衰期不足 1h。

此外，在甲状腺 C 细胞以外的一些组织中也发现有 CT 存在。在人的血液中还存在一种与 CT 来自同一基因的降钙素基因相关肽（calcitonin gene related peptide，CGRP），为 37 肽，主要分布于神经和心血管系统，具有强烈的舒血管和加快心率的效应。

（1）降钙素的生理作用：降钙素的主要作用是降低血钙和血磷，其受体主要分布在骨和肾。CT 与其受体结合后，经 cAMP-PKA 途径和 IP_3/DG-PKC 途径抑制破骨细胞的活动，前一途径反应出现较早，而后一途径则反应出现较迟。CT 能抑制破骨细胞的活动，减弱溶骨过程，同时还能增强成骨过程，使骨组织中钙、磷沉积增加，而血中钙、磷水平降低。CT 抑制溶骨作用的反应出现较快，在应用大剂量 CT 后的 15min 内，破骨细胞的活动便可减弱 70%。在给 CT 后 1h 左右，成骨细胞的活动加强，骨组织释放的钙、磷减少，反应可持续数天。此外，CT 还可提高碱性磷酸酶的活性，促进骨的形成和钙化过程。CT 能减少肾小管对钙、磷、钠和氯等离子的重吸收，因此可增加这些离子在尿中的排出量。

（2）降钙素分泌的调节：CT、PTH 和 1,25-$(OH)_2D_3$ 是直接参与调节钙、磷代谢的三种主要激素。CT 的分泌主要受血钙水平调节。血钙浓度增加时，CT 分泌增多。当血钙浓度升高 10% 时，血中 CT 的浓度可增加一倍。CT 与 PTH 对血钙的作用相反，两者共同调节血钙浓度，维持血钙的稳态。与 PTH 相比，CT 对血钙的调节快速而短暂，启动较快，1h 内即可达到高峰；PTH 分泌达到高峰则慢得多，当 PTH 分泌增多时，可部分或全部抵消 CT 的作用。由于 CT 的作用快速而短暂，故对高钙饮食引起血钙浓度升高后血钙水平的恢复起重要作用。进食可刺激 CT 分泌，这可能与一些胃肠激素，如胃泌素、促胰液素、缩胆囊素和胰高血糖素的分泌有关。这些胃肠激素均可促进 CT 的分泌，其中以胃泌素的作用为最强。此外，血 Mg^{2+} 浓度升高也可刺激 CT 分泌。

3. 维生素 D_3 的作用与生成调节

维生素 D_3 不是内分泌细胞合成的激素，但在体内经修饰活化后可成为参与骨代谢调节的重要激素。

1）1,25-二羟维生素 D_3 的生成

维生素 D_3 是胆固醇的衍生物，也称胆钙化醇，可由肝、乳、鱼肝油等食物中摄取，也可在体内合成。在紫外线照射下，皮肤中的 7-脱氢胆固醇迅速转化成维生素 D_3 原，然后再转化为维生素 D_3。但维生素 D_3 需经羟化后才具有生物活性。首先，维生素 D_3 在肝内 25-羟化酶的作用下形成 25-羟维生素 D_3，然后在肾内 1α-羟化酶的催化下成为活性更高的 1,25-二羟维生素 D_3[1,25-dihydroxy vitamin D_3，1,25-$(OH)_2D_3$]。血浆中 1,25-$(OH)_2D_3$ 的水平为 100pmol/L，半衰期为 12～15h。此外，1,25-$(OH)_2D_3$ 也可在胎盘和巨噬细胞等组织细胞生成。

2）1,25-二羟维生素 D_3 的生理作用

1,25-二羟维生素 D_3 与靶细胞内的核受体结合后，通过调节基因表达产生效应。1,25-$(OH)_2D_3$ 受体分布也十分广泛，除存在于小肠、肾和骨细胞外，也分布于皮肤、骨骼肌、心肌、乳腺、淋巴细胞、单核细胞和腺垂体等部位。1,25-二羟维生素 D_3 可促进小肠黏膜上皮细胞对钙的吸收。1,25-$(OH)_2D_3$ 进入小肠黏膜细胞内，通过其特异性受体促进 DNA 转录，生成与钙有很高亲和力的钙结合蛋白（calcium-binding protein，CaBP），直接参与小肠黏膜上皮细胞吸收钙的转运过程。同时，1,25-$(OH)_2D_3$ 也能促进小肠黏膜细胞对磷的吸收。因此，它既能升高血钙，也能升高血磷。1,25-$(OH)_2D_3$ 对动员骨钙入血和钙在骨的沉积都有作用。

3）1,25-二羟维生素 D_3 生成的调节

维生素 D、血钙和血磷水平降低时，1,25-$(OH)_2D_3$ 的转化增加。PTH 通过刺激肾内 1α-羟化酶活性促进维生素 D 活化，1,25-$(OH)_2D_3$ 的生成也受雌激素等激素水平的影响。

四、胰岛内分泌

胰腺由胰腺外分泌部与胰腺内分泌部两部分组成。胰腺腺泡及小导管构成的主体为胰腺外分泌部，通过分泌胰液消化食物；胰腺内分泌部由 70 万～100 万个散在分布于胰腺外分泌部之间的郎格汉斯小岛组成，称为胰岛。胰岛血液供应丰富，血流量是胰腺外分泌部的 5～10 倍。胰岛中至少有 4 类内分泌细胞：胰岛 α 细胞占胰岛细胞总数的 70%～80%，分泌胰岛素（insulin）；胰岛 β 细胞约占胰岛细胞总数的 10%，分泌胰高血糖素（glucagon）；胰岛 D 细胞数量约占 5%，分泌生长抑素（somatostatin）；胰岛 P 细胞（PP 细胞，或称 F 细胞）主要分布于胰头后部，分泌胰多肽（pancreatic polypeptide）。不同胰岛内分泌细胞分泌的激素还通过旁分泌作用于邻近的细胞，或通过缝隙连接与胰岛内其他内分泌细胞相互作用。胰岛中相邻的内分泌细胞之间存在的紧密连接，对细胞间的通讯起重要作用。当某一种细胞受到刺激，释放的少量激素可以在细胞与细胞之间通过紧密连接形成的腔隙中形成比循环血液中相对更高的浓度，从而有效地影响相邻内分泌细胞激素的分泌。

胰岛素的相对分子质量为 6000 左右，是分子质量最小的蛋白质之一，首先在我国人工合成成功。牛的胰岛素由一个含 21 个氨基酸的 A 链和一个含 30 个氨基酸的 B 链组成；这两条肽链借两个二硫键连接。一些动物的胰岛素的氨基酸顺序中，氨基酸的差异多见于 A 链的 8、9、10 位和 B 链的 30 位。人、猪、兔、狗和抹香鲸的 A 链相同，猪、马、牛、狗、绵羊、山羊、抹香鲸的 B 链相同，猪、狗、抹香鲸和鳍鲸的胰岛素相同。有些动物，如大鼠、小鼠和一些硬骨鱼有两种胰岛素。硬骨鱼胰岛素的氨基酸数目与哺乳动物的不同。在系统发生上，胰岛素是很早出现的一种激素，在腔肠动物、软体动物、甲壳动物和原索动物都有类似胰岛素的物质。这些物质的化学性质还不清楚，但对哺乳动物有活性，而且可以和牛胰岛素的抗体起反应。

胰高血糖素的分子较小，只含 29 个氨基酸，分子质量为 3.5kDa。免疫学方法表明，有些无脊椎动物可能产生胰高血糖素，但圆口类和软骨鱼类中没有发现。硬骨鱼类的胰高血糖素对鱼类能引起高血糖，而对兔则没有作用，这说明鱼类和哺乳类的胰高血糖素有不同的化学结构。此外，哺乳动物的消化管亦发现具有胰高血糖素活性的物质，但免疫学的研究表明，消化管的这些物质和胰高血糖素的结构不同，称为胰高血糖素。

胰岛和消化管内分泌组织来源于内胚层，七鳃鳗幼体分泌胰岛素的细胞形成的腺泡埋藏于前肠的黏膜下层，没有管道，分泌物直接进入血液。有些硬骨鱼类和蛇类的胰岛组织分为几个小球状构造，位于胆囊附近，大多数脊椎动物的胰岛散布于胰脏内。

圆口类的胰岛组织只有分泌胰岛素的 B 细胞。有颌脊椎动物的胰岛组织含有 A、B、D 三个类型的细胞。A 细胞又称 α 细胞，受低血糖的刺激而分泌胰高血糖素，它通过激活肝糖原磷酸化酶而促进糖原分解，刺激糖原异生和肝脏释放葡萄糖，促使血糖升高。B 细胞（β 细胞）受高血糖、胰高血糖素和生长激素的刺激而分泌胰岛素。胰岛素促使葡萄糖由高浓度的血浆转移到低浓度的组织和器官内，而其作用是增加细胞膜对葡萄糖的通透性。葡萄糖进入细胞内即磷酸化以防止渗出，并在肌肉内转化为糖原储存。在肝细胞内，胰岛素通过刺激糖原生成（葡萄糖聚合为糖原）和脂肪形成而增加能量储存。脂肪细胞亦对胰岛素有反应而增加葡萄糖吸收与结合到蛋白质中。胰岛素亦抑制氨基酸通过葡萄糖异生作用转化为葡萄糖。D 细胞的生理作用还不清楚，有人曾报道它分泌少量促胃酸激素和生长激素释放抑制激素。脊椎动物的不同类群，三种细胞的染色反应不同，受不同毒物的影响也不同，如 B 细胞为四氧嘧啶所破坏，而 A 细胞为氯化亚钴所破坏。

（一）胰岛素的作用与分泌调节

1. 胰岛素的生理作用

胰岛素是全面促进物质合成代谢的关键激素，与其他激素共同作用，维持物质代谢水平的相对稳定。

1）调节物质代谢

当机体营养物质（糖、脂肪和蛋白质）供应充足时，胰岛素反应性分泌，可有效促进组织细胞利用这些营养物质，增强合成代谢，并抑制机体自身的同类成分在其他激素的作用下被动员。相反，当机体在饥饿或营养缺乏时，胰岛素分泌减少，使其抗衡体内其他激素的作用削弱，内源性成分则被动员、利用。胰岛素的靶器官主要是肌肉、肝和脂肪组织，主要通过调节代谢过程中多种酶的生物活性来影响物质代谢。

（1）糖代谢：胰岛素能促进全身组织，特别是肝、肌肉、脂肪组织摄取和氧化葡萄糖，同时促进肝糖原和肌糖原的合成与储存；抑制糖异生，减少肝糖释放；促进葡萄糖转变为脂肪酸，并储存于脂肪组织中。可见，胰岛素可减少血糖来源，增加血糖去路，因而能降低血糖水平。一旦胰岛素缺乏，血糖水平将升高，若超过肾糖阈，即可出现糖尿。维持糖代谢的稳态是内分泌系统的重要功能之一，多种激素都参与这一过程。

（2）脂肪代谢：胰岛素可促进肝合成脂肪酸，并转运到脂肪细胞储存；促进葡萄糖进入脂肪细胞，合成 α-磷酸甘油和三酰甘油等；还可抑制脂肪酶的活性，阻止脂肪动员和分解。胰岛素缺乏时，糖的氧化利用受阻，脂肪分解增强，产生的大量脂肪酸在肝内氧化成过量酮体，可引起酮血症和酸中毒。

（3）蛋白质代谢：胰岛素可促进蛋白质合成，并抑制蛋白质分解。胰岛素可在蛋白质合成的各个环节发挥作用，如加速氨基酸跨膜转运进入细胞、促进 DNA 和 RNA 的复制及转录、加速核糖体的翻译使蛋白质合成增加。此外，胰岛素还可抑制蛋白质分解。

胰岛素与生长激素共同作用时，能产生明显的促生长协同效应。但胰岛素单独作用时，促生长作用并不显著。

此外，胰岛素还可促进 K^+、Mg^{2+} 和磷酸根离子进入细胞，参与细胞代谢过程。

2）调节能量平衡

胰岛素不仅在细胞水平发挥代谢调节作用，也于整体水平参与机体摄食平衡的调节。胰岛素的某些作用类似于瘦素，并能增强后者的作用。因此，当脂肪组织增加时，血中胰岛素水平升高。进入中枢神经系统的胰岛素除能引起饱感外，还通过提高交感神经系统的活动水平，增加能量消耗，提高代谢率。同时，胰岛素与瘦素可抑制下丘脑弓状核的神经肽 Y 神经元表达神经肽 Y（NPY）等，使能刺激摄食活动的 NPY 生成减少；相反，却促进弓状核的 POMC 神经元活动，通过增加 α-MSH 的生成和释放，抑制摄食活动。

2. 胰岛素分泌的调节

1）营养成分的调节

胰岛素的分泌可直接受外源性营养成分的调节。血中葡萄糖水平是刺激胰岛素分泌最重要的因素。B细胞对血糖水平的变化十分敏感，血糖水平升高时，胰岛素分泌增加使血糖水平降低，当血糖为300mg/100ml 时达最大分泌反应；当血糖水平降至正常时，胰岛素分泌也迅速减少，当降至 50mg/100ml时则无胰岛素分泌。在持续的高血糖刺激下，胰岛素的分泌表现为两个时相的特征变化，先是在 1min 内出现胰岛素分泌的脉冲峰，随之降至基础水平；随着高血糖的持续刺激，10min 后，又逐渐升至高峰，正常个体可维持约数小时。

许多氨基酸都能刺激胰岛素的分泌，其中精氨酸和赖氨酸的作用最强。血清氨基酸和糖对胰岛素分泌的刺激有协同作用，两者同时升高时，可使胰岛素分泌量成倍增长。长时间的高血糖、高氨基酸和高脂血症可持续刺激胰岛素的分泌，致使胰岛 B 细胞衰竭而引起糖尿病。临床上常用口服氨基酸后血中胰岛素水平的改变作为判断胰岛 B 细胞功能的检测手段。

在人类，脂肪对胰岛素分泌的刺激作用较弱，可间接通过 GIP 实现。饥饿时，酮体增加可刺激胰岛素分泌；游离脂肪酸，特别是长链的饱和脂肪酸可增强 B 细胞对葡萄糖的反应性分泌。但脂肪酸也刺激B 细胞的凋亡。

2）激素的调节

实验观察到，口服葡萄糖引起的胰岛素分泌反应大于静脉注射葡萄糖引起的反应，提示与胃肠激素的作用有关。在胃肠激素中，胃泌素、促胰液素、缩胆囊素和抑胃肽等均能促进胰岛素分泌。但目前认为，只有胰高血糖样肽-1（GLP-1）和抑胃肽（GIP）才是葡萄糖依赖的胰岛素分泌刺激因子，而其他胃肠激素则可能是通过升高血糖而间接刺激胰岛素分泌的。实验证明，口服葡萄糖引起的高血糖与抑胃肽的分泌增加是平行的，这种平行关系的维持，导致胰岛素迅速而明显的分泌，可超过由静脉注射葡萄糖所引起的胰岛素分泌量。由此认为，在肠内吸收葡萄糖期间，小肠黏膜分泌的抑胃肽是一种重要的肠促胰岛素分泌因子。进食糖后，由于肠黏膜分泌抑胃肽，因而可在血糖水平升高前就刺激胰岛 B 细胞释放胰岛素。可见，这是一种前馈调节。除葡萄糖外，小肠吸收的氨基酸、脂肪酸和盐酸等也能刺激抑胃肽的释放，进而促进胰岛素分泌。这些胃肠激素与胰岛素分泌之间的关系被称为肠-胰岛素轴（entero-insular axis），该轴的活动还受到支配胰岛的副交感神经的调节。

胰岛 A 细胞分泌的胰高血糖素和 D 细胞分泌的生长抑素，可分别刺激和抑制 B 细胞分泌胰岛素。胰高血糖所引起的血糖升高又可进一步引起胰岛素的释放。

神经肽和递质中，促进胰岛素分泌的有促甲状腺激素释放激素（TRH）、生长激素释放激素（GHRH）、促肾上腺皮质激素释放激素（CRH）、胰高血糖样肽（GLP）和血管活性肠肽（VIP）等；抑制胰岛素分泌的则有肾上腺素、胰腺细胞释放抑制因子、甘丙肽、瘦素、神经肽 Y 和 C 肽等。

3）神经调节

胰岛受交感和副交感神经的双重支配。刺激右侧迷走神经，既可通过 M 受体直接促进胰岛素分泌，也可通过刺激胃肠激素释放而间接促进胰岛素的分泌。交感神经兴奋时，其末梢释放去甲肾上腺素，后者作用于 B 细胞的 α2 受体，抑制胰岛素的分泌。虽然也可通过 β2 受体并使胰岛素分泌增加，但交感神经兴奋对胰岛素分泌的影响一般以 α 受体介导的抑制性效应为主。

3. 胰岛素的作用机制

1）胰岛素受体

胰岛素对物质代谢的调节主要通过与各种组织细胞上的胰岛素受体结合而发挥作用。胰岛素受体属酪氨酸激酶受体，是由两个 α 亚单位和两个 β 亚单位组成的四聚体糖蛋白。受体的两个 719 肽的 α 亚单位完全暴露在细胞外，是与胰岛素结合的部位。两个 α 亚单位、α 与 β 亚单位之间均有二硫键相连。β 亚单位由 620 个氨基酸残基组成，分为三个结构域：N 端 194 个氨基酸残基伸出膜外；中间为含 23 个氨基酸残基的跨膜结构域；C 端在膜内，为蛋白激酶结构域，具有酪氨酸激酶的活性。在哺乳类，胰岛素受体几乎遍布所有组织，但各类细胞受体分布数量存在很大差异，如每个红细胞上仅有 40 多个受体，而每个肝和脂肪细胞上则可分布 20 万～30 万个受体。

胰岛素仅与亚单位结合后，受体构象发生改变，β 亚单位细胞内的酪氨酸残基发生自身磷酸化，进而催化底物蛋白上的酪氨酸残基磷酸化。胰岛素受体结构的完整性是实现胰岛素生物活性的关键之一，受体的缺陷将影响胰岛素的效应。

2）受体后机制

胰岛素受体后的信号转导机制相当复杂。目前研究发现，在胰岛素敏感组织细胞的胞质中存在几种胰岛素受体底物（insulin receptor substrate，IRS），是转导胰岛素生物作用的共同信号蛋白。IRS-1 和 IRS-2 存在于肌肉、脂肪和胰岛的 B 细胞，IRS-3 存在于脑组织。胰岛素与其受体结合后，β 亚单位的酪氨酸蛋白激酶被激活，使 β 亚单位活化并与 IRS-1 结合，引起 IRS 的多个酪氨酸残基磷酸化。IRS 的磷酸化成为多种蛋白激酶、蛋白磷酸酶的锚定部位和激活部位，以及连接蛋白、磷脂酶和离子通道的易化因子，从而介导下游出现系列反应。IRS 通过生成的 IP_3 促进葡萄糖转运体（glucose transporter，GLUT）合成并从胞质转位到细胞膜，增强葡萄糖摄取；同时糖、脂肪和蛋白合成酶系活化，加强糖原、脂肪和蛋白质的合成；多种胰岛素活化的转录蛋白调控相关酶的活性和基因转录，可改变物质代谢的方向、功能蛋白质的表达和细胞的生长发育，最终实现胰岛素对细胞代谢和生长等调节效应。此外，IRS-1 也是 IGF-1 受体的底物。

临床研究证明，2 型糖尿病患者的脂肪细胞中 IRS-1 mRNA 的含量降低，IRS-2 成为主要的信号蛋白，但 IRS-2 的磷酸化与激活所需的胰岛素量远较 IRS-1 更多，因此对胰岛素不敏感。

（二）胰高血糖素的作用与分泌调节

胰高血糖素（glucagon）是由胰岛 A 细胞分泌的多肽激素，含有 29 个氨基酸残基，相对分子质量为 3485。除胰岛外，小肠的 A 细胞也能分泌少量胰高血糖素。血清胰高血糖素浓度为 50～100ng/L，半衰期为 5～10min，主要在肝内降解失活，部分在肾内降解。胰高血糖素受体属于 G 蛋白偶联受体家族成员，广泛分布于肝细胞、脂肪细胞、胰岛 B 细胞、心肌、脑等组织中。

1. 胰高血糖素的生理作用

胰高血糖素可促进肝糖原分解而升高血糖；还可促使氨基酸转化为葡萄糖，抑制蛋白质合成和促进脂肪分解，因此被认为是促进分解代谢的激素。

胰高血糖素与肝细胞膜上相应的受体结合后，通过 cAMP-PKA 途径或 IP_3/DG-PKC 途径，激活肝细胞内的磷酸化酶、脂肪酶和与糖异生有关的酶系，加速糖原分解、脂肪分解和糖异生。胰高血糖素促进肝糖原分解的作用十分明显，1mol/L 胰高血糖素可引起 $3×10^6$mol/L 的葡萄糖释放，但对肌糖原分解的影响不明显。

2. 胰高血糖素分泌的调节

1）血糖与氨基酸水平的调节

血糖水平是调节胰高血糖素分泌的重要因素。当血糖水平降低时，可促进胰高血糖素的分泌；反之则分泌减少。饥饿可促进胰高血糖素的分泌，这对维持血糖水平、保证脑的代谢和能量供应具有重要意义。高蛋白餐或静脉注射氨基酸可刺激胰高血糖素分泌，其效应与注射葡萄糖相反。血中氨基酸的作用，一方面通过促进胰岛素分泌降低血糖；另一方面又刺激胰高血糖素分泌而使血糖升高，因而可避免低血糖的发生。

2）其他激素的调节

胰岛内各激素之间可通过旁分泌方式相互作用。胰岛素和生长抑素可以通过旁分泌的方式直接作用于相邻的 A 细胞，抑制胰高血糖素的分泌；胰岛素又可通过降低血糖间接地刺激胰高血糖素分泌。胰岛素和胰高血糖素是一对相拮抗的、调节血糖水平的激素。

口服氨基酸比静脉注射氨基酸引起的胰高血糖素分泌效应更强，说明胃肠激素参与胰高血糖素的分泌调节，已知缩胆囊素和胃泌素可促进其分泌，而促胰液素的作用则相反。

3）神经调节

交感神经兴奋可通过 β 受体促进胰高血糖素的分泌；而迷走神经兴奋则通过 M 受体抑制胰高血糖素的分泌。

五、肾上腺内分泌

肾上腺皮质和髓质在形态发生、细胞构筑以及激素的生物效应等方面都是全然不同的两个内分泌腺体。但由于髓质的血液供应来自皮质，二者在功能上有一定的联系。动物实验表明，切除双侧肾上腺的动物将很快死亡；如果仅切除肾上腺髓质，则动物可存活较长时间，说明肾上腺皮质是维持生命所必需的。

肾上腺皮质或肾间组织和肾脏及性腺一起由体腔顶部的中胚层发展而来，位于外侧的生肾组织形成排泄系统的肾小管和导管，内侧的生殖嵴形成性腺，两者之间的细胞就发展成内分泌的肾间组织或肾上腺皮质。圆口类的肾间组织沿着主静脉的周围散布。鱼类在肾脏之间形成形状密实的肾间组织和肾间腺。以后，正如前面所述，嗜铬组织和肾间组织的联系随着系统演化发展而越来越密切，最后在哺乳动物形成结合在一起的肾上腺皮质和髓质。

由于起源与发生方面的相似，肾上腺皮质和性腺与肾脏在生理方面亦有密切关系。一方面，肾上腺皮质和性腺所产生的激素都属于类固醇，而且，从这两种器官可以分离出一些共同的激素，如某些性激素；另一方面，肾上腺皮质和肾脏的机能都对离子的调节起重要作用，从鱼类到哺乳类，肾上腺皮质产生的类固醇激素都参与调节体内的电解质平衡。

肾上腺皮质产生的类固醇激素种类很多，如在哺乳类的肾上腺皮质中发现的类固醇多达 50 种，但这些类固醇并不都是激素，而是激素合成过程的中间产物。圆口类的皮质类固醇量很微，估计其生理作用并不重要。在所有有颌脊椎动物的血液中，皮质类固醇含量都比较高，但各个类群的动物虽能分泌多种类固醇，却只有一种或少数几种类固醇占优势。板鳃鱼类含有羟化酶，能把皮质酮转变为 17-羟基皮质酮，使它的含量占绝对优势。和板鳃鱼类相近的全头鱼类没有这种酶，其主要的皮质类固醇是皮质醇或 11-脱氧皮质醇。比较原始的软骨硬鳞类（如鲟鱼）和硬骨硬鳞类（如弓鳍鱼），皮质醇是主要的。在高等硬骨鱼类，皮质醇和可的松是主要的；但在肺鱼类，皮质醇和醛固酮占优势，表明它们和以醛固酮为主的四足类有较密切的亲缘关系。两栖类、爬行类和鸟类以皮质酮和醛固酮为主，而哺乳类除醛固酮外还有皮质醇、皮质酮和 17-羟基皮质酮。

这些差别表明在脊椎动物系统演化过程中，不同的类群都是依靠一种或几种不同的酶进行类固醇激素的合成，这很可能是由于某些特殊的生化反应或生态情况而要求选择某种特殊的酶作用途径。

根据不同的生理机能，可把皮质类固醇激素分为两类：一类是促进葡糖异生作用，称为糖皮质激素，如皮质醇、皮质酮、可的松等，以皮质醇的作用最显著；另一类是调节电解质平衡，称为盐皮质激素，以醛固酮最重要。这种区分是相对的，因为对葡糖异生很活跃的激素亦有电解质调节的功能，反之也一样。鱼类的肾间质分散，不能手术切除，但根据类固醇激素在体内的作用可以证明它们具有这两方面的作用。随着演化发展，肾上腺皮质这两方面的作用，尤其是对电解质平衡的调节，对陆生脊椎动物显得更为重要。

（一）糖皮质激素

糖皮质激素是亲脂性激素，主要经细胞质内的高亲和力糖皮质激素受体（glucocorti-coid receptor，GR）介导而发挥作用。人的 GR 是由 777 个氨基酸残基组成的蛋白质，肽链中含有激素结合结构域、DNA 结合结构域和二聚化结构域等功能区。GC 一进入细胞，GR 即与"伴侣蛋白"解离，并与 GC 结合形成 GC-GR 复合物。复合物二聚化后于 DNA 分子上称为糖皮质激素反应元件（glucocorticoid response element，GRE）的特定区域结合，调节 GRE 下游的一系列反应，如激活 RNA 聚合酶，使 RNA 合成增加，最终完成 DNA 的转录程序，形成新的功能蛋白质。

1. 糖皮质激素生理作用

GC 作用广泛而又复杂，在维持代谢平衡和对机体功能的全面调节方面都极其重要。GC 常被认为是"允许作用"激素，因为其并不总是直接引起某些反应，而是通过酶的激活、诱导，或者对其他激素作用环节的增强或抑制起作用。

1）调节物质代谢

GC 因能显著升高血糖效应而得名。对于糖代谢，GC 能对抗胰岛素的作用，通过抑制 GLUT4 而减少外周组织摄取葡萄糖，并能减少细胞对糖的利用。GC 可增强肝脏糖异生和糖原合成过程中所需酶的活性，利用肌肉等外周组织动员出的氨基酸，加速糖异生，增加肝糖的生成和输出速度。

2）影响水盐代谢

因结构的相似性，GC 也有一定的醛固酮作用，但其对肾的保钠排钾作用远弱于醛固酮。此外，皮质醇还可减小肾小球入球小动脉对血流的阻力，增加肾血浆流量，使肾小球滤过率增加；抑制抗利尿激素分泌，总效应是有利于水的排出。因此，肾上腺皮质功能严重缺陷时，患者排水能力明显下降，可出现"水中毒"，应用 GC 治疗后即纠正。

3）影响器官系统功能

GC 对机体整体和组织器官活动的影响广泛而又复杂，现将其主要的功能列于表 8-4。

表 8-4　GC 对机体整体和组织器官活动的影响（朱大年，2018）

物质代谢/器官系统	糖皮质激素的主要作用
糖代谢	通过减少组织对糖的利用和加速肝糖异生而使血糖升高
脂代谢	提高四肢部分的脂肪酶活性，促进脂肪分解，使血浆中脂肪酸浓度增加，并向肝脏转移，增强脂肪酸在肝内的氧化，以利于肝糖原异生
蛋白质代谢	抑制肝外组织细胞内的蛋白质合成，加速其分解；促进肝外组织产生的氨基酸转运入肝，提高肝内蛋白质合成酶的活性，使肝内蛋白质合成增加，血浆蛋白也相应增加
参与应激反应	当机体遭受到来自内、外环境，以及社会、心理等因素一定程度的伤害性刺激时，GC 快速大量分泌，引起机体发生非特异性的适应反应，称为应激反应（stress reaction）
对循环系统的作用	① 提高心肌、血管平滑肌对儿茶酚胺类激素的敏感性（允许作用），上调心肌、血管平滑肌细胞肾上腺素能受体的表达，并使这些受体与儿茶酚胺的亲和力增加，加强心肌收缩力，增加血管紧张度，以维持正常血压 ② 抑制前列腺素的合成，降低毛细血管的通透性，减少血浆滤过，有利于维持循环血量
对胃肠道的影响	促进胃腺分泌盐酸和胃蛋白酶原，也可增高胃腺细胞对迷走神经及促胃液素的反应性
调节水盐代谢	有一定的促进肾远曲小管和集合管的保钠排钾作用

4）参与应激

应激（stress）一般指机体遭受来自内、外环境和社会、心理等因素一定程度的伤害性刺激时，除引起机体与刺激直接相关的特异性变化外，还引起一系列与刺激性质无直接关系的非特异性适应反应，这种非特异性反应称为应激反应（stress response）。引起应激反应的刺激因子统称为应激原（stressor）。可认为应激反应是机体遭受伤害刺激时所发生的适应性和抵抗性变化的总称，也称全身适应综合征（general adaptation syndrome）。

2. 糖皮质激素分泌的调节

与甲状腺分泌的轴系调节相似，下丘脑-腺垂体-肾上腺皮质轴系调节 GC 分泌稳态。在下丘脑 CRH 节律性分泌控制下，腺垂体 ACTH 和肾上腺皮质 GC 分泌表现为日周期节律波动。生理状态下，GC 的分泌又在日节律基础上呈脉冲式，一般在清晨觉醒前达到分泌高峰，随后减少，白天维持较低水平，夜间入睡到午夜降至最低，凌晨又逐渐升高。

　　1）促肾上腺皮质激素的作用

　　促肾上腺皮质激素（ACTH）为腺垂体 ACTH 细胞合成的 39 肽，分子质量为 4.5kDa。ACTH 受体通过 AC-cAMP 途径实现其生物效应。ACTH 与肾上腺皮质细胞膜上高亲和力受体结合后，主要促进肾上腺皮质细胞内核酸（DNA、RNA）和蛋白质的合成，且能促使肾上腺皮质增生、肥大。ACTH 分泌具有日周期节律，血浆浓度波动于 10～52ng/L（2～11pmol/L），在紧张状态下分泌增加。ACTH 的半衰期为 10～25min，主要在血液中被氧化或通过酶解灭活。

　　2）糖皮质激素反馈调节

　　血浆中 GC 水平升高可通过负反馈机制调节下丘脑 CRH 和腺垂体 ACTH 的分泌，这是血中 GC 水平保持相对稳定的重要环节（图 8-5）。血中 GC 水平升高仅数分钟即可产生快速反馈抑制，这主要取决于 GC 增加的速率，而且可能是通过 GC 的膜受体实现的。延迟性反馈抑制使 GC 水平持续升高，并经 GC 的胞内受体使 ACTH 水平不断下降。长时间应用人工合成的皮质激素制剂的最终结果是腺垂体 ACTH 分泌的抑制，以及因 ACTH 不足而致的肾上腺皮质束状带和网状带的萎缩，久之，受抑制的下丘脑-腺垂体-肾上腺轴将失去对刺激的反应性。

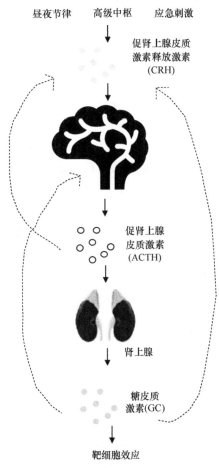

图 8-5　CRH-ACTH-GC 调节环路示意图

──→表示促进作用或分泌活动；┈┈▶表示抑制作用

（二）盐皮质激素

　　除醛固酮外，盐皮质激素中还有 11-去氧皮质酮和 11-去氧皮质醇等。醛固酮对水、盐代谢的调节作用最强，其次为去氧皮质酮。

1. 盐皮质激素作用

醛固酮可促进肾远端小管和集合管对 Na^+ 及水的重吸收及对 K^+ 的排泄，即有保 Na^+、保水和排 K^+ 作用，这对维持细胞外液量和循环血量的稳态具有重要意义（见第四、八章）。醛固酮还可以促进汗腺和唾液腺导管对汗液和唾液中 $NaCl$ 的重吸收，并排出 K^+ 和 HCO_3^-；促进大肠对 Na^+ 的吸收，减少粪便中 Na^+ 的排出量。

当醛固酮分泌过多时，可导致机体 Na^+、水潴留，引起高血钠、低血钾和碱中毒，以及顽固的高血压；相反，醛固酮缺乏则 Na^+、水排出过多，可出现低血钠、高血钾、酸中毒和低血压。此外，醛固酮也能增强血管平滑肌对儿茶酚胺的敏感性，其作用甚至强于 GC。

2. 盐皮质激素分泌调节

1）肾素-血管紧张素系统调节作用

醛固酮的合成和分泌主要受血管紧张素的调节，特别是血管紧张素 II。虽然血管紧张素 III 是醛固酮合成的强力刺激物，但它在血液中的浓度只有血管紧张素 II 的 1/4。血管紧张素可通过 Gq 蛋白偶联受体途径促使球状带细胞生长、提高 P450scc（醛固酮合酶）的活性、促进醛固酮的合成和分泌。

2）血 K^+ 的调节效应

血 K^+ 是调节醛固酮分泌的重要刺激物。血 K^+ 水平较正常时仅升高 0.1mol/L，就可直接刺激球状带细胞分泌醛固酮。血 Na^+ 降低 10% 以上时，也能刺激醛固酮分泌，通过保钠排钾作用，调节细胞外液和血 K^+、血 Na^+ 水平的稳态。

此外，在应激情况下 ACTH 对醛固酮的分泌也有一定的调节和支持作用。

（三）肾上腺雄激素

肾上腺雄激素（adrenal androgens）主要有脱氢表雄酮、雄烯二酮和硫酸脱氢表雄酮。与性腺不同，肾上腺皮质可终生合成雄激素，而不仅仅在性腺发育以后。肾上腺雄激素生物学活性很弱，主要在外周组织转化为活性更强的形式而产生效应。

肾上腺雄激素对两性不同。对于性腺功能正常男性，其作用甚微，即使分泌过多也不表现出临床体征，但对男童却能引起性早熟性阴茎增大和第二性征过早出现。对于女性，肾上腺雄激素是体内雄激素来源的基础，在女性的一生中都发挥作用。其中 40%～65% 在外周组织进一步活化的激素可促进女性腋毛和阴毛生长等，维持性欲和性行为。肾上腺皮质雄激素分泌过量（如 Cushing 征等）的女性患者可表现痤疮、多毛和一些男性化变化。

成年人肾上腺雄激素的分泌主要受腺垂体 ACTH 的调节。此外，垂体提取物中也已发现除 ACTH 以外调节肾上腺雄激素分泌的因子。

（四）肾上腺髓质激素

肾上腺髓质——嗜铬组织既是交感神经系统的一部分，也是内分泌系统的一部分。它们的细胞和交感节均来自神经嵴，因此，实质上是没有纤维的交感神经节后神经元。它们的分泌物直接进入血液而作用于效应器，其分泌活动亦直接受交感神经节前纤维的激活与调节。这是脊椎动物内分泌腺的特殊例子，因为其他的内分泌腺一般都是通过化学物质激活的。

低等的圆口类，嗜铬组织小块（旁神经节）散布在从第二个鳃囊到肛门后端的每个体节的主静脉附近。较高等的脊椎动物，这些小块的数目减少，并逐渐增大而变得密实。板鳃鱼类还有两列独立的旁神经节，但硬骨鱼类和其他高等脊椎动物，嗜铬组织和肾上腺皮质发生联系并埋在皮质组织内。哺乳动物的嗜铬组织集中在肾上腺内部，形成独立的肾上腺髓质，但仍与交感神经节前纤维保持联系。由于用铬盐（如重铬酸钾溶液）处理时，这些细胞内的颗粒变为棕色，因而称嗜铬组织。嗜铬反应亦是这些细胞和交感神经系统有关的标志之一，交感神经也有这种染色反应，这是因为它们都含有引起这种反应的儿茶酚胺——肾上腺素和去甲肾上腺素。含有儿茶酚胺的细胞可通过在紫外光下出现特有的黄色荧光而鉴别。这种荧光来自储存于这些细胞分泌颗粒内的儿茶酚胺分子。荧光和电子显微镜的研究都表明，肾上腺素和去甲肾上腺素是由嗜铬组织混杂在一起的两组不同的细胞产生的。嗜铬细胞分泌的主要是肾上腺素，去甲肾上腺素大约占总分泌量的1/4。

不同动物的嗜铬组织或肾上腺髓质所产生的肾上腺素和去甲肾上腺素的比例不同。大多数哺乳动物以肾上腺素为主，但亦有例外，如鲸鱼的去甲肾上腺素占80%左右，鸡、鸽、龟、蛙、鲨鱼等亦以去甲肾上腺素占多数。值得注意的是，肾上腺素和去甲肾上腺素广泛存在于动物界。许多无脊椎动物（如环节动物、软体动物、节肢动物）的神经系统内亦有嗜铬组织，产生肾上腺素和去甲肾上腺素。

1. 肾上腺髓质激素的生理作用

1）调节物质代谢

各型肾上腺素能受体对新陈代谢的调节各具特征。α1受体可增强肝糖异生；α2受体能抑制胰岛素分泌；β2受体可促进糖原分解，并减少葡萄糖利用等，都能导致血糖升高。β1受体具有促进脂肪分解、酮体生成的作用；β3受体则通过动员脂肪增加机体的耗氧量和产热量，提高基础代谢率。总之，肾上腺髓质激素基本属于促分解代谢的激素。

2）参与应激整合

肾上腺髓质的内分泌活动与交感神经系统关系密切，不同的是，肾上腺髓质主要在机体处于某些特殊紧急状态下或内环境稳态显著失衡时发挥作用，而交感神经系统随时对机体器官系统的功能活动进行微细的调节。在整体功能调节方面，交感神经与肾上腺髓质共同构成交感-肾上腺髓质系统（sympathetic adrenomedullary system），协同下丘脑-垂体-肾上腺轴系统，与迷走-胰岛系统作用相抗衡。

肾上腺皮质和髓质在结构上是密切的毗邻关系，为交感-肾上腺髓质系统和下丘脑-垂体-肾上腺皮质轴提供了结构与功能活动协同作用的基础。

2. 肾上腺髓质激素分泌的调节

肾上腺髓质受交感神经节前纤维的支配，因此只要交感神经系统兴奋，即可引起肾上腺髓质分泌。交感神经冲动可提高嗜铬细胞中合成酶系的活性，促进儿茶酚胺类激素的合成。皮质醇可通过提高髓质嗜铬细胞中有关酶的活性，促进肾上腺素的合成。髓质细胞内还存在自身调节机制，如当去甲肾上腺素或多巴胺含量达到一定水平时，可反过来抑制酪氨酸羟化酶，以内在分泌的方式反馈抑制肾上腺髓质激素的进一步合成。

ACTH可通过糖皮质激素的间接作用或其直接作用提高嗜铬细胞中多巴胺β-羟化酶与PNMT的活性，促进肾上腺髓质儿茶酚胺的合成。

另外，肾上腺髓质的嗜铬细胞和周围交感神经元还可合成及分泌甲硫脑啡肽和亮脑啡肽等，参与E和NE分泌的调节。

（五）肾上腺髓质素

肾上腺髓质素（adrenomedullin，AM）最初由肾上腺髓质嗜铬细胞瘤中分离所得。目前已知，不仅肾上腺髓质嗜铬细胞可分泌AM，内皮细胞和血管平滑肌也可分泌。人类的AM为52肽，并在16位和12位氨基酸残基间经二硫键连接而形成环状结构，与降钙素基因相关肽（CGRP）同属一个家族。血中AM主要来源于血管内皮细胞，此外，脑、心血管、肺、肾脏等器官都能测得AM活性，可见，它对机体功能具有十分广泛的作用。AM能通过AM受体和CGRP受体升高靶细胞内的cAMP而发挥作用。实验发现，外源性AM具有强烈的舒血管效应，可显著降低血压。AM可能与NO、PGI_2、C型钠尿肽等同属血管内皮细胞源舒张因子，但对心脏则产生正性变力效应，且可调节心肌细胞的生长，抑制心肌肥厚。AM可减少肾小管对Na^+的重吸收，具有利尿、排钠的作用。AM虽可通过内分泌途径发挥作用，但主要是通过旁分泌方式直接调节血管平滑肌的张力。由于AM具有舒张血管、降低外周阻力、抑制AngII和醛固酮的释放、降低动脉血压等作用，在高血压的发病机制和相关防治方面具有重要意义。

六、组织激素和功能器官内分泌

（一）组织激素

组织激素是指由那些分布广泛，而又不专属于某个特定功能系统器官的组织所分泌的激素。

1. 前列腺素

1）前列腺素的生成

前列腺素（prostaglandin，PG）是一族二十碳烷酸衍生物，因其最先在精液中发现，误以为由前列腺分泌而得名。实际上，PG 广泛存在于人和动物体内各组织中。PG 的前体就是质膜的脂质成分，可依据 PG 的五碳环构造形式分成 A～I 多种主型，以及多种亚型。除其中的 PGA2 和 PGI2 等可经血液循环产生作用外，其余多作为组织激素在局部发挥调节作用。PG 可与 G 蛋白偶联受体结合，通过 PLC、Ca^{2+} 或 PKA 等信号转导途径，也可通经核受体调节基因转录引起靶细胞效应。环加氧酶（cyclooxygenase）是催化花生四烯酸转变为甘烷酸衍生物的关键酶。阿司匹林可抑制环加氧酶的活性，从而抑制 PG 的合成。

2）前列腺素的作用

PG 的分布广泛，作用复杂，代谢快，半衰期仅 1～2min，是典型的组织激素。例如，血管内皮产生的前列环素（prostacyclin，PGI2）能抑制血小板聚集，同时有舒血管作用；而由血小板产生的血栓烷 A2（thromboxane A2，TXA2）却能使血小板聚集，并有缩血管作用。PGE2 可使支气管平滑肌舒张，降低肺通气阻力；而 PGF2α 却使支气管平滑肌收缩。PGE2 有明显的抑制胃酸分泌的作用，可能是胃液分泌的负反馈抑制物。PGE2 可增加肾血流量，促进排钠利尿。此外，PG 对体温调节、神经系统，以及内分泌与生殖系统活动均有影响。

2. 瘦素

瘦素（leptin）是由肥胖基因（ob gene）表达的蛋白质。人类循环血中的瘦素为 146 肽，分子质量为 16kDa。瘦素主要由白色脂肪组织合成和分泌，褐色脂肪组织、胎盘、肌肉和胃黏膜也有少量合成。瘦素的分泌具有昼夜节律，夜间分泌水平高，体内脂肪储量是影响瘦素分泌的主要因素。在机体能量的摄入与消耗取得平衡的情况下，瘦素的分泌量可反映体内储存脂肪量的多少。血清瘦素水平于摄食时升高，而在禁食时降低。

1）瘦素的生物效应

瘦素的作用主要在于调节体内的脂肪储存量并维持机体的能量平衡。实验中，若给正常小鼠注射瘦素，1 个月后小鼠的体重可下降 12%。每天给缺少瘦素而有遗传性肥胖的 ob/ob 小鼠经腹腔注射瘦素，4 天后小鼠的进食量较对照组减少 60%；1 个月后小鼠的体重下降 40%。瘦素直接作用于脂肪细胞，抑制脂肪的合成，降低体内脂肪的储存量，并动员脂肪，使脂肪储存的能量转化、释放，避免发生肥胖。瘦素主要作用于下丘脑弓状核，通过抑制神经肽 Y 神经元的活动，减少摄食量，与参与摄食平衡调节的兴奋性因素相抗衡。此外，瘦素还具有其他较广泛的生物效应，不但可影响下丘脑-垂体-性腺轴的活动，对 GnRH、LH 和 FSH 的释放有双相调节作用，也影响下丘脑-垂体-甲状腺轴和下丘脑-垂体-肾上腺轴的活动。

2）瘦素作用的机制

瘦素由其受体（ob-R）介导而发挥效应。瘦素受体分为 a～f 等类型，其中 ob-Ra 分布最广泛，以脑室脉络丛为最多。在心、肺、淋巴结、肾上腺、胸腺和肌肉等组织中都有 ob-R 表达。瘦素与受体结合后可通过 JAK-STAT 信号转导途径，影响神经肽 Y（NPY）、刺鼠肽基因相关蛋白（agouti-gene-related protein，AGRP）和前阿黑皮素（POMC）基因表达，影响有关神经递质的合成与分泌，调节细胞的代谢活动和能量消耗。一般认为，高浓度的瘦素主要通过激活 POMC 受体途径抑制摄食，而低浓度时主要通过激活 NPY

和 AGRP 受体途径促进摄食。此外，瘦素与受体结合后还可使靶细胞膜上的 ATP 依赖性钾通道开放，导致膜超极化，降低神经元发放冲动的频率。

3）瘦素分泌的调节

瘦素的表达和分泌受多种因素影响，除体脂量的刺激作用外，胰岛素和肾上腺素也可刺激脂肪细胞分泌瘦素。但研究发现，多数肥胖者常伴有血清瘦素水平升高，提示可能有"瘦素抵抗"现象。该现象的产生可能与瘦素的转运、信号转导及神经元功能等多个环节发生障碍有关。

（二）功能器官内分泌

功能器官主要指直接维护内环境稳态的循环、呼吸、消化和泌尿等系统的器官及其组织。已发现这些器官在人们已了解的特有功能之外，多兼有内分泌功能，因而也在机体宏观整合中发挥调节作用。例如，心脏是血液循环的动力器官，而普通心房肌细胞还能分泌心房钠尿肽（atrial natriuretic peptide，ANP），与 ADH 和醛固酮等的作用相抗衡，参与机体水平衡调节。肝在机体新陈代谢中具有重要作用，同时也能产生胰岛素样生长因子，与胰岛素、生长激素、甲状腺激素等共同促进全身组织细胞的生长；而广泛存在的生长抑素则常伴随这些激素的作用出现，产生抑制性抗衡效应。胃肠黏膜分泌的各种胃肠激素、脂肪组织产生的瘦素等参与机体营养和能量平衡的调节。肾是排泄器官，但在肾内活化的维生素 D_3 可参与调节钙、磷代谢和骨代谢；肾生成的促红细胞生成素可调节骨髓的红系细胞造血功能；肾素激活的血管紧张素参与血容量的调节。松果体不仅参与整体生物节律调控，还分泌激素参与内分泌活动的平衡。性腺能产生成熟的生殖细胞，其分泌的各种性激素还调节机体的成熟发育等过程；妊娠过程中的胎盘分泌激素维持胎儿的生长发育。作为免疫系统器官的胸腺，不仅分泌多种肽类激素参与免疫调节，还与其他内分泌腺或系统之间保持功能联系。

第五节 内分泌生理动物模型

一、生长激素模型

生长激素是腺垂体中含量最多的激素，其主要作用是促进个体生长和发育。研究发现，幼年动物在摘除垂体后，生长即停滞；但若及时补充，则可使之恢复生长发育。因此，可以利用切除脑垂体的大白鼠，根据生长激素促进胫骨生长的能力来测定生长激素的活性。

二、生物节律模型

褪黑素是松果体的重要产物，其分泌与合成具有典型的"昼低夜高"的周期波动。可利用 MLT 进行生物钟相关内容的研究。此外，也可利用褪黑素对生物钟紊乱进行调整，缓解飞行时差带来的不适，如北京飞西雅图，可以在北京时间下午 3 点，即西雅图时间晚上 11 点服用褪黑素，调整生物钟。

三、催乳素模型

催乳素可促进乳腺发育，发动并维持乳腺泌乳。催乳素兴奋试验，又名甲氧普胺兴奋试验，是检验催乳素瘤的一种方法。实验原理为：甲氧普胺正常情况下可增加催乳素分泌，催乳素瘤患者无反应或反应延迟。注射甲氧普胺 90min 后，正常人出现峰值，较基础值增加 3 倍以上或峰/基比值>2.5，而催乳素瘤患者无反应或反应延迟，峰/基比值<1.5。

四、生殖模型

鱼类的繁殖方式为体外水中受精，受自然环境因素影响，受精的成功率普遍不高，因此在鱼类养殖业上常常利用激素人工诱导雄鱼排精和雌鱼产卵，从而提高受精成功率。注射绒毛膜促性腺激素可促进鱼类排精和产卵，提高产量。

五、甲状腺激素模型

甲状腺激素抑制试验的原理为：当给予外源性 T3（T4）时，正常人的甲状腺摄碘率会下降；但是甲亢患者体内存在非垂体性甲状腺刺激物质，这些物质刺激甲状腺引起摄碘率增高，且不受 TSH 控制，因此给予外源性 T3（T4）时，其摄碘能力无抑制现象或抑制不明显。临床上通过测定服用甲状腺激素前后的两次甲状腺摄碘率判断甲状腺轴反馈调节是否正常。如服用激素后，甲状腺摄取率明显下降，则考虑此患者可能不是甲亢；如服用激素后，甲状腺摄取率不下降或很少下降，则考虑此患者可能是甲亢。

六、促甲状腺激素释放激素模型

甲状腺功能直接受腺垂体分泌的 TSH 调节，并形成下丘脑-腺垂体-甲状腺轴调节系统，维持血液中甲状腺激素水平的相对稳定和甲状腺正常生长。促甲状腺激素释放激素（TRH）可以促进垂体促甲状腺激素（TSH）的合成及分泌。基于上述原理，可利用促甲状腺激素释放激素试验评价垂体和甲状腺的功能。试验方法是：先采血测定血清 TSH，然后迅速静脉注射 TRH，于注射后 15 min、30 min、45 min 和60 min 分别采血测定血清 TSH。正常情况下血浆 TSH 在注射 TRH 30 min 后较基础值升高 1 倍；原发性甲状腺功能减退患者，TSH 基础值高，且注射 TRH 后血浆 TSH 更高；甲状腺功能亢进患者，注射 TRH 后，血浆 TSH 不升高；而下丘脑性甲状腺功能降低时，TSH 延迟升高。

七、胰岛素模型

血糖水平是刺激胰岛素分泌的重要因素，血糖水平升高时，胰岛素分泌增加使血糖水平降低，因此可以口服葡萄糖刺激胰岛素分泌，从而检测胰岛素释放功能。口服葡萄糖后，血浆胰岛素在 30～60min后上升至高峰，高峰为基础值的 5～10 倍，3～4h 后应恢复到基础水平，测定空腹及服糖后 30min、60min、120min、180min 的血清胰岛素，检测胰岛释放功能。此实验对胰岛 β 细胞的分泌功能和糖尿病的研究、糖尿病类型的确定、糖尿病的诊断及机理探讨、研究某些药物对糖代谢的影响，以及内分泌紊乱疾病等都有一定的意义和价值。

参 考 文 献

陈灏珠. 2018. 内科学. 9 版. 北京: 人民卫生出版社.

管又飞. 2013. 医学生理学. 3 版. 北京: 北京大学医学出版社.

李永材, 黄溢明. 1984. 比较生理学. 北京: 高等教育出版社.

朱大年. 2018. 生理学. 9 版. 北京: 人民卫生出版社.

King J A, Millar R P. 1980. Comparative aspects of luteinizing hormone-releasing hormone structure and function in vertebrate phylogeny. Endocrinology, 106(3): 707-717.

Marshall W S, Bern H A. 1981. Active chloride transport by the skin of a marine teleost is stimulated by urotensin I and inhibited by urotensin II. Gen Comp Endocrinol, 43(4): 484-491.

Yoshihara A, Noh J Y, Watanabe N, et al. 2018. Seasonal changes in serum TSH concentrations observed from big data obtained during six consecutive years from 2010 to 2015 at a single hospital in Japan. Thyroid, 28(4): 429-436.

（姜长涛　王鹏程）

第九章　神　经　系　统

神经系统是有机体内起主导作用的功能调节系统，体内各器官、系统的功能和各种生理过程都不是各自孤立进行，而是在神经系统的直接或间接调节控制下，互相联系、互相影响、密切配合完成的。在神经系统调节下，使机体成为一个完整统一的整体，实现和维持正常的生命活动。神经系统分为中枢神经系统和周围神经系统两大部分。中枢神经系统包括脑和脊髓。脑发出 12 对脑神经，脊髓发出 31 对脊神经。周围神经系统包括脑神经、脊神经和植物性神经三部分。

第一节　概　　述

动物要维持个体的生存，必须具有寻找食物和躲避敌害的能力，要保证种族的延续，绝大多数动物还必须具备寻找配偶和进行生殖活动的能力。在这些活动中，神经系统对信息的接受、传导、处理和储存常常起决定性的作用。在动物的器官系统中，与演化历程联系最紧密的是神经系统。在演化阶段上地位越高的动物，其神经系统的发达和复杂程度就越高，适应环境生存竞争的能力也越强。

电子显微镜和组织化学的观察表明，低等的多细胞动物——海绵就已经存在一个原始的神经系统。它具有两种类型的神经元，都含有神经分泌物。一种是纺锤状细胞，另一种是多极神经元。这些神经元之间没有真正的突触性联系，也没有接受感觉和支配运动的机能，这与海绵动物营固着生活有密切关系。

腔肠动物的神经系统基本上是由纤维较短的双极神经元、多极神经元，以及来自感觉细胞的纤维组成的神经网，因此又称网状神经系统。这种网状神经系统的神经元的多数突起融合成交叉的网或者形成类突触性联系，神经网的重要机能特点是它们能够让兴奋有限地进行弥漫性传播。同时，这些神经元通过突触与外胚层中的感觉细胞和皮肌细胞相联系，便形成了感觉和运动体系。可见，神经网是用来整合动物行为的神经系统中一种原始的结构。在腔肠动物钵水母中，已观察到集结性神经元。可以认为，在腔肠动物的网状神经系统中开始出现神经成分趋向集中的某些特征。

扁形动物的神经系统较腔肠动物有了显著的进步，这种动物的神经系统包括脑神经节，以及由此而分出的几条纵行的神经索，在索之间有横向神经相连构成梯型神经系统。这种神经系统已经具有传入与传出通路，以及起协调作用的中间神经元构成的脑神经节。可见，在扁形动物中，神经系统的中枢整合性和协调性机构终于形成，并沿着向中心聚集的方向进一步发展，表现为纵向的神经索和横向的连接神经减少，使中枢内的通路缩短，加强脑神经节与感觉器官的联系，提高了中枢神经系统机能的能动性，从而保证复杂性行为的实现。

环节动物具有较发达的中枢神经系统。它是由咽部神经节和腹神经节组成的链状神经系统。每对神经节发出神经到体壁，支配肌肉的收缩活动。可见，在演化过程中出现由多种神经节纵贯而成的神经链是神经系统的进化性表现。

头索动物（文昌鱼）的神经元集中在背部形成神经管。前端膨大形成脑泡，由神经索按节段排列形成脊神经，可以说是神经系统分为脑与脊髓的雏型。　　　　　　.

脊椎动物（圆口类、鱼类、两栖类、爬行类、鸟类和哺乳类）神经管状的前端膨大为脑，并分化成大脑、间脑、中脑、小脑、脑桥和延髓等部分，从脑和脊髓发出周围神经，支配躯体肌肉和内脏器官的活动。随着脊椎动物的演化发展，神经系统的结构与功能也越来越复杂和完善，并成为控制整个机体的机构，同时出现机体调节机能向大脑皮层高度集中的皮层化过程。

综观神经系统演化的简单历程，从弥散、网状、梯形、链状到管状，直至前端分化成脑的 5 个部分以及大脑皮层的形成，可以看出，神经系统的结构与机能的发展经历了从简单到复杂、从分散到集中，又从向中集中到头部集中及皮层形成的演化过程。这个过程是在动物漫长的种族发生（系统发生）过程中逐步形成的，它在种族发生不同水平的动物中得到相应的反映，是动物对生存环境的适应性进化的表现。

第二节　神经信息的传导

一、神经信息传导机能的发展

神经系统是由许多神经元及神经胶质细胞构成的具有高度组织性的集合体。神经元是神经系统的基本功能单位。神经元的功能是接受、传导和发放神经信息（神经冲动），通过神经信息直接或间接地调节和控制机体各器官系统的生命活动。因此，保证神经信息的快速、准确和定向传导，在神经系统的机能发展中具有十分重要的生物学意义。

神经冲动（兴奋）传导的方式和传导速度在动物的种族发生过程中有很大的变化。早期的研究工作曾经确定，存在两种不同的兴奋传导方式：一种是衰减性传导，即兴奋沿神经纤维传导，其强度随传导的距离增大而逐渐减弱；另一种是不衰减性传导，即兴奋的强度沿神经纤维传导始终保持恒定不变。大多数兴奋传导的方式是不衰减性的，例如，脊椎动物的运动神经纤维，兴奋在运动神经中传导是不衰减地到达所支配的器官。而在某些软体动物（如海兔、河蚌、蜗牛等）中可以看到兴奋的衰减性传导。电生理学的研究工作证明，在河蚌和蜗牛的神经中，随着引导电极与刺激电极的距离增大，动作电位的幅度也随之下降，即兴奋的强度随神经长度的增长而逐渐减弱。在腔肠动物，特别是水螅的神经网中也存在这种衰减性传导。但是，不能说不衰减性传导属于脊椎动物，而衰减性传导则属于无脊椎动物。事实上，在无脊椎动物甲壳类蟹的神经以及腔肠动物水螅的神经网中已出现不衰减性传导。一般认为，不衰减性传导比衰减性传导能更为有效地传导信息。这对高等动物长距离传导神经信息无疑是一种适应性进化的表现。

在动物的种族发生过程中，不同种类动物神经冲动传导的速度有很大的变化。一般来说，动物越高等，其神经纤维的传导速度越快。也就是说，神经冲动传导速度是随着动物的演化过程而增快的。脊椎动物的神经纤维传导速度比无脊椎动物的快，而脊椎动物中又以哺乳类的最快。但是，这个问题不应该机械地来理解，因为较快的神经传导速度在某些无脊椎动物的神经中也存在，例如，软体动物头足类的乌贼外套膜神经的传导速度高达 $3\sim6m/s$；而在哺乳类的神经中同样也存在传导速度较慢的，例如，狗的隐神经的 C 类纤维的传导速度只有 $1.5m/s$。神经冲动传导速度取决于神经的形态、生理和生态学等特点。

（1）神经冲动传导速度取决于神经纤维横切面（直径）的大小。早在 1937 年，英国生理学家 Erlanger 和 Gasser 证明传导速度与神经纤维横切面（直径）的大小有关。例如，在变温动物（蛙）和恒温动物（狗）中存在三种不同类型的神经纤维，即 A、B、C 类纤维。这些纤维以自身的粗细相区别，A 类纤维较粗，具有发达的髓鞘，B 类及 C 类纤维较细，髓鞘发展较差。比较这三种类型纤维的传导速度表明，纤维横切面（直径）越大，其传导速度也越快。

在无脊椎动物中，同一神经束的不同大小的纤维，其传导速度也不一样。例如，虾螯神经纤维束中存在大小不同的纤维，粗纤维的传导速度比细纤维的快，直径为 $10\sim15\mu m$ 的纤维，其传导速度是 $2.5\sim3.7m/s$；而直径为 $3\sim8\mu m$ 的纤维，其传导速度只有 $0.50\sim1.75m/s$。在软体动物中，不同粗细的神经纤维同样具有不同的传导速度。例如，在葡萄蜗牛的肠神经中观察到 5 种不同传导速度的神经纤维，传导速度最快的达 $0.4\sim0.48m/s$，最慢的只有 $0.05m/s$。这种情况在海兔的神经纤维中也同样存在。可见，不同种类的动物或者同种动物不同种类的神经纤维，其传导速度有快有慢，这与神经纤维的粗细相关，粗纤维的传导速度比细纤维的快。

（2）神经冲动传导速度与神经纤维膜的结构特性有关。神经纤维膜由脂类和蛋白质的复合物髓磷脂构成，不同的神经纤维膜可以根据其脂类和蛋白质的含量多少相区别。在通常所谓非髓鞘化的细纤维中，主要含有蛋白质，而脂类很少；在髓鞘化的大直径纤维中，不仅膜的厚度增大，而且其中脂类含量也增加。因此，从比较生理学角度来讨论关于神经纤维的传导速度时，不仅应当考虑轴突直径的大小与神经膜之间的关系，同时还要考虑不同动物神经纤维膜的超微结构特点和化学组成。

根据比较形态学和生理学的资料，通常把神经纤维分为有髓鞘和无髓鞘两大类，但较为合适的是根据膜的结构把神经分为三类，即低脂髓鞘（膜中主要含蛋白质，脂类很少）、中等脂髓鞘（弱髓鞘化的）和高脂髓鞘（强髓鞘化的）神经纤维（表 9-1）。

表 9-1　不同动物神经纤维的传导速度与神经纤维膜的结构特性的关系（李永材和黄溢明，1984）

膜类型	神经	直径/μm	传导速度/（m/s）
低脂髓鞘 （蛋白质性）	蛙坐骨神经	2	0.4～0.5
	蟹螯神经	4	0.1～0.5
	蟹螯神经	4～8	1～2
	蟹螯神经	10～12	2～4
	河虾螯神经	10～20	3～4
	乌贼外套膜神经	10～20	3～6
	乌贼外套膜神经	400～600	15～20
中脂髓鞘 （弱髓鞘化）	蛙坐骨神经	3～8	4
	蚯蚓腹神经干巨纤维	60～80	17～25
高脂髓鞘 （强髓鞘化）	蛙坐骨神经	11	17
	蛙坐骨神经	19	42

从表 9-1 可以看出，在那些具有同种膜类型的神经纤维中，纤维的直径大小起决定作用，因而在比较粗的纤维中传导速度也较快。同时还可以看到，在膜中脂类积聚较多的纤维，其传导速度也较快。换言之，膜结构的性质对传导速度也有影响，其作用并不亚于纤维的直径。对神经系统机能演化来说，特别重要的是下面这种情况：中等脂髓鞘纤维要达到高脂髓鞘纤维（直径为 11μm）所具有的传导速度，其直径必须达到 60～80 μm 左右；而低脂髓鞘（蛋白质性）纤维要达到这样的传导速度，其直径却要增大到 400～600 μm。由此可见，神经纤维膜的结构，特别是膜的髓脂积聚程度与神经传导速度有密切的关系。由髓脂积聚而形成的髓鞘化纤维的传导速度比较快，这与其独特的神经冲动传导机制相关。根据形态学的观察，有髓神经纤维的髓鞘并不是把轴突全部包裹起来，在郎飞结处是没有髓鞘的。根据神经冲动传导的局部电流学说，一个郎飞结产生神经冲动（动作电位），通过电紧张扩布形成局部电流，这种局部电流不能穿过高阻抗的髓鞘，只能沿轴突内部流动，并从邻近的郎飞结处穿出形成局部电流，这一局部电流对前方未兴奋的郎飞结起刺激作用，使之去极化，而使后方已兴奋的郎飞结复极化，结果兴奋从一个郎飞结传至下一个郎飞结，不断向前传导。这种传导方式称为跳跃式传导（saltatory conduction），使得冲动在神经纤维上的传导速度大为加快。因此神经纤维的髓鞘化是提高神经冲动传导速度的一种有效途径。

（3）不同动物的神经传导速度与神经的兴奋性（时值）有关。表 9-2 是神经的兴奋性（时值）高低与传导速度快慢的比较生理学资料。这些资料说明，传导速度较慢的神经纤维具有较大的时值（兴奋性较低）；相反，传导速度较快的神经纤维具有较小的时值（兴奋性较高）。可见，神经纤维的兴奋性高低与神经冲动传导速度之间有一定的依赖关系，在神经系统的机能演化过程中，提高神经纤维的兴奋性也就可以提高神经纤维的传导速度。

表 9-2　神经传导速度与兴奋性（时值）的关系（李永材和黄溢明，1984）

神经	传导速度/（m/s）	兴奋性/（时值：s）
人桡神经	70	0.00015
蛙坐骨神经	30	0.003
蚯蚓神经链	0.6	0.02
水蛭神经链	0.4	0.03

（4）神经传导速度与温度的关系。神经传导速度是受温度影响的，因为温度直接与神经纤维传导的物质代谢过程有内在的联系。在一定的范围内，温度越高，神经传导速度也越快。对蛙坐骨神经来说，温度每升高 10℃时，其传导速度差不多增加一倍，当温度为 30℃时，蛙坐骨神经的传导速度可以达到哺乳动物同类神经的传导速度。

不同动物的神经纤维对高低温的耐受性也不同，这可以从生态生理学的观点来理解。不同温度条件对动物的神经传导性会产生不同的影响。例如，生活在欧洲南部的蜥蜴（*Lacerta muralis*）比生活在欧洲北部的蜥蜴（*Lacerta vivipara*）更能适应较高的温度，在温度为 44℃时，生活在北部的蜥蜴的神经传导性便消失，而南部的蜥蜴可以耐受较高的温度，其神经的传导性在 48℃时才下降。有趣的是，许多变温动物，在环境温度为 0℃的条件下便出现一般的冷麻醉现象。

（5）产后个体发育时期神经传导速度的增长。脊椎动物特别是哺乳类的神经传导速度在产后个体发育时期是继续增长的。例如，出生后 4 天猫的隐神经，传导速度为 11m/s；而出生后 20 天，传导速度增加到 23m/s；在出生后 60 天时，传导速度高达 60m/s。还有的研究资料说明，10 天鸡胚的坐骨神经的传导速度只有 0.15～0.2m/s；而出壳时，其传导速度增加到 4m/s。根据神经组织学的观察，在个体发育过程中，神经纤维的髓鞘是逐步形成的，因而可以理解，在动物个体发育过程中神经纤维的传导速度也是逐步增快的。

从以上所列举的资料可以看出，不同种类动物的神经纤维的传导速度有所不同，即使是同种动物的不同神经纤维也有差异，这主要取决于神经纤维的结构与功能的特点。一般来说，动物在种族发生和个体发育过程中，神经纤维传导速度是逐步增快的，这是神经系统机能发展的一个重要标志，也是神经系统机能的适应性进化的表现，它具有重要的生物学意义。可以认为，神经纤维传导速度的增快，主要是通过提高纤维的兴奋性、增大纤维直径和加强髓鞘化的程度来实现的。

二、神经信息突触传递的方式

神经系统的功能单位是神经元，神经元之间的联系是通过突触（synapse）实现的。突触的概念是由诺贝尔生理学或医学奖（1932 年）获得者、英国神经生理学家 Sherrington 于 1897 年为解释反射弧通路而提出来的，直到 1953 年才通过电子显微镜观察到突触的形态结构。所谓突触，一般来说是指两个神经元之间机能上密切联系与结构上特殊分化的部分。神经系统的活动都是由多个神经元共同完成的，神经元之间的信息联系是神经系统活动的基础，研究突触的类别及其传递信息的方式有助于对神经系统各种复杂机能的认识。

目前，在不同动物的神经系统中发现三种不同类别的突触，它们各自具有独特的传递信息的方式。

（一）电突触传递

电突触（electrical synapse）传递的结构基础是缝隙连接（gap junction）。缝隙连接是一种特殊的细胞间连接方式，在缝隙连接处，相偶联的两个细胞的质膜靠得很近（<3 nm），如图 9-1 所示，每侧细胞膜

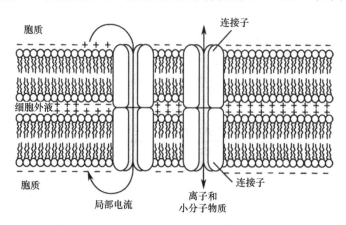

图 9-1　电突触传递示意图（王庭槐，2018）

上都规则地排列着一些蛋白颗粒，它们是由 6 个连接蛋白单体形成的同源六聚体，称为连接子。每个连接子中央有一个亲水性孔道。两侧膜上的连接子端端相连，使两个连接子的亲水性孔道对接，形成缝隙连接通道。这些缝隙连接通道通常是开放的，允许水溶性分子和离子通过，同时也形成细胞间的一个低电阻区。一个细胞产生动作电位后，可通过缝隙连接直接传播到另外一个细胞。电突触传递一般为双向传递，由于其电阻低，因而传递速度快，几乎不存在潜伏期。电突触传递广泛存在于中枢神经系统和视网膜中，主要发生在同类神经元之间，具有促进同步化活动的功能。

（二）化学性突触传递

在人和哺乳动物的神经系统中，化学性突触（chemical synapse）占大多数。化学性突触传递是神经系统信息传递的主要形式，一般由突触前膜、突触间隙和突触后膜三部分组成。根据突触前、后两部分之间有无紧密的解剖学关系，可将化学性突触分为定向和非定向两种不同类型。前者末梢释放的递质仅作用于范围极为局限的突触后成分，如神经-骨骼肌接头和神经元之间经典的突触；后者末梢释放的递质则可扩散至距离较远和范围较广的突触后成分，如神经-心肌接头和神经-平滑肌接头。

1. 经典的突触传递

1）突触结构

突触由突触前膜、突触后膜和突触间隙三部分结构组成。突触前膜是突触前神经元上突触小体的膜，突触后膜是与前膜对应的突触后神经元胞体或效应器细胞的膜。突触前膜和突触后膜之间的间隙称为突触间隙，约 20mm。在突触小体的胞浆内，含有大量的突触囊泡，囊泡内含有神经递质，不同的神经元含有的递质可以不同（图 9-2）。

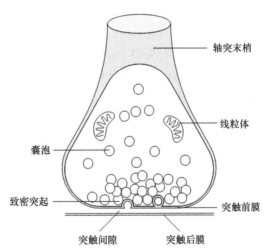

图 9-2　突触结构模式图（钟明奎和沈兵，2019）

2）突触传递

突触前的神经元通过突触将信息传递给突触后神经元的过程称为突触传递，其传递的基本过程为：①动作电位扩布至突触前神经元轴突的末梢；②突触前膜去极化，Ca^{2+}内流入突触小体；③突触囊泡与突触前膜融合并释放神经递质；④神经递质在突触间隙内扩散并与突触后膜上受体结合；⑤突触后膜的离子通道活性改变；⑥突触后神经元兴奋性改变。突触前神经元将信息传递到突触后神经元后，引起突触后神经元去极化或超极化（产生兴奋性突触后电位或抑制性突触后电位），从而对突触后神经元的机能活动产生不同的影响。神经信息通过化学突触时有明显的延搁，大约为 0.5～2ms。突触后电位分为以下两种类型。

（1）兴奋性突触后电位。

突触前膜的突触囊泡释放兴奋性递质，与突触后膜上的受体结合后，提高了突触后膜对 Na^+、K^+，特别是 Na^+ 的通透性，细胞外的 Na^+ 内流，使突触后膜膜电位升高，产生局部的膜电位去极化，称为兴奋性突触后电位（excitatory post synaptic potential，EPSP）（图9-3）。如果兴奋性突触后电位足够大，能够达到阈电位，则会产生动作电位；如果兴奋性突触后电位比较小，不足以达到阈电位，虽然不能诱发动作电位，但这种局部电位仍然能使突触后神经元兴奋性提高，使其更容易产生动作电位，这种效应称为易化。

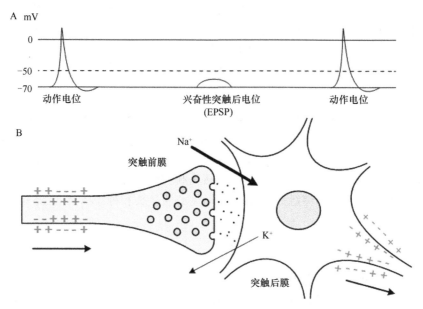

图9-3　兴奋性突触后电位产生机制示意图（钟明奎和沈兵，2019）
A. 电位变化；B. 突触传递

（2）抑制性突触后电位。

突触前膜的突触囊泡释放抑制性递质，与突触后膜上相应的受体结合后，提高了突触后膜对K^+、Cl^-通透性，尤其是Cl^-的通透性显著提高，细胞外的Cl^-内流，使突触后膜膜电位降低，引起突触后膜超极化，称为抑制性突触后电位（inhibitory post synaptic potential，IPSP），其结果是突触后膜的兴奋性降低，突触后神经元不能兴奋而表现为抑制（图9-4）。

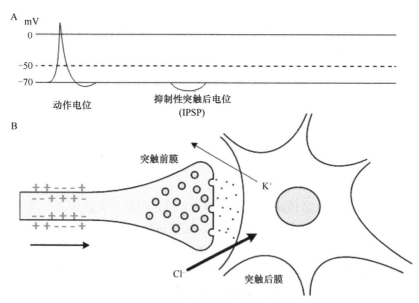

图9-4　抑制性突触后电位产生机制示意图（钟明奎和沈兵，2019）
A. 电位变化；B. 突触传递

2. 非突触性化学传递

除了以上介绍的经典突触进行信息的化学传递外，神经系统还存在非突触性化学传递。在肾上腺素能神经元的轴突末梢上存在许多细小分支，各分支上形成串珠样的膨大结构，称为曲张体。曲张体内含有大量的递质囊泡，是递质释放的部位。但曲张体并不与效应细胞形成经典的一对一的突触联系，而是位于效应器细胞附近。当神经冲动传递到曲张体时，递质从曲张体中释放出来，在组织间隙中通过扩散抵达效应细胞而发挥作用。这种类型的化学传递称为非突触性化学传递，不具有典型的突触结构。

（三）混合突触

顾名思义，这类突触兼有电突触和化学性突触的特征，即在同一突触连接部位既有突触囊泡又有缝隙连接的界面，因而神经信息的传递同时具有电学和化学的性质。目前这种突触较为少见，只在鸟类的睫状神经节及电鳗的电运动中继核中被发现。

第三节　脑

一、脑部结构和功能分区

脑（brain）位于颅腔内，新鲜时质地柔软。成人脑平均重约 1400g，由下而上分为延髓、脑桥、中脑、小脑、间脑及端脑六个部分（图 9-5）。通常把延髓、脑桥、中脑三部分合称脑干。

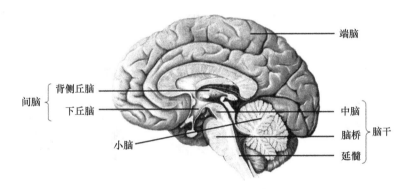

图 9-5　人脑的正中矢状面

鱼类的脑，分为大脑、间脑、中脑、小脑和延髓，各部分的发达程度因种类而有不同。板鳃鱼类的脑，嗅叶特别发达，占据大脑的大部分；小脑和延髓也很发达，小脑是单个圆形部分，前面遮盖一部分中脑，后面遮盖一部分延髓；延髓呈三角形，前端两侧呈耳状突，是听囊及侧线系统的中心，越往后越狭窄。硬骨鱼类的脑，一般大脑比较小，大脑与间脑分界不清楚；视叶很大，小脑也发达。

与鱼类相比，两栖类开始出现大脑皮层，形成三个原始的皮层萌芽，并且观察到三种形式的神经元：星状神经元、联合神经元和锥体神经元。原始的大脑皮层主要司嗅觉，是机体机能协调和整合活动的原始中枢。嗅叶和视叶很发达。与低等脊椎动物相比，两栖类的间脑发生一系列本质的变化，例如，背部丘脑明显增大，神经核团也增多。背部丘脑的前方形成两个大核团（背内侧前核和背外侧前核）。腹部丘脑的分化虽不明显，但下丘脑大体上可以分出下丘脑背部核、腹部核和外侧核。在两栖类的中脑结构中未发现有很大的进化性改变。小脑极小，小脑的传入与传出纤维联系非常贫乏，只限于脊髓-小脑束、前庭-小脑束和延髓-小脑束。这种中枢间联系的减弱可能与两栖类的生活方式改变而产生的某些退化过程有关。

爬行类的脑变化很大，而且比两栖类的脑更为高级。其大脑发达，大脑半球已有皮部和髓部分化，大脑表面出现皮层结构即新脑皮（neopallium）；在半球背部表面出现没有嗅觉传入的区域，那里是视觉、体觉和听觉传入系统的投射区；皮质下灰质出现了新纹状体和基底神经节等核团。间脑的丘脑和下丘脑进一步分化，有颅顶眼和脑垂体。视叶比较退化。小脑一般不如鱼类那样发达，构造也比较简单，在蛇和蜥蜴仅为一窄带，与它们缓慢活动的生活习性有关。善于游泳的爬行类小脑发育较好，如鳄鱼的小脑已分化为蚓部和绒球小结叶。

鸟类属于高等脊椎动物，是脊椎动物中最适宜于飞翔生活的一类。按其自身的发生和解剖结构的特点，鸟类接近于爬行类，可以认为是从爬行动物中分化出来向空中发展的一个特殊分支。鸟类的活动具有很大的灵活性，并具有飞翔、筑巢、照顾后代等先天性行为。与爬行类相比，鸟类不仅具有恒定的体温和独特的羽毛，更重要的是整个机体起了一系列的适应性改变，其神经系统比爬行动物发达得多。鸟类的大脑明显弯曲，呈半圆球状，分左、右两半球，每个半球部很膨大，向后掩盖着间脑和中脑前部。鸟类端脑的演化是沿着基底神经节较为发达的方向发展，并成为高级神经活动的重要部位。由于基底神经节结构上的增大，差不多充满整个侧脑室，结果使半球的体积增大，但不是大脑皮层的加厚，因此，鸟类的纹状体特别发达。鸟类的嗅球很小，位于大脑半球腹部前面，通常认为鸟类的嗅觉迟钝。鸟类有一对发达的视叶，位于大脑半球的后线和小脑的前侧方，因此鸟类的视觉比较发达；小脑发达，分为中叶的蚓部和两侧的绒球小结叶；蚓部向前伸长，几与大脑半球接触，上有横构；绒球小结叶则突出在其两侧；延髓短小。人和其他动物脑的形态比较见图9-6。

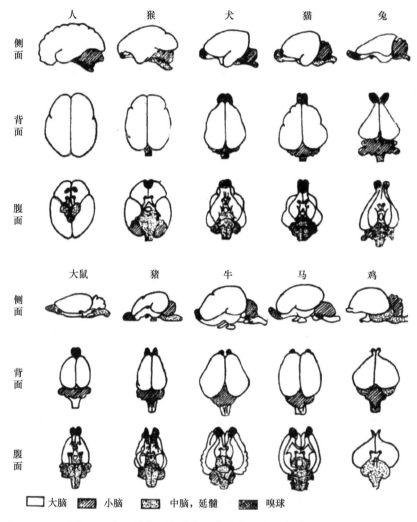

图 9-6　人和其他动物脑的形态比较（施新猷等，2003）

（一）脑干

1. 脑干的组成

脑干（brain stem）位于颅后窝内，由下而上依次分为延髓、脑桥和中脑。延髓在枕骨大孔处续接脊髓，中脑向上与间脑相接，脑桥和延髓的背面与小脑相连；脑桥、延髓和小脑之间的腔室称为第四脑室。

脑干的内部结构包括灰质、白质和网状结构。脑干的灰质分散成团块，称神经核。这些神经核分三种：第一种是与第 3~12 对脑神经相连的脑神经核；第二种是参与组成各种传导通路或反射通路的中继核；第三种是位于网状结构内的网状核或在脑干中缝附近的中缝核。脑干的白质由大量的纤维束构成，包括上行和下行的神经传导束，是脑干与大脑、小脑和脊髓相互联系的重要通路。网状结构位于脑干的中央部，与中枢神经的各部分有广泛的联系，也是上行特异性投射系统的结构基础。

2. 脑干的功能

1）反射功能

脑干中有多个反射低级中枢，如中脑有瞳孔对光反射中枢，脑桥有角膜反射中枢，延髓中有调节心血管活动和呼吸运动的生命中枢。延髓受到损伤，可造成呼吸、心跳停止，危及生命。

2）传导功能

脑干中的上、下行纤维束是脊髓与脑各部分相联系的重要通路，具有传导神经冲动的功能。

3）脑干对肌紧张的调节

脑干网状结构除有上行系统形成非特异性投射系统来维持和改变大脑皮层的兴奋性外，还通过下行系统调节脊髓的躯体运动反射，特别是对肌紧张的调节。脑干对肌紧张的调节是通过脑干网状结构易化区和抑制区的活动来完成的。

（1）脑干网状结构中的易化区和抑制区：电刺激脑干网状结构的不同区域，既可观察到加强肌紧张和肌运动的区域，也可见到抑制肌紧张和肌运动的区域，分别称为易化区和抑制区。易化区的范围较广，主要由延髓网状结构的背外侧部分、脑桥被盖、中脑中央灰质及被盖组成。下丘脑和丘脑中线核群等部位也参与其中。易化区的作用是经网状脊髓束易化脊髓 γ 运动神经元，增加 γ 运动神经元的传出冲动，提高肌梭敏感性。此外，易化区对脊髓 α 运动神经元也有一定的调节作用。相反，抑制区分布范围较小，由延髓网状结构的腹内侧部分组成。能够经网状脊髓束抑制 γ 运动神经元，降低肌梭敏感性，使肌紧张和肌运动降低。一般情况下，在肌紧张的调节中，易化区的活动比较强，并与延髓的前庭核、小脑前叶两侧部和后叶中间部等部位共同作用，加强伸肌的肌紧张和肌运动。而大脑皮质运动区、纹状体、小脑前叶蚓部等也可通过其下行纤维加强抑制区的作用。易化区与抑制区的活动在一定水平上保持相对平衡，以维持正常的肌紧张，一旦平衡被破坏，就会导致各种疾病。

（2）去大脑僵直：动物在麻醉状态下，如果在中脑上、下丘之间切断脑干，动物立即会出现全身肌紧张明显增强的现象，表现为特征性的四肢伸直、头尾昂起、脊柱挺硬等症状，称为去大脑僵直（decerebrate rigidity）（图 9-7）。

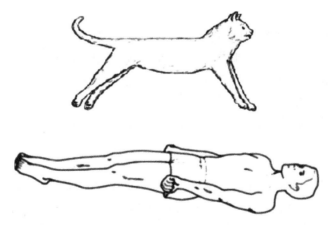

图 9-7　猫（上）和人（下）去大脑僵直

去大脑僵直主要是由于抗重力肌的肌紧张明显增强所致。其发生机制是由于大脑皮层、纹状体等部位与网状结构抑制区的功能联系被切断，抑制区功能活动不能向下传导，失去抑制作用，而易化区功能活动仍然保留，因而出现相对占优势的现象，从而造成易化区和抑制区之间的活动失衡。临床上，蝶鞍上囊肿通常会使皮层与皮层下失去联系，患者表现为下肢伸肌僵直，而上肢半屈曲，称为去皮层僵直。

而如果肿瘤压迫中脑时,患者可出现头后仰、上下肢僵硬伸直、上臂内旋及手指屈曲的症状,表现为典型的去大脑僵直症状。去大脑僵直的患者往往说明病变已严重侵犯脑干,提示预后不良。

(二)小脑

1. 小脑的组成

小脑(cerebellum)位于脑干背侧、大脑的后下方。小脑中间较狭窄区域称为小脑蚓,相当于两栖类的小脑。蚓部的两侧为小脑半球,在低等的哺乳动物,小脑半球不明显或不发达,越高等的种类则越发达。小脑半球的外侧还有一对小脑绒球,即爬行类以上动物的绒球小结叶两侧膨大称为小脑半球。根据小脑的发生、功能和纤维联系,可将小脑分为三叶。

(1)绒球小结叶:包括小脑半球下面的绒球、小脑蚓中的小结,以及连接绒球和小结之间的绒球脚。绒球小结叶在种系发生上最古老,又称古小脑(前庭小脑)。

(2)前叶:由小脑上面原裂以前的部分与小脑蚓中的蚓锥体和蚓垂体组成。此叶在种系发生上晚于古小脑,又称旧小脑(脊髓小脑)。

(3)后叶:位于原裂以后,包括古小脑和旧小脑以外的部分,此叶占小脑大部分,在进化过程中出现最晚,又称为新小脑(皮层小脑)。

小脑借三对小脑脚与脑干背面相连,小脑脚由进出小脑的纤维束组成。

2. 小脑的功能

小脑是躯体运动的重要调节中枢,它与大脑皮质、丘脑、脑干网状结构、红核等处有广泛的联系,小脑通过传入和传出通路与这些中枢联系,从而实现其对躯体运动的调节。小脑对躯体运动的调节主要表现在维持身体平衡、调节肌紧张和协调随意运动三个方面。

1)维持身体平衡

这主要是前庭小脑的功能。前庭小脑主要由绒球小结叶构成,它与前庭器官和前庭神经核有密切的纤维联系。前庭小脑维持身体平衡是通过反射来完成的。反射途径为:前庭器官→前庭神经核→前庭小脑→前庭神经核→脊髓前角运动神经元→肌肉。实验发现,如果将猴的绒球小结叶切除后,猴会平衡失调而站立不稳,但随意运动却不受影响并能很好地完成进食动作。在临床上,第四脑室附近发生肿瘤的患者,由于绒球小结叶被肿瘤压迫,患者常表现为站立不稳,头和躯干摇晃不定,步态不稳,容易跌倒。由此可见,前庭小脑对前庭核的活动有重要调节作用。

2)调节肌紧张

这主要是脊髓小脑的功能。脊髓小脑包括小脑前叶和后叶中间带。小脑前叶在调节肌紧张方面表现出双重作用,即小脑前叶蚓部抑制肌紧张,而小脑前叶两侧部加强肌紧张。在人类小脑对肌紧张的调节中,易化作用占优势。因此,小脑前叶损伤时常表现为肌紧张减弱,四肢乏力。小脑对肌紧张的调节作用,可能是通过脑干网状结构易化区和抑制区来实现的。

小脑后叶中间带也有控制肌紧张的功能,刺激该区能使双侧肌紧张加强,损伤这部分小脑后,肌紧张减弱,表现为四肢乏力。

3)协调随意运动

这主要是小脑后叶中间带和皮质小脑的功能。后叶中间带接受脑桥纤维的投射,并与大脑皮质运动区之间有环路联系。因此,它在执行大脑皮质发动的随意运动方面有重要作用。损伤这部分小脑后,随意运动的力量、方向及限度将发生紊乱,同时肌紧张减弱,表现为四肢乏力,不能完成精巧动作,肌肉在运动过程中发生震颤(称为意向性震颤),行走摇晃呈酩酊蹒跚状,若动作越快,则协调障碍越明显,但当静止时则看不出肌肉有异常的运动。因此,这部分小脑是在肌肉运动过程中起协调作用的。由于小脑损伤导致的这种动作性协调障碍,称为小脑共济失调。

皮质小脑与大脑皮质运动区、感觉区、联络区之间通过纤维联系存在着联合活动。在这一联合活动过程中,皮质小脑参与随意运动计划的形成和运动程序的编制。当精细运动逐渐熟练完善后,皮质小脑中就储存了一整套程序；当大脑皮质要发动精细运动时，首先通过下行通路从皮质小脑中提取储存的程序，并将程序回输到大脑皮质运动区，再通过皮质脊髓束和皮质脑干束发动运动。这时候所发动的运动可以非常协调而精巧，而且动作快速几乎不需要思考，如学习打字或演奏动作的过程。

（三）间脑

间脑（diencephalon）位于中脑和大脑之间，大部分被大脑所覆盖，间脑主要包括丘脑、后丘脑、下丘脑、上丘脑和底丘脑五个部分。间脑内的室腔称第三脑室。

1. 丘脑

丘脑（thalamus）位于间脑背侧部，故又称背侧丘脑，为一对卵圆形灰质块，是间脑的最大部分，约占整个间脑的 4/5。丘脑内部被"Y"形的内髓板分为前核群、内侧核群和外侧核群 3 个部分。其中外侧核群又可以分为背侧和腹侧两部分，腹侧部分由前向后可分为腹前核、腹外侧核和腹后核 3 个部分。

丘脑是感觉传入通路的重要中继站，来自全身各个感受器的传入神经纤维除了嗅觉以外，全部在丘脑更换神经元，然后才投射到大脑皮层的一定部位。丘脑是皮层不发达的动物的最高级感觉中枢，而在皮层发达的动物，丘脑则是感觉传导通路中的接替站，在接替过程中也能对感觉进行粗略的分析与综合。

1）丘脑的核团

根据各核团功能特点不同，可以将丘脑核团分为三大类。

（1）特异感觉接替核：主要由腹后核、外侧膝状体、内侧膝状体等接受第二级感觉投射纤维，经换元后进一步投射到大脑皮层特定的感觉区，产生特定感觉。其中，腹后外侧核负责传递躯体感觉信号，是脊髓丘脑束与内侧丘系的换元站；腹后内侧核负责传递头面部感觉信号，是三叉丘系的换元站。感觉信号向腹后核的投射有一定的空间分布，这种空间分布与大脑皮层感觉区的空间定位一一对应。内侧膝状体是听觉传导通路的换元站，外侧膝状体是视觉传导通路的换元站。

（2）联络核：主要由丘脑前核、腹外侧核、丘脑枕核等组成。这些核团不直接接受感觉的投射纤维，而是与丘脑特异感觉接替核和其他皮层下中枢形成联系，接受其传来的冲动，换元后投射到大脑皮层特定区域，参与各种感觉在丘脑和大脑皮层之间的联系协调。

（3）非特异投射核：主要由髓板内核群构成，包括中央中核、束旁核等。它们不直接投射到大脑皮层的特定区域，而是通过多突触换元接替，弥散地投射到大脑皮层各个部位，其功能是维持和改变大脑皮层的兴奋状态。

2）丘脑的感觉投射系统

根据其投射特征的不同，可将丘脑投射到大脑皮层的感觉投射系统分为两类，包括特异投射系统和非特异投射系统。

（1）特异投射系统：指各种感觉传入纤维（除嗅觉外），经脊髓和低位脑干到达丘脑的感觉接替核并换元，再发出纤维投射到大脑皮层的特定区域。此投射系统中，将感觉信息点对点地投射到大脑皮层的特定区域，主要终止于大脑皮层的第四层细胞，形成特定的感觉，从而激发大脑皮层发出信息。

（2）非特异投射系统：指感觉传导上行纤维经过脑干时，其侧支与脑干网状结构内的神经元发生突触联系并经多次换元后，弥散地投射到大脑皮层的广泛区域，维持和改变大脑皮层兴奋状态。该投射系统是不同感觉共同的上行途径，不具有感觉传导的专一性和点对点的投射关系，不能产生特定的感觉。

电刺激中脑部位的网状结构可促进动物觉醒，若在中脑头端切断脑干网状结构，则导致动物出现类似睡眠的现象，这说明脑干网状结构中存在具有上行唤醒作用的功能系统，称为网状结构上行激动系统（ascending activating system）。该系统主要是通过丘脑非特异投射系统来发挥作用的。当网状结构上行激动系统功能减弱时，大脑皮层便会由兴奋转入抑制，动物就表现为安静或睡眠；若该系统受到损伤，则动物会发生昏睡。网状结构上行激动系统是多突触联系，容易受到药物的影响，如巴比妥类催眠药可能就是抑制了这一系统的突触传递而发挥催眠作用的。

通常情况下，特异投射系统和非特异投射系统作用相互协调、配合，共同调节机体各种感觉，使动物和人类既能处于觉醒状态，又能产生各种特定感觉。

2. 下丘脑

下丘脑（hypothalamus）位于背侧丘脑的前下方，构成第三脑室的下壁和侧壁的下部，包括视交叉、灰结节、漏斗、垂体和乳头体等结构。

1）下丘脑的核团

下丘脑在矢状面以视交叉、灰结节和乳头体为标志，从前向后可分为视前区、视上区、结节区和乳头体区 4 个部分。下丘脑细胞核团边界不太明显，细胞大小不一，以肽能神经元为主，其主要核团包括：①位于视上区的视上核、室旁核和丘脑前核；②位于结节区的漏斗核、腹内侧核和背内侧核；③位于乳头体区的乳头体核和下丘脑后核。

2）下丘脑的功能

下丘脑是皮质下较高级的内脏活动调节中枢。刺激下丘脑可产生自主神经反应，往往还与一些较复杂的生理过程相整合，如体温调节、摄食行为调节、内分泌活动、情绪反应及生物节律控制等。

（1）体温调节：下丘脑内存在许多温度敏感神经元，还存在着体温调节的基本中枢。它们先通过感受机体温度变化，之后对温度信息进行整合、处理，并以此来调节机体的产热和散热活动，使体温保持相对稳定。

（2）摄食行为调节：摄食行为是人和动物维持个体生存的基本活动。动物实验证实，在下丘脑外侧区内存在摄食中枢，如果毁坏摄食中枢，动物就会拒绝摄食，而当用电流刺激此区时动物食量大增；在下丘脑腹内侧核存在饱中枢，若毁坏饱中枢，动物食量增大，逐渐肥胖，而刺激该区，动物将停止摄食活动。一般情况下，摄食中枢与饱中枢的神经活动间存在着交互抑制的关系，而且对血糖敏感，它们活动的调节可受血糖水平高低的影响。

（3）水平衡调节：机体对水平衡的调节包括摄水和排水功能调节。动物实验证明，在下丘脑外侧区存在饮水中枢，靠近摄食中枢，又称为渴中枢。破坏外侧区后，动物不仅拒食，且饮水量也明显减少，而刺激该区会出现渴感和饮水行为。下丘脑对排水功能的控制是通过调节视上核和室旁核分泌抗利尿激素来实现的。渗透压感受器存在于下丘脑内，可根据体内血浆渗透压的变化来调节抗利尿激素的分泌。一般认为，下丘脑内控制抗利尿激素分泌的核团和控制摄水的区域存在着功能上的联系，相互作用协同调节水平衡。

（4）腺垂体和神经垂体激素分泌调节：下丘脑促垂体区中的小神经细胞能合成多种肽类物质以调节腺垂体功能，这些肽类物质就被称为下丘脑调节性多肽（hypothalamic regulatory peptide，HRP）。它们经轴浆运输到正中隆起，然后通过垂体门脉到达腺垂体，从而对腺垂体激素的分泌起到调节作用。此外，下丘脑视上核和室旁核神经细胞能合成抗利尿激素和缩宫素，经下丘脑-垂体束运送至神经垂体储存，而下丘脑也可对其分泌进行控制。

（5）情绪反应：动物实验证明，下丘脑存在着与情绪反应密切相关的神经结构。在间脑水平以上切除猫的大脑，可出现张牙舞爪、呼吸加快、瞳孔扩大、毛发竖起、怒吼、心跳加速、出汗、血压升高等一系列交感神经活动亢进的现象，与发怒相似，因此称为"假怒"。在平时，由于受到大脑皮层的抑制，下丘脑的这种活动不易表现出来。而当切除大脑后，解除这种抑制，轻微的刺激即可引发"假怒"现象。研究表明，下丘脑内存在"防御反应区"，位于近中线两旁的腹内侧区，如果刺激该区，就会出现防御性行为。在临床上，当人患有下丘脑疾病时，也往往出现不寻常的情绪反应。

（6）对生物节律的控制：对于机体内的许多活动能按一定的时间顺序发生周期性变化的现象，称为生物节律。根据周期的长短可分为日节律、月节律、年节律等，而最重要的生物节律是日节律，如体温、动脉血压、激素的分泌、血细胞数等。研究表明，下丘脑视交叉上核可能是控制日节律的关键部位，它可通过与视觉感受装置相联系，从而实现机体内日周期与外环境昼夜周期相同步。

3. 后丘脑

后丘脑位于丘脑的后下方，包括内侧的内侧膝状体和外侧的外侧膝状体，属于特异感觉接替核。内侧膝状体接受下丘臂的听觉纤维，发出纤维至听觉中枢，与听觉形成有关；外侧膝状体接受视束的传入纤维，发出纤维至视觉中枢，与视觉形成有关。

4. 上丘脑

上丘脑位于间脑的背侧面，包括松果体、缰三角、缰连合、丘脑髓纹和后连合。16 岁后松果体钙化形成脑砂，是 X 射线诊断颅内占位病变的定位标志。人类的松果体产生褪黑激素，具有抑制生殖腺和调节生物钟等作用。

5. 底丘脑

底丘脑位于间脑与中脑被盖的过渡区，内含底丘脑核。底丘脑核的传入纤维主要来自苍白球，传出纤维投射于黑质、红核、苍白球。底丘脑核与苍白球之间的往返纤维称为底丘脑束，与锥体外系的功能有关。人类一侧底丘脑核受损，可产生对侧肢体，尤其是上肢较为显著的、不自主的舞蹈样动作，称半身舞蹈病或半身颤搐。

（四）端脑

端脑（telencephalon）又称大脑（cerebrum），是中枢神经的最高级部位，由左、右两个大脑半球构成，两者之间由横行纤维胼胝体相连。人类的大脑已发展到最高程度，由于其高度发展，遮盖了间脑和中脑，并把小脑推向后下方。

1. 大脑的外形与分叶

两侧大脑半球之间的深裂称大脑纵裂，裂底有连接两半球的巨大纤维束板组成的胼胝体，两侧大脑半球的后部与小脑间有大脑横裂。大脑半球表面凹凸不平，凹陷处称大脑沟，沟与沟之间的隆起称大脑回。这大大增加了大脑半球的表面积，据统计，人大脑半球的表面积共约为 2200cm^2。大脑半球有 3 条沟，即外侧沟、中央沟和顶枕沟。这些沟裂将大脑表面大致分为 5 叶：外侧裂以下为颞叶；在外侧裂以上、中央沟以前为额叶；中央沟以后为顶叶；大脑的后部为枕叶；深藏在外侧沟深部为岛叶。

2. 大脑的内部结构

大脑半球的表层是灰质，为神经元细胞聚集的部位，叫做大脑皮层（也叫大脑皮质），厚度为 2～3mm，神经元细胞约为 140 亿左右。大脑半球表面由于有许多沟和回而总面积大大增加，实际上是大大增加了大脑皮层的总面积和神经元的总数量。大脑皮层以内是白质，由神经纤维组成，其中有些神经纤维把左、右大脑两半球联系起来，如胼胝体；有些神经纤维把大脑皮层跟间脑、脑干、小脑和脊髓联系起来。大脑皮层通过这些神经纤维来调节全身各个器官、组织的活动。大脑髓质内中包藏的灰质核团，称为基底神经核。大脑半球内部的空隙称侧脑室。

1）大脑皮质

大脑皮质是高级神经活动的物质基础。皮质结构不仅能对传入的各种信息作出简单的反应，而且具有高度分析和综合判断的能力，成为语言和思维活动的物质基础。

大脑皮质的功能定位：不同的皮质区具有不同的功能，这些具有一定功能的脑区称为神经中枢。不同的功能相对集中在某些特定的皮质区，进行机能的分析综合，为皮质功能定位，以下简要介绍几种功能定位区。

（1）第 I 躯体运动中枢：位于中央前回和中央旁小叶前部，是管理骨骼肌随意运动的最高级中枢。躯体运动中枢具有以下特点。①功能定位精确，并倒置安排：在皮层运动区，一定的区域支配一定部位的肌肉，并且躯体各部分的支配区域在皮层的安排是倒置的，即顶部支配下肢肌肉运动，底部支配头面部肌肉运动，上肢代表区则位于中间；其中，头面部代表区内部安排是正立的。②代表区的大小与运动的精细程度有关：运动越精细、越复杂的肌肉部分，其相应代表区就越大。例如，大拇指的代表区面积是躯干代表区的许多倍。③交叉性支配：一侧主要皮层运动区支配对侧躯体的运动，称为交叉性支配。但在头面部的肌肉为双侧性支配，而下部面肌和舌肌仍为交叉性支配。所以，当一侧内囊损伤时，只有对侧下部面肌、舌肌发生麻痹，其他肌肉多数正常。

（2）第Ⅰ躯体感觉中枢：位于中央后回和中央旁小叶后部，接受由背侧丘脑上传的纤维，管理躯体感觉。该中枢产生的感觉定位明确而清晰，投射特点如下：①投射区是倒置的，大致呈倒立的人体投影，即下肢的感觉代表区在皮层的顶部，上肢感觉代表区在中间，头面部感觉代表区在底部，但头面部的代表区内部安排却是正立的；②投射具有交叉性，即一侧体表感受器感受到的冲动投射到对侧大脑皮层，但头面部感觉的投射是双侧的；③投射区的大小与躯体感觉分辨精细程度有关，如感觉分辨精细程度高的唇、食指、拇指的皮层代表区相应就比较大。

（3）视觉中枢：位于枕叶内侧面，距状沟两侧的皮质。一侧视觉中枢接受来自同侧视网膜颞侧半和对侧视网膜鼻侧半的视觉冲动，故一侧枕叶受损时，可引起双侧对侧偏盲，双侧枕叶受损，可造成全盲。

（4）听觉中枢：位于颞叶的颞横回。其投射是双侧性的，即每侧听觉中枢接受来自双耳的听觉冲动，因此，一侧听觉中枢受损时，不会引起全聋。

（5）语言中枢：人类大脑皮质与动物的本质区别是能进行思维和意识等高级活动，并用语言进行表达，因此在人类的大脑皮质还存在特有的语言中枢。

（6）本体感觉中枢：本体感觉是指肌肉、关节等的运动觉。目前认为，中央前回既是运动区，也是本体感觉投射的代表区。刺激人脑中央前回，受试者可产生企图发动肢体运动的主观感觉。

（7）内脏调节中枢：一般认为在边缘叶，在此叶的皮质区可找到呼吸、血压、瞳孔、胃肠和膀胱等各种内脏活动的代表区。因此有人认为，边缘叶是自主神经功能调节的高级中枢。

（8）嗅觉与味觉中枢：在高等动物边缘叶的前底部区域与嗅觉功能有关；中央后回头面部感觉区下侧与味觉功能有关。

人和其他动物大脑皮层的分区比较见图 9-8。

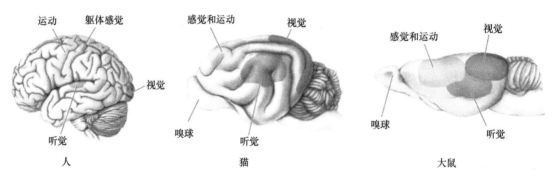

图 9-8　人和其他动物大脑皮层的分区比较

2）基底核

基底核又称基底神经节，是位于大脑白质内的灰质团块，因其位置靠近大脑底部，故称基底核，包括豆状核、尾状核、杏仁体和屏状核等。豆状核和尾状核合称纹状体。

基底神经节具有重要的运动调节功能，与肌紧张的控制、随意运动的稳定及本体感觉传入信息的处理等都有密切关系。目前已知，黑质、纹状体之间有环路联系。黑质是多巴胺能神经元存在的主要部位，其纤维抵达纹状体，能控制纹状体内胆碱能神经元的活动，转而改变纹状体内 γ-氨基丁酸神经元的活动，然后再由 γ-氨基丁酸神经元的轴突下行到黑质，可反馈控制多巴胺能神经元的活动。实验证明，纹状体的活动受多巴胺能神经元和胆碱能神经元的调节。前者对纹状体有抑制作用，后者有兴奋作用。

基底神经节损伤后可出现两种类型的症状：一类是运动过少、肌紧张增强，如震颤麻痹；另一类是运动过多、肌紧张减弱，如舞蹈病和手足徐动症等。

震颤麻痹又称为帕金森病，患者的全身肌紧张增强，肌肉僵硬，随意运动减少，动作缓慢，面部表情呆板，并常伴有静止性震颤。静止性震颤多见于上肢，情绪激动时增加，在患者做随意运动时减少，入睡后可消失。这一点与小脑损伤导致的意向性震颤不同。帕金森病患者的病变部位主要在中脑的黑质，黑质多巴胺能神经元的功能被破坏，多巴胺合成减少，对纹状体的抑制作用减弱，而胆碱能神经元的兴奋作用增强。临床上，常给予多巴胺的前体物质左旋多巴以增加多巴胺的含量，缓解肌肉强直和动作迟缓的症状。但这并不能改善静止性震颤的症状，有学说认为可能与丘脑外侧腹核等的结构和功能异常有关。

舞蹈病又称为亨廷顿病，患者运动过多，出现不自主的上肢和头部舞蹈样动作，并伴有肌张力降低。病变部位主要在纹状体，纹状体内胆碱能和 γ-氨基丁酸能神经元的功能明显减退，减少了对黑质多巴胺能神经元的抑制，使黑质多巴胺能神经元的功能相对增强。有人认为，舞蹈病患者运动过多，可能与基底神经节对大脑皮质的抑制功能减退有关。临床上用利血平消耗多巴胺递质，可以缓解该病。

3）大脑髓质

大脑髓质又称大脑白质，由大量的神经纤维构成，按纤维走向分为三类：联合纤维，是连接左、右大脑半球的横行纤维，胼胝体是最主要的联合纤维；联络纤维，是同侧大脑半球内，各脑叶、脑回间相互联系的神经纤维；投射纤维，是大脑皮质与皮质下各部之间的上、下行神经纤维，这些纤维大都经过内囊，内囊是其重要结构之一。由于内囊集中了大量的纤维束，因此营养内囊的动脉破裂出血、形成血栓或栓塞时，会导致对侧半身瘫痪（皮质脊髓束和皮质核束损伤）、对侧半身感觉障碍（丘脑皮质束损伤）、双眼对侧半视野偏盲（视辐射损伤）的"三偏症"。

4）边缘系统

边缘系统在大脑半球内侧面，隔区、扣带回、海马旁回、海马和齿状回等脑回几乎围绕胼胝体一圈，共同组成边缘叶。边缘叶加上与它联系密切的皮质和皮质下结构如杏仁体、隔阂、下丘脑、上丘脑、丘脑前核和中脑被盖的一些结构等，共同组成边缘系统。由于它与内脏联系密切，故又称内脏脑。边缘系统是发生上比较古老的脑部，结构和功能十分复杂，不仅与嗅觉有关，更与内脏活动、情绪行为活动和记忆等密切相关，在维持个体生存和种族生存（延续后代）方面亦发挥着重要的作用。由于边缘系统通过下丘脑影响内脏活动，故有人也将它称为"内脏脑"。

二、学习与记忆

学习与记忆是脑的重要功能之一，学习是机体接受外界环境信息而影响自身行为的神经活动过程，记忆则是学习到的信息储存和"读出"的神经活动过程。学习与记忆是两个不同而又相互联系的过程。学习与记忆的基本过程包括获得、巩固和再提取过程。获得（acquisition）是感知外界事物或接受外界信息（外界刺激）的阶段，也即通过感觉系统向脑内输入讯号，即学习过程；巩固（consolidation）是获取的信息在脑内编码储存和保持的阶段；再提取（retrieval）是将储存于脑内的信息提取出来使之再现于意识中的过程，即回忆过程。

（一）学习的形式

学习有两种形式，即非联合型学习（nonassociative learning）和联合型学习（associative learning），前者比较简单，后者则相对复杂。

1. 非联合型学习

非联合型学习是不需要在刺激和反应之间形成某种明确的联系。不同形式的刺激使突触活动发生习惯化、敏感化等可塑性改变，就属于这种类型的学习。习惯化是指当一个不产生伤害性效应的刺激重复作用时，机体对该刺激的反射反应逐渐减弱的过程，例如，人们对有规律而重复出现的强噪声逐渐不再产生反应。敏感化是指反射反应加强的过程，例如，一个弱伤害性刺激本来仅引起弱的反应，但在强伤害性刺激作用后，弱刺激的反应就明显加强。在这里，强刺激与弱刺激之间并不需要建立什么联系。

2. 联合型学习

联合型学习是在时间上很接近的两个事件重复地发生，最后在脑内逐渐形成联系，如条件反射的建立和消退。巴甫洛夫把反射分为非条件反射（unconditioned reflex）和条件反射（conditioned reflex）两类。非条件反射是指生来就有、数量有限、比较固定和形式低级的反射活动。它是人和动物在长期的种系发展中形成的，对于个体和种系的生存具有重要意义。而条件反射则为通过后天学习和训练而形成的高级反射活动，它是人和动物在个体的生活过程中，按照所处的生活条件，在非条件反射的基础上不断建立起来的，其数量是无限的，可以建立，也可消退。

（1）经典条件反射：在巴甫洛夫的经典动物实验中，给狗以食物，可引起唾液分泌，这是非条件反射，食物就是非条件刺激。给狗以铃声刺激，不会引起唾液分泌，因为铃声与食物无关。但是，如果每次给食物之前先出现一次铃声，然后再给予食物，这样多次结合以后，当铃声一出现，动物就会分泌唾液。这种情况下，铃声成为条件刺激。条件反射就是由条件刺激与非条件刺激在时间上的结合而建立起来的，这个过程称为强化（reinforcement）。实验表明，如果非条件刺激不能激动奖赏系统或惩罚系统，条件反射将很难建立；如果非条件刺激能通过这两个系统引起愉快或痛苦的情绪活动，则条件反射就比较容易建立。

在上述经典条件反射建立后，如果多次只给予条件刺激（铃声），而不用非条件刺激（喂食）强化，条件反射（唾液分泌）就会减弱，最后完全消失，这称为条件反射的消退（extinction）。条件反射的消退不是条件反射的简单丧失，而是中枢把原先引起兴奋性效应的信号转变为产生抑制性效应的信号。

（2）操作式条件反射：训练动物建立这种条件反射时，是给动物一定的刺激，要求动物对该刺激作出的反应是执行和完成一定的操作行为。例如，先训练动物学会踩动杠杆而得到食物，然后，以灯光或其他信号作为条件刺激，建立条件反射，即在出现某种信号后，动物必须踩杠杆才能得到食物，所以称为操作式条件反射（operant conditioning reflex）。得到食物是一种奖赏性刺激，因此这种操作式条件反射是一种趋向性条件反射（conditioned approach reflex）。如果预先在食物中注入一种不影响食物的色香味但动物食用后会发生呕吐或其他不适的药物，则动物在多次强化训练后，再见到信号就不再踩动杠杆。这种由于得到惩罚而产生的抑制性条件反射，称为回避性条件反射（conditioned avoidance reflex）。

（二）记忆的形式

1. 陈述性记忆和非陈述性记忆

根据记忆的储存和回忆方式不同可分为陈述性记忆（declarative memory）和非陈述性记忆（nondeclarative memory）。

（1）陈述性记忆：对事实和时间的记忆称为陈述性记忆。我们日常生活中所说的记忆主要是指陈述性记忆。我们还能记住许多不能用语言表达出来的事实，如技巧、习惯等，称为非陈述性记忆。陈述性记忆被称为外显记忆（explicit memory），它有更多意识成分参与，依赖于记忆在海马、内侧颞叶及其他脑区内的滞留时间。陈述性记忆还可分为情景式记忆（episodic memory）和语义式记忆（semantic memory）。前者是记忆一件具体事物或一个场面，后者则为记忆文字和语言等。

（2）非陈述性记忆：非陈述性记忆通常被称为内隐记忆（implicit memory），它来源于直接经历，也不涉及记忆在海马的滞留时间，如某些技巧性的动作、习惯性的行为和条件反射等。

这两种记忆形式可以转化，如在学习骑自行车的过程中需对某些情景有陈述性记忆，一旦学会后，就成为一种技巧性动作，由陈述性记忆转变为非陈述性记忆。

2. 短时程记忆和长时程记忆

根据记忆保留时间的长短可将记忆分为三类。

（1）瞬时记忆：瞬时记忆（translent memory），又称感觉记忆，当客观刺激停止作用后，感觉信息在极短的时间内被保存下来，它是记忆系统的开始阶段。感觉记忆的存储时间为 0.25～4s。

（2）短时记忆：短时记忆（short-term memory）是感觉记忆和长时记忆的中间阶段，保持时间为 5s 至 1min。编码方式以言语听觉形式为主，也存在视觉和语义的编码。①信息保持的时间稍长，但最长不超过 1min；②记忆容量有限；③从短时记忆在信息加工过程中的地位来说，短时记忆是一种实际起作用的记忆，是当前一刻心理活动的中心。例如，打电话时的拨号，拨完后记忆随即消失。

（3）长时记忆：长时记忆（long-term memory）是指保持时间在 1min 以上的记忆，其特点在于：①保持时间超出 1min，直到数周、数年乃至终生；②记忆容量无限；③信息的编码方式是语义编码和表象编码。有些内容，如与自己和最接近的人密切相关的信息，可终生保持记忆，为永久性记忆。

还可以根据记忆过程中起主导作用的感受器的不同，分为视觉记忆、听觉记忆、运动觉记忆、嗅觉记忆等类型。

（三）学习与记忆的机制

1. 学习与记忆在脑的功能定位

事实表明，学习与记忆在脑内有一定的功能定位。目前已知，与记忆功能有密切关系的脑内结构有大脑皮质联络区、海马及其邻近结构、杏仁核、丘脑和脑干网状结构等。

1）大脑皮质联络区

大脑皮质联络区是指感觉区、运动区以外的广大新皮质区，它接受来自多方面的信息，通过区内广泛的纤维联系，可对信息进行加工、处理，成为记忆的最后储存区域。破坏联络区的不同部分，可引起各种选择性的遗忘症（包括各种失语症和失用症），而电刺激清醒的癫痫患者颞叶皮质外侧表面，能诱发出对往事的回忆。刺激颞上回，患者似乎听到了以往曾听过的音乐演奏，甚至还似乎看到乐队的影像。顶叶皮质可能储存有关地点的影像记忆，额叶皮质在短时程记忆中起重要作用。

2）海马及其邻近结构

大量实验资料和临床观察表明，海马与学习和记忆有关。如损伤海马、穹窿、下丘脑乳头体或乳头体丘脑束及其邻近结构，可引起近期记忆功能的丧失。目前认为，与近期记忆有关的神经结构是海马回路（hippocampa circuit）：海马通过穹窿与下丘脑乳头体相连，再通过乳头体-丘脑束抵达丘脑前核，后者发出纤维投射到扣带回，扣带回则发出纤维又回到海马。

3）其他脑区

丘脑的损伤也可引起记忆丧失，主要引起顺行性遗忘，而对已经形成的久远记忆影响较小。杏仁核参与和情绪有关的记忆，主要是通过对海马活动的控制而实现。

2. 神经生理学机制

从神经生理学的角度看，感觉性记忆和第一级记忆主要是神经元生理活动的功能表现。神经元电活动具有一定的后作用，在刺激停止后，活动仍能继续一段时间，这是记忆的最简单形式。感觉性记忆的机制可能属于这一类。此外，神经系统中神经元之间形成许多环路联系，环路的连续活动也是记忆的一种形式，第一级记忆的机制可能属于这一类。例如，海马回路的活动就与第一级记忆的保持以及第一级记忆转入第二级记忆有关。

近年来对突触可塑性的研究发现，突触发生习惯化和敏感化的改变，以及长时程增强的现象存在于中枢神经系统的许多区域，尤其在海马等与学习和记忆有关的脑区内。在训练大鼠进行旋转平台的空间分辨学习中，发现记忆能力强的大鼠海马的长时程增强反应大，而记忆能力差的大鼠长时程增强反应小。目前多数学者认为，突触的可塑性改变可能是学习和记忆的神经生理学基础。

3. 神经生物化学机制

从神经生物化学的角度看，较长时程的记忆必然与脑内物质代谢有关，尤其是与脑内蛋白质合成有关。蛋白质的合成和基因的激活通常发生在从短时程记忆开始到长时程记忆的建立这段时间里。在动物，如果在每次学习训练后的 5min 内，让动物接受麻醉或电击、低温处理，或者给予能阻断蛋白质合成的药物或抗体、寡核苷酸，则长时程记忆反应将不能建立。如果这种干预由 5min 一次改为 4h 一次，则长时程记忆的建立不受影响。在人类，类似于这种情况的是脑震荡或电休克治疗后出现的逆行性遗忘症。

中枢递质与学习记忆活动也有关。在训练动物时给动物注射拟胆碱药毒扁豆碱，可加强记忆活动，而注射抗胆碱能药东莨菪碱则使学习记忆减退。用利血平耗竭脑内儿茶酚胺，可破坏学习记忆过程。动物在训练后，脑室内注入 γ-氨基丁酸可加快学习过程，在海马齿状回注入血管升压素也可增强记忆，而注入催产素则使记忆减退。一定量的脑啡肽可使动物学习过程遭受破坏，而纳洛酮则可增强记忆。临床研究发现，老年人血液中垂体后叶激素的含量减少，将血管升压素喷入鼻腔可提高记忆效率，用血管升压素治疗遗忘症也收到一定的效果。

4. 神经解剖学机制

从神经解剖学的角度看，持久性记忆可能与脑的形态学改变有关。如在海兔，经敏感化处理后，感觉末梢所含的激活区增多，而经习惯化处理后则激活区减少。此外，长时程记忆还可能与建立新的突触联系有关。例如，大鼠生活在复杂环境中，其大脑皮质较厚；而生活在简单环境中，皮质则较薄。人类第三级记忆的机制可能与此有关。

（四）学习与记忆的行为学实验研究比较

学习与记忆是高等动物和人类对自然环境的一种最主要适应方式。对于人类来说，学习与记忆主要是对社会环境的适应方式。人和动物的内部心理过程是无法直接观察到的，只能根据可观察到的刺激反应来推测脑内发生的过程。对脑内记忆过程的研究只能从人类或动物学习或执行某项任务后间隔一定时间，测量它们的操作成绩或反应时间来衡量这些过程的编码形式、储存量、保持时间，以及它们所依赖的条件等。学习与记忆行为学实验方法的基础是条件反射，各种各样的方法均由此衍化出来。现将常用的动物学习与记忆实验方法简述如下。

1. Morris 水迷宫实验

该实验由英国心理学家 Richard G. M. Morris 发明并应用于学习记忆的研究中。Morris 水迷宫由圆形水箱、摄像头及分析系统组成。通过观察并记录动物学会在水箱内游泳并找到藏在水下逃避平台所需的时间、采用的策略和它们的游泳轨迹，分析和推断动物的学习、记忆和空间认知等方面的能力，能比较客观地衡量动物空间记忆、工作记忆及空间辨别能力的改变。

2. 放射状迷宫实验

目前常用的为八臂辐射迷宫，也有十二臂或十六臂迷宫，是由 Olton 等人于 20 世纪 70 年代中期建立的。控制进食的动物受到食物的驱使对迷宫各臂进行探究，大鼠利用房间内远侧线索所提供的信息，可以有效地确定放置食物的臂所在部位。放射状臂形迷宫可以用于大鼠空间参考记忆和工作记忆的研究。优缺点：适合于测量动物的工作记忆和空间参考记忆，并且其重复测量的稳定性较好；但有些药物（苯丙胺），可以影响下丘脑功能或造成食欲缺乏，影响迷宫中所采用食欲的动机，因此动物就不能很好地完成放射状迷宫实验。

水迷宫与放射状迷宫相比较，主要优越性在于：①在水迷宫中，动物训练所需的时间较短（1 周），而放射状迷宫则需要几周的训练时间；②迷宫内的线索，如气味可以被消除掉；③大的剂量-效应研究可以在一周内进行；④可以利用计算机建立图像自动采集和分析系统，这就能根据所采集的数据，制成相应的直方图和运行轨迹图，便于研究者对实验结果做进一步分析和讨论，用来研究有关大鼠运动或动机问题；⑤动物在实验中可以不禁食。

3. T 型迷宫实验

最简单的辨识学习是动物对两个对称刺激的区别，刺激强度不同可以引起对称刺激结果的不同。T 型迷宫实验的方式很多。

观察指标：动物完成实验所需的时间、每次探索和前一次不同臂的比例。

优缺点：优点是 T 型迷宫未提供奖惩条件，完全是利用动物探索的天性，因此能最大限度地减少影响实验结果的混杂因素。缺点是啮齿动物有天生的偏侧优势，即动物在 T 型迷宫中更偏向于一边走（左边或右边），而且这种现象存在种系差异及性别差异。

由于动物每次转换探索方向时都需要记住前一次探索过的方向，因此 T 型迷宫实验能很好地检测动物的工作记忆，从而测定动物的空间记忆能力。和 T 型迷宫类似的还有 Y 型迷宫，其实验的设计原理和实验方案与 T 型迷宫都十分相似，只是把迷宫的形状由 T 型换成 Y 型。

4. Barnes 迷宫实验

原理：动物利用提供的视觉参考物，有效确定躲避场所的位置。Barnes 迷宫由一个圆形平台构成，在平台的周边，布满了很多穿透平台的小洞。在其中一个洞的底部放置有一个盒子，作为实验动物的躲避场所；其他洞的底部是空的，实验动物无法进入其中。实验场所和其他迷宫实验场所类似，要求能给实验动物提供视觉参考物。实验时把实验动物放置在高台的中央，记录实验动物找到正确洞口的时间及进入错误洞口的次数以反映动物的空间参考记忆能力。也可以通过记录动物重复进入错误的洞口次数来测量动物的工作记忆。

优点：不需要食物剥夺和足底电击，因此对动物的应激较小。实验对于动物的体力要求很小，能最大限度地减少因年龄因素所致的体力下降对实验结果的影响。实验所需时间较少，整个实验能在 7～17 天内完成；能防止动物凭借气味来完成实验。

已经建立大量的学习与记忆研究的行为学方法，不同方法各有优缺点（表 9-3）。目前对于学习与记忆的研究进展十分迅速，各种学习与记忆的理论不断涌现，按照这些理论而设计的动物模型也不断出现。而各种先进实验技术如神经电生理技术的 LTP、ERP 和脑成像技术的 fMRI 都被应用于学习与记忆研究中，为学习与记忆的研究开辟了一条新的途径。因此，如何把传统的行为学研究方法和最新的研究技术相结合，为学习记忆的研究提供更广阔的思路，是今后进行学习与记忆的行为学研究的发展方向。

表 9-3　学习与记忆行为实验方法比较（鞠躬和武胜昔，2015）

实验方法	意义	优点	缺点
Morris 水迷宫实验	空间参考记忆	训练时间短，不禁食，无气味影响	有应激反应
放射状迷宫实验	空间参考和工作记忆	重复性好	训练时间长，要禁食，有气味影响
T 型迷宫实验	空间参考和工作记忆	利用探索天性，没有奖惩条件	啮齿动物有天生的偏侧优势
Barnes 迷宫实验	空间参考和工作记忆	训练时间短，不禁食，无气味影响	有较小应激反应

第四节　脊　　髓

一、脊髓结构

（一）脊髓的位置和外形

脊髓（spinal cord）位于椎管内，上端在枕骨大孔处与延髓相续，下端在成人约平第 1 腰椎体的下线，在新生儿约平第 3 腰椎体的下缘。

脊髓呈前后略扁的圆柱形，全长粗细不等，有两处膨大：位于上方的称颈膨大，与分布到上肢的神经相连；位于下方的称为腰骶膨大，与分布到下肢的神经相连。脊髓的末端变细，呈圆锥状，称脊髓圆锥。自脊髓圆锥的下端向下延续为无神经组织的细丝，称终丝，附于尾骨的背面。

脊髓表面有 6 条纵行的沟裂，纵贯脊髓全长。前面正中的深沟称前正中裂；后面正中的浅沟称后正中沟；在前正中裂和后正中沟的两侧，都各有 2 条浅沟，分别称前外侧沟和后外侧沟。前外侧沟自上而下连有 31 对脊神经的前根，后外侧沟自上而下连有 31 对脊神经的后根。每侧对应的前、后根在椎间孔处汇合成 1 条脊神经，经相应的椎间孔穿出。每条脊神经的后根上，都有 1 个膨大的脊神经节。

多数鱼类的脊髓出现背裂，但腹裂则常消失。灰质呈三角形，尖端朝向背方，第一次出现成对的灰质腹角。多数鱼类的脊髓在尾端逐渐变细。有些硬骨鱼的脊髓显著变短，它的末端与脊柱末端之间还有一段距离。鲤鱼的脊髓在对着胸鳍和腹鳍的部位已略显膨大。

蝾螈的脊髓伸到脊柱的后端，但在蛙类和蟾蜍已显著缩短，这些动物的终丝伸到尾杆骨。颈膨大和腰膨大明显出现于两栖类。背正中沟可能存在，腹裂也是第一次出现。灰质在横切面呈卵圆形，背角和腹角开始形成"H"状。白质的纤维传导束比低等动物更为清晰。

爬行类的脊髓与脊柱等长，蛇与无足蜥蜴无颈膨大和腰膨大，但可见于其他爬行类。例如，龟也具有较明显的颈、腰两个膨大，主要是由于躯干部的肌肉已经萎缩，供应这些肌肉的神经也相应变细。因此，脊髓在两个膨大之间的部分就比正常动物的更细，也就相对地显出这两个膨大也具有呈"H"形的灰质。

鸟类脊髓贯穿于脊柱的全长，缺少终丝。鸟类脊髓与其他脊椎动物最显著的区别是：腰膨大的背面分离成两半，出现一个大的椭圆形空间，称菱形窦，其中充满具有胶状特点的大型神经胶质细胞。细胞内含有丰富的糖原，可能与神经系统的代谢有关。颈膨大和腰膨大的体积取决于鸟的翅和腿发育的程度，鸵鸟腰膨大的体积显著增大。

（二）脊髓的内部结构

在脊髓的横切面上，可见中央有中央管，它贯穿于脊髓全长，并向上与延髓中央管相续。中央管的周围是灰质，灰质的周围是白质。

1. 灰质

蝶形的灰质纵贯脊髓全长，灰质前端膨大，称前角；后端窄细，称后角；在脊髓的胸段和上腰段，前后角之间还有向外突出的侧角。

前角内有运动神经元的胞体，根据形态和功能分为大、小两型。大细胞为 α 运动神经元，支配骨骼肌的运动；小细胞为 γ 运动神经元，其作用与调节肌紧张有关。后角内主要聚集着与传导感觉有关的中间神经元，接受由后根传入的躯体和内脏的感觉冲动。侧角内为交感神经节前纤维的胞体所在处，其轴突加入前根，支配平滑肌、心肌和腺体。另外，骶中段（第 2～4 骶节）相当于侧角的部位为副交感节前纤维的胞体所在处。

2. 白质

位于灰质的周围，每侧白质又被前、后根分为三索。前根的腹侧为前索；后根的背侧为后索；前、后根之间的白质为侧索。索是由上、下行神经纤维束所组成。其中，上行传导束主要有脊髓丘脑束、薄束和楔束；下行传导束主要有皮质脊髓前束和皮质脊髓侧束。

二、脊髓功能

（一）传导功能

通过脊髓内的上行纤维束和下行纤维束，使脑与躯干、四肢的感受器和效应器之间形成广泛联系，实现重要而复杂的功能活动。

（二）反射功能

脊髓灰质内有许多低级反射中枢，可完成一些反射活动。脊髓反射可分为躯体反射（骨骼肌的反射活动：牵张反射、搔爬反射、屈肌反射和对侧伸肌反射等）和内脏反射（排便和排尿反射、血管张力反射、发汗反射等）。

（三）脊休克

当人或动物因外伤造成脊髓与高位中枢突然离断时，横断面以下的脊髓会暂时丧失反射活动能力而进入无反应状态，这种现象称为脊休克（spinal shock）。主要表现为：躯体感觉和运动功能丧失，肌张力减弱直至消失、外周血管扩张、血压下降，发汗反射消失，粪、尿潴留。脊休克现象是暂时性的，经过一段时间后，脊髓反射活动可以逐渐恢复，但损伤面以下的知觉和随意运动永远丧失，而且这些恢复后的脊髓反射再也不受上位中枢的调节。例如，排尿反射和排便反射，在脊髓反射恢复后虽可进行，但不受大脑意识控制，导致大小便失禁。脊休克恢复的速度与动物的进化程度密切相关，动物越低级，恢复得就越快，蛙在脊髓离断后数分钟内即可恢复，犬需几日，而人类恢复最慢，需数周甚至数月。各种反射的恢复也有先后，比较简单和原始的反射最先恢复，如屈肌反射等，较复杂的反射则恢复较慢，如对侧伸肌反射等。脊髓反射恢复后，有些反射活动比正常时还强，并且广泛扩散，如屈肌反射和发汗反射。若这时给予轻度触觉刺激，就能引起整个肢体屈曲，汗腺大量分泌。

脊休克产生的原因是由于离断的脊髓突然失去了高位中枢的调节，特别是失去了大脑皮质、脑干网状结构等对脊髓的易化作用，使横断面以下的脊髓暂时处于兴奋性极低的状态，以致对任何刺激都失去反应。至于离断面以下的脊髓为何在一定的时间内又能恢复其反射活动，可能与脊髓神经元在血液中某些化学物质（如儿茶酚胺等）作用下，逐渐提高了其兴奋性有关。脊休克的产生与恢复，说明脊髓本身可以完成某些简单的反射活动，但在正常情况下这些脊髓反射都是受到高位中枢的调节，而高位中枢对脊髓反射既有易化作用，也有抑制作用。例如，切断脊髓后，断面以下脊髓的反射活动消失，说明高位中枢对这些脊髓反射有易化作用，而脊髓反射恢复后发汗反射比原来还强，说明在正常情况下，高位中枢对脊髓的发汗反射有抑制作用。

第五节　周围神经系统

周围神经系统是指脑和脊髓以外的所有神经成分，包括与脑相连的脑神经、与脊髓相连的脊神经，以及分布于内脏、心血管和腺体的内脏神经。

一、脊神经

脊神经连于脊髓，人有31对：颈神经8对，胸神经12对，腰神经5对，骶神经5对，尾神经1对。脊神经是混合性神经，含有躯体感觉纤维、内脏感觉纤维、躯体运动纤维和内脏运动纤维。每对脊神经借前根和后根与脊髓相连，前根属运动性，后根属感觉性，前、后根在椎间孔处汇合成脊神经。脊神经后根在锥间孔附近有一椭圆形膨大称脊神经节，内含感觉神经元。脊神经出椎间孔后，立即分为前支、后支。前支粗大，分布于躯干前外侧部和四肢的皮肤与肌肉；后支细小，分布于颈、背、腰、骶部的皮肤和深层的肌肉。除胸神经前支呈明显的节段性分布，其余脊神经前支交织成丛。脊神经丛包括颈丛、臂丛、腰丛和骶丛。

鱼类的背根与腹根相连，但是联合处位于脊柱的外部。板鳃类组成部分的联合，比一般鱼类疏松。板鳃类的背、腹根从脊髓发出的点也不在相同的横断面上，背根稍后于腹根。每个根由分离的孔伸出，背根从脊柱中间板伸出，腹根从椎弓伸出。靠前部的一些脊神经缺少背根，仅有腹运动根，该神经的纤维分布到鳃下肌，形成鳃下神经。在鱼类构成颈鳃神经丛和腰骶神经丛的神经数目及部位变异很大，最复杂的是鳐类，由于它的胸鳍高度发达，能有多达25条脊神经形成须鳃神经丛。

两栖类脊神经的背根和腹根连合的情况与鱼类相似，在穿过椎间孔不远处两根会合，在合并之前，背根有一膨大的神经节，恰好在椎间孔处。由脊神经发出的腹支很大。内脏支由腹支分出。

爬行类的脊神经如同其他羊膜类动物那样，背根仅含有感觉纤维，腹根含有内脏运动和躯体运动两种纤维。在某些蛇类和无足的蜥蜴类，它们的腰骶丛虽不太发达，但仍明显可见，表明这些无附肢的动物在进化史上是从有附肢的祖先演化而来。

鸟类脊神经的排列是标准的。在一些长颈的鸟类，构成颈臂丛的神经，从脊髓发出的部位一般更靠后。腰骶丛可由两或三个不同部分组成，可分别称为腰丛、骶丛和阴部丛。腰丛神经分布到大腿；骶丛神经连合成坐骨神经，穿过大腿到下腿，阴部丛伸出分支到泄殖腔和尾区。

二、脑神经

脑神经是连于脑的周围神经，共有 12 对，其顺序和名称是：Ⅰ嗅神经、Ⅱ视神经、Ⅲ动眼神经、Ⅳ滑车神经、Ⅴ三叉神经、Ⅵ展神经、Ⅶ面神经、Ⅷ前庭蜗神经、Ⅸ舌咽神经、Ⅹ迷走神经、Ⅺ副神经、Ⅻ舌下神经。低等脊椎动物（包括圆口类、鱼类和两栖类）共有 10 对脑神经，羊膜类（包括爬行类、鸟类和哺乳类）则共有 12 对。

脑神经主要分布于头面部，其中第Ⅹ对迷走神经还分布到胸、腹腔脏器。脑神经中也有躯体运动、躯体感觉、内脏运动和内脏感觉四种纤维成分。根据脑神经所含纤维不同，12 对脑神经分为感觉性脑神经、运动性脑神经、混合性脑神经三类。感觉性脑神经有第Ⅰ、Ⅱ、Ⅷ对；运动性脑神经有第Ⅲ、Ⅳ、Ⅵ、Ⅺ、Ⅻ对；混合性脑神经有第Ⅴ、Ⅶ、Ⅸ、Ⅹ对。

三、内脏神经

内脏神经主要分布于内脏、心血管和腺体。按其纤维性质和功能可分为内脏运动神经和内脏感觉神经。内脏运动神经又称自主神经或植物神经，根据形态、功能和药理学特点，分为交感神经和副交感神经（表 9-4）。与躯体运动神经相比，内脏神经的特点有：①不受意志控制，但受大脑皮质和各级中枢的调节；②支配平滑肌、心肌和腺体；③有交感、副交感两种纤维；④有节前神经元和节后神经元，节前神经元的纤维为节前纤维，节后神经元的纤维为节后纤维。

表 9-4 自主神经系统的主要功能

器官系统	交感神经	副交感神经
循环系统	心率加快、心肌收缩力加强，冠状动脉、腹腔、内脏、皮肤、唾液腺、外生殖器的血管收缩，骨骼肌血管收缩（肾上腺素受体）或舒张（肾上腺素和胆碱受体）	心率减慢，心房收缩减弱，少数器官血管（如外生殖器血管）舒张
呼吸系统	支气管平滑肌舒张	支气管平滑肌收缩，呼吸道黏膜腺体分泌
消化系统	抑制胃肠运动，促进括约肌收缩，胆囊和胆道舒张，使唾液腺分泌黏稠唾液	促进胃肠运动、胆囊收缩，促进括约肌舒张，唾液腺分泌稀薄唾液，使胃液、胰液和胆汁分泌增加
泌尿生殖系统	使逼尿肌舒张、尿道内括约肌收缩，使有孕子宫平滑肌收缩而无孕子宫平滑肌舒张	使逼尿肌收缩、尿道内括约肌舒张
眼	使瞳孔开大肌收缩，瞳孔开大	使瞳孔括约肌收缩，瞳孔缩小，睫状肌收缩和泪腺分泌
皮肤	使汗腺分泌，竖毛肌收缩	
内分泌和代谢	使肾上腺髓质分泌激素并促进肝糖原分解	促进胰岛素分泌

（一）交感神经和副交感神经的结构特征

1. 中枢起源不同

交感神经的中枢起源部位为脊髓胸腰段的灰质侧角；副交感神经的中枢起源比较分散，一部分由脑干中的各个副交感神经核发出，一部分由脊髓骶部相当于侧角的部位发出。

2. 神经节的位置不同

交感神经和副交感神经由中枢发出在抵达效应器之前，先在自主神经节内交换神经元，而后由节内神经元发出纤维支配效应器。其中，由中枢发出的纤维称为节前纤维，由自主神经节神经元发出抵达效应器的纤维称为节后纤维。一般情况下，交感神经节离效应器官较远，在脊柱两侧连合成为交感神经链，其节前纤维短而节后纤维长；副交感神经节离效应器官较近，没有形成神经链，分布比较分散，有的副交感神经节甚至存在于效应器官内，因此其节前纤维长而节后纤维短。

3. 分布范围不同

交感神经在周围的分布范围比较广，几乎所有的内脏都受交感神经的支配；副交感神经分布较局限，一些内脏器官如汗腺、竖毛肌和肾上腺髓质、皮肤肌肉内的血管等就无副交感神经的支配。

4. 节前神经元与节后神经元的比例不同

一个交感节前神经元的轴突可与许多节后神经元形成突触，而一个副交感节前神经元的轴突则与较少的节后神经元形成突触。所以交感神经的作用范围较广泛，而副交感神经的作用范围则较局限。

在文昌鱼的中枢神经系统和肠道器官之间已经建立了联系，但是这个系统还是一个简单的形式，由"头"和躯干的全长，从每个背侧分节的神经分出一些纤维直接伸到内脏。由这个系统直到所涉及的器官之间没有经过交换。这些自主神经的解剖学与副交感神经类型的特点相似。但目前还不清楚交感与副交感神经这两种类型之间在机能上有什么区别，也不知道自主神经在皮肤或血管的分布情况，因此也没有相当于哺乳动物自主神经"链"那样近侧的神经节。鲨鱼的这两种神经类型的机能、分布仍然不清楚，但是自主神经系统在形态方面较文昌鱼已有一些特化。自主神经纤维出现于脊髓附近，由头到腰区完全呈分节排列，但在颈区有一短距离的间断部分。在头部出现的自主神经连接着背根类型的神经，大部分连于迷走神经，它向后延伸到胃并且最后伸到肠。由脑和躯干分出的自主神经纤维，神经元交换部位仍然潜入有关器官的内部，这是副交感神经纤维的形式；但有部分躯干部的自主神经，它们的神经元交换部位接近椎骨，这就很像哺乳类的交感神经。仍然没有交感神经支配皮肤，但有自主神经纤维伸到血管。

两栖类的自主神经系统较鱼类更为进化，但仍以交感神经为主。例如，蛙类交感神经系统的主要部分，也是分散在身体各部的神经节。这些神经节与中枢神经系统都有神经连接，与鱼类不同的是在脊柱两旁不仅有成行排列的交感神经节，而且由神经把这些椎旁节串联成链，即交感干。每条交感干的前端与颅腔内位于三叉神经基部的前耳神经节相连，这与哺乳类的情况相似。椎旁节接受由脊神经发出的一条或多条交通支与中枢神经联系，再由神经节发出节后纤维到血管和各脏器。交感干后部的一些分支联合形成尿殖神经丛，其神经分支分布到尿殖器官及直肠等部。副交感神经主要为迷走神经，穿出颅腔后分成心支、肺支及胃肠支等，分布于内脏器官。

鸟类的自主神经系统也是包括交感和副交感两部分，但在解剖上不大容易区分这两种成分。交感神经系统在这两类之中仍然是比较重要的。它的构成位于脊柱两侧，靠近体腔背部的交感链。交感神经的脑部也与中枢神经连接；胸腰区由脊神经连接。连接中枢神经系统的纤维可识别为节前纤维，交感神经的周围部分起始于交感链的节后纤维。

（二）交感神经和副交感神经的功能特征

1. 双重支配，相互拮抗

大多数组织器官同时受着交感和副交感神经的双重支配，而它们之间往往存在着相互拮抗作用。例如，刺激迷走神经可抑制心脏活动，而刺激交感神经可加强心脏活动。这种调节可使受支配器官的活动能适应不同情况下的需要。但在某些器官也有特例，比如刺激支配唾液腺的交感神经和副交感神经时均可引起唾液腺的分泌，不过刺激交感神经可分泌黏稠唾液，而刺激副交感神经分泌稀薄唾液。

2. 受效应器功能状态影响

自主神经对内脏活动的调节与效应器当时的功能状态有密切关系。例如，交感神经兴奋时可使未孕子宫的运动受抑制，而对有孕子宫却能增强其运动；当幽门处于收缩状态时，迷走神经兴奋可使其舒张，相反则使之收缩。

3. 紧张性作用

自主神经持续发放低频率的传出冲动，使效应器处于一定程度的活动状态，这种作用称为自主神经的紧张性作用。例如，切断心交感神经可使心率减慢，反之，切断心迷走神经则使心率加快，这说明它们对心脏都具有紧张性作用。

4. 对整体生理功能调节的意义

面对急骤变化的环境时，交感神经系统通过动员很多器官的潜在能力以迅速适应环境的变化。例如，当机体剧烈运动、失血、窒息、寒冷等时，常表现为呼吸加快、内脏血管收缩、心率加快、血压升高、代谢活动加强等，并通过分泌大量肾上腺髓质激素来加强上述反应。副交感神经系统的活动相对比较局限，它在机体处于静息状态时增强，以促进机体消化吸收、加强排泄、积蓄能量和生殖功能等以使机体尽快休整恢复，保护机体。交感和副交感两个系统之间相互联系、相互制约，保持动态平衡，协调机体各个器官间的活动以适应整体的需要。

第六节　中枢神经系统生理动物模型

一、脊髓损伤

脊髓损伤（spinal cord injury，SCI）是一种致残率高、后果严重的中枢神经系统损伤，脊髓损伤多发生于运动损伤、机动车事故等。由于脊髓损伤后的病理生理机制复杂，目前治疗效果尚不理想。研究脊髓损伤机制及其治疗方法，动物脊髓损伤模型至关重要。早在 1911 年，Allen 采用重物坠击法，首次制作出脊髓挫伤模型，标志着实验性脊髓损伤研究的开始。制备动物脊髓损伤模型在于尽可能地模拟人类脊髓损伤的特点。因动物选择、损伤部位及损伤机制的不同，动物脊髓损伤模型种类较多。

大鼠脊髓结构近似于人类，且经济、来源广泛。现有的实验观察标准，如功能评分及形态定量，都首先建立在大鼠的实验模型上。大鼠被认为是研究 SCI 的一种有效的、合理的、较为理想的实验动物。

兔的中枢神经虽然不如猫发达，但其脊髓的解剖结构与其他动物相比存在着重要差别。兔的腰段脊髓为 7 个节段，较粗大，一直延伸到骶管内。这些解剖特点造成了脊髓较易受缺血机制的影响。同时兔的脊髓血管类似于人类，侧支循环较猫和鼠的变异少，相对恒定。总之，兔的血管结构简单，呈节段分布，缺血后病理变化规则，重复性好，特别适用制作脊髓缺血性损伤模型。

猫的中枢神经较为发达，是较为理想的实验动物。但猫的脊髓侧支循环较多，不恒定。在肾动脉以上的腹主动脉常有一到数支动脉分支供应腰段和骶段脊髓，压迫腹主动脉，常不能导致下段脊髓的缺血性损伤，故不适合制作脊髓缺血性损伤模型。另外，猫不如大鼠及兔经济和来源广泛。

灵长类动物如猕猴、猕猴、松鼠猴的脊髓组织比啮齿类动物更接近人类脊髓，其更适应于脊髓损伤的研究，但因成本较高且涉及伦理问题，未能被普遍使用。另外，猪或狗等大型动物也用于脊髓损伤研究，便于对实验进一步验证。

依据损伤机制的不同，脊髓损伤模型可以分为挫伤型、压迫型、缺血损伤型、牵拉损伤型、化学损伤型等。为了便于研究脊髓损伤的机制，动物脊髓损伤模型应具备的特点如下：①临床相似性：脊髓损伤模型与临床脊髓损伤情况相似；②可调控性：可根据研究需要量化脊髓损伤大小；③可重复性：研究脊髓损伤机制及治疗需要大量的实验动物，因此要易于制作。

二、脑出血

脑出血（intracerebral hemorrhage，ICH）是神经科常见的脑血管疾病，绝大多数是指由于高血压小动脉硬化的血管破裂引起，其致病率、致残率、致死率都较高，并出现发病率逐年上升、发病年龄趋于年轻化的特点。脑出血动物模型多选择啮齿类动物，其中大鼠多作为脑出血模型研究对象的首选，因为人类脑出血最好发的部位位于尾状核，大鼠的尾状核是鼠脑内最大神经核团，很容易通过立体定位仪定位并形成血肿，所以使用大鼠制作的脑出血模型与人类脑出血的情况非常相似，故得到广泛使用。

在啮齿类动物上复制脑出血临床症状主要有两种动物模型：全血模型和胶原酶模型。全血模型直接将动物自体全血注入纹状体。全血模型的优势是只有血液被引入模型，排除了其他因素的影响；缺点是缺少血管破裂的病理机制、脑组织伤口大小不均、注射难度较大等。相对于全血模型，胶原酶模型的应用更为广泛。在该模型中，将胶原酶注入纹状体，胶原酶可分解胞外基质、破坏血脑屏障并导致出血。在胶原酶模型中，血肿逐步发展，且手术过程简单，较好地模拟了急性脑血管损伤出血；最终的脑出血也是自发的，伤口在位点和大小上也可重复。当然，胶原酶模型也有缺点，例如，不存在诱发出血的潜在病理机制，且可能引起多个血管破裂出血，而在实际病例中，单根小动脉破裂出血常是脑出血的原发性机制。

三、脑缺血

正常脑部的血液供应是由颈动脉及椎动脉提供。病理状态下，颈内动脉狭窄造成血供减少或动脉粥样硬化等导致脑动脉管腔狭窄，脑部血液循环障碍引起急性脑供血不足，并出现脑局部血液流变学异常，凝血功能亢进，造成一定范围内神经细胞、纤维及血管等组织结构崩解破坏，出现一系列生化代谢失常、组织结构改变、生理功能丧失等病理过程。

脑缺血或缺血-再灌注模型很多，按缺血范围有全脑缺血模型和局灶性脑缺血模型；按阻断血流的方法有结扎、栓塞、脑室注射液增加颅内压等。常用的动物有沙鼠、大鼠、家兔、犬等。

啮齿类脑动脉环结构完整，变异小；大脑尺寸便于做组织固定和生化检测；在伦理学上更易接受，且属近亲交配，遗传稳定性高，便于重复实验和观测，被广泛应用于脑缺血疾病相关的研究中。

沙鼠脑底动脉环的后交通支缺如或非常纤细，颈内动脉系统和椎动脉系统之间没有血液交通，故结扎两侧颈总动脉可造成全脑缺血。如果使用大鼠，则需事先用电凝器烧灼双侧椎动脉使之闭塞。

兔颅内主要供血动脉为颈内动脉，且颅内外血管间吻合网少，大脑中动脉主干阻断后，其他侧枝循环不能对缺血区脑组织代偿性供血，有利于脑梗死模型重复、稳定的建立，主要用于形态和影像学研究。兔是食草性动物，对高脂饲料敏感，脂肪清除率低，易形成动脉粥样硬化，是研究动脉粥样硬化合并脑缺血的理想模型。

犬前脑实质多为大脑前动脉分支供血，大脑中动脉分支供血仅占约 21%，与人脑差别较大，且犬颈内-外动脉间有非常丰富的吻合网，单根颅内动脉阻塞很难形成稳定的脑梗死灶。因此，脑缺血再灌注实验犬模型常采取两血管或多血管阻断。

四、老年性痴呆

老年性痴呆，也称为阿尔茨海默病（Alzheimer's disease，AD），是一种以进行性记忆力障碍、判断推理能力障碍、运动障碍为主要临床特征的中枢神经系统退行性病变性疾病。AD 患者整个大脑弥散性萎缩，形成 β-淀粉样蛋白（amyloid beda protein，βA），继而大脑皮质和海马区出现由于 βA 沉积形成的老年斑和 tau 蛋白异常过度磷酸化所致的神经原纤维缠结（neurofibriltary tangle，NFT）等神经病理性病变。

理想的 AD 动物模型应具备三个条件：①具有 AD 的主要神经病理学特征的老年斑和神经纤维缠结；②出现神经元死亡、突触丢失和反应性胶质细胞增生等 AD 的其他重要病理变化；③出现认知和记忆功能障碍。但由于 AD 的病因和发病机制尚未能完全阐明，所以到目前为止，还没有创制同时具有以上三种病理学特征的 AD 模型。现有的模型往往仅能模拟 AD 病变的一两个病理学特征。目前常用的动物模型包括 D-半乳糖导致的阿尔茨海默病模型、Meynert 基底核损毁模型、东莨菪碱阻断 M 胆碱受体致学习障碍模型、侧脑室注射 βA 所致学习记忆障碍模型、鹅膏氨酸诱导的老年痴呆大鼠模型、三氯化铝导致的痴呆模型、D-半乳糖和三氯化铝复合模型、高脂高胆固醇饮食制备小鼠痴呆模型等。此外还包括：自然衰老大、小鼠模型；快速衰老小鼠模型；转基因动物痴呆模型。以上模型均具备了一定的 AD 特点，也各有优点及局限性，其中 APP（myloid beta precursor protein）转基因小鼠是近年来进展最快、最有发展前途的 AD 动物模型，也是国际承认的主要 AD 动物模型。

五、帕金森病

帕金森病（Parkinson's disease，PD）是一种由遗传和环境因素相互作用引起的复杂神经退行性疾病，发病机制尚不清楚。典型特征包括运动失常、路易体形成和黑质中多巴胺（dopamine，DA）神经元的丧失。大体上，PD 的动物模型可以分为三类：基于靶向儿茶酚胺能神经元的神经毒素损伤模型、基于 PD 相关基因的转基因模型以及二者的组合。

6-羟基多巴胺（6-hydroxydopamine，6-OHDA）不能通过血脑屏障，其结构与 DA 神经递质相似，对 DA 质膜转运蛋白具有高亲和力，诱导 DA 神经元和去甲肾上腺素能神经元变性，通过触发氧化应激相关细胞毒性和小胶质细胞依赖性 DA 神经元炎症，引起其毒性机制。6-OHDA 建模可选择纹状体、黑质或内侧前脑束（medial forebrain bundle，MFB），6-OHDA 所致的纹状体损伤在几周内中度持续，而 MFB 病变严重并且在 1～2 周内迅速发展。MFB 模型更适合于研究 DA 神经元死亡的后果，并测试治疗运动症状的治疗策略，而纹状体模型可能更有助于阐明 PD 的细胞死亡机制，并测试神经保护策略。

1-甲基-4-苯基-1,2,3,6-四氢吡啶（1-methyl-4-phenyl-1,2,3,6-tetrahydropyridine，MPTP）是脂溶性的，腹腔注射可以快速通过血脑屏障，主要通过氧化损伤和抑制线粒体呼吸链复合物杀死 DA 神经元。这种模式再现了 DA 缺乏综合征，而不是 DA 神经元进行性变性的过程。

转基因模型主要是基于家族性 PD 相关基因的发现，迄今为止，已经鉴定了 15 个致病基因和超过 25 个遗传风险因子，归类为"PARK"基因和"非 PARK"基因。已经证明 α-synuclein 水平过表达，在病理发展中至关重要。到目前为止，大多数基因敲除小鼠未能显示出明显的 DA 能细胞损失和 DA 依赖性行为缺陷。而通过向脑内靶向输入病毒载体，局部过表达 α-synuclein，可以克服这一障碍。人 α-synuclein 由 4 号染色体 SNCA 基因编码。SNCA 基因突变以及 SNCA 倍增的特异性突变都与 α-synuclein 聚集增加相关联，α-synuclein 模型有助于阐明与 PD 相关的基因对 D 神经元变性的贡献。

参 考 文 献

白丽敏. 2011. 神经解剖学. 北京: 中国中医药出版社.

鞠躬, 武胜昔. 2015. 神经生物学. 西安: 第四军医大学出版社.

李国藩, 邓巨燮. 1985. 脊椎动物比较解剖学. 广州: 中山大学出版社.

李永材, 黄溢明. 1984. 比较生理学. 北京: 高等教育出版社.

马克勤, 郑关美. 1986. 脊椎动物比较解剖学. 北京: 高等教育出版社.

马永贵, 宋斌. 2015. 人体解剖学和组织胚胎学. 武汉: 华中科技大学出版社.

米志坚, 马尚林, 朱大诚. 2015. 人体解剖生理学. 2 版. 西安: 第四军医大学出版社.

施新猷, 王四旺, 顾为望, 等. 2003. 比较医学. 西安: 陕西科学技术出版社.

王海梅. 2013. 解剖生理学. 武汉: 湖北科学技术出版社.

王庭槐. 2018. 生理学. 9 版. 北京: 人民卫生出版社.

吴玉林, 颐天华. 2012. 人体解剖生理学. 2 版. 南京: 东南大学出版社.

杨斐, 胡樱. 2010. 实验动物学基础与技术. 上海: 复旦大学出版社.

钟明奎, 沈兵. 2019. 生理学. 合肥: 安徽大学出版社.

周正宇, 薛智谋, 邵义祥. 2012. 实验动物与比较医学基础教程. 苏州: 苏州大学出版社.

（钟明奎　沈　兵）

第十章 排泄系统

第一节 概 述

内环境的相对稳定是保证动物机体生存的必要条件。机体在新陈代谢过程中，细胞不断生成大量的含氮代谢物或机体不需要的物质，这些代谢终产物以及进入机体的异物或毒物经常破坏内环境的稳定，动物需要不断排出这些废物才能生存。机体排出最终代谢产物、有毒物质或不需要的物质的过程称为排泄（excretion）。泌尿器官的排泄作用主要有两个方面：一是排除体内过多的水和离子，或选择性地保留离子，以维持体液渗透压的平衡和稳定；二是通过肾脏排出含氮代谢物。肾脏是脊椎动物主要的体内渗透压调节和代谢终产物排泄器官。

第二节 肾 脏 生 理

一、肾脏的类型和结构

（一）肾脏的类型

根据胚胎学的研究，脊椎动物的肾脏起源于中胚层的肾生殖嵴。从低等种类到高等种类，脊椎动物的肾脏分为全肾（holonephros）、前肾（pronephros）、中肾（mesonephros）、后肾（metanephros）和后位肾（opithonephros）5 种类型。

根据研究资料推断，最早期的脊椎动物肾脏由沿体腔全长并按体节排列的肾单位组成。每一肾小管的一端，即肾口，开口于体腔，另一端汇入原肾管，原肾管的后端通向体外。体腔液中的代谢废物由肾口汇入原肾管，最后排出体外。这种原始肾脏称为全肾或原肾（archinephros）。在现代生存的动物中，全肾仅见于盲鳗幼体和蚓螈幼体。

前肾是脊椎动物在胚胎期经历的阶段，即脊椎动物在胚胎时期都有前肾出现，但只有鱼类和两栖类的胚胎时期，前肾才有作用。部分硬骨鱼和盲鳗终身保留前肾作为排泄器官。前肾位于体腔前端背中线两侧，呈小管状，称前肾小管。每一前肾小管的一端开口于体腔，称肾口，另一端汇入一总的导管，称前肾管，末端通入泄殖腔或泄殖窦。在肾口的附近有血管球，它们以过滤的方式将血液中的代谢废物排入体腔中，经肾口将体腔中的废物收集入前肾小管，再经前肾管由泄殖孔排出体外（图 10-1）。前肾属于体腔联系。

中肾见于羊膜类动物如爬行动物、鸟类、哺乳动物的胚胎时期，是在前肾之后出现的肾，位于体腔中部。前肾结束执行功能时开始退化，在前肾后方的生肾节形成新的中肾小管。中肾小管向侧面延伸，与前肾管相通，这时前肾管就改称为中肾管。中肾小管的一端开口于中肾管，另一端的肾口显出退化，一部分肾口完全消失，不再与体腔直接相通。靠近肾口的中肾小管壁膨大内陷，形成肾球囊，把血管球包在其中，共同形成肾小体。包在肾球囊中的血管球中的血液排出的废物直接进入肾球囊，经肾小管到达中肾管（图 10-1）。中肾已进化为血管联系。

后肾是羊膜动物成体肾脏，发生于中肾之后，位于体腔的后部。后肾一部分来源于后肾芽基，另一部分来源于后肾管芽。后肾芽基位于中肾小管的后面，由肾小管构成。后肾小管一端为肾小体，不具肾口，另一端和集合管相通。后肾管芽末端连接后肾芽基，在肾内末端一再分支，形成集合管（图 10-1）。

从进化趋势看，后肾的肾单位数量增多，肾孔消失，是更为高级的血管联系。

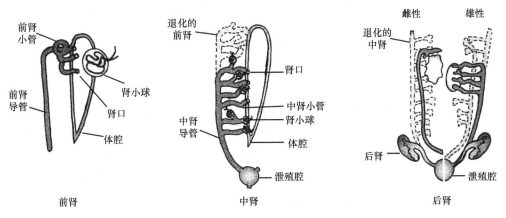

图 10-1　脊椎动物肾脏发生图解

后位肾是无羊膜类如鱼类、两栖类成体的肾，位于体腔中部和后部，相当于羊膜类形成中肾和后肾的部位。从结构上看，后位肾和中肾基本相同。

各种脊椎动物肾脏的类型不全相同，但不论类型和来源如何，脊椎动物的肾脏都由肾单位构成。典型的肾单位包括肾小球和肾小管。在一些低等脊椎动物的成体上，肾小管开口于体腔，这可能是代表祖先的情况，可是大多数原始的情况是在肾小管口附近的体腔壁上有一团毛细血管（肾小球），使体液过滤到体腔内，再由体腔进入肾小管（图 10-2）。

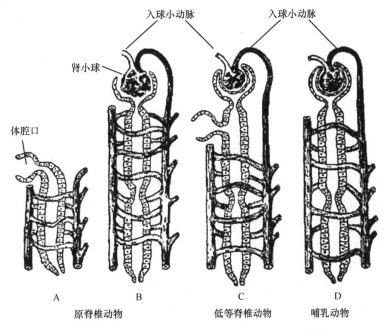

图 10-2　脊椎动物肾单位演化的四个阶段示意图

A. 原脊椎动物的肾小管开口于体腔；B. 肾小球与体腔口只有松散的关系；C. 肾小球已被肾小管末端包住，许多种类仍具有体腔口；
D. 高等脊椎动物的体腔已完全消失

（二）肾脏的结构

1. 人体及哺乳动物

哺乳动物肾脏位于腹腔后上部，脊椎两旁，左右各一，呈卵圆形，红褐色，外侧缘凸隆，内侧缘中部凹陷，其开口称肾门。脊椎动物肾脏基本结构和功能单位叫做肾单位（nephron），肾单位包括肾小体和肾小管两部分。肾小体（renal corpuscle）分为肾小球和肾小囊（图 10-3A）。肾小球是一个弯曲盘绕的毛细血管网，入球小动脉进入肾小囊后，发出分支形成许多袢状毛细血管，再汇合为出球小动脉离开肾小囊。肾小囊包裹着肾小球，与毛细血管贴附的内壁称为脏层，其外壁为壁层。肾小囊脏层和壁层构成囊腔。囊腔与肾小管相通。肾小管是连接肾小囊的细长管道，又分为近曲小管、髓袢（包含髓袢降支粗段、髓袢降支细段、髓袢升支细段和髓袢升支粗段）、远曲小管几部分。集合管不属于肾单位的组成部分，肾单位与集合管共同完成机体的尿的生成过程。每一条集合管接受多条远曲小管的液体，多条集合管再合并汇入乳头管，最后经肾盏、肾盂、输尿管进入膀胱，经尿道排出体外（图 10-3B）。

哺乳动物肾脏纵切面可清晰看到两个区域：外层的皮质和内层的髓质（图 10-3）。外层皮质，主要包含肾小球、近曲和远曲小管、血管、神经和支持组织等，内层髓质主要包含集合管、髓袢、血管和支持组织等。并不是所有脊椎动物的肾都有这种分层的结构，除鸟类和哺乳动物外，其他脊椎动物肾的肾单位排列无一定秩序。不同种类脊椎动物肾单位数目的进化趋势是由少到多。脊椎动物肾单位的作用基本相同，即肾小球的滤过作用，肾小管进行分泌和重吸收。

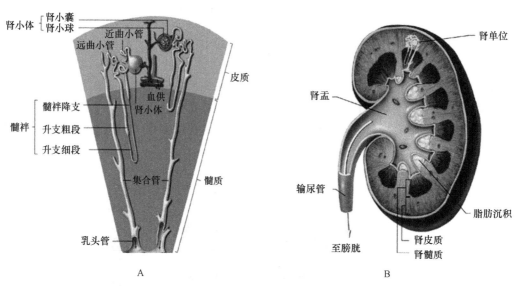

图 10-3　人体肾的解剖

A. 肾脏内部解剖示意图；B. 肾单位示意图

哺乳动物肾脏根据外部形态和内部结构不同分为几种类型（图 10-4）：有沟多乳头肾，表面不光滑，有深沟，多个乳头，如牛肾；平滑多乳头肾，表面光滑，多个乳头，如猪肾；平滑单乳头肾，表面光滑，只有一个乳头，如兔肾。哺乳动物的肾单位数目众多，不同物种间肾单位数量也有所不同。猪肾由 1 000 000 个肾单位组成（与人类相当），牛具有高达 4 000 000 个肾单位，小鼠只有 10 000～15 000 个。各种动物肾小管各段的长短和有无也不相同。

小鼠的肾小球较小，直径约 74μm，大约为大鼠肾小球的一半，然而小鼠肾小球的数量却是大鼠的 4.8 倍，每克组织的滤过面积是大鼠的 2 倍。小鼠每次只排泄一两滴尿液，而且高度浓缩。

大鼠的右肾比左肾更靠近颅部，其颅缘位于 L1 椎骨水平，尾缘位于 L3 椎骨水平。像其他啮齿动物的肾脏一样，大鼠肾脏是单乳头肾脏，有利于需要肾脏插管的研究。由于大鼠肾皮质中存在浅表肾单位，大鼠也被广泛用作活体微穿刺研究肾单位转运的动物模型。

在叙利亚仓鼠，泌尿生殖道从相同的胚胎生殖脊发育而成。肾脏对雌激素反应强烈。给雄性仓鼠施用雌激素会导致肾肿瘤，是人类肾癌的最佳动物模型之一。叙利亚仓鼠也是研究化学致癌物对膀胱影响可靠的模型。

兔的肾是单乳头的，而大多数其他哺乳动物的肾是多乳头的。家兔的肾小球在出生后数量可以增加，而人类在出生后肾小球就不再增加了。异位肾小球在家兔也很正常。在皮质组织发生血管收缩的许多情况下，灌注髓质的血管仍可保持开放，因此，髓质组织可在皮质缺血时仍有血流灌注。

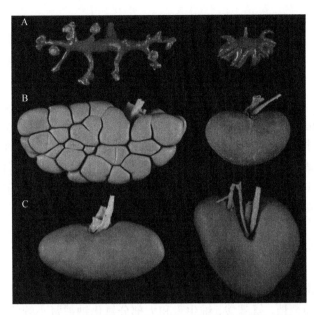

图 10-4　不同动物输尿结构铸型标本和生物塑化肾脏

A. 肾盏（牛）和肾盂（犬）铸型标本；B. 不同物种的融合程度不同，左：分叶（有槽的）牛肾，右：光滑犬肾；C. 不同物种形态也不同，左：卵形猪肾，右：心形马肾。图片来源于维也纳维特梅杜尼解剖学、组织学和胚胎学研究所

2. 鸟类

肾脏左右成对，通常由头、中、尾 3 个肾叶组成。鸟类肾脏体积相对比哺乳类大，皮质厚度大大超过髓质。由于鸟类的代谢率高，肾小球数目众多，如鸡约有 200 000 万。鸟类肾脏的结构不如哺乳动物的精细，功能也不十分清楚，有的鸟类有两种肾单位：一是哺乳动物类型，有亨利氏襻；二是爬行动物类型，无亨利氏襻。肾小管较哺乳动物简单，一般只有近曲小管、远曲小管，只有少数的肾小管有髓袢。

3. 爬行动物

肾脏位于身体后半部的背壁，左右各一，在鳄类及蛇类其位置并不完全对称。形状多呈分叶状，体积大小因种类而异。肾单位数目远多于两栖类动物，蜥蜴肾单位的数量大约在 3000 到 30 000 之间。爬行动物肾脏泌尿能力大大加强，肾脏的基本结构和功能与两栖类动物无本质区别。

4. 两栖动物

鲵螈类的肾脏是一对长扁形的带状器官，蛙蟾类左右肾是椭圆形分叶器官。两栖类动物的肾单位包括肾小球、近球小管、短的细段（中间段）、远球小管和集合管始段（图 10-5）。肾小球的滤过功能强。

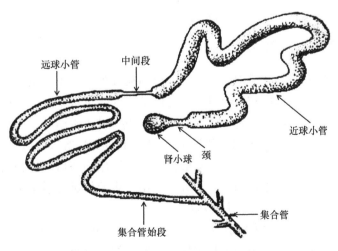

图 10-5　两栖类动物肾单位图解

两栖动物大多生活在淡水，淡水作为低渗液，水分可不断通过皮肤渗入体内，需依赖滤过机能很强的肾小球及时滤过。

5. 鱼类

肾脏紧贴于腹腔背壁。鱼类肾单位的结构和功能是各式各样的，有的有肾小球和肾小管，有的没有肾小球和远球小管。海洋鱼类肾脏内的肾小球不如淡水鱼类发达。淡水鱼类在进行鳃呼吸和摄食的过程中，摄入了大量水分，必须通过肾小球的滤过作用排出体内的多余水分，以维持正常的体液浓度。少数海产真骨鱼，如鮟鱇鱼、蟾鱼，肾单位没有肾小球。无肾小球的海产鱼不具肾小球的过滤作用，完全依靠肾小管的分泌将离子和代谢产物分泌到肾小管内，水则随着这些离子、分子的运动渗透到肾小管内形成尿液。圆口类盲鳗的肾单位由肾小球和近球小管组成，没有集合管。

二、尿液的生成

尿来源于血浆，其生成过程包括肾小球的滤过、肾小管和集合管的重吸收，以及肾小管和集合管的分泌（图 10-6）。滤出液中葡萄糖、氨基酸、维生素和大部分氯化钠被肾小管的近曲小管上皮细胞重吸收，并转移到附近血管中。血液中 K^+、H^+、NH_4^+、HCO_3^- 等离子从远曲小管分泌到滤出液中。血液酸度升高时，H^+ 转移到滤出液中；血液的酸度降低时，HCO_3^- 及其他能与 H^+ 结合的离子移到滤出液中，最终由肾排出。最后排出的终尿的成分与原尿不同。

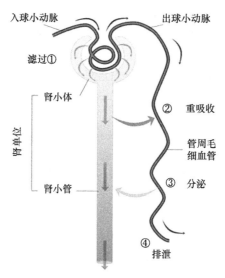

图 10-6 尿生成的基本过程

（一）肾小球的滤过——原尿的形成

肾小球滤过是指血液流经肾小球毛细血管时，除蛋白质以外血浆中其余成分被滤过进入肾小囊腔内形成超滤液。由于两栖类的肾小球比较大，且位于肾脏的表面，可以把微吸管插到肾小囊内吸取少量液体进行分析，同时因为两栖类是冷血动物，在室温下肾脏也可以正常活动，因此，滤过重吸收的直接证据首先是在两栖类上得到的。1924 年美国生理学家 A．N．Richards 等人将微吸管刺入蛙的肾小囊发现，肾小囊内滤过液中的氯化物、葡萄糖、尿素、磷酸根及总渗透压均与血液的相同，说明这些液体是由血浆滤过来的。他又将微吸管刺入肾小管的不同部分，取出管内液体进行微量分析，发现末端的液体没有蛋白质和葡萄糖，尿素的浓度明显比血浆中的浓度高。

哺乳动物肾脏血液供应量大（如人肾脏的血流量占心输出量的 1/5～1/4）。肾动脉进入肾单位要经过两次毛细血管网：第一次是位于入球小动脉和出球小动脉之间的肾小球毛细血管网；第二次是出球小动脉再次分支形成毛细血管网，缠绕在肾小管和集合管周围。肾的血液供应经过两次毛细血管网之后才汇合成静脉。鱼类、两栖类和爬行类除了由动脉供给肾小球血液外，由身体后部来的静脉血液形成肾门静脉供应肾小管。鸟类的肾门趋于退化，哺乳动物的成体则没有肾门循环。

血液流经肾小球时，血浆中的水分子和小分子物质从肾小球的毛细血管中转移到肾小囊中，滤过的液体是血浆的超滤液，称为原尿。肾小球从结构上适宜滤过。首先，肾小球毛细血管总面积大，利于血浆的滤过。其次，入球小动脉的管径比出球小动脉大，这样血管里产生了较高的血压。此外，肾小球毛细血管内皮细胞、基膜与肾小囊上皮细胞所形成的滤过膜，使血液中除血细胞和蛋白质外，其余物质都能滤过到囊腔内。

肾小球滤过膜各层的孔隙只允许一定大小的物质通过，而且与滤过分子所带的电荷有关。有效半径小于 2.0nm 的中性物质，如葡萄糖分子可以自由通过；有效半径大于 4.2nm 的大分子物质则不能滤过；有效半径在 2.0～4.2nm 之间的物质分子，随着有效半径的增加，被滤过的量逐渐降低。由于滤过膜细胞表面有一些带负电荷的蛋白质，构成电学屏障，可阻碍带负电荷的血浆蛋白的滤过。因此，有效半径约 3.6nm 的血浆白蛋白很难通过滤过膜。

肾小球滤过作用的动力是滤过膜两侧的压力差，称之为肾小球的有效滤过压。肾小球毛细血管血压、肾小囊内液胶体渗透压是促进血浆透过滤过膜的动力，而血浆胶体渗透压和肾小囊内压是阻止血浆透过滤过膜的阻力。因为正常机体肾小囊内液的蛋白质浓度极低，其胶体渗透压可忽略不计。因此，肾小球有效滤过压=肾小球毛细血管血压–（血浆胶体渗透压+肾小囊内压）。血液从入球小动脉向出球小动脉流动时，由于不断生成超滤液，血浆蛋白浓度逐渐升高，血浆胶体渗透压也随之升高，造成有效滤过压逐渐降低。当某一部位滤过动力等于滤过阻力时，有效滤过压为零，即达到滤过平衡。可见，并不是肾小球毛细血管全段都有滤过。

由于两栖类的血压较低，其有效滤过压也比哺乳类的低得多。例如，大鼠肾小球毛细血管血压平均值为 45mmHg，肾小囊内压约为 10mmHg，肾小球毛细血管入球端的血浆胶体渗透压约为 25mmHg，故在入球端的有效滤过压为 10mmHg；蟾蜍的这些数据分别为 17.7mmHg、10.4mmHg、1.5mmHg，有效滤过压为 5.8mmHg。

单位时间内（每分钟）两肾生成的超滤液量为肾小球滤过率（glomerular filtration rate，GFR）。内生肌酐清除率在数值上较接近肾小球滤过率，故常用它来推测肾小球滤过率。

（二）肾小管对无机离子的转运

原尿生成后进入肾小管称为小管液。肾小管和集合管通过对小管液的重吸收及分泌，回收对机体有用的物质，排出对机体无用或有害的代谢废物和过剩的物质。

1. Na^+ 和 Cl^- 的重吸收

原尿中 99% 以上的 Na^+ 被重吸收。近端小管是 Na^+ 重吸收的主要部位，吸收量占 65%～70%，远曲小管吸收量约占 10%，其余则分别在髓袢升支和集合管被重吸收。在近端小管的前半段，由于 Na^+ 泵的作用，小管上皮细胞内的 Na^+ 浓度降低，细胞内电位为负。Na^+ 与顶端膜上的 Na^+-葡萄糖同向转运体和 Na^+-氨基酸同向转运体结合，顺电化学梯度进入细胞内。Na^+ 还可以通过顶端膜上的 Na^+-H^+ 交换体，Na^+ 顺电化学梯度进入细胞内，同时细胞内的 H^+ 分泌到小管液中。进入细胞内的 Na^+ 随即又被基底膜上的 Na^+ 泵泵出细胞间隙。Cl^- 在近端小管前半段不被重吸收，近端小管后半段 Cl^- 浓度升高，Cl^- 顺浓度梯度通过细胞旁途径被重吸收入血液。随着 Cl^- 被重吸收，小管液中正离子相对较多，有利于 Na^+ 顺着电位梯度通过细胞旁途径被重吸收。同时，在近端小管远端，存在 Na^+-H^+ 和 Cl^--HCO_3^- 逆向转运机制，将 Na^+ 和 Cl^- 向上皮细胞转移，H^+ 和 HCO_3^- 进入小管液。

髓袢降支细段对 Na^+ 和 Cl^- 通透性极低。小管液流到升支细段时，管腔内形成了 NaCl 的高浓度势能，且髓袢升支细段对 Na^+ 和 Cl^- 都有通透性，NaCl 顺浓度梯度被动扩散到管周组织间隙。髓袢升支粗段的顶端膜上有 Na^+-K^+-$2Cl^-$ 同向转运体，同时将 1 个 Na^+、1 个 K^+ 和 2 个 Cl^- 转运到细胞内。进入到细胞内的 Na^+ 由 Na^+ 泵泵至组织间液，Cl^- 顺浓度梯度经基底膜上的 Cl^- 通道进入组织间液，K^+ 则通过顶端膜上的 K^+

通道顺浓度梯度返回小管腔，导致管腔内出现正电位。这一正电位促进了 K^+、Ca^{2+}、Mg^{2+} 等正离子通过细胞旁途径而被重吸收。

在远端小管的始段，Na^+ 和 Cl^- 通过 Na^+-Cl^- 同向转运体进入细胞。在远端小管后端和集合管，主细胞通过基底膜上 Na^+ 泵使细胞内 Na^+ 浓度降低，Na^+ 通过管腔膜上的 Na^+ 通道顺浓度梯度进入细胞。

2. H^+ 分泌和 HCO_3^- 转运

肾小管各段和集合管上皮细胞对 H^+ 均有分泌作用。近端小管分泌 H^+ 通过 Na^+-H^+ 交换实现。肾小管上皮细胞内的碳酸酐酶催化 CO_2 和 H_2O 生成 H_2CO_3，H_2CO_3 迅速解离为 H^+ 和 HCO_3^-，H^+ 与小管液中的 Na^+ 经管腔膜上的同一载体逆向同步转运，H^+ 进入小管液，Na^+ 进入小管细胞内，这一过程称为 Na^+-H^+ 交换。远曲小管和集合管的闰细胞也可分泌 H^+，是一个逆电化学梯度进行的主动转运过程。

正常情况下，由肾 HCO_3^- 小球滤过的 HCO_3^- 几乎全部被肾小管和集合管重吸收，近端小管是其重吸收的主要部位。小管液中的 HCO_3^- 不易透过管腔膜，HCO_3^- 以 CO_2 的形式被重吸收。小管液中 HCO_3^- 与 H^+ 结合形成 H_2CO_3，再解离为 H_2O 和 CO_2。CO_2 能够迅速通过管腔膜进入上皮细胞内，并在碳酸酐酶的催化下与水结合生成 H_2CO_3，再解离成 HCO_3^- 与 H^+。H^+ 通过 Na^+-H^+ 交换从细胞分泌到小管液中，HCO_3^- 和 Na^+ 一起转运入血。因此，肾小管上皮细胞分泌 1 个 H^+ 可使 1 个 HCO_3^- 和 1 个 Na^+ 重吸收入血。如果小管液中的 HCO_3^- 的量超过了分泌的 H^+，HCO_3^- 就不能全部被重吸收，多余的便随尿排出。

3. K^+ 重吸收和分泌

K^+ 重吸收主要在近端小管，是一个逆浓度梯度主动转运的过程。尿液中的 K^+ 主要由远曲小管和集合管分泌。K^+ 的分泌与 Na^+ 的重吸收有着密切的联系。远端小管和集合管上皮细胞基底膜钠泵在泵出 Na^+ 的同时，逆方向将 K^+ 泵入细胞，形成细胞内的高 K^+ 状态。K^+ 可顺化学梯度通过钾通道进入小管液。另外，在远端小管和集合管小管液中，Na^+ 通过 Na^+ 通道进入细胞，在肾小管内外形成管内为负、管外为正的电位差，此电位差可促使 K^+ 从组织间液扩散进入管腔液。

4. Ca^{2+} 重吸收

肾小球滤过的 Ca^{2+} 约 70% 在近端小管被重吸收。近端小管对 Ca^{2+} 的重吸收主要由溶剂拖拽的方式经细胞旁途径进入细胞间液，其余部分则是经跨细胞途径重吸收。上皮细胞内的 Ca^{2+} 浓度远低于小管液中的 Ca^{2+} 浓度，且细胞内电位相对小管液为负，Ca^{2+} 在此电化学梯度驱使下从小管液扩散进入上皮细胞内，细胞内的 Ca^{2+} 经基底侧膜上的 Ca^{2+}-ATP 酶和 Na^+-Ca^{2+} 交换机制逆电化学梯度转运出细胞。髓袢升支粗段能重吸收 Ca^{2+}，可能存在被动重吸收，也存在主动重吸收。远端小管和集合管，Ca^{2+} 的重吸收是跨细胞途径的主动转运。

（三）肾小管对有机小分子的转运

1. 葡萄糖与氨基酸重吸收

滤过的葡萄糖在近端小管前半段全部被重吸收。肾小球小管液中的葡萄糖通过近端小管上皮细胞顶端膜中的 Na^+-葡萄糖同向转运体，以继发性主动转运的方式被转入细胞。进入细胞内的葡萄糖则由基底膜上的葡萄糖转运体转运入细胞间隙，进而扩散进入血液。近端小管对葡萄糖的重吸收有一定的限度，当血糖浓度超过一定数值时，一部分肾小管对葡萄糖的吸收已达极限，尿中开始出现葡萄糖，此时的血浆葡萄糖浓度称为肾糖阈。其原因是肾小管上皮细胞管腔膜上协同转运葡萄糖与 Na^+ 的载体数量有一定的限度。

与葡萄糖一样，由肾小球滤过的氨基酸也主要在近端小管被重吸收，其吸收方式也是继发性主动重吸收，也需 Na^+ 的存在，但有多种类型氨基酸转运体。

2. 氨与尿素转运

远曲小管和集合管的上皮细胞在代谢过程中，谷氨酰胺不断生成 NH_3。NH_3 具有脂溶性，可以向小管液或小管周围组织间液自由扩散。扩散的方向和量取决于两种液体的 pH。一般小管液 pH 较低，所以 NH_3 较易向小管液中扩散。进入小管液中的 NH_3 与小管液中的 H^+ 结合形成 NH_4^+，进一步与小管液中的负离子生成酸性的铵盐（如 NH_4Cl 等），随尿排出体外。NH_3 的分泌与 H^+ 的分泌密切相关，H^+ 的分泌增加可促进 NH_3 的分泌。NH_4^+ 的生成降低了小管液中 H^+ 的浓度，又促进了 H^+ 的进一步分泌。Na^+ 与 H^+ 交换而进入肾小管细胞，然后和细胞内的 HCO_3^- 一起转运回血。因而，NH_3 的分泌有利于维持酸碱平衡。

髓袢升支细段对尿素具有通透性，髓袢粗段对尿素不通透。由于内髓部的渗透压较高，尿素可顺着浓度差从内髓部扩散进入髓袢升支细段内。内髓部的集合管对尿素可通透，在抗利尿激素存在的情况下，远曲小管中的水被重吸收，小管液中的尿素浓度逐渐升高，在肾髓质部的集合管，肾素顺着浓度梯度进入肾髓质的组织间液中。

板鳃鱼类靠尿素维持其渗透平衡，尿素的分子质量小，可以从肾小球过滤，而肾小管又可重吸收尿素。

蛙不仅可以通过肾小球过滤尿素，而且还可以通过肾小管分泌尿素。这种分泌有如下的好处：蛙在干燥的空气中，由于肾小球的滤过率减小和肾小管对水的重吸收加强，因而排出的尿量减少，可是尿素的排泄量仍很高。事实上，由肾脏排出的尿素中，过滤来的可能只占 1/7，其余的是肾小管分泌的，也就是说，当肾小球的过滤作用几乎停止的时候，尿素的排泄率仍很高。因此，与板鳃鱼类的肾小管主动吸收尿素相反，两栖类的肾小管是主动分泌尿素。

三、尿生成的调节

尿的生成包括肾小球的滤过、肾小管和集合管的重吸收及分泌。机体可根据体内水盐的情况，通过神经和体液机制调节渗透压和尿量，以维持体内的水盐平衡和容量稳定。

（一）肾小球滤过率的调节

高等脊椎动物在生理条件下，当血压在 80～160mmHg 范围内变动时，由于肾入球小动脉血管平滑肌的收缩和舒张，肾血流量存在自身调节机制而保持相对稳定，肾小球的滤过和尿生成也保持相对稳定。如血压超出此自身调节范围，肾小球毛细血管血压、有效滤过压和肾小球的滤过率将发生相应的改变。例如，大失血、缺氧和强烈的伤害性刺激等情况下，肾交感神经兴奋明显增强，入球小动脉强烈收缩，肾血流量和肾血浆流量明显减少，肾小球的滤过率也显著下降。

肾小球的滤过率还与滤过膜的有效通透系数和滤过面积相关。在生理条件下，两肾的全部肾小球都处于功能状态，滤过膜的有效通透系数和滤过面积相对稳定。当血管活性物质作用于机体，可通过改变系膜细胞的收缩和舒张状态调节滤过膜的有效通透系数及滤过面积，进而影响肾小球的滤过率。

爬行类、两栖类和鱼类肾单位数量及结构有很大差异，肾小球的滤过率也明显不同。例如，淡水硬骨鱼类的体液较周围水环境是高渗的，水会不断地通过鳃和体表渗入体内，为了维持体内较高的渗透压，鱼类必须通过肾排出体内多余的水。因此淡水硬骨鱼的肾脏特别发达，肾小球的数目多、体积大、滤过率大，尿量多。海洋硬骨鱼的肾则较为退化，肾小球少而小，以至于消失，其滤过率低，尿量少。两栖类的肾小球一般具有很高的滤过率，但在体内失水情况下，肾小球的滤过作用几乎停止。爬行类也通过调节肾单位的数量来调节滤过面积，如对鳖、水蛇、鳄鱼和一些蜥蜴给予精氨酸管催产素（arginine vasotocin，AVT）后，可通过某些肾小球的入球小动脉收缩，减少肾小球的滤过率。

（二）肾小管水重吸收的调节

经过消化道摄入的水仅少量经过消化道排泄，大部分水分根据机体的代谢情况以尿的形式排出，其他途径如出汗、呼吸也随机体活动和环境的差异而有不同。在诸多的调节因素中，血管升压素（vasopressin，VP，也叫抗利尿激素，antidiuretic hormone，ADH）在调节肾排水中的作用最为重要。血管升压素是一种九肽激酶，在人和其他某些哺乳动物，其第八位氨基酸残基为精氨酸，故又称精氨酸血管升压素（arginine vasopressin，AVP），主要在下丘脑的视上核和室旁核的大神经细胞内合成，沿下丘脑-垂体束的轴突被运到神经垂体储存。血管升压素进入血液后,通过调控远端小管和集合管水孔蛋白-2(aquaporin-2,AQP-2)膜转位及合成,控制上皮细胞管腔膜对水的通透性,从而影响水的重吸收(图10-7)。体液晶体渗透压和循环血量是引起血管升压素释放最重要的因素,通过渗透压感受器和心肺感受器介导的反射活动改变血管升压素释放。当血浆晶体渗透压增高(主要是 Na^+)或血容量减少时,血管升压素释放增多,血液中抗利尿激素的浓度增高,则远端小管和集合管对水的通透性增加,上皮细胞吸收的水增多,尿量减少。反之,当血浆晶体渗透压减少或血容量增多时,血管升压素释放减少,尿量增加。

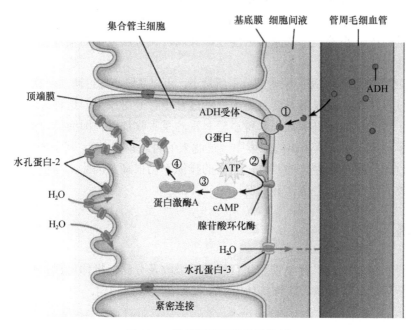

图 10-7　抗利尿激素的作用机制

大多数哺乳类动物只有精氨酸后叶加压素,少数动物(如猪)有赖氨酸后叶加压素,而河马的垂体后叶内这两种加压素都有。圆口类、真骨鱼类、两栖类、爬行类和鸟类都有精氨酸管催产素(arginine vasotocin,AVT),但只在两栖类、爬行类和鸟类对水的转运有影响。爬行类和鸟类管催产素有双重作用,即减少肾小球的滤过率,从而促进肾小管对水的重吸收。

大多数两栖类管催产素有抗利尿作用,但是爪蟾的管催产素没有抗利尿作用。在斑泥螈(*Necturus masculosus*)、鳗螈(*Siren lacertian*)和两栖鲵(*Aphiuma means*)等有尾类,注射大量的管催产素之后才出现抗利尿效果。牛蛙(*Rana catesbeiana*)的幼年蝌蚪对注射催产素也不出现保留水的反应,到接近变态时这种反应才逐渐明显。

在大多数鱼类,管催产素并不产生抗利尿作用,但有些真骨鱼,如金鱼(*Carassius auratus*)和鳗鲡(*Anguilla anguilla*)可引起利尿作用。非洲肺鱼(*Protopterus aethopicus*)和美洲肺鱼(*Lepidosiren paradoxa*)的这种利尿作用也非常明显。有研究表明,这种利尿作用是通过收缩出球小动脉、增加肾小球的滤过率实现的。

圆口类如盲鳗的体液渗透压和水环境基本相近,并可随着水环境的渗透压变化而变化,为变渗动物。管催产素对圆口类的尿量无明显影响。

(三)肾小管钠离子重吸收的调节

机体内最重要的盐类是钠盐,以电解质的形式(Na^+)存在。哺乳类动物血液中盐类浓度的恒定主要是通过内分泌腺改变肾小管对盐类的选择性重吸收而实现的,其中肾上腺分泌的醛固酮(aldosterone)是调节肾脏吸收 Na^+的重要体液因素。

在近曲小管,肾小球滤过液中钠离子、葡萄糖等溶质被主动和被动重吸收,小管液渗透压降低,细胞间液渗透压升高,水在这一渗透压差作用下经细胞和细胞旁路进入细胞间液,再进入管周毛细血管而被重吸收。因此,近端小管的水和盐的重吸收是等渗性重吸收。

在远端小管和集合管，大部分的钠离子主动被吸收，只有小部分钠离子（约为滤过量的 2%）的吸收根据机体盐平衡的状况受醛固酮调节。当肾血流量减少、肾动脉压下降时，流经远曲肾小管的钠离子负荷减少，或者交感神经兴奋以及血浆中肾上腺素、去甲肾上腺素增加，均使肾素血管紧张素系统激活，血管紧张素 II 和血管紧张素 III 增多，促进肾上腺皮质球状带合成和释放醛固酮。实验证明，醛固酮主要作用于远曲小管和集合管的上皮细胞，醛固酮进入上皮细胞胞质后，与胞质内受体结合，形成醛固酮-受体复合物。醛固酮-受体复合物穿过核膜进入核内，通过基因调节机制，生成多种醛固酮诱导蛋白，后者有可能通过增加顶端膜钠通道数目、线粒体 ATP 生成和基底侧膜的钠泵活性等机制促进钠离子的吸收。由于钠离子的重吸收和钠泵的活动，也促进水的重吸收和钾离子的排泄（图 10-8）。此外，血浆中钾离子浓度稍稍超过正常水平就可以有效地刺激醛固酮分泌。

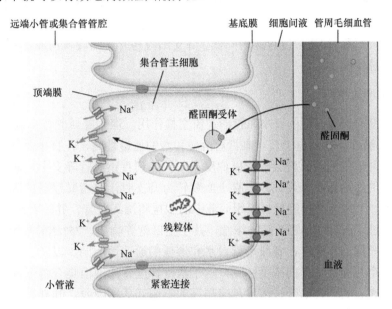

图 10-8　醛固酮的作用机制

圆口类在脊椎动物中进化较为原始，为变渗动物，尚不存在体液因素调节渗透压的作用。鱼类根据所处水环境含盐度不同，有其独特的调节渗透压平衡方式。海洋性鱼类主要通过板鳃、直肠腺、肾脏解决排盐保水问题。肾小管短，主要分泌二价离子，有较强的重吸收水的能力。体液因素中皮质醇、催乳素在促进板鳃排盐过程中可能发挥一定的作用。淡水鱼主要通过板鳃、肾脏解决排水保盐问题，周围的水主要通过鳃上皮渗入体内，肾小管对 Na^+ 和 Cl^- 能完全重吸收，肾尿量较多，但醛固酮在其中发挥的作用尚不明确。

两栖类必须依赖滤过功能很强的肾小球及时滤泌成尿，才能维持水平衡。如果接触到含盐很高的水源或土壤时，过多的盐分经皮肤进入体内，动物很快死亡，可见其缺乏完善的水盐平衡体液调节机制。

对于爬行类，给蛇注射醛固酮也可促进钠离子的重吸收。

鸟类具有醛固酮和皮质酮，如同哺乳动物那样，可减少肾钠离子的丧失，从而促进钾离子的排出。

（四）肾脏对尿的浓缩作用

尿的浓缩和稀释是肾脏的主要功能之一，机体主要依体内水、盐的多少情况，通过对尿液的浓缩和稀释，维持体液的水盐平衡。尿的渗透压高于血浆渗透压时称为高渗尿（hypertonic urine），低于血浆渗透压时称为低渗尿（hypotonic urine）。大多数脊椎动物的尿的渗透压比血液的低或与血液的相等，只有鸟类和哺乳类的肾脏有强的浓缩能力，可以产生比体液渗透压高的尿。

尿液的稀释与浓缩主要发生在远端小管末端和集合管。肾髓质部的渗透浓度差是水重吸收的动力，远端小管和集合管对水的通透性是水能够被重吸收的关键因素。髓袢的逆流倍增系统是尿浓缩的结构基础。髓袢降支和升支及其周围的直小血管的降支和升支相互平行，紧靠在一起，且液体的流动方向相反，是典型的逆流倍增器。

1. 肾髓质部的渗透浓度的建立

外髓部的高渗梯度是髓袢升支粗段主动重吸收 Na$^+$和 Cl$^-$扩散进入外髓部组织间液而形成。内髓部渗透梯度是由内髓部集合管扩散出来的尿素以及髓袢升支细段扩散出来的 NaCl 造成的。远曲小管以及皮质部和外髓部的集合管对尿素不易通透，而水可被重吸收，所以小管液流经这些部位时尿素的浓度逐渐升高。当小管液进入内髓部集合管时，由于管壁对尿素的通透性增大，小管液中的尿素向组织间液扩散，使内髓部组织间液尿素浓度升高，渗透压随之升高。髓袢降支细段对 NaCl 和尿素相对不通透、对水通透性强，在周围高渗的作用下，水被吸出，小管液被浓缩，NaCl 的浓度越来越高，渗透浓度不断升高。当小管液经髓袢顶端折返流入升支细段时，由于该段管壁对水不通透、对 NaCl 通透，因此在肾小管内外 NaCl 浓度梯度的作用下，小管液中的 NaCl 顺浓度梯度扩散进入内髓部，进一步提高内髓部组织间液的渗透浓度。小管液在升支细段流动过程中，NaCl 扩散到组织间液，而且该段管壁对水不易通透，所以小管液内 NaCl 浓度逐渐降低，渗透浓度也逐渐降低。降支细段与升支细段就构成了一个逆流倍增系统，使内髓组织间液形成渗透梯度。

2. 肾髓质渗透梯度的维持

肾髓质部高渗梯度的维持有赖于直小血管的逆流交换作用。深入髓质的直小血管也呈 U 形，位于高渗髓质中，并与 U 形髓袢伴行。由于直小血管对溶质和水的通透性高，在直小血管降支向髓质深部下行的过程中，周围组织间液中的溶质就会顺浓度梯度不断扩散到直小血管降支中，而血浆中的水分扩散出来，使直小血管降支的渗透压越来越高。当直小血管转为升支时，溶质又逐渐扩散回组织间液，并且可以再进入降支，这是一个逆流交换过程。组织间液中的水也将渗入血管，并随着血液的流动被带走。

血液在肾小球滤过，在近曲小管滤液被浓缩，几乎全部营养物质、75%Na$^+$及相应的水分被重吸收，由于滤液再通过髓袢和远曲小管时，各段小管对水和溶质的通透性不同，以及逆流倍增机制的存在，在肾髓质间质形成了一个与髓袢平行的浓度梯度。这个浓度梯度使滤液沿集合管下行由外髓到内髓时，如果有抗利尿激素的存在，其中的水分被浓度越来越高的细胞间质所吸收。髓袢越长，外髓到内髓的浓度梯度越大，被吸收的水分越多。吸收的水分并不能打破细胞间质的浓度梯度，因为和髓袢并行的直小血管形成逆流交换系统，从间质运出多余的水分和溶质，从而维持肾髓质的渗透梯度（图 10-9）。

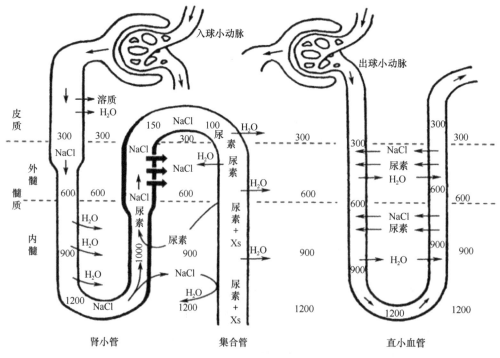

图 10-9　尿浓缩机制示意图

3. 不同物种的尿浓缩作用

观察肾单位的结构与尿的浓度之间的关系发现，动物肾脏对尿的浓缩能力与髓袢及伴随的直小血管的长度有关。一般来说，髓袢和伴随的直小血管越长，深入肾髓质越深，则肾单位的浓缩能力越强。

哺乳动物肾脏的浓缩能力与由肾小管细段形成的亨利氏襻的长度有关。大多数哺乳动物的肾单位有两种类型，一种有长襻，一种有短襻。浓缩能力最强的动物只有长襻肾单位，这些襻一直伸到肾乳头，而浓缩能力弱者（如河狸和猪）则只有短襻。大多数哺乳动物两种类型都有。生活在干旱环境中的沙鼠，肾小管细段所占的比例比大鼠的大，而水鼠的比大鼠的小，这显然与尿的浓缩能力有关。

小鼠的尿浓缩能力很强，与肾髓质中有较长的髓袢并伴行丰富的直小血管有关，能将尿浓缩至4300mOsm/(kg·H_2O)，而人的尿最大可浓缩至 1400mOsm/(kg·H_2O)。生活在沙漠中的哺乳动物，如沙鼠、跳鼠、骆驼等，尿的浓缩能力更强；而生活在水分充足的环境中的哺乳动物（如猪）的浓缩能力则较弱（表 10-1）。

表 10-1　各种哺乳动物肾脏的最大浓缩能力

动物	尿的最大渗透浓度/[（mOsm/(kg·H_2O)]	尿/血浆浓度比值
人	1400	4
河狸	520	2
猪	1100	3
小鼠	4300	13
骆驼	2800	8
大白鼠	2900	9
猫	3100	10
更格卢鼠	5500	14
沙鼠	6300	17
跳鼠	9400	25

鸟类也能够产生高渗尿，但鸟类的这种浓缩能力不十分明显，尿的最大渗透浓度可为血液的 2 倍，而有的哺乳动物则可产生比血浆浓 25 倍的尿。这是由于鸟类含有一些没有亨利氏襻的肾单位，有襻和无襻肾单位的比例决定肾脏的浓缩能力，因而通常不能产生像哺乳动物那样浓的尿。许多鸟类生活在比较干的条件下，吃干的种子，得到的水也有限，但为什么不能进一步使尿浓缩呢？这可能是因为鸟类排泄的含氮代谢废物是尿酸，尿酸是高度不溶的，若浓缩过甚，没有足够的液体，尿酸就可能在肾小管和输尿管内沉淀，使这些管道阻塞，因此需要保留一定的水把代谢废物运送到泄殖腔。尿到泄殖腔后，在体内停留一段时间之后才排出体外，排出之前，可进一步吸收水。

四、几种动物尿的性状

泌尿系统疾病常常通过以下四种方法收集尿液检测尿的性状，包括：①在自发性排尿期间收集；②手动压迫膀胱；③导尿；④膀胱穿刺和使用代谢笼。检测指标包括观察尿的颜色、酸碱度、比重、尿糖定性和镜下细胞成分等。各种动物或不同品系的动物在尿量、pH、电解质等尿的性状方面均有所不同。正常成年人终尿 pH 为弱酸性，约 6.0 左右，排出量约 1.5L/d。正常成年兔尿的 pH 通常为碱性，约为 8.2，每日产尿液 50～75ml/kg 体重，雌兔比雄性兔产尿多。成年兔的尿液通常是浑浊的，因为磷酸铵镁和碳酸钙沉淀物的浓度相对较高。相反，幼兔的尿通常是清澈的，尽管健康的幼兔可能有蛋白尿。人和其他几种哺乳动物尿性状比较见表 10-2。

表 10-2   人和其他几种哺乳动物尿性状比较

动物	尿量 [ml/（kg·d）]	比重	pH	尿素氮/ [g/（kg·d）]	尿酸/ [mg/（kg·d）]	肌酸酐/ [mg/（kg·d）]	Na/ [mg/（kg·d）]	K/ [mg/（kg·d）]	Ca/ [mg/（kg·d）]
人	17～33	1.015～1.025	5.5～7.4	—	—	15.8～25.0	49.8～99.7	16.3～81.3	1.67～5.00
大鼠	150～350	1.040～1.076	7.3～8.5	1.00～1.60	8.00～12.0	24.0～40.0	90.4～110	50.0～60.0	3.00～9.00
犬	20～167	1.015～1.050	6.0～7.0	0.30～0.50	3.1～6.0	15.0～80.0	2.00～189	40.0～100	1.00～3.00
兔	20–350	1.003～1.036	7.6～8.8	1.20～1.50	4.00～6.00	20.0～80.0	50.0～70.0	40.0～55.0	12.1～19.0
猫	10～30	1.020～1.045	6.0～7.0	0.80～4.00	0.20～13.0	12.0～30.0	—	55.0～120	0.20～0.45
猴	70～80	1.015～1.065	5.5～7.4	0.20～0.70	1.00～2.00	20.0～60.0		160～245	10.0～20.0

第三节   输尿管、膀胱、尿道生理

泌尿系统除肾脏外，还有输尿管、膀胱及尿道。尿液经肾生成后，流经输尿管而入膀胱或泄殖腔短暂储存，经尿道而排出体外。不同脊椎动物输尿管、膀胱及尿道的结构不同，因而其储、排尿各有特点。在哺乳类，输尿管开口于膀胱。膀胱壁及括约肌受交感神经和副交感神经的双重支配，当膀胱内尿量达到一定程度时，引起排尿反射，尿液由尿道排出。圆口类、软骨鱼、鸟类（不包括鸵鸟）和部分爬行类（蛇、鳄和一部分蜥蜴）没有膀胱，由肾脏产生的液状或半液状的尿通过输尿管直接运到泄殖腔后，进一步吸收盐和水，使尿呈半固体的形式随粪便排出。

一、输尿管

圆口纲中，七鳃鳗的中肾管即输尿管，只有输尿作用，输尿管导入膨大的尿殖窦，再经尿殖孔排至体外。卵子或精子经生殖孔也输送入尿殖窦，但排泄和生殖并不相关。雄性鲨类另外形成多条副肾管输尿，而中肾管只作为输精管。硬骨鱼的情况比较特殊，中肾管仅作输尿之用。两栖类的中肾管在雄性兼作输尿和输精之用。羊膜动物发展出后肾，后肾管成为输尿管。部分爬行类和鸟类因缺少膀胱，输尿管直接通入泄殖腔，而在哺乳类则输尿管先开口于膀胱，再以尿道通体外。

二、膀胱和尿道

圆口类、软骨鱼、部分爬行类（蛇、鳄和一部分蜥蜴）及鸟类（鸵鸟例外）全无膀胱。大多数两栖动物都有膀胱，其他脊椎动物皆有膀胱，它起着保水的作用。膀胱可分为三种类型：导管膀胱、泄殖腔膀胱和尿囊膀胱。导管膀胱为中肾管后端膨大形成，见于硬鳞鱼、硬骨鱼。少数硬骨鱼（如比目鱼科）没有膀胱。泄殖腔膀胱发生上由泄殖腔腹壁突出而成，故中肾管和膀胱不直接发生联系，尿液经输尿管先送进泄殖腔，泄殖腔孔依靠括约肌的收缩平时关闭着，尿液由泄殖腔倒流入膀胱内储存。这类膀胱见于肺鱼、两栖类及哺乳类的单孔类。尿囊膀胱为胚胎期尿囊柄的基部膨大而成。在羊膜类胚胎时期，尿囊一方面充当胚胎的呼吸器官，另一方面胚胎代谢所产生的尿酸即排到此囊内。出生以后，哺乳类尿囊的远端部仍留在体内，成为连接膀胱尖端和脐带的脐尿管。尿囊膀胱见于少数爬行类和哺乳类。哺乳类输尿管开口于膀胱。膀胱壁及括约肌受交感神经和副交感神经的双重支配，当膀胱内尿量达到一定程度时，引起排尿反射。

一些生活在干旱地区的陆生四足类，脑下垂体释放的 ADH 引起膀胱水分回吸收，使动物停止或减少排尿，这有利于保持机体水分。

许多青蛙，当受到惊吓时，会释放出尿来吓退天敌。

在哺乳动物，尿液最终由尿道排出。排尿是一种反射活动，需要膀胱逼尿肌和尿道内、外括约肌的协调活动而实现。正常情况下，膀胱内的尿充盈到一定程度时，内压升高，膀胱逼尿肌兴奋，其冲动沿盆神经传到脊髓初级排尿反射中枢，同时上传到大脑皮质的高位中枢，产生尿意。如无机会排尿，大脑皮质抑制脊髓排尿中枢的活动，不发生排尿发射。当有适宜机会时，抑制解除，脊髓排尿中枢发

出冲动使逼尿肌收缩、尿道括约肌舒张，引起排尿。当尿液流经尿道时，刺激尿道感受器，其冲动经阴部神经再传入脊髓中枢，加强排尿中枢的活动，使排尿进一步加强，这是一个正反馈活动。排尿的最高级中枢在大脑皮层，易形成条件反射，对一些狗、猴子等中枢神经比较发达的动物进行训练，可养成定点排尿的习惯。

第四节　肾外渗透调节和排泄功能

肾脏是机体最大、最重要的排泄和渗透压调节器官。由于动物进化水平不同和适应多变环境的结果，一般排泄器官还包含原生动物的伸缩泡、无脊椎动物的肾器官（包括原肾管、后肾管和肾管）、甲壳动物的触角腺及昆虫的马尔皮基氏小管。此外，某些居住在海水、其他多盐环境或干旱条件的脊椎动物还有其他排泄器官，使其具有更强的适应能力，这些器官在维持渗透压稳定中也发挥重要作用。

一、伸缩泡

伸缩泡见于淡水原生动物和海绵动物，以及海产的原生动物纤毛虫（图 10-10）。淡水原生动物的伸缩泡能排出不断渗入细胞的水分，以保持细胞内的水盐平衡。在多细胞动物中，只有某些淡水海绵的领细胞和变形细胞有伸缩泡。

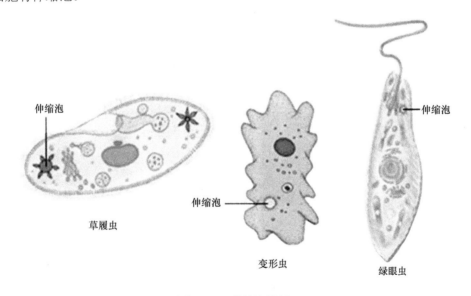

图 10-10　伸缩泡图解

在显微镜下可以看到淡水原生动物（如纤毛虫）的伸缩泡有周期性变化，它收集液体，容积逐渐增大，达到一定的大小时，突然将其内含的液体压出去，于是体积突然减小，然后又开始增大，反复进行。

变形虫的伸缩泡的外面是一层薄膜（图 10-11），薄膜外有一层很密的小泡，厚度为 0.5～2μm。每个小泡的直径为 0.02～0.2μm，小泡层的外面为线粒体层，推测线粒体的作用在于供应伸缩泡做渗透功（形成低渗的液体）所需的能量。从电镜的照片上看，很可能是由于伸缩泡外面的小泡的膜与伸缩泡的膜融合而把其中的液体排到伸缩泡腔内。

纤毛虫的伸缩泡与变形虫的不同，从草履虫、四胞膜虫和聚缩虫的电镜照片上可以看到复杂的小管系统（图 10-12）。这些小管与内质网相连，通过一定的管道把液体送到伸缩泡内。

二、肾器官

肾器官见于无脊椎动物，又分为：①原肾管，见于扁形动物和袋形动物，原肾管的内端不开口（盲管)（图 10-13）；②后肾管，见于环节动物，后肾管的内端有漏斗状的肾管口开口于体腔（图 10-14）；③肾管，见于软体动物，也称为软体动物的肾。

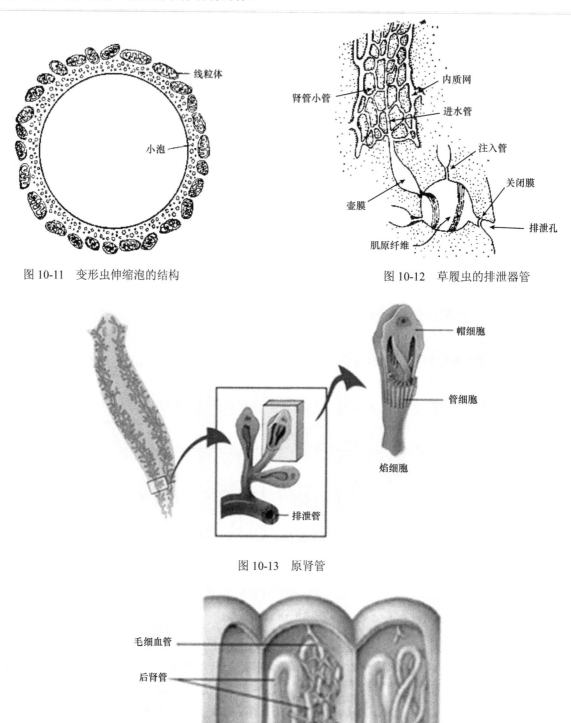

图 10-11　变形虫伸缩泡的结构

图 10-12　草履虫的排泄器管

图 10-13　原肾管

图 10-14　后肾管

　　原肾管主要见于没有真体腔的动物，一个动物有两条或两条以上的原肾管。原肾管往往高度分支（如涡虫的排泄系统），封闭的末端膨大，腔内有一条或几条长的纤毛。只有一条纤毛的末端细胞称为管细胞，假若有许多（往往有几十条）纤毛突出到腔内，则称为焰细胞。因为这些纤毛像蜡烛的火焰，故名。现在还不知道这两种细胞在功能上有什么不同。管细胞见于纽形动物和多毛虫纲的环节动物，文昌鱼也有具有管细胞的原肾管。

原肾管的功能还不十分清楚，根据在电镜下对涡虫原肾管的研究，看到焰细胞壁上有一些宽 35nm 的缝隙（图 10-15），缝隙上有很细的丝横过，可以挡住分子质量大的蛋白质，只让水和盐通过。每个焰细胞有 35～90 根鞭毛，以整束运动，运动的频率是 1.5 次/秒，在光镜下就可看到。运动波由基部向尖部推近，推动液体前进，并在基部形成负压，以促进过滤作用。有研究表明，晶囊轮虫的原肾管可能有过滤重吸收的作用，这种轮虫只有 1mm 长，但其原肾管开口于一个导管内，可用显微吸管从管内收集液体，其体液比环境的渗透浓度高，为 80mmol/L，至少表明原肾管参与渗透调节和排出水的作用。

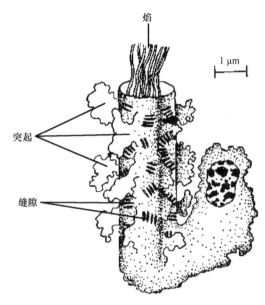

图 10-15 蜗牛的焰细胞模式图

后肾管按体节排列，结构依次为体腔内开口的肾口、窄管、宽管、膀胱、肾孔。肾口一端有纤毛，开口于体腔。肾口后为盘曲细长的肾管，末端膨大，通到体表的排泄孔（图 10-14）。

由于 J. A. Ramsay（1949）的研究，后肾管的功能比较清楚。他从蚯蚓肾管的各段取出微量的液体进行分析，结果表明，当体液从体腔进入肾管口后，在通过肾管的过程中，成分有所改变，当体液刚进入肾管时是等渗的，但到肾管末端时，大部分盐类被重吸收，因此排出去的是稀尿。

目前认为，肾口纤毛将含尿素、氨等代谢废物的体液送入肾管。肾管上密布毛细血管，窄管部分可与管壁上的毛细血管直接进行物质交换，血液中的代谢废物渗入肾管，同时血液也从肾管回收水分及其他有用物质。总的情况与脊椎动物的肾单位的情况相似（图 10-16）。

软体动物的排泄器官结构变化比较大。头足类有一对鳃心，鳃心上有一个薄壁的突起（鳃心附器）与围心囊相联，围心囊有一长的肾围心管与肾囊相通（图 10-17）。瓣鳃类肾管包括腺体部和膀胱部（图 10-18）。腺体部富含血管，肾口开口于围心腔；膀胱部为薄壁管，内壁具有纤毛，肾孔开口于外套腔。贝类的排泄器官包括围心腔腺和肾脏（图 10-19）；内肾孔（肾口）开口在围心腔，由纤毛收集废液；外肾孔开口在外套腔，排出废物。

头足类围心囊内的液体为超滤液，通过肾围心管流到肾囊。在管中对葡萄糖、氨基酸进行重吸收。在肾囊上还有一些肾附器，这里有 NH_3 由血液扩散到肾囊内，但是通过鳃心的血液内 NH_3 的浓度仍相当高，经过鳃时才扩散到水中，由鳃排出的 NH_3 比由尿中排出的多。

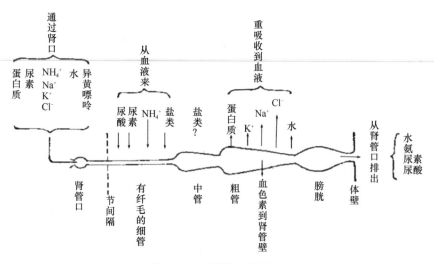

图 10-16　后肾管排泄机制

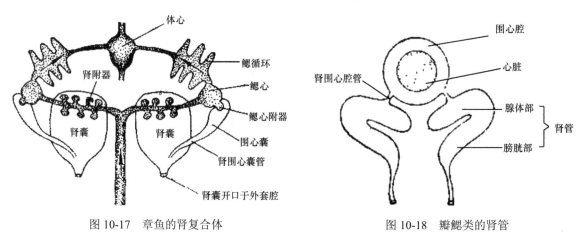

图 10-17　章鱼的肾复合体

图 10-18　瓣鳃类的肾管

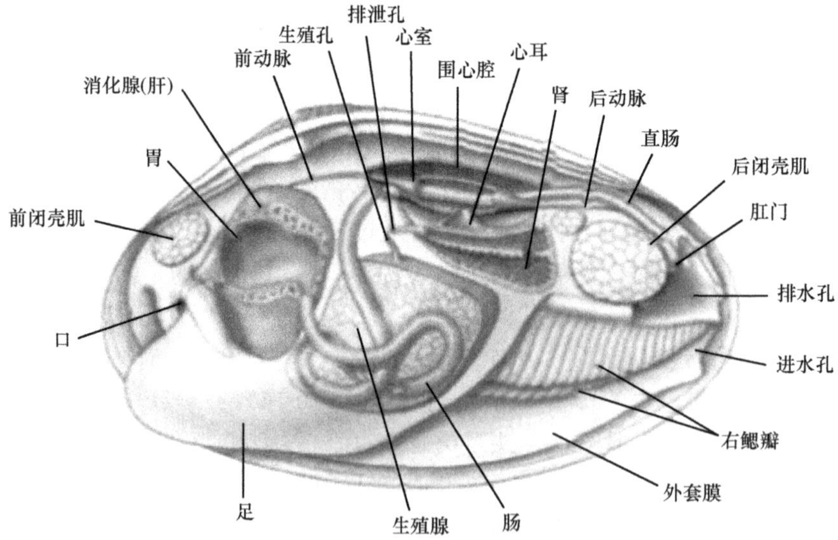

图 10-19　贝类肾管

瓣鳃类和无肺的腹足类的心脏壁是超滤的部位。但近来有证据表明，心脏内液的渗透压比围心腔的高，不大可能发生过滤作用。有证据表明大蜗牛的肾囊为超滤的部位，而不在心脏过滤。肾囊是肾脏扩大的腔，肾围心管开口于这个腔内。

三、触角腺

触角腺常呈青绿色，又称绿腺，由后肾特化而来，见于甲壳动物（图 10-20）。触角腺位于头部。每一个腺体由一个囊（末囊）及与其相连的一条十分弯曲的管构成迷路（或绿腺），再连一条排泄管（或称肾管）和一个膀胱，开口于大触角的基部，故称触角腺。

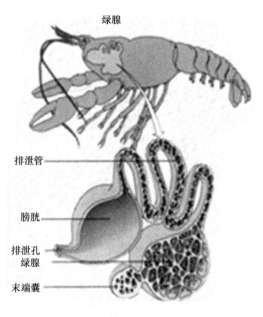

图 10-20 触角腺

甲壳动物的排泄系统在结构上与脊椎动物的肾单位有许多类似之处：① 电镜研究表明，在螯虾末囊上有类似足细胞的细胞，脊椎动物的肾小球也有这种细胞；②螯虾迷路部分有单层上皮细胞，与肾单位的近球小管相似，这些细胞有刷缘以增加物质交换面。

四、马尔皮基氏小管

马尔皮基氏小管简称马氏小管，见于多足纲、昆虫纲和蛛形纲。昆虫及一些陆生节肢动物，如蜈蚣、马陆及有些蜘蛛的排泄器官是马氏小管。这些小管一端开口于中肠和后肠之间，另一端是封闭的。大多数昆虫封闭的一端位于血体腔。有些昆虫的马氏小管末端贴靠在直肠上。往往有螺旋状的肌细胞带绕在马氏小管的外面，当肌肉收缩时引起蠕动，以推动其中的液体（图 10-21）。

给昆虫注射菊糖时，尿中并不出现菊糖，说明并不存在超滤。Ramsay（1954）曾进行实验推测马氏小管的功能，认为马氏小管主动地把 K^+ 分泌到管腔，由于渗透作用，水也被动地进入管腔，结果在小管内形成含 K^+ 丰富的液体，从小管流入后肠，在后肠内，水和溶质大部分被重吸收，而尿酸（以可溶性的尿酸钾的形式进入尿液）沉淀，这又促进了水的进一步重吸收（因为沉淀的尿酸不能使直肠内含物产生渗透活性），于是，在直肠内剩下的只是粪和尿的混合物（图 10-22）。

总之，昆虫的排泄系统没有超滤作用，主要是把 K^+ 主动地分泌到马氏小管内，然后水被动地进入马氏小管，到了后肠和直肠复合体中又把水和溶质重吸收，而水的运动则依靠溶质的主动转运来实现。

五、鳃

鱼类的鳃（gill）除具有呼吸功能之外，同时具有转运负离子、氮化物和盐分的功能，执行这些功能的部位是鳃上皮组织中的氯细胞（图 10-23）。氯细胞具有丰富的管状系统、大量的线粒体和钠-钾活化 ATP

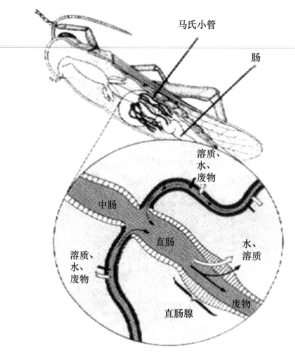

图 10-21　马氏小管图解

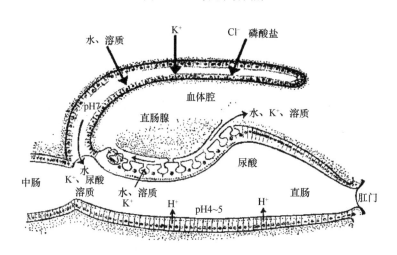

图 10-22　昆虫马氏小管和后肠的功能示意图

酶、碳酸酐酶等。不同水域鱼类的氯细胞结构不同。海水鱼类的氯细胞比淡水鱼类的体积大、数量多，结构也复杂。在氯细胞的顶部形成隐窝，隐窝内含有大量的 Cl⁻，以主动转运方式排出。氯细胞与邻近的上皮细胞形成多脊的紧密连接，与邻近的辅助细胞形成松散的连接。松散的连接有利于 Na^+ 经细胞旁路途径排泄（图 10-24）。淡水鱼氯细胞数量少，氯细胞旁也无辅助细胞，顶部也没有隐窝，与邻近上皮细胞缺乏紧密连接，细胞内管状系统、线粒体等均不发达，说明其对 NaCl 的排泄能力较弱。淡水硬骨鱼类主要通过鳃小片上呼吸细胞主动吸收 Na^+ 和 Cl^-。

　　鳃上皮细胞基底膜对水的通透性比顶膜差，但由于鳃上皮的面积很大，因此鳃上皮对水的通透性总的来说比较大。进入体内的水分绝大部分是通过跨细胞途径，只有少量是通过细胞旁路途径转运。

六、盐腺

　　爬行类和鸟类具有盐腺（salt gland），通过盐腺可以排出高渗的 NaCl 或 KCl 溶液。盐腺的排盐机制

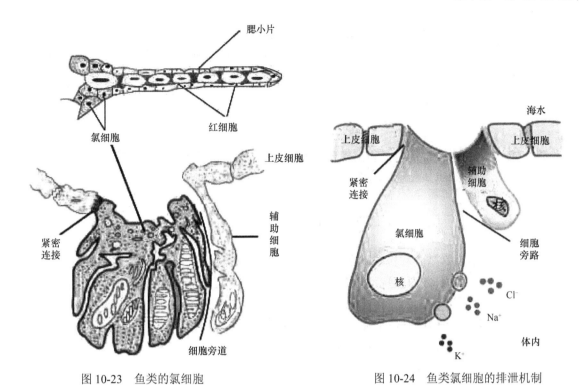

图 10-23 鱼类的氯细胞

图 10-24 鱼类氯细胞的排泄机制

类似于哺乳动物肾小管的 Na^+ 重吸收机制。

爬行动物的盐腺多出现于生活在海洋或沙漠中的种类，有鼻腺（蜥蜴）、泪腺（海龟）、后蛇腺（海水线蛇），结构相对简单，转运的离子有 Na^+、K^+、Cl^- 和 HCO_3^-。只有进食以后盐腺才分泌，而且受食物种类的影响，如海水类主要分泌 Na^+ 和 Cl^-，沙漠中的种类和摄食海藻类的蜥蜴则排放较多 K^+。

鸟类盐腺主要是眶上腺，通过一长管开口于鼻腔，因此又叫鼻腺，能主动分泌 NaCl 和少量的 K^+、HCO_3^-。分泌的含盐液体通过小管流入鼻道，在鼻孔处或鼻道形成氯化钠或氯化钾的结晶（图 10-25）。

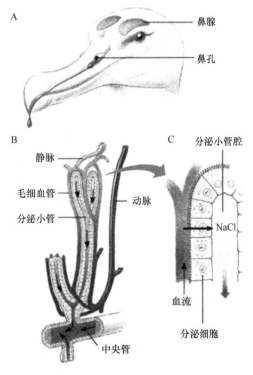

图 10-25 信天翁的盐腺（Campbell and Reece，2002）

A. 信天翁头部鼻咽示意图；B. 鼻咽结构示意图；C. 鼻咽局部放大示意图

盐腺平时并不分泌,仅在吞饮海水或摄食咸的食物后才开始分泌。盐腺受神经支配。副交感神经兴奋,可刺激盐腺分泌;交感神经兴奋,可抑制或阻止盐腺的分泌。醛固酮对爬行类的盐腺具有典型的保 Na^+ 排 K^+ 作用。目前尚未发现鸟类的盐腺受体液调节。

七、直肠腺

直肠腺(rectal gland)是板鳃鱼类和空棘鱼类所特有的调渗器官,位于肠的末端,由肠壁向外延伸而成。直肠腺可排出多余 NaCl。板鳃鱼的鳃的排盐能力远不及直肠腺。

第五节　含氮废物的排泄

动物在代谢过程中,氨基酸和核酸不断分解产生含氮物质,如氨、尿素、尿酸等。氨的毒性很大,NH_3 可以结合 H^+,形成 NH_4^+,不但扰乱体液的酸碱平衡,还与 K^+ 竞争,抑制钠-钾泵的活动,从而影响神经细胞的形态、离子转运及神经递质的代谢等。NH_3 通常也可以转化为低毒化合物尿素和尿酸。这三种含氮化合物的性质不同,尿素易溶于水,排泄需要的水分比 NH_3 耗水少,而尿酸不溶于水。如果三种含氮化合物体内浓度过高,均可导致器官的病理损伤。

在演化过程中,不同动物排泄不同的含氮废物,水生物种倾向于排泄氨,半水生物种排泄尿素,陆地物种主要排泄尿酸。淡水脊椎动物主要是通过鳃排泄大量的氨。多数海水脊椎动物、陆生动物等生活在水有限的环境者则排泄尿酸或尿素。两栖类动物中,水生两栖类排泄氨,陆地两栖类排泄尿素,例如,蛙在蝌蚪时与鱼一样排泄氨,可从体表直接排入水中。变态后,成体蛙主要排泄尿素,不从体表排出必须溶于水的氨,否则将因大量失水而亡。鸟类和爬行动物排泄尿酸,鸟粪中含有白色的尿酸结晶。哺乳动物排出的含氮废物绝大多数是尿素。

一、氨的排泄

NH_3 分子小,易溶于水,可通过单纯扩散排泄到水中。硬骨鱼类、两栖类动物幼体以及大多数水栖的无脊椎动物通过水流量巨大的鳃排泄 NH_3 来去除含氮废物。生活在水中的鳄鱼也主要排泄氨,但是以 NH_4^+ 的形式通过泌尿排出。

二、尿素的排泄

陆生动物可将 NH_3 转化为毒性更低的尿素形式。许多脊椎动物(包括鱼类、两栖类成体、某些爬行类和哺乳类动物)都以尿素的形式通过肾小球滤过和肾小管分泌两条途径排泄含氮废物。海水硬骨鱼类因为没有肾小球,主要靠肾小管分泌进行排泄。海水板鳃类、矛尾鱼和食蟹蛙则通过肾小管主动重吸收或扩散作用把尿素保留在体内用于维持渗透压。一般的蛙类肾小管能主动分泌尿素。哺乳动物通过尿液排出的含氮废物绝大多数是尿素,此外还通过汗腺分泌汗液排出一部分尿素。

三、尿酸的排泄

尿酸的毒性小,微溶于水,一般以糊状沉淀物形式排出。鸟类、大多数爬行类、昆虫和陆地生活的腹足类主要排泄尿酸。

鸟类和爬行类排泄尿酸的原因除了与成体生活环境有关外,还可能与胚胎发育方式有关。它们的胚胎在蛋壳内发育,蛋壳内不能积存过多的氨,又没有充分的水溶解尿素,只能通过尿酸结晶的形式将含氮废物积存在尿囊内。爬行类排泄含氮废物的种类与其生活环境水的含量有关。生活在水中的龟,尿中含有较多的氨和尿素。蜥蜴和蛇则处于产生尿酸的转变时期。陆地上的鸟类,90%含氮废物是以尿酸的形式排泄。半水上生活的鸟，如鸭，只有 50%的含氮废物以尿酸的形式排出，30%以氨的形式排出，其余则以尿素的形式排出。哺乳类动物排泄的含氮废物绝大多数是尿素，只合成和排泄很低浓度的尿酸。如果尿酸合成过多，会导致在组织如关节中沉积，形成痛风（gout）。

通常小鼠在尿液中分泌大量蛋白质，而且总有牛磺酸存在，但始终不分泌色氨酸。小鼠尿中也分泌肌酐，这一点是小鼠与其他哺乳动物不同的特征。空腹小鼠的肌酐-肌酸比值为 1∶1.4，小鼠排泄尿囊素比尿酸多。

第六节　泌尿系统生理动物模型

根据疾病主要累及的部位，泌尿系统疾病包括肾脏疾病和尿路疾病。肾脏疾病分为肾小球疾病、肾小管疾病、肾间质疾病和血管性疾病。肾小球病变多由免疫介导的损伤引起，而肾小管和肾间质的病变常由中毒或感染引起。

一、肾小球功能障碍动物模型

（一）肾小球肾炎模型

肾小球肾炎（glomerulonephritis）是以肾小球损伤和改变为主的一组疾病，基本病理改变包括细胞增多、基膜增厚、炎性渗出和坏死、玻璃样变性和硬化，以及肾小管萎缩、间质纤维化等改变。抗体介导的免疫损伤是肾小球损伤的重要机制，多数是循环免疫复合物沉积引起，有些与原位免疫复合物形成有关，主要通过补体和白细胞介导的途径发挥作用。肾小球病变时表现为尿量和尿性状的改变、水肿和高血压等，严重时使肾小球滤过率下降，血尿素氮（blood urea nitrogen，BUN）和血浆肌酐水平增高，可形成氮质血症。

肾小球肾炎是小鼠常见的肾脏损害，甚至在一些小鼠品系中的发病率可接近 100%，它通常与持续的病毒感染或免疫紊乱有关，而不是与细菌感染有关。例如，NZB 和 NZB × NZW F$_1$ 杂交小鼠，可出现免疫复合物肾小球肾炎，类似于人类红斑狼疮的自身免疫性疾病。而 NZB 小鼠的肾小球疾病相对较轻（NZB 小鼠自身免疫性溶血性贫血的发病率较高）。肾脏变化早在 4 个月大的时候就发生了，但是临床症状和严重疾病直到 6~9 个月才出现。该疾病与消耗和蛋白尿有关，病变进展直至死亡。组织学上，肾小球在毛细血管和系膜中有蛋白质沉积。之后，整个肾脏出现肾小管萎缩和蛋白管型。免疫荧光研究显示免疫球蛋白和补体 C3 沉积，在肾小球毛细血管袢内与鼠核抗原及白血病病毒抗原形成免疫复合物。感染淋巴细胞脉络丛脑膜炎病毒（LCMV）或逆转录病毒的小鼠也可发展为免疫复合性肾小球肾炎。

肾小球肾炎可引起肾病综合征，关键性的改变是肾小球毛细血管壁的损伤，血浆蛋白滤过增加，形成大量蛋白尿。慢性进行性肾病（chronic progressive nephropathy，CPN）是引起老龄大鼠死亡的最常见原因之一。CPN 的大部分病变首先在 6 个月以上的大鼠中观察到，其特征是皮质表面出现凹陷。随着年龄的增长，1 岁以上的大鼠中变得更加严重，皮质表面变得越来越不规则，并且可形成苍白的区域。显微镜下观察发现，肾小球基底膜增厚，毛细血管丛增厚，Bowman 膜顶层粘连，节段性肾小球硬化。随着疾病的发展，皮层和髓质中的许多小管扩张并充满嗜酸性蛋白管型。CPN 的发病机制尚不清楚，与遗传、性别和饮食等多因素作用有关。有报道 CPN 发病率在 Sprague-Dawley 和 F-344 大鼠中很高，而 Wistar 和 Long-Evans 大鼠中发病率较低。雄性大鼠发病较早，在任何年龄发病率都较高，病变严重程度高于雌性。过度喂养长期增加肾血流量和肾小球的滤过率，可能引起肾小球肥大，导致大分子蛋白泄漏。

建立肾小球肾炎动物模型的方法很多，最常用的是通过免疫手段，包括抗 Thy-1 抗体诱发的大鼠系膜增殖性肾炎模型、抗肾小球基膜（GBM）Masugi 肾炎模型、以肾小球基底膜上皮细胞下弥漫性免疫复合物沉积伴毛细血管壁弥漫性增厚为特点的大鼠被动型 Heymann 肾炎模型。

（二）糖尿病肾病模型

糖尿病肾病是常见的慢性微血管并发症，其特点以肾小球血管受损、硬化为主，形成结节性病变，进而出现肾功能异常，最终形成终末期肾病。目前糖尿病动物模型的制备方法主要是化学药物诱导和自发性糖尿病肾病动物模型。诱发糖尿病肾病的药物包括链脲佐菌素（STZ）、四氧嘧啶（ALX）、链脲佐菌素联合弗氏完全佐剂，以及四氧嘧啶加嘌呤霉素，STZ 对模型动物损伤轻、死亡率低、成模率较高。I 型糖尿病肾病自发性动物模型缺乏胰岛素，起病快，症状明显，伴有酮症酸中毒，但并不肥胖，发病早期呈现胰腺炎的表现，如 NOD 小鼠在 3 月龄时出现胰岛 β 细胞损伤，进而发展为糖尿病肾病，表现为尿蛋白增加；肾小球毛细血管基底膜增厚，细胞外基质增多，最终发生肾小球硬化。II 型糖尿病肾病自发性动物模型的特点为病程长，不合并酮症酸中毒，常用的小鼠模型为 *db/db* 小鼠，先天肥胖，4～7 周出现高血糖、高胰岛素，6～8 周出现肥胖，12～14 周出现肾小球肥大、系膜增宽、肾小球基底膜增厚，20 周龄时出现细胞外基质积聚，7 月龄出现肾小球硬化。

（三）肾脏衰竭动物模型

肾衰可分为急性肾衰（ARF）和慢性肾衰（CRF），主要以大鼠为研究对象开发出多种动物模型。急性肾功能衰竭模型常用造模方法可分为物理法和化学法，物理法包括一侧肾缺血/再灌注加对侧肾切除模型、部分结扎腹主动脉模型；化学法包括甘油模型、油酸模型、氯化汞模型、氨基糖苷类模型、蛇毒模型、氟化钠诱导模型、顺铂诱导模型。慢性肾功能衰竭常用造模方法可分为物理法和化学法，物理法包括肾大部切除术（约 5/6）、肾动脉分支的部分结扎、冷冻加切除法；化学法则包括腺嘌呤模型和阿霉素模型。

二、尿路生理功能障碍动物模型

（一）尿路梗阻模型

尿路梗阻作为急性或慢性病症发生在雄性小鼠。临床症状通常包括由于尿失禁润湿会阴。在严重或慢性病例中，润湿易造成蜂窝织炎和溃疡。在尸检时，膀胱扩张，并且通常在膀胱颈和近端尿道中发现蛋白质栓塞。在慢性病例中尿液可能是混浊的，并且可能在膀胱中形成结石。此外，膀胱炎、尿道炎、前列腺炎、龟头包皮炎和肾积水可能会发展。这种情况必须区别于传染性膀胱炎或肾盂肾炎，以及区别于辅助性腺分泌物的释放，这与炎症反应无关。肾积水本身也可能在没有尿路梗阻的情况下发生。

（二）肾积水模型

肾积水是最常报道的大鼠先天性缺陷之一，其特征是肾盂的单侧或双侧扩张。尽管在 Gunn 大鼠中可能是单一显性基因遗传，但在 Brown Norway 和 Sprague-Dawley 大鼠中似乎是多基因的遗传。右肾比左侧更容易出现肾积水。肾盂积水的严重程度可以从肾盂的轻微扩张到肾脏显示为透明囊状结构的严重扩张。输尿管也可能受到不同程度的影响。然而，年幼大鼠的正常肾盂可能看起来是扩张的，因此在鉴别肾积水时需要谨慎。肾积水也可能被误认为是肾盂肾炎、多囊肾和肾乳头坏死。病变部位的培养和组织病理学将区分这些病症。

（三）泌尿结石模型

泌尿系统结石是一种常见的疾病，在 70%以上的尿石中，草酸钙单独或和其他钙盐共同为主要成分。乙二醇法是目前复制肾结石动物模型较成熟的方法。乙二醇为草酸代谢通路的中间产物，亦是草酸的前体，进入体内后转化成羟乙酸，后者既可在羟乙酸氧化酶的作用下直接转化为草酸，也可通过乳酸脱氧酶的催化转化为乙酸，乙酸又可直接在非酶作用下转化为草酸。因此，摄入乙二醇可导致动物体内草酸增加而形成草酸钙。成石液多为乙二醇氯化氨，给药 28 天可见尿钙、肾组织可见大量草酸钙结晶沉积。肾盂内有小结石形成，晶体布满全肾，主要存在于近曲小管和远曲小管。诱导结石模型的药物还有乙二酰胺。大鼠自食乙二酰胺鼠标准饲料后可产生肉眼可见的肾输尿管和膀胱米黄色结石。乙二酰胺喂养兔，能产生肾内结石。5%的对苯二甲酸饲喂大鼠 14 天可成功地建立大鼠实验性膀胱结石模型，该模型的特点是大鼠膀胱均含有钙结石小体。

三、肾小管-间质功能障碍动物模型

肾小管-间质功能障碍动物模型主要是肾小管-间质性肾炎（tubulointerstitial nephritis）模型，该模型是累及肾小管和肾间质的炎性疾病，慢性病变可为肾小球疾病进展的结果，原发性损伤主要由细菌等生物病原体感染和药物、重金属等中毒引起。

急性肾盂肾炎是最常见的肾小管-间质性肾炎，多与尿路感染有关，主要由大肠杆菌等革兰氏阴性菌引起，属内源性感染。小鼠、大鼠、兔、狗、猴、猪等都可作为制作急性肾盂肾炎模型动物，模型制作方法包括经尿道逆行性肾盂肾炎、血源性肾盂肾炎等。小鼠个体小，手术操作及辨认输尿管较困难，不易建立重复性高的逆行性肾盂肾炎动物模型，常作为血源性肾盂肾炎的模型动物。输尿管一侧暂时结扎，经膀胱注射大肠杆菌后由输尿管上行感染肾脏，有利于细菌在肾脏生长、扩散，引发肾盂肾炎。小鼠、大鼠、兔、狗和猴等动物均可行单侧输尿管梗阻制备肾盂肾炎模型。

参 考 文 献

李佳璐, 刘俊亭, 袁慧雅. 2019. 大鼠肾衰模型造模方法及比较研究进展. 中国比较医学杂志, 29(7): 108-113.
李志杰, 张悦. 2011. 糖尿病肾病动物模型的研究进展. 生命科学, 23(1): 90-95.
王贝贝, 吴文玉, 赵蕾, 等. 2019. 大鼠慢性进行性肾病的病理学特点. 中国实验动物学报, 27(1): 32-37.
易小敏, 张更, 马帅军, 等. 2011. 大鼠急性肾缺血再灌注损伤模型的建立与评估. 现代生物医学进展, 21(11): 4027-4029.
张炯, 刘志红. 2014. 肾脏发育进化与组织再生. 肾脏病与透析肾移植杂志, 23:252-259.
朱大年. 2018. 生理学. 9 版. 北京: 人民卫生出版社.
Bankir L, de Rouffignac C. 1985. Urinary concentrating ability: insights from comparative anatomy. Am J Physiol, 249(6 Pt 2): R643-666.
Campbell N A, Reece J B. 2002. Essential Biology. San Antonio: Pearson Education.
Jensen-Jarolim E. 2014. Comparative Medicine: Anatomy and Physiology. Heidelberg: Springer-Verlag Wien.
Li J J, Gonzalez A, Banerjee S, et al. 1993. Estrogen carcinogenesis in the hamster kidney: role of cytotoxicity and cell proliferation. Environ Health Perspect, 101 Suppl 5: 259-264.
Ramsay J A. 1949. The site of formation of hypotonic urine in the nephridium of Lumbricus. Journal of Experimental Biology, 26(1): 65-75.
Ramsay J A. 1954. Active transport of water by the Malpighian tubules of the stick insect, Dixippus morosus (Orthoptera, Phasmidae). Journal of Experimental Biology, 31: 104-113.
Rita I J, Christopher H F. 2013. Animal Models for the Study of Human Disease: Chapter 20. Animal Models of Lower Urinary Tract Dysfunction. Cambridge: Academic Press.
Van Winkle T J, Womack J E, Barbo W D, et al. 1988. Incidence of hydronephrosis among several production colonies of outbred Sprague-Dawley rats. Lab Anim Sci, 38(4): 402-406.

（杨秀红 刘 燕）

第十一章 生殖系统

第一节 概　　述

　　生殖（reproduction）是指生物体生长发育成熟之后能够产生与自己相似子代个体的功能，是生物体繁殖自身、延续种系的重要生命活动。生殖系统是与生殖功能密切相关的器官成分的总称。从低等到高等动物，尽管生殖器官和生殖过程的差异很大，但是生殖的方式只有无性生殖（asexual reproduction）与有性生殖（sexual reproduction）两种。无性生殖过程中，没有异质性的配子生成，仅有一个亲本参与，一个个体可分成两个或两个以上的相同或不同的后代。无性生殖常见于原生生物和低等的无脊椎动物，单细胞的分裂（fission）和有丝分裂（mitosis）、裂片生殖（fragmentation）、孢子生殖（sporogenesis）、出芽生殖（budding reproduction）等是常见的无性生殖方式。部分脊椎动物在自然条件下的孤雌生殖（parthenogenesis）也属于无性生殖。无性生殖的优点在于不经过早期胚胎的生长发育期，有益的亲本性状不发生改变；而有性生殖的优点在于后代可继承来自两个亲本的有益性状，对于适应生存环境具有重要意义。有性生殖过程中，两个亲本分别产生特化的生殖配子（细胞），二者发生融合（受精），形成的合子（受精卵）携带有两个亲本的遗传信息。有性生殖见于高等的无脊椎动物和所有的脊椎动物，这些多细胞动物除了体细胞之外，还有一种特化的生殖细胞即精子和卵子。鱼类、两栖类的精子与卵子分别排到潮湿或水环境中受精，称为体外受精（*in vitro* fertilization）。陆生的爬行类、鸟类、哺乳类则通过交配进行体内受精（*in vivo* fertilization）。

　　对于大多数哺乳动物而言，雄性和雌性动物的生殖系统存在较大差异。雄性的主性器官是睾丸，附属性器官包括输精管道（附睾、输精管、射精管和尿道）、副性腺（精囊腺、凝固腺、前列腺、尿道球腺）及外生殖器（阴茎和阴囊）。雌性的主性器官是卵巢，附属性器官包括输卵管、子宫、阴道和外阴。本章将重点介绍人类与常用哺乳类实验动物的主性器官的功能、生殖活动及其调节，并与主要的鸟类、爬行类、两栖类、鱼类实验动物的相关结构和功能进行比较。

第二节　雄　性　生　殖

一、雄性生殖系统组成

（一）人类

　　人类雄性生殖系统包括成对的睾丸、附睾、输精管、副性腺和阴茎、阴囊。睾丸位于阴囊内，左、右各一。人睾丸实质由200～300个睾丸小叶组成，睾丸小叶内有曲细精管（seminiferous tubule）和间质细胞（leydig cell），分别发挥精子生成和雄激素合成分泌作用。曲细精管内支持细胞（sertoli cell）和不同阶段的生精细胞组成生精上皮。支持细胞位于曲细精管的管壁中，含有大的多形核，为不规则的圆柱形，从曲细精管的基底延伸至管腔，处于各个发生阶段的精子细胞都可以和支持细胞紧密接触。副性腺包括成对的壶腹（ampullae）、前列腺（prostate）、精囊腺（seminal vesicles）和尿道球腺（bulbourethal）。附属性器官的功能是完成精子的成熟、储存、运输和排射。

　　人的精子形如蝌蚪，长约60μm，分为头、颈（中段）尾两部分，头部主要由核、顶体及后顶体鞘组成，尾部又称鞭毛。顶体能分泌水解酶（如顶体素，一种蛋白质水解酶）、透明质酸酶，都有助于精子穿透并进入卵子；中部含线粒体，线粒体内存在与代谢有关的酶，能为精子运动提供能量；尾部由位于中段的中心粒的纤维组成，这些纤维的收缩和摆动引起精子的运动。

（二）哺乳类

小鼠、大鼠、犬、兔等哺乳类动物的睾丸解剖结构大体相似。但是，不同物种曲细精管占睾丸实质的比例不同，人、大鼠、犬分别是 62%、83%、84%。人、猫、犬、羊和猪都有一个前列腺。猫和犬没有精囊腺，犬没有尿道球腺。绵羊和山羊的阴茎延长部为一丝状附属物（尿道突或蚯蚓突），这是一个突出尿道 3~4cm、超出龟头尖端的细小结构。猪的阴茎龟头呈螺旋状。绵羊和猪的阴茎有一个 S 状弯曲，阴茎勃起和延长时才伸直。犬有阴茎骨，可以协助阴茎插入阴道。猫的阴茎骨远小于犬的阴茎骨，无显著性功能。猫阴茎的特点是阴茎表面存在雄激素依赖性的棘刺，其方向向后。在所有哺乳动物中，金黄地鼠的睾丸体重比最大。猪有独特的包皮憩室，其腔内常聚积脱落的上皮细胞和余尿，具有强烈的特殊气味。

常见家畜的睾丸在胎儿期或出生后早期下降到阴囊，阴囊皮肤具有丰富的汗腺，通过蒸发散热辅助降温。大多数啮齿动物、部分食肉动物和有蹄类动物的睾丸只在繁殖季节才下降到阴囊。雄性猕猴在性成熟早期，睾丸从腹股沟下降到阴囊，2~3 个月后，又回到腹股沟，经过 3~5 个月后再次下降到阴囊，之后便不再回升至腹股沟环而一直保留在阴囊内，此时雄猴才具有生育能力。

（三）鸟类

雄鸟有一对左右对称的精巢，由曲细精管、间质细胞组成，没有睾丸纵隔。曲细精管的结构类似于哺乳动物，精子在生精上皮发生，头部附着于支持细胞，成熟后落入生精小管的腔内，经过一极短的直管进入精巢网。间质细胞分布于生精小管之间，是雄激素的分泌处。鸟类的精液中精子数目从几亿到上百亿个，精液量一般少于 1ml。

进入季节性繁殖期后，精巢的重量增加 200~500 倍，鸭的精巢重量能达到体重的 1/10。鸟类的附睾较小，不明显，没有头部、尾部之分，附睾管比哺乳动物的直而短，精子成熟主要发生于输精小管而不是附睾管。泄殖腔是鸟类的特有结构，呈筒状，消化系统、泌尿系统和生殖系统分别开口于泄殖腔内。输精管伴随输尿管平行后伸，止于泄殖腔的泄殖道背侧。雀形目鸟类的输精管下端形成一团卷曲的精球，突出于泄殖腔，其温度比深部直肠的体温约低 4℃，主要功能是储藏精子。鸟类不具有精囊腺、前列腺、尿道球腺等腺体，精液形成主要来源于输精小管、附睾管的细胞分泌物。

（四）爬行类

雄性有一对精巢，附睾位于精巢内侧，较小，精子经输精管到达泄殖腔，泄殖腔内具有可膨大而伸出的交配器，交配器上具有纵沟，可将精液输入雌性体内。蛇与蜥蜴的交配器称为半阴茎，是由泄殖腔后壁伸出的一对可膨大的囊状物，囊内具有萼片和许多角质棘状突起，沟槽明显。交配时，囊的内面外翻，半阴茎竖立，插入雌性泄殖腔内，通过沟槽导入精液。龟、鳖和鳄类的交配器只有一个，名为阴茎，内有海绵组织，能勃起，但不如哺乳动物的发达。

（五）两栖类

雄性具有一对精巢，输精小管经过肾、输尿管到达泄殖腔，因此，输尿管兼有输精功能，称为输精尿管。蟾蜍等种类的精巢前端具有一黄褐色圆形结构，相当于残余的卵巢组织。

（六）鱼类

雄鱼有一对精巢，未成熟时呈淡红色，成熟时为白色，以系膜连于体腔背壁。绝大多数鱼类的精巢结构呈叶状，由许多独立的精小叶组成，精小叶之间有间质细胞、成纤维细胞、血管、淋巴等。精小叶本身有两种细胞，即生殖细胞和排列在周围的支持细胞。每个小叶内含很多精原细胞、初级精母细胞、次级精母细胞、精子细胞，精子同步发育成熟后释放到与输精小管相通的叶腔内。输精管是精巢外膜向后延续而成，与肾、输尿管无任何联系。

精子头部没有顶体，精子运动的能源物质由精子储存的糖类提供。鱼类精子按头部形状分为螺旋形、柱塞形和圆形。螺旋形精子头部具有顶体，为板鳃鱼类特有。鱼类精子的发育成熟与水温的高低相关，例如，鳟鱼的初级精母细胞发育到精子形成，15℃时约需 20 天，25℃时只需 12 天。

二、睾丸的生精功能

（一）人类和其他哺乳类

1. 精子生成

睾丸最主要的功能是生成有活力的精子，即生精作用（spermatogenesis）。从精原细胞发育成为精子的整个过程为一个生精周期。人类的生精周期约两个半月。精子生成在曲细精管内完成，精原细胞是原始的生精细胞，紧贴于曲细精管的基膜上。青春期开始后，在睾丸分泌的雄激素（androgen）和腺垂体分泌的卵泡刺激素（follicle-stimulating hormone，FSH）的作用下，精原细胞开始分裂，出现生精周期。精子的生成是一个连续过程，包括有丝分裂、减数分裂和精子形成。每一个阶段大约占生精周期的 1/3。首先，精原细胞通过多次有丝分裂变成初级精母细胞，有些子代细胞在各自的曲细精管基底膜上始终保持静止状态，作为雄性干细胞维持正常储备以补充所需的精原细胞。初级精母细胞经第一次减数分裂形成次级精母细胞，此后进行第二次减数分裂形成精子细胞，靠近管腔的精子细胞经过一系列形态的变化，形成成熟的精子。

人类每克睾丸组织能产生约 10^7 个精子，每天可产生上亿个精子，每次射出精液 3～6ml，每毫升含 $(0.2～4)×10^8$ 个精子。正常情况下，精子生成和存活的适宜温度低于体温 1～2℃，阴囊内温度比腹腔内低 2℃左右。如果由于某种原因，睾丸滞留于腹腔，未能下降到阴囊内，称为隐睾症（cryptorchidism），可引起男性不育。

小鼠 6～7 周龄时已性成熟，雄鼠 36d 时可在附睾中找到活动精子，副性腺（精囊、凝固腺等）分泌精液。雄性大鼠出生后 30～35d 睾丸下降进入阴囊，45～60d 产生精子。豚鼠雄性 30d 左右就有性活动，90d 后才具有生殖能力的射精。兔生成精子的时间取决于品种、性别、营养及饲养环境等因素。

2. 精子运行

精子在生成之初并没有完全成熟，需要靠曲细精管外周肌样细胞的收缩和管腔液的移动运送到附睾，在附睾滞留几天才能完成最终成熟，并获得运动能力。精子运动的能源物质主要由精液中的果糖、山梨醇和甘油磷酸提供。

人类精子射入阴道后，需要经过子宫颈、子宫腔、输卵管等生理屏障，才能达到输卵管壶腹部。子宫颈管是精子在女性生殖道内通过的第一个关口，精子在子宫颈管的运行与卵巢周期有关。排卵前，在雌激素的作用下，宫颈黏液清亮、稀薄，其中的黏液蛋白纵行排列成行，有利于精子的穿行。排卵后的黄体期，在孕激素的作用下，宫颈黏液变黏稠，黏液蛋白卷曲，交织成网，能阻止精子通过。精子在子宫腔中的运行，除依靠精子本身的运动外，精液中含有的高浓度前列腺素可以刺激子宫收缩，帮助精子通过子宫腔。精子在输卵管的运行主要受输卵管蠕动的影响，输卵管的蠕动由子宫向卵巢方向移动，排卵后，黄体分泌的大量孕酮能抑制输卵管蠕动。

小鼠、大鼠、犬、猪等动物交配时，阴茎插入子宫颈甚至子宫腔，精液直接射入子宫。兔的精液只射入阴道，精子需要自行穿过子宫颈进入子宫腔。

3. 精子获能

人类和大多数哺乳动物的精子必须在雌性生殖道内停留一段时间，才能获得使卵子受精的能力，称为精子获能（sperm capacitation）。睾丸产生的精子经过在附睾中的发育，已获得受精能力，但是，附睾和精液中的一些去获能因子附着于精子表面，抑制精子的受精能力。精子进入女性生殖道后，生殖道内存在的 α-淀粉酶、β-淀粉酶、β-葡萄糖苷酸酶、胰蛋白酶及唾液酸酶，可水解由糖蛋白组成的去获能因子，精子才具有真正的受精能力。

各种动物精子在雌性生殖道中开始和完成获能的部位不同。子宫射精型动物的精子获能开始于子宫，但主要部位在输卵管。阴道射精型动物的精子获能始于阴道，当子宫颈开放时，子宫液流入阴道可使精子获能，但最有效的部位是子宫和输卵管。精子在子宫中获能需 6h 左右，在输卵管中约需 10h。各种动物精子获能所需时间不同，大鼠 2～3h，羊为 3～6h，牛为 2～20h。

（二）鸟类

为了保证精子的活性，避免环境温度的影响，鸟类的精子一般在夜间或凌晨生成，生成之后储存在输精管的下端。与哺乳动物类似，精子经过附睾管和输精管才能获得受精能力。

（三）爬行类

公蛇的睾丸功能或精子发生存在周期性的变化，分为夏季型或交配后型、混合型、交配前型和连续型。夏季型精子发生于暖夏，精子在春季交配期之后成熟，储存在输精管内或通过交配储存于输卵管或泄殖腔的皱褶内，供翌年卵成熟受精之用。混合型精子发生于晚春，一年之后才成熟。交配前型精子是交配结束之前完成精子生成。连续型指全年都有精子发生，仅存在于某些热带蛇类。

（四）两栖类

在蛙类，雌雄交配需要通过抱对行为诱导雌蛙排卵的同时，雄蛙排出精子，进行体外受精。抱对一般发生在夜间至次日凌晨，5～7 月为产卵高峰时间。

（五）鱼类

鱼类的精子生成后在精液中已具有运动能力，但不能运动，只有当精子与水接触时才能被激活，产生运动。鱼类精子的寿命与活力较短，在水中的活动时间为 1～25min。

三、睾丸的内分泌功能

人类睾丸的内分泌功能是间质细胞分泌雄激素和支持细胞分泌抑制素（inhibin）。雄激素包括睾酮（testosterone，T）、脱氢表雄酮（dehydroepiandrosterone，DHEA）、雄烯二酮（androstenedione）和雄酮（androsterone）等，其中睾酮的生物活性最强。哺乳类动物的睾丸则主要分泌雄激素，雄激素的主要活性分子是睾酮，但是，各种雄激素在不同物种中优先合成的途径不尽相同，公猪间质细胞的主要产物是 5α-雄烯酮，血清中 5α-雄烯酮的含量高于睾酮。睾丸的支持细胞在胎儿期和初情期增殖，虽然在季节性繁殖动物中每年会有明显损失和再生，但初情期后很少进行有丝分裂。对于人类和哺乳类之外的其他动物，由于睾丸的组织结构、细胞组成差异很大，雄激素的分子形式多种多样，且不一定来源于睾丸。

1. 雄激素

睾丸间质细胞内储存着合成雄激素所需要的多种羟化酶、裂解酶和脱氢酶等。在间质细胞内，胆固醇首先经过羟化、侧链裂解形成孕烯醇酮。孕烯醇酮经过雄烯二酮等中间体，最终经 17β-羟脱氢酶的催化作用转化为睾酮。在部分靶细胞内，睾酮可经 5α-还原酶形成活性更强的双氢睾酮。正常成年男性每日可分泌 4～9mg 睾酮，20～50 岁含量最高。

血浆中绝大部分睾酮与血浆蛋白结合，其中，约 65%的睾酮与血浆中的性激素结合球蛋白（sex hormone-binding globulin，SHBG）结合，仅约 2%的睾酮以游离形式存在，具有生物活性，结合态与游离态的睾酮处于动态平衡。睾酮主要在肝内降解、灭活，最终转变为雄酮、异雄酮、胆烷醇酮等代谢产物随尿液排出，少数经粪便排出。

睾酮的生理作用较广泛，包括：诱导胚胎的性分化；刺激附属性器官的生长发育，促进第二性征的出现并维持其正常状态；促进生精细胞的分化和精子的生成；维持正常性欲和性行为；促进肌肉、骨骼、肾脏和其他组织的蛋白质合成，刺激红细胞的生成，加速机体生长。

2. 抑制素

支持细胞除分泌抑制素之外，还分泌激活素（activin）、雄激素结合蛋白（androgen-binding protein，ABP）、乳酸、丙酮酸和曲细精管液，在精子的生成和发育过程中发挥支持、保护和营养的作用，参与形成血-睾屏障。抑制素是一种分子质量约 32kDa 的糖蛋白激素，由 α 和 β 两个亚单位组成，主要作用是抑制腺垂体 FSH 的合成和分泌。此外，在性腺还存在与抑制素结构近似但作用相反的物质，称为激活素，具有促进腺垂体 FSH 分泌的作用。

四、睾丸功能的调节

睾丸曲细精管的生精过程和间质细胞的内分泌功能均受下丘脑-腺垂体的调节（图 11-1）。此外，控制性行为的高级脑中枢也对睾丸功能具有调节作用。

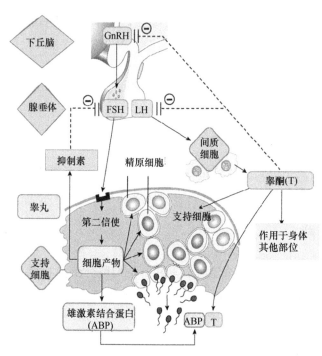

图 11-1　下丘脑-腺垂体-睾丸轴（Chase，2007）

（一）下丘脑-腺垂体-睾丸轴

人类与常见哺乳类实验动物的下丘脑合成和分泌的促性腺激素释放激素（gonadotropin-releasing hormone，GnRH）经垂体门脉系统直接作用于腺垂体，促进腺垂体促性腺细胞分泌卵泡刺激素 FSH 和黄体生成素（luteinizing hormone，LH）。FSH 主要作用于曲细精管，影响精子生成；LH 主要作用于睾丸间质细胞，调节睾酮的分泌。

1. 对生精作用的影响

生精细胞没有 FSH 受体，FSH 受体主要存在于支持细胞膜上，FSH 与支持细胞上的 FSH 受体结合后，促进支持细胞分泌 ABP。ABP 与睾酮结合转运至曲细精管内，提高睾丸微环境中睾酮的局部浓度，有利于生精过程。LH 与睾丸间质细胞上的 LH 受体结合，刺激间质细胞分泌睾酮，维持生精过程。

2. 对睾酮分泌的调节

间质细胞合成和分泌睾酮主要受垂体分泌的 LH 调节。LH 直接与间质细胞膜上的 LH 受体结合，促进胆固醇进入线粒体内合成睾酮。另外，LH 还可以增强间质细胞内睾酮合成相关酶的活性，从而加速睾酮合成。FSH 也可促进睾酮分泌，但不是直接作用，而是通过诱导 LH 受体合成来间接实现，FSH 和 LH 对间质细胞分泌睾酮具有协同作用。

（二）睾丸激素对下丘脑-腺垂体的反馈调节

睾丸分泌的雄激素和抑制素在血液中的浓度变化可对下丘脑-腺垂体进行反馈调节，从而维持生精过程和各种激素水平的稳态。

当血中睾酮浓度达到一定水平后，可作用于下丘脑和腺垂体，通过负反馈机制抑制 GnRH 和 LH 的分泌，但对 FSH 的分泌无影响。切除动物的睾丸后，垂体门脉血中的 GnRH 含量增加。在去势大鼠垂体细胞培养系统中加入睾酮，可抑制 LH 分泌，表明在下丘脑与垂体存在雄激素受体，负反馈作用发生在下丘脑与垂体两个水平。给大鼠注射抑制素后，血液中 FSH 含量明显下降，而 LH 浓度无显著变化，提示 FSH 可促进抑制素分泌，而抑制素又可对腺垂体 FSH 的合成和分泌发挥选择性的抑制作用。

（三）睾丸内的局部调节

睾丸的功能除受到下丘脑-腺垂体的调控外，睾丸内部还存在局部调节系统。睾丸间质细胞可产生多种肽类物质，如胰岛素样生长因子（insulin-like growth factor，IGF）、转化生长因子（transforming growth factor，TGF）、表皮生长因子（epidermal growth factor，EGF）等生长因子，睾丸间质中的巨噬细胞能分泌肿瘤坏死因子（tumor necrosis factor，TNF）、白细胞介素（interleukin，IL）等多种细胞因子。这些生长因子和（或）细胞因子可通过旁分泌或自分泌的方式参与睾丸功能的局部调节。此外，睾丸支持细胞能合成一些转运蛋白，如 ABP、转铁蛋白和细胞内视黄醇结合蛋白等，所转运的雄激素、铁、维生素 A 等物质在精子发生和成熟过程中发挥重要作用。

第三节 雌 性 生 殖

一、雌性生殖系统的组成

（一）人类

人类雌性生殖系统的主性器官是卵巢，附属性器官包括输卵管、子宫、阴道及外阴等，外部生殖器指生殖器的外露部分，又称外阴，包括耻骨联合至会阴及两股内侧之间的组织。

1. 卵巢与输卵管

卵巢具有产生成熟卵子的生卵作用和分泌雌性激素的内分泌作用。卵巢内部由三个部分组成，最主要的区域是卵巢皮质区，位于卵巢外层，生殖上皮下方。该区含有不同发育阶段的卵泡。各卵泡之间有间质细胞和结缔组织构成卵巢的基质。卵巢的另外两个区分别是卵巢的髓质（包含许多非同源性的细胞组成）、卵巢与血管相连的卵巢门网区，这两个区均含有一些能分泌类固醇激素的细胞，这些细胞在生殖过程中的作用尚不清楚。成年女性的卵巢重 5～6g，灰白色，4cm×3cm×1cm。输卵管内侧与子宫角相连，外端游离，全长 8～14cm。

2. 子宫与阴道

单子宫，子宫颈是从子宫的后端突向阴道的肌质括约肌，将子宫腔与外环境隔绝，由结缔组织构成，内有许多腺体，能分泌碱性黏液，宫颈外口处的单层柱状上皮移行为复层扁平上皮，是宫颈癌的好发部位，子宫颈黏膜受性激素的影响也有周期性的变化。人的阴道上端包围子宫颈处称阴道穹窿，下端开口于阴道前庭后部，前壁与膀胱和尿道邻近，后壁与直肠贴近，阴道黏膜受性激素的影响也有周期性的变化。

（二）哺乳类

1. 卵巢

哺乳类的卵巢为一对，左、右各一，呈中实的卵圆形，卵巢的上皮层通常由立方形或柱状细胞组成。髓质含有大型多形间质细胞，在啮齿动物和食肉动物的卵巢中，这一组织学特征比灵长类动物和有蹄动物更明显。

小鼠的右侧卵巢较左侧卵巢位置稍向前，整个卵巢外覆脂肪，卵巢为系膜包绕，不与腹腔相通，故无宫外孕。大鼠卵巢呈卵圆形，由卵巢膜囊包围，易于摘除，卵巢表面有不规则结节状卵泡。豚鼠卵巢呈卵圆形，位于肾后端，可见有凸起的小滤泡。犬的卵巢呈扁平状，完全包围在浆液性囊内（腹膜小囊），此囊直接与短小的输卵管相通，一般无宫外孕。

2. 输卵管

输卵管由漏斗部、壶腹部、峡部和宫管连接构成，是卵子通过及受精的管道，前端有漏斗状结构称为喇叭口，开口朝向卵巢，末端接子宫。输卵管的长度、卷曲度等特征随动物种类而异，漏斗部周围伞状体的发育与卵巢囊的存在呈反比关系，水貂、小鼠、大鼠和犬的伞状体发育不良，灵长类动物和有蹄动物则有发育完善的伞状体。

小鼠输卵管由不规则的弯曲管组成，形成 10 个卷曲袢。大鼠输卵管紧绕卵巢，由卵巢正中向尾部再向侧面延伸，形成 10～12 个花环样的回路，总长 1.8～3.0cm。兔输卵管几乎呈直形，借输卵管系膜悬挂于腰下，和卵巢不直接相连，漏斗的边缘形成不规则的瓣状缘，称输卵管伞，输卵管伞全长 9～15cm。

3. 子宫

哺乳类的子宫在形态上差异很大，依据子宫角、子宫体的情况可分为四种基本类型（图 11-2）。

（1）双子宫：又称 Y 形双角子宫，左右子宫未愈合，两个子宫外口独立地开口于阴道，如兔类、多数啮齿类。

（2）双分子宫："Y"字形，分为子宫角、子宫体、子宫颈，左、右子宫在膀胱背侧汇合成子宫体，其前部以中隔分成两部分，后部中隔消失，在底部靠近阴道处合并，以一共同的孔开口于阴道，如部分啮齿类（小鼠）、猪、牛等。

（3）双角子宫：子宫合并程度更大，子宫的近心端仅有两个分离的角，如多数有蹄类等。

（4）单子宫：两侧子宫完全愈合为单一的整体，如非人灵长类等。

4. 子宫颈

哺乳类的子宫颈是从子宫的后端突向阴道的肌质括约肌，将子宫腔与外环境隔绝，仅在发情时松弛，使精子得以进入。灵长类动物、反刍类动物、兔的子宫颈起着精子储存器的作用。马、大鼠和小鼠的精子则沉积于子宫内，以宫-管连接部为精子储存器。

5. 阴道

大鼠和兔的阴道在第一次排卵时才变得畅通，成年大鼠阴道长 1.5～2.0cm，展开时直径 0.3～0.5cm，阴道壁薄，由黏膜层和薄肌肉层组成，无腺体。雌性豚鼠具有一层无孔的阴道闭合膜，发情时张开，非发情期闭合。犬阴道前宽后窄，阴道壁括约肌很发达。成年雌鼠交配后 10～12h 阴道口有白色的阴栓，小鼠较为明显，大鼠和豚鼠不明显。

图 11-2　哺乳动物的子宫类型（秦川，2018）
从左往右依次是双子宫、双分子宫、双角子宫、单子宫

6. 外部生殖器

有些灵长类动物具有发育完善的性皮肤，在性周期中，其外观颜色和轮廓都可发生明显的变化。

（三）鸟类

为了减轻体重，适应飞行，鸟类的右侧卵巢和输卵管退化，只保留了左侧。进入繁殖期的输卵管迅速发育，体积增大 10～50 倍，从上到下分为漏斗部、壶腹部、峡部、子宫和阴道。壶腹部可分泌包裹受精卵的蛋白质，峡部的分泌物构成受精卵的几丁质壳膜，子宫内还含有壳腺，分泌的含钙化合物构成受精卵的硬壳。鸟类的阴道开口于泄殖腔内，泄殖腔口与外界相通。

（四）爬行类

爬行类具有一对卵巢和输卵管，蛇类的左、右卵巢和输卵管不是完全对称排列，右侧卵巢靠前、较长。输卵管的前端呈喇叭状朝向卵巢，开口于体腔，末端开口于泄殖腔。输卵管具有分泌蛋白和蛋壳功能。爬行类为雌雄异体，决定性别的机制有两种，一种是染色体决定，一种是孵化温度决定，温度可能通过控制性别基因表达或调节雌激素水平来决定后代的性别。爬行动物中，约有 29 个种类行孤雌生殖，如壁虎科、蜥蜴科的少数种类。

（五）两栖类

两栖类具有成对的卵巢，繁殖季节充满黑色的卵粒，成熟后突破卵巢壁进入腹腔，再进入输卵管，包被以胶质膜，储存于"子宫"内，交配时排入水中，许多种类的卵以胶质囊联结成不同形式的卵带。研究表明，输卵管分泌物是卵子成熟受精的必要条件。

（六）鱼类

硬骨鱼类具有一对卵巢，由腹膜形成的卵囊膜包裹，卵囊膜向后延伸形成输卵管，以泄殖孔开口于体外，未成熟时呈透明的条状，成熟时呈长囊状，多为黄色、绿色、橘红色及其他颜色。

二、卵巢的生卵功能

（一）卵细胞的成熟

1. 人类

卵泡（ovarian follicle）是卵巢的基本功能单位，由卵母细胞和卵泡细胞组成。人类在胚胎 3～7 个月时，卵母细胞前体——卵原细胞（oogonia）开始进行第一次成熟分裂，卵原细胞进入第一次减数分裂前期时称为卵母细胞（oocytes），所构成的原始卵泡（primordial follicle）停滞分裂。青春期开始后，在下丘脑-腺垂体-性腺轴的调控下，原始卵泡开始发育，卵巢的形态和功能发生周期性的变化，称为卵巢周期（ovarian cycle）（图 11-3）。卵巢周期分为卵泡期（follicular phase）、排卵期（ovulation）和黄体期（luteal phase）三个阶段。卵泡期是指原始卵泡、初级卵泡、次级卵泡、成熟卵泡的连续发育阶段，每一个卵泡期只有一个原始卵泡发育成熟。

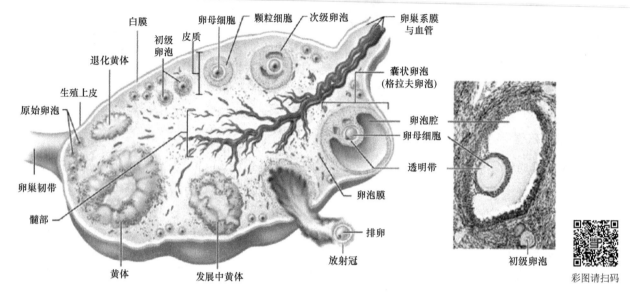

图 11-3　卵巢周期示意图
改绘自 http://austincc.edu/apreview/PhysText/Reproductive

（1）原始卵泡：原始卵泡由停留在减数分裂前期的初级卵母细胞和周围单层的扁平颗粒细胞构成，直径为 30～60μm。原始卵泡形成后聚集在卵巢皮质部位，形成原始卵泡库。

（2）初级卵泡：随着原始卵泡开始生长发育，初级卵母细胞体积不断增大，初级卵泡中的卵母细胞被两种细胞包围，内层为颗粒细胞，外层为内膜细胞，中间为基底膜。颗粒细胞分化增殖达 6～7 层，同时颗粒细胞合成和分泌黏多糖，包绕在卵母细胞周围形成透明带（zona pellucida）。

（3）次级卵泡：初级卵泡进一步发育，颗粒细胞增殖至 6～12 层，为卵母细胞提供营养物质。在早期卵泡生长过程中，卵泡内膜细胞在颗粒细胞外围变得明显。卵泡内液体逐渐积聚形成一些不规则的腔隙，并逐渐合并成一个大的卵泡腔。卵泡液中含有激素、血浆蛋白质、黏多糖和电解质等，这些卵泡液将覆盖有多层颗粒细胞的卵细胞推向一侧而形成卵丘（cumulus oophorus）。紧贴透明带的卵泡细胞呈放射状排列，称为放射冠（radiate corona）。

（4）成熟卵泡：卵泡液急剧增加，卵泡腔扩大，卵泡体积显著增大。最终卵泡的直径因物种而异。排卵前 48h 的人卵泡直径可达 18～20mm 以上。卵泡一旦开始生长，最终的结果只有两种，即排卵（ovulation）或闭锁（atresia），绝大多数卵泡会闭锁。

胚胎期的人类卵巢内有（6～7）×10⁶ 个原始卵泡，出生时数量减少至（1～2）×10⁶ 个，到青春期时进一步减少到（3～4）×10⁵ 个。青春期后，每个月经周期可有 15～20 个原始卵泡同时开始发育，以至于卵巢内同时存在多个不同发育阶段的卵泡，但通常只有 1～2 个卵泡发育成熟并排卵，其他卵泡形成闭锁卵泡。

2. 其他动物

哺乳动物卵巢皮质中有大量来自生殖上皮的、处于不同发育阶段的卵泡，卵泡数目依动物种类和环境条件而定。出生时，母马的原始卵泡的最大数目估计可达到 3.6×10⁴ 个，母牛的可达 1.2×10⁵ 个。

鸟类卵巢皮质中有一些大滤泡和成百上千、大小不等的小滤泡，大滤泡中含有初级卵母细胞。初级卵母细胞经过第一次减数分裂形成次级卵母细胞。在 LH 的诱导下，大滤泡平滑肌收缩，滤泡壁破裂，释放次级卵母细胞。次级卵母细胞被输卵管的漏斗吸入，在输卵管内进行第二次减数分裂，形成卵细胞。排卵后的滤泡到第 6 天左右萎缩，1 个月后消失，不形成哺乳动物那样的黄体。部分鸟类的求偶行为可能引起促性腺激素分泌，使卵母细胞发育。前列腺素也参与鱼类排卵，其作用可能是刺激卵泡收缩、破裂。

爬行类与两栖类的卵泡在发情前期开始生长，发情期内迅速发育，在发情期末排卵。鱼类卵母细胞的发育大致分为增殖期、生长期、成熟期三个阶段。在增殖期内，初级卵原细胞产生很多次级卵原细胞。在生长期内，次级卵原细胞发育为初级卵母细胞，生成卵黄物质。与其他脊椎动物一样，鱼类的卵黄蛋白主要来自肝脏合成的卵黄蛋白前体。进入成熟期，卵母细胞完成第一次减数分裂。

（二）成熟卵细胞的释放

哺乳类动物的成熟卵泡在 LH 分泌高峰的作用下，向卵巢表面移动，卵泡壁破裂，卵细胞与透明带、放射冠及卵泡液排出的过程，称为排卵。母犬是例外，其排出的为初级卵母细胞。对于鸟类、爬行类、两栖类和鱼类而言，从卵巢排出的卵细胞无论是在体内受精形成的受精卵，还是在体外等候受精的卵细胞，都存在将受精卵或卵细胞排到体外的过程，称为产卵。

1. 人类和其他哺乳类

（1）排卵方式：哺乳动物的排卵有自发性和诱发性两种类型。成熟卵泡自行破裂排卵，称为自发性排卵（spontaneous ovulation），如人类、非人灵长类、啮齿类、猪、羊等。有些动物需要经过交配动作才能引起排卵，称为诱发性排卵或者反射性排卵（induced ovulation），如猫、兔、雪貂等。诱发性排卵过程中，交配对阴道的刺激信号通过脊髓传递到下丘脑，导致下丘脑释放 GnRH，紧接着 LH 和 FSH 大量释放。如果缺乏交配，其卵泡趋于退化。无论哪种排卵形式，在形成 GnRH 释放高峰之前都需要有升高的雌激素。猫通常需要不止一次的交配才能诱导排卵。大鼠虽然是自发排卵，但在非发情期也可通过强行交配诱导排卵。

小鼠性成熟早，雌鼠 37d 时即可发情排卵。大鼠 60d 左右排卵。豚鼠雌性一般在出生后 14d 时卵泡开始发育，60d 左右开始排卵。兔的排卵取决于品种、性别、营养及饲养环境等因素。啮齿动物则可排出 4～14 个卵。灵长类动物可排出 1～2 个卵子。

（2）排卵时间：常用实验动物的排卵时间见表 11-1。

表 11-1　常用实验动物的发情周期、发情时间和排卵时间（欧阳五庆，2012，有修改）

动物种类	发情时间	发情周期	发情期持续时间	排卵时间
猕猴	全年性发情（月经周期）	21～35d（平均 28d）	平均 9.2d	月经第 14 天
小鼠	全年性多次发情	4～5d	10h	发情后 2～3h
大鼠	全年性多次发情	4～5d	13～15h	发情后 8～10h
豚鼠	全年性多次发情	13～20d（平均 16d）	1～18h	发情后 10h
兔	季节性发情	8～15d	界限不明显	交配后 10.5h（刺激排卵）
犬	季节性一次发情	春秋各发情 1 次	8～14d	发情后 12～24h，持续 2～3h
猫	季节性多次发情	周期不明显	界限不清楚	交配后 24～30h（刺激排卵）
猪	全年性多次发情	21d	2～3d	发情后 30～40h，有些品种发情后 18h
绵羊	季节性多次发情	16～17d	30～36h	发情后 18～26h
山羊	季节性多次发情	19d	32～40h	发情开始后 9～19h
雪貂	季节性发情	周期不明显	界限不明显	交配后 30h（刺激排卵）
水貂	季节性发情	8～9d	2d	交配后 40～50h（刺激排卵）

（3）黄体形成与退化：大多数哺乳动物的黄体生成方式基本相同，由卵泡壁和卵泡内的颗粒细胞形成。排卵后，卵泡壁塌陷皱缩，从劈裂的卵泡壁血管流出血液和淋巴液，并聚集于卵泡腔内形成红体，此后随着血液的吸收和血管的生长，残留在卵泡中的颗粒细胞和内膜细胞在 LH 作用下增生肥大，并吸收类脂物质，形成黄体。如果没有妊娠发生，所形成的黄体在黄体期末退化，这种黄体称为周期性黄体，在人类称为月经黄体。如果发生妊娠，黄体则转变为妊娠黄体。黄体退化时，颗粒细胞转化的黄体细胞退化很快，表现为细胞质空泡化及核萎缩，微血管退化及供血减少，黄体体积变小，黄体细胞数量减少，

逐渐被纤维细胞和结缔组织所代替，颜色变白，称为白体。

2. 鸟类

鸟类的排卵需要足够的 LH 高峰和孕酮高峰，这与哺乳动物不同。孕激素正反馈刺激 GnRH 和 LH 的释放，LH 反过来刺激排卵前成熟卵泡分泌更多孕酮。鸡、鸭、鹅等家禽是自发性排卵；其他一些鸟类在繁殖期需要雄鸟的求偶，卵巢才开始发育，属诱发性排卵。鸟类通常在排卵之后 13～14h 产卵。产卵多发生在筑巢结束之后，大多数鸟类有比较固定的产卵时间，雀形目鸟类在早晨日出前后产卵，杜鹃、夜鹰等一般在下午产卵，海鸥等主要在夜间产卵。鸟类产卵的时间间隔不一，绝大多数鸟类是每日产 1 枚卵，猫头鹰等每 2～3d 产 1 枚卵，犀鸟的产卵间隔接近 1 周。

大多数鸟类每年繁殖一窝，少数如麻雀、家燕等一年可繁殖多窝。每种鸟类在巢中所产的满窝卵数称为窝卵数，窝卵数在同种鸟类是相对稳定的，一般来说，对卵和幼雏的保护越完善、成活率越高的，窝卵数越少。有些鸟类在每一个繁殖期内的窝卵数是固定的，如有遗失也不补产，如鸠鸽、喜鹊、家燕等；也有一些鸟类的排卵活动始终处于兴奋状态，遇有卵遗失就继续排卵，直到其固有的窝卵数为止，如麻雀、鸡、鸭等，驯养培育卵用家禽（鸡、鹌鹑、鸭、鹅等）就是利用鸟类的这一生理特性。鸡的产蛋率有明显的季节性高峰，当日照开始增长时，其产蛋率明显上升，日照开始缩短时，产蛋率迅速下降。

3. 爬行类

爬行类的卵细胞属于羊膜卵，比鱼类和两栖类的大，并且包被有蛋白质和硬质的蛋壳，排卵数目有减少趋势，有的蜥蜴一季度只产几个卵，这样可以保证卵的最后成熟和排卵能按照一个固定的顺序进行。

母蛇的卵泡在发情前期开始生长，发情期内迅速发育，在发情期末排卵，成熟卵细胞离开卵巢后进入腹腔，再进入输卵管。母蛇一次交配后，可以连续 5～6 年产出受精卵。但是，随着时间推移，受精卵的数量会下降。乌龟的产卵期在每年的 5～8 月，1 年可以产卵 3～4 次，每次 2～8 枚，多在黄昏和黎明前进行。鳖类在交配后 2 周左右开始产卵，6～7 月是产卵高峰，1 年可以产卵 3～5 次，每次 5～15 枚。

4. 两栖类

两栖类在繁殖季节时卵巢中成熟的卵细胞突破卵巢壁直接进入腹腔。两栖类的排卵（产卵）分为一次产卵和反复多次产卵。两种类型的差别在于卵母细胞从储存库到最后成熟所需时间的长短，可能取决于外界环境因素，这样可以任何时候都保证只有正常数量的卵母细胞进入最后生长期。蟾蜍的繁殖季节为 3～4 月，冬眠出土后就开始抱对交配，等气温升到 10.8℃时开始产卵，春天产卵时，卵巢将成熟卵泡全部排出，恢复幼稚状态，经过几个月的休止期后，卵母细胞储存库的一些小的卵母细胞开始生长，一直持续到第二年春天产卵前。

5. 鱼类

鱼类的排卵是指成熟卵母细胞离开卵巢进入卵巢腔。真骨鱼类的卵巢腔实际是体腔的隔离部分，由腹膜形成的皱褶与每侧的卵巢相连，并与体腔隔离而形成。在繁殖期内，鱼类的产卵分为三种类型。①完全同步型。卵巢内的卵母细胞处于相同的发育阶段，雌鱼一生只产卵一次就死亡，如大马哈鱼、鲑鱼等。②部分同步型。卵巢内至少由两种不同发育阶段的卵母细胞群组成，通常一年内产卵一次，如虹鳟、鲽鱼等。③不同步型。卵巢内含有各个发育阶段的卵母细胞，一年内可以多次产卵，如金鱼、鲫鱼等。如果外界环境没有达到产卵的生态条件，即使性腺发育成熟的鱼类，排卵也会受到影响。温带鱼类的最适产卵温度是 22～28℃，多在春夏季节产卵，热带鱼类在 25℃以上，多在雨季产卵，而冷水性鱼类的产卵温度一般低于 14℃，多在秋季产卵。斑马鱼雌鱼每次产卵 300 粒左右，体型较大者有时可以产上千粒。剑尾鱼属卵胎生，每次产仔 20～200 尾，仔鱼自母体产出后即可自由活动。

从低等到高等，动物的产卵数量表现出减少的趋势（表 11-2）。

表 11-2 脊椎动物的产卵数（李永材等，1984，有修改）

动物		每次产卵数目
鱼类	鳕鱼	3 000 000～7 000 000
	鲱鱼	30 000
两栖类	蛙	1000～2000
爬行类	蝰蛇	10～14
鸟类	雉	14
	鸫	4～5
哺乳类	犬	4～10
	人类	1

三、卵巢的内分泌功能

人类和常见哺乳类实验动物的卵巢主要分泌雌激素和孕激素。雌激素包括雌酮（estrone）、雌二醇（estradiol，E2）和雌三醇（estriol，E3），其中，雌二醇的生物活性最强，雌酮和雌三醇的活性分别为雌二醇的 10% 和 1%。卵巢分泌的雌激素主要为雌酮和雌二醇，两者可相互转化，最终代谢产物为雌三醇。孕激素主要有孕酮（progesterone，P）和 17α-羟孕酮，以孕酮的生物活性最强。卵巢细胞（卵巢内膜细胞、颗粒细胞和黄体细胞）含有合成雄激素、雌激素和孕激素所需的全部酶系统，但在卵巢不同细胞中各种酶的浓度存在一定差异，从而决定合成的最终产物不同。排卵前，雌激素主要在卵泡颗粒细胞和内膜细胞合成；排卵后，雌激素和孕激素主要由黄体细胞分泌。鸟类的卵巢激素由颗粒层和卵膜共同合成，与哺乳动物不同的是，卵泡内膜层主要产生雄激素，外膜层产生雌激素，颗粒层产生孕激素。

1. 雌激素

在排卵前的卵泡期，卵巢主要分泌雌激素，卵泡内膜细胞在 LH 作用下产生雄烯二酮和睾酮，二者通过卵泡的基膜扩散进入颗粒细胞。颗粒细胞内的芬香化酶将雄烯二酮转变为雌酮，将睾酮转变为雌二醇。因此，卵泡内膜细胞和卵泡颗粒细胞共同参与了卵巢雌激素的合成，称为雌激素合成的双细胞双促进腺激素学说（two-cell，two-gonadotropin hypothesis）（图 11-4）。这些雌激素主要经卵泡周围的毛细血管进

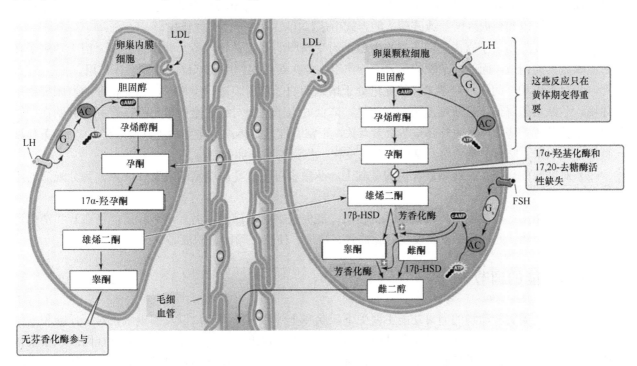

图 11-4 雌激素合成的双细胞双促进腺激素学说（Boron and Boulpaep，2009）

入体循环，小部分保留于卵泡内。雌激素在血中主要以结合型存在，约 70%与特异的性激素结合球蛋白结合，约 25%与血浆蛋白结合，其余为游离型。雌激素主要在肝脏代谢失活，以葡萄糖醛酸盐或硫酸盐的形式由尿排出，小部分经粪便排出。

雌激素对生殖系统有着重要的调控作用，对全身很多器官组织也有影响。

（1）对生殖器官的作用：雌激素协同 FSH 促进卵泡发育，诱导排卵前 LH 峰而诱发排卵，是卵泡发育、成熟、排卵不可缺少的调节因素；促进子宫发育，引起子宫内膜增生、腺体增加，促进子宫平滑肌细胞增生，使子宫收缩力增强，增加子宫平滑肌对缩宫素的敏感性；促进输卵管发育和节律性收缩，有利于精子与卵子运行；使阴道黏膜上皮细胞增生、角化，糖原含量增加，糖原分解可使阴道内保持酸性环境，提高阴道对细菌感染的抵抗力。

（2）对乳腺和第二性征的影响：雌激素可刺激乳腺导管和结缔组织增生，促进乳房发育，维持第二性征。

（3）其他作用：雌激素可促进青春期骨的成熟与骨骺愈合，刺激成骨细胞活动，抑制破骨细胞活动，增加骨骼坚硬度。人类绝经期后由于雌激素分泌减少，骨骼中的钙逐渐流失，易引起骨质疏松；雌激素对心血管系统有保护作用，使血管内皮细胞中 NO 等血管活性物质的合成增加，促进血管内皮细胞修复，抑制血管平滑肌增殖；雌激素对中枢神经系统有保护作用，主要表现为促进神经细胞的生长、分化、存活和再生、突触形成，以及调节许多神经肽和递质的合成、释放与代谢；雌激素对蛋白质和脂肪代谢、水盐平衡也有一定作用。雌激素可促进肝内多种蛋白质的合成及胆固醇代谢酶的合成，降低 LDL 胆固醇，升高 HDL 胆固醇的浓度，改善血脂成分。

2. 孕激素

人类排卵后，卵巢黄体细胞分泌大量孕酮，排卵后 5～10d 达到分泌高峰，以后分泌量逐渐降低。妊娠 2 个月左右，胎盘开始合成大量孕酮，取代卵巢成为孕酮的主要来源，用以维持妊娠。孕酮合成的增加对于排卵至关重要，抑制孕酮分泌就会抑制排卵。不过，这个过程因物种而有细微差别，母犬在排卵前就含有大量孕酮，孕酮对其性接受能力很重要。爬行类排卵后形成明显的黄体，分泌的孕酮可能是抑制性腺生长，而不像哺乳动物那样调节子宫功能。

孕激素在外周血液中主要以结合型存在，游离存在量很少，约 48%与皮质类固醇结合球蛋白或皮质醇结合球蛋白（cortico-steroid bingding globulin，CBG）结合，约 50%与血浆白蛋白结合。孕激素主要在肝脏代谢失活，以葡萄糖醛酸盐或硫酸盐的形式由尿排出，小部分经粪便排出。

孕激素主要作用于子宫内膜和子宫平滑肌，为受精卵的着床做好准备，并维持妊娠。由于孕酮受体含量受雌激素的调节，因此，孕酮的绝大部分作用需要在雌激素作用的基础上才能发挥作用。

（1）对生殖功能的作用：孕激素能促进处于增殖期的子宫内膜进一步增厚，为受精卵的着床提供适宜环境。孕激素能降低子宫肌细胞膜的兴奋性，降低妊娠子宫肌对缩宫素的敏感性，有利于胚胎在子宫腔内的生长发育。基础体温的升高与孕激素有关，正常女性基础体温在排卵后可升高 0.5℃，并在黄体期一直维持此水平。临床上常将这一基础体温的变化，作为判断排卵的指标之一。

（2）对乳腺的作用：在雌激素作用的基础上，孕激素可促进乳腺腺泡的发育和成熟，为分娩后的泌乳做好准备。

（3）其他作用：孕激素与雌激素有拮抗作用，能促进钠、水排泄。另外，孕激素能使血管和消化道肌张力下降。因此，妊娠期妇女易发生静脉曲张、痔疮、便秘、输卵管积液等。

四、卵巢功能的调节

人类和哺乳类实验动物的卵巢功能主要受下丘脑和垂体激素的调节，以及卵巢激素对下丘脑和垂体的反馈性调节。环境因素特别是随季节性改变的光照强度、温度、食物来源等刺激通过视网膜、松果体等传入通路，激活或抑制下丘脑的功能状态，进而调节垂体促性腺激素和卵巢激素的释放。例如，水温直接影响鱼类的卵巢发育和激素分泌，适宜的温度促使下丘脑大量而迅速释放 GnRH。光周期是许多硬骨鱼类调节生殖周期的重要因子，光线信息经过视网膜、松果体输入后，调节下丘脑-垂体-性腺轴，从而影响性腺的发育成熟。受光周期、温度等环境因素的影响，两栖类的卵子成熟也具有周期性。长日照可导致鸟类性腺发育，生殖活动增强。光照作用于鸟类的视网膜，引起下丘脑 GnRH 释放，刺激 FSH、LH、催乳素（prolactin，PRL）、促甲状激素（thyroid stimulating hormone，TSH）、促肾上腺皮质激素（adrenocorticotropic hormone，ACTH）等分泌。

（一）下丘脑-腺垂体-卵巢轴

1. GnRH

人类和哺乳类的下丘脑中分泌 GnRH 的神经元细胞体位于下丘脑腹侧，主要集中分布在弓状核、下丘脑前区和视前核，分泌的 GnRH 通过垂体前叶的门脉系统到达垂体前叶，刺激存在 GnRH 受体的腺垂体促性腺细胞分泌 FSH 和 LH。大多数物种持续或经常性地分泌 GnRH 会下调 GnRH 受体的数量，进而导致促性腺激素分泌减少。但 GnRH 的长期分泌反而能引起母马（母驴）持续分泌促性腺激素。从母马的垂体静脉中可以检测到 FSH 和 LH 的比率会随着 GnRH 的脉冲式分泌而发生变化。较低频率 GnRH 分泌脉冲可刺激 FSH 优先分泌，而高强的分泌脉冲频率会致使 LH 的分泌多于 FSH。

2. FSH 和 LH

腺垂体促性腺细胞受 GnRH 刺激而分泌的 FSH 和 LH 通常以脉冲的方式分泌到血液，通过促进卵泡发育、排卵以及黄体发育来影响卵巢功能。FSH 和 LH 相互独立又相互联系，FSH 刺激卵泡的生长与发育。FSH 和 LH 共同调节卵泡发育到排卵前时期，LH 诱导卵泡成熟和排卵。大多数物种排卵后，依靠 LH 支持黄体的形成和孕酮分泌。

与雄性生殖系统相比，雌性体内的 FSH 和 LH 分泌调节复杂得多，它既受 GnRH 的影响，又受下丘脑神经递质和神经肽的影响，还受血浆雌激素的反馈调节。一般促性腺激素的分泌分为紧张性分泌（tonic secretion）和脉冲性分泌（surge secretion）两种模式。紧张性分泌模式是在一定浓度水平出现上下波动，具有一定的幅度和频率，如卵泡期 LH 的分泌具有低幅高频的特点。脉冲性分泌是指在紧张性分泌的基础上，出现周期性释放高峰，这是雌性动物所特有的，例如，LH 的分泌高峰可定时出现，但 FSH 脉冲性释放的程度远小于 LH。

鱼类有几种促性腺激素，但是没有分化为与哺乳类 FSH、LH 相同或相似的类型。爬行类的垂体可能只有一种促性腺激素，但是可以同时完成哺乳动物 LH、FSH 的功能，何时发挥 LH 或 FSH 效应具有时效性和组织特异性。鸟类的 FSH 引起卵生成，LH 刺激排卵、孵卵。

3. PRL

垂体除了分泌 FSH 和 LH 之外，垂体促乳细胞还分泌释放 PRL 参与调节哺乳、生殖和生长等多种生理功能。怀孕和哺乳期间，催乳素能够提高乳腺对雌激素和吸吮刺激的反应。与其他腺垂体激素不同，催乳素具有多个外周靶器官，如乳腺、肝、肾和性腺，但没有一个确定的靶器官激素与下丘脑构成调节轴，从而精确调节促乳细胞的分泌。

脑中存在多种刺激催乳素释放的因子。阿片肽和 5-羟色胺通过抑制多巴胺能系统间接地影响催乳素释放。促甲状腺激素释放激素、血管活性肠肽和催产素（oxytocin）等都能直接刺激催乳素分泌。目前对下丘脑是否存在特异的催乳素释放因子，还未获得直接证据。促乳细胞的分泌还受催乳素的自身调节，催乳素可经垂体门脉系统逆流到达下丘脑的弓状核，引起弓状核中多巴胺合成的增加，从而抑制催乳素分泌，这样，就在下丘脑和腺垂体之间形成了短的负反馈环路。

在鸟类，PRL 控制羽毛生长、繁殖周期相关行为如孵卵斑形成、育雏等。

4. 催产素

催产素由下丘脑神经细胞分泌，随后进入垂体后叶，储存于神经末梢内。分娩时，子宫体或子宫颈受到膨胀牵引，反射性引起催产素释放，加强子宫平滑肌收缩。

在鱼类，前列腺素刺激卵泡收缩、破裂，从而参与排卵。

（二）卵巢激素的反馈调节

在下丘脑-腺垂体的调节下，人类卵巢功能呈周期性变化，卵巢分泌的激素使子宫内膜发生周期性变化之外，还对下丘脑、腺垂体激素的分泌进行反馈性调节。雌激素和孕激素对 FSH、LH 和 GnRH 的分泌都具有正反馈和负反馈调控作用，具体情况取决于体内的激素环境（图 11-5），与卵巢功能的周期性变化密切相关。

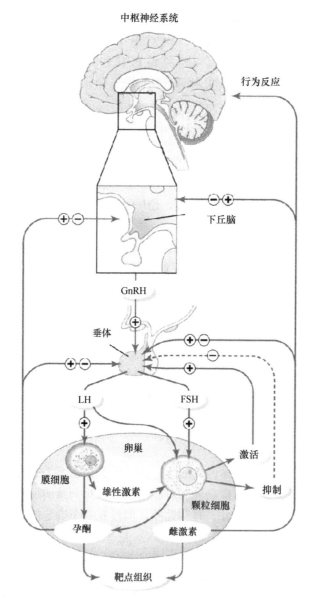

图 11-5　下丘脑-腺垂体-卵巢轴

1. 卵泡期

卵泡早期（月经周期第 1～5d）的卵泡未发育成熟，雌激素与孕激素分泌量少，对垂体 FSH 和 LH 分泌的反馈作用较弱，因此，血中 FSH 和 LH 表现出逐渐增高的趋势。FSH 促进颗粒细胞增殖，诱导颗粒细胞中的芳香化酶活性使雌激素分泌量逐渐增加，FSH 还刺激颗粒细胞产生抑制素。当雌激素和抑制素分泌达到一定水平时，选择性地反馈抑制 FSH 而非 LH，使血中的 FSH 水平有所下降。在卵泡晚期（月经周期第 6～14d），优势卵泡逐渐发育成熟，颗粒细胞分泌的雌激素持续升高，在排卵前一天左右，血中雌激素浓度到达最高值。在雌激素峰值的作用下，GnRH 分泌增强，刺激 FSH 和 LH 分泌，形成 LH 峰。雌激素这种促进 LH 大量分泌的作用称为雌激素的正反馈效应。

2. 排卵

LH 峰是引发排卵的关键因素。在 LH 峰出现之前，由于初级卵母细胞周围的颗粒细胞分泌抑制卵母细胞成熟抑制因子（oocyte maturation inhibitor，OMI），使卵母细胞的成熟分裂停止于初级卵母细胞阶段。LH 峰出现之后，抵消 OMI 的抑制作用，使初级卵母细胞恢复分裂，最终成熟卵泡突出于卵巢表面，形成透明的卵泡小斑（排卵孔）。LH 峰的出现还能促进卵泡细胞分泌孕激素和前列腺素，孕激素可激活纤溶酶、胶原酶、蛋白水解酶及透明质酸酶等，使卵泡壁溶解破裂，前列腺素可促使卵泡壁肌上皮细胞收缩，这些作用都有助于卵细胞从排卵孔排出。

3. 黄体期

排卵后，卵泡颗粒细胞和内膜细胞分别转化为颗粒黄体细胞和膜黄体细胞。黄体细胞在 LH 的作用下分泌孕激素和雌激素，血中孕激素和雌激素水平逐渐升高，一般在排卵后 7～8d 形成雌激素的第二个高峰及孕激素峰值。由于高浓度雌激素与孕酮对下丘脑和腺垂体的负反馈作用，抑制下丘脑 GnRH、腺垂体 FSH 和 LH 的分泌，使黄体期 FSH 和 LH 一直处于低水平。如果未能受精，黄体在排卵后 9～10d 开始退化，雌激素、孕激素分泌量逐渐减少，对腺垂体的负反馈作用减弱，FSH 和 LH 分泌又开始增加，于是进入下一个卵巢周期。若妊娠，则由胎盘组织分泌可替代 LH 的促性腺激素（如人绒毛膜促性腺素，human chorionic gonadotropin，hCG），以继续维持黄体的内分泌功能。

（三）卵巢功能的衰退

人类周期性卵巢活动的停止称为更年期（menopause）。一般女性性成熟持续约 30 年，45～50 岁卵巢功能开始衰退，对 FSH 和 LH 的反应性下降，卵泡停滞在不同发育阶段，不能按时排卵，同时，雌激素和孕酮的分泌减少，子宫内膜不再呈现周期性变化，使得阴道和子宫萎缩。卵巢激素的负反馈作用减弱之后，垂体促性腺激素分泌增加。

非灵长类动物不具有更年期，其他哺乳动物随着年龄的增长，卵巢功能逐渐降低，发情周期会延长，排卵数量和卵细胞的受精能力都下降。

第四节　生 殖 活 动

哺乳动物的生殖过程通过雄性和雌性生殖系统的共同活动而实现，包括精子和卵子的生成、交配与受精、受精卵着床、胚胎发育、分娩、哺乳等重要环节。哺乳动物种类繁多，其生殖活动过程也不尽相同。自然状态下，动物的繁殖活动受光照、温度、食物来源等环境因素的影响。家养动物由于环境因素和食物来源比较稳定，它们的繁殖季节相对延长。动物的繁殖季节可分为常年繁殖和季节繁殖。常年繁殖的雌性动物全年有规律地多次发情，雄性动物则全年不断形成精子，如啮齿动物、兔、猪等。常年繁殖动物在不同季节也表现出有规律的高峰期和低谷期，如家兔在 7～9 月间繁殖力明显降低。季节繁殖动物每年只出现一或两个繁殖季节，如猫、犬等。随着驯化程度的加深和饲养管理的改善，特别是营养条件的改善与保障，动物繁殖的季节性变得不明显。

本节主要介绍人类、非人灵长类、大小鼠、兔、犬等哺乳动物的生殖活动，并且尽可能与鸟类、爬行类、两栖类、鱼类进行比较。

一、性成熟

（一）人类和哺乳类

性成熟（sexual maturity）是指身体生长发育到一定年龄时，生殖器官发育完全，第二性征发育成熟，基本具备正常的生育功能。雄性性成熟表现为睾丸体积增大，曲细精管长度、弯曲度迅速增长，精原细胞不断增殖、分裂，最后发育成精子。附睾、精囊腺、前列腺等附属性器官也迅速发育，并分泌液体，与精子混合形成精液。除了产生精子外，睾丸还分泌雄激素，维持雄性的生殖机能和第二性征。雌性性成熟表现为卵巢发育成熟，具备周期性排卵功能，出现动情周期或月经周期。卵巢分泌雌激素、孕激素和少量雄激素，维持雌性的生殖机能和第二性征。

体成熟（body maturity）是指身体生长基本结束并具有成年所固有的形态和结构特点。性成熟的时间通常要比体成熟更早。性成熟初期，动物躯体其他组织器官的生长发育尚未完成，过早怀孕会妨碍雌性动物本身的发育，影响后代的生长发育，导致后代体重减轻、体质衰弱或发育不良。体成熟之后，动物的生殖功能活跃，第二性征明显，具备正常繁殖后代的能力。

小鼠性成熟早，6~7周龄时已性成熟，雄鼠36d时可在附睾中找到活动精子，雌鼠37d时即可发情排卵。雄鼠性成熟后，开始产生精子并分泌雄性激素，副性腺（精囊、凝固腺等）分泌精液。雄性大鼠出生后30~35d睾丸下降进入阴囊，45~60d产生精子，60d可自行交配，但90d后体成熟时才为最适繁殖期。雌鼠一般70~75d阴道开口，80d体成熟进入最适合繁殖期。

豚鼠性成熟早，雌性一般在出生后14d时卵泡开始发育，60d左右开始排卵。雄性30d左右就有性活动，90d后才具有生殖能力的射精。体成熟在5月龄左右。兔性成熟的早晚取决于品种、性别、营养及饲养环境等因素。一般小型品种3~4月龄，中型品种4~5月龄，大型品种5~6月龄，体成熟年龄比性成熟推迟1个月。

部分实验动物的性成熟时间见表 11-3。

表 11-3　常见实验动物的性成熟和体成熟时间比较

物种	性成熟		体成熟	
	雄性	雌性	雄性	雌性
猕猴	4.5 年	3 年	5.5 年	3.5 年
小鼠	6~7 周	6~7 周	70~80d	65~75d
大鼠	45~60d	70~75d	90d	80d
豚鼠	90d	60d	5 月龄	5 月龄
兔	小型品种：3~4 月龄 中型品种：4~5 月龄 大型品种：5~6 月龄		较性成熟晚 1 个月	
犬	8 月龄	10 月龄	1.5~2.0 年	1~1.5 年

（二）鸟类

鸟类大多在孵化出生一年后才性成熟，少数热带鸟类3~5个月即可繁殖，鸥类需要3年以上，鹰类4~5年。性成熟鸟类进入繁殖期时，会出现一系列繁殖行为，如迁徙、占区、求偶、筑巢、产卵、孵卵和育雏活动。求偶炫耀的姿态和鸣叫是使繁殖活动顺利进行的本能行为。鸟类的婚配制度包括一雄一雌制、一雄多雌制、一雌多雄制、快速多窝型多配制、社群繁殖制。大多数鸟类的婚配关系维持到繁殖期结束，少数种类如企鹅、天鹅、鸿雁等为终生配偶。鸡、鸭等家禽实验动物受圈养条件的影响，性成熟的时间比自然条件下提早。

（三）爬行类

蛇类的性成熟需要 3～4 年，通常小体型比大体型、热带和温带类比寒冷地区蛇类的性成熟时间要早些。鳖类的性成熟年龄在 4～6 年，随环境温度不同而有差异，高温地区性成熟较早。乌龟一般在 250g 以上时性腺成熟。

（四）两栖类

成年两栖动物具有明显的两性特征，特别是在繁殖期内，主要表现为身体大小、局部形态特征、色斑、副性征等。雄蛙一般 1 年达到性成熟，雌蛙需要 2 年左右。繁殖期的雄性蛙和蟾蜍的前肢内侧第一、第二指的基部膨大隆起形成"婚垫"，婚垫上富有黏液腺或角质刺，用于加固与雌性抱对交配。

（五）鱼类

鱼类的性成熟分两种类型：一种是性腺发育第一次达到成熟，能够产生精子或者卵子，即初次性成熟；另一种是在每年生殖周期内的再次发育成熟。鱼类初次性成熟年龄在不同种类中差异很大，罗非鱼 3 个月左右就能繁殖，鳗鲡性成熟需要 4 年左右。雄鱼初次性成熟年龄一般比雌鱼早，体重和体长也较小。水温与鱼类的生长发育速度有关，热带鱼类比寒温带鱼类性成熟早 1～2 年。性成熟之后，雄鱼多有明显的第二性征，如体表出现婚色、珠星等。

斑马鱼性成熟在 10～12 周，6～18 月龄产卵量最大。剑尾鱼 70d 左右出现雄性性征（尾鳍出现剑尾），120d 左右出现两性追逐等性行为。部分雌鱼产过小鱼之后身体逐渐变细，圆形的臀鳍变成棒状，尾鳍下端开始长出剑状的突起。实验条件下，雄激素可以诱导雌鱼长出剑尾，发生性逆转。尚未发现雄性剑尾鱼逆转成雌性的现象。稀有鮈鲫在饲养条件下，孵出后 3 个月左右性腺成熟，4 个月左右即可产卵繁殖。

大多数真骨鱼类为雌雄异体，少数是雌雄同体如鲱鱼、鳕鱼。鳝鱼、剑尾鱼等少数种类还有"性逆转"现象，雌鱼第一次产卵之后，卵巢退化，逐渐转变为精巢而出现雄鱼特征。少数鱼类行孤雌生殖。

二、性周期

雌性动物的完全生殖周期包括卵泡发育、排卵、妊娠、分娩和哺乳等过程。性成熟后，在未妊娠情况下，出现周期性的重复卵泡成熟和排卵的过程，称为性周期（sexual cycle）。性周期是不完全生殖周期的一种表现方式，在人类称为月经周期。

（一）人类

在卵巢激素作用下，人类子宫内膜发生一次增厚、血管增生、腺体生长分泌、子宫内膜坏死脱落并伴随出血的周期性变化，这种生理上的循环周期称为月经周期。每个月经周期是从月经的第一天起至下次月经来潮前一天止，平均为 28d，每次持续 3～5d。

1. 子宫内膜的周期性变化

通常分为月经期、增生期、分泌期。

（1）月经期（menstrual phase）：月经周期的第 1～5d。由于卵巢黄体退化，雌激素和孕激素的分泌骤然减少，引起子宫内膜功能层的螺旋动脉收缩，从而使内膜缺血、坏死，继而螺旋动脉又突然短暂的扩张，致使功能层的血管破裂出血，血液与内膜经阴道排出，即为月经。

（2）增生期（proliferative phase）：月经周期的第 6～14d。此时卵巢内若干卵泡开始生长发育，在生长卵泡分泌的雌激素的作用下，子宫内膜由基底层增生修补，并逐渐增厚，子宫腺逐渐增多，并由早期的短、直而细到中后期的增长、弯曲，腺腔扩大。至第 14d 时，通常卵巢内有一个卵泡发育成熟并排卵。

（3）分泌期（secretary phase）：月经周期的第 15～28d。此时卵巢内黄体形成，在黄体分泌的孕激素和雌激素作用下，子宫内膜继续增生变厚，子宫腺进一步变长弯曲，腺腔内充满含糖原等的黏稠液体。基质细胞继续分裂增殖，胞质内充满糖原和脂滴，称前蜕膜细胞。妊娠时，此细胞继续发育增大变为蜕膜细胞，未妊娠时，内膜功能层脱落，转入月经期。

2. 卵巢功能的周期性变化

月经周期中子宫内膜的周期性变化实际受控于卵巢功能的周期性变化（见本章第三节四"卵巢功能的调节"）。

（二）哺乳类

哺乳动物的性周期又称发情周期（estrous cycle）或动情周期，非人灵长类也称为月经周期（menstrual cycle）。由前一次发情（排卵）开始到下一次发情（排卵）开始的整个时期称为一个发情周期。动物的性周期受内外环境因素、营养及健康状况影响，突然而剧烈的环境变化会通过神经体液调节造成性周期紊乱甚至停止。哺乳动物排出的卵母细胞未被受精，其性腺（主要指卵巢）经过一段短暂的时间之后，将会自动进入下一轮的性周期，如果排出的卵细胞发生受精，其性周期将暂时中断，进入妊娠期，直到分娩结束才重新进入下一轮性周期。

小鼠、大鼠、兔、马等哺乳动物除了具备正常的动情周期之外，还存在产后发情的现象，即雌性动物分娩不久、正在哺乳前一窝幼崽时，又能接受交配并怀孕。

1. 常见哺乳类实验动物

（1）小鼠：全年多发情，性活动可维持 1 年左右。雌鼠性成熟后，卵巢产生卵细胞并分泌雌激素，出现明显的性周期，一般为 4~5d，分为前期、发情期、后期和发情间期，根据阴道涂片的细胞学变化可以推断性周期的不同阶段（表 11-4）。雌鼠性周期在同笼雌鼠密度过大时可延长甚至抑制，在有雄鼠存在时可恢复甚至缩短。

表 11-4 小鼠性周期各阶段阴道涂片特征

动情周期阶段	涂片	卵巢
动情前期	仅有有核上皮细胞	卵泡增大
动情期	角质化上皮细胞	排卵
动情后期	有核上皮细胞混有白细胞	卵泡闭锁，黄体生成
动情间期	白细胞、少数有核细胞及黏液	卵泡生长

（2）大鼠：雌鼠性周期为 4~5d，可分为前期、发情期、后期和发情间期，阴道涂片可判断发情周期。雌鼠成群饲养时，可抑制发情。大鼠是全年多发情动物，存在产后发情现象。

（3）豚鼠：豚鼠性周期为 13~20d（平均 16d），发情时间可持续 1~18h。豚鼠为全年多发情动物，并有产后性周期。雄性射出的精液含有精子和副性腺分泌物，分泌物在雌性阴道中凝固形成阴栓，但是阴栓被脱落的阴道上皮覆盖，在阴道口只停留数小时就脱落。

（4）兔：性周期一般为 8~15d，无明显的发情期，但雌兔有性欲活跃期，表现为不安、少食、外阴稍有肿胀、潮红，有分泌物，持续 3~4d，此时交配，极易受孕。但无效交配后，由于排卵后黄体形成，可出现假孕现象，表现为乳腺发育、腹部增大，16~17d 后终止。

（5）犬：属于春秋季单发情动物，发情后 2~3d 排卵。性周期 180d，发情期 8~14d。

2. 非人灵长类

成年猕猴的繁殖活动具有明显的季节性，雌性猕猴一般在 2.5 岁开始第 1 次月经，规律性的月经周期一般出现在 8、9 月至次年的 3、4 月，月经周期为 21~35d，平均 28d，出血期 1~4d。猕猴子宫内膜的周期性变化和卵巢功能调节模式与人类基本相同。猕猴的月经周期受诸多因素影响，如应激、疾病、内分泌紊乱、营养、气候、种群社会关系、配种频率等，其中最重要的是应激因素。从野外转移到驯养条件时，或者经过长途运输及饲养环境改变时，猕猴常常发生不规律月经。猕猴在非生殖季节的月经周期持续较长，其可能原因是卵泡发育缓慢或不足，无法引起子宫内膜增长和脱落所致。

猕猴、食蟹猴等很多非人灵长类动物在性周期中会出现"性皮肤"现象。处于繁殖季节的雌猴生殖器官周围区域如外阴、尾根、后肢上侧的皮肤，以及前额和脸部等处皮肤发生肿胀，颜色鲜红，这些部位的皮肤变化与性活动密切相关，称为"性皮肤"。性皮肤与血液中雌激素水平相关。性皮肤的变化开始于卵泡增生期，在排卵日最肿胀、颜色最鲜艳，随后逐渐消退，直到月经期时皮肤完全恢复原状。性皮肤肿胀或月经初潮均可作为雌猴性成熟开始的标志。性皮肤也被看成是雌性猕猴的第二性征。

性成熟的雄猴也会发生一些外部形态变化，如脸部发红、会阴生殖区皮肤呈现浅红色甚至肿胀。雄猴性皮肤颜色变化也具有明显的季节性特征，在8~10月，性皮肤颜色最鲜艳，属于生殖旺盛季节；4~5月时颜色浅淡，正是睾丸最小的非生殖季节。

（三）鸟类

大多数鸟类的繁殖活动具有季节周期性。在非繁殖期，性腺萎缩可起到减轻体重、便于飞翔的作用。许多鸟类在春季或夏初恢复性腺发育，繁殖期1~3个月，生活于赤道和两极地区的一些鸟类可有较长的繁殖期。影响鸟类繁殖活动的主要因素是光周期，非光周期因素如食物来源、环境温度等也可影响特殊生活环境中的鸟类繁殖活动。

（四）爬行类

爬行动物的繁殖期主要在春、夏、秋，交配期绝大多数在春末夏初，产卵期在同年夏天，但是，不同种属动物的差异较大，有些动物当年交配翌年才产出受精卵。母蛇存在明显的发情周期，卵泡发育、排卵、交配和受精在发情周期中完成。母蛇在发情期的性激素分泌增加，性欲增强，从泄殖腔分泌的黑色黏液散发出浓烈气味，对公蛇具有吸引力。

（五）两栖类

两栖类的繁殖周期受光周期、温度等环境因素的影响，具有明显的季节性。无论是精子发生还是卵子成熟都具有周期性。每年初春，蛙类开始繁殖，5月是发情高峰，雄蛙通过叫声求偶。对蛙和蟾蜍注射hCG也可引起排卵，这是用蛙或蟾蜍注射孕妇尿来判断是否怀孕的基础。

（六）鱼类

所有鱼类的繁殖活动都有季节性，每一种鱼有一定的产卵季节或产卵期。各种鱼类的产卵季节、产卵持续时间长短、产卵次数的精确时间性使得它们的幼鱼能够在最适宜的外界条件里孵化、发育。温带地区的鱼类繁殖周期通常是一年一次，大多数鱼类在春季和初夏产卵，产卵时间为4~6月，称春季产卵型；少数在6~7月，称为夏季产卵型。分布在寒带的鱼类如鲑鱼大都在9~11月产卵，属于秋季产卵型，这类鱼的性腺在春末夏初发育，至秋季成熟。

斑马鱼在温度和光照适宜的人工环境里一年四季都可以产卵，繁殖周期短，一般7d左右，每年可产卵6~8次。剑尾鱼属体内受精、胎生种类，繁殖周期约35d，每隔5~8周产仔一次，每次产仔20~30尾，多者达100尾。稀有鮈鲫在实验室控温条件下可以实现全年繁殖，每4d左右产卵一次，每次产数百粒卵。

三、受精

受精（fertilization）是指精子和卵子结合形成受精卵的生理过程。受精的发生可以在雌性体内生殖道的任何部位，也可以在体外的潮湿或者水环境中，分别称为体内受精（*in vivo* fertilization）和体外受精（*in vitro* fertilization)。

（一）人类和哺乳类

人类及大多数哺乳动物的卵子排出后需要运行至输卵管的壶腹部等待受精，各种动物卵子与精子一样需要经历一系列变化，才能达到生理上的进一步成熟。获能的人精子与卵子相遇后，精子头部的顶体外膜与精子细胞膜融合、破裂，形成许多小孔，释放出包含多种蛋白水解酶的顶体酶，使卵子外围的放射冠及透明带溶解，这一过程称为顶体反应（acrosomal reaction）。只有完成顶体反应的精子才能与卵母细胞融合，实现受精。精子进入卵细胞后立即激发卵细胞完成第二次成熟分裂，并形成第二极体。进入卵细胞的精子，尾部迅速退化，细胞核膨大形成雄性原核，并与雌性原核融合，形成一个具有 23 对染色体的受精卵。人类受精卵借助输卵管蠕动和纤毛推动，逐渐运行到子宫腔，在运行过程中，受精卵不断进行细胞分裂，受精后第 2～4d，分裂成桑椹胚，也称早期胚泡，第 4～5d，桑椹胚进入子宫腔并继续分裂发育成晚期胚泡。进入子宫腔的胚泡在宫腔内漂浮 1～2d 后脱去透明带，逐渐与子宫内膜接触。

小鼠交配后 10～12h，雌鼠阴道和子宫颈中可发现白色的阴栓，阴栓是小鼠是否交配的重要特征，较其他啮齿动物更明显，不易脱落，能防止精液倒流，提高受精能力，它的出现可以作为计算妊娠起始时间的依据。犬排出的卵子仅处于初级卵母细胞阶段，需要在输卵管中完成再一次成熟分裂。猪、绵羊排出的卵子虽已经过第一次减数分裂，但还需要进一步发育才能受精。

（二）鸟类

鸟类有交配现象，行体内受精。精子经过附睾管和输精管才获得受精能力。绝大多数鸟类没有阴茎，某些鸟类在泄殖腔腹面有一个具有螺旋沟的阴茎。已知具有能够勃起的阴茎、交配时可将精液导入雌鸟泄殖腔的鸟类有鸵鸟、鹳、鸭、雁和一些鸡形目的种类。受精发生在输卵管的漏斗部，当受精卵旋转下行时，被壶腹部分泌的蛋白所包裹。峡部的分泌物构成受精卵的几丁质壳膜。子宫内含有壳腺，分泌的含钙化合物构成受精卵的硬壳，在产蛋前数小时（家鸡为 4～5h），子宫壁的色素细胞分泌色素涂布于蛋壳表面，形成不同种类的特有斑点和色纹。

（三）爬行类

爬行类行体内受精。蛇类交配时，精子沿半阴茎进入泄殖腔内，然后向输卵管上方游动至喇叭口，与卵子相遇而受精。有的爬行类一次受精后，精子可以在雌体内保存很长时间，一种游蛇可达 6 年。乌龟的繁殖期在每年的春末夏初，一般 4 月底开始交配，通常当年交配，隔年才受精繁殖。性成熟的鳖每年 4 月，当水温达到 20℃以上时开始发情交配。

（四）两栖类

在蛙类，雌雄交配需要通过抱对行为来完成，雄蛙跳上雌蛙背上后，用前肢紧抱雌蛙腋下，并作有节律的松紧动作，诱导雌蛙排卵的同时，雄蛙排出精子，进行体外受精。抱对一般发生在夜间至次日凌晨。5～7 月为产卵排精进行受精的高峰时间。

（五）鱼类

绝大多数鱼类是体外受精，少数为体内受精。体内受精的受精卵在母体生殖道内完成发育，通常有卵胎生和胎生两种。软骨鱼类中的白斑星鲨属于卵胎生，卵胎生种类的子宫或输卵管内壁有绒毛状结构，但是，胚胎发育的营养完全或者大部分依靠卵黄。灰星鲨、双髻鲨等是胎生，母体输卵管已经发展成类似哺乳动物的子宫，借助"卵黄囊胎盘"的结构与胚胎发生血液循环联系。

斑马鱼为体外受精。雄性剑尾鱼具有臀鳍演变而来的生殖器，由其完成交配和体内受精。

四、胚胎着床

胚胎着床也称胚胎植入，这里专指哺乳动物受精卵发育到一定阶段之后进入子宫腔，并与子宫壁发生关系、建立母胎联系的早期过程，胚胎成功着床之后将形成功能性的胎盘。胚胎着床过程通常分为定位（apposition）、黏附（attachment）、侵入（invasion）三个阶段。不同动物的胚胎着床方式差别决定了胎盘的血液循环方式不同，根据滋养层细胞的行为和结局，胚胎着床方式分为表面着床（superficial implantation）、侵入式穿入（intrusive penetration）、置换式穿入（displacement penetration）、融合式穿入（fusion penetration）四种基本类型，某些动物具有以上两种或者多种基本类型的植入特征（图 11-6）。各种动物的胚胎着床时间见表 11-5。

表 11-5 各种动物的胚胎着床时间（杨增明等，2019） （单位：d）

物种	胚泡形成时间	胚胎进入子宫时间	着床时间	假孕后黄体退化时间
小鼠	3	3	4.5	10～12
大鼠	3	3	6	10～12
兔	3	3.5	7～8	12
猫	5～6	4～8	13～14	?
犬	5～6	8～15	18～21	?
绵羊	6～7	2～4	15～16	16～18
山羊	6～7	2～4	15～16	?
猪	5～6	2～2.5	11～14	16～18
人	4～5	4～5	7～9	12～14

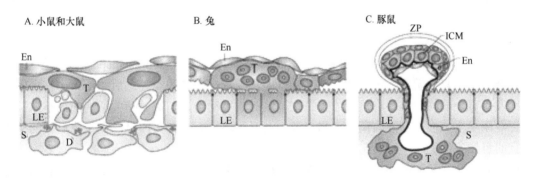

图 11-6 不同物种的胚胎植入方式（改自 Wang and Dey，2006）

En，胚胎内胚层；LE，子宫腔上皮；S，子宫基质；T，滋养层细胞；D，蜕膜细胞；ZP，透明带；ICM，内细胞团

（一）人类

胚胎着床（implantation）也称胚胎植入，指处于活化状态的胚泡与处于接受态的子宫相互作用，胚胎滋养层细胞与子宫内膜建立紧密联系的过程。子宫对胚胎着床的敏感性可分为接受前期、接受期和非接受期。子宫处于接受态的时期称为"着床窗口"（implantation window），此时子宫环境最有利于胚泡着床。着床窗口的子宫接受性与胚泡活化状态是两个独立事件，只有胚胎发育到胚泡阶段和子宫分化到接受态同步进行，胚胎才能正常着床。

人类胚泡滋养层细胞与母体子宫上皮细胞间紧密接触之后，逐渐交织在一起，最后胚泡滋养层细胞侵入、融合、取代、穿过子宫内膜上皮细胞，继续穿过基膜，与子宫内膜的蜕膜化细胞共同建立血管联系，属于置换式穿入。

（二）哺乳类

小鼠和大鼠胚胎着床时，滋养层细胞与子宫内膜逐渐接触紧密。子宫腔逐渐发生闭合，腔上皮紧包着胚泡，使胚泡在子宫中的位置得以固定。子宫腔的闭合涉及子宫腔中液体的吸收和子宫内膜的水肿。小鼠和大鼠的胚胎着床是典型的置换式穿入（图 11-6A），胚胎定位后，子宫腔上皮细胞发生死亡并脱落，胚胎滋养层细胞和基膜接触并在停留基膜上，之后基膜被下面的蜕膜化细胞的外细胞质突起所破坏，而不是由滋养层细胞所破坏。在人类，内细胞团侧的滋养层细胞与子宫内膜黏附，不需要雌激素的参与，但在大小鼠，则是内细胞团对侧的滋养层细胞与子宫内膜黏附，并且在小鼠，黏附反应的发生需要一个雌激素峰值。

兔的胚胎黏附子宫上皮之后，子宫腔不发生闭合过程，胚泡膨大后充满子宫腔，使滋养层细胞与上皮紧密接触，之后，胚胎滋养层细胞的突起与子宫内膜的单个上皮细胞相融合，当上皮细胞变为合胞体时，就延伸、穿入基膜到内膜的血管中，上皮细胞间的合胞体向两侧扩展，最终在滋养层突起间的区域发生融合，属于融合式穿入的例子（图 11-6B）。

雪貂、水貂似乎也不存在典型的子宫腔闭合及对胚泡的包围过程，主要是胚泡膨大后导致滋养层细胞与子宫上皮间接触，滋养层细胞的突起穿过子宫上皮细胞，在基膜上停留一段时间后，继续向周围的基质穿入，并不穿过毛细血管基膜，虽然滋养层细胞最终包围大量的上皮细胞，并发生细胞死亡和吞噬现象，但滋养层细胞附近有正常的上皮细胞，对滋养层细胞的深层侵入起到锚定或支撑作用，此属于侵入式穿入的着床方式。豚鼠也属此种着床方式，但穿过子宫腔上皮的滋养层细胞并不在腔上皮基膜停留（图 11-6C）。

猪、绵羊、山羊、牛的胚胎滋养层细胞仅与子宫的腔上皮细胞接触，并不穿过子宫腔上皮，属于表面着床。

大多数哺乳动物的胚胎在着床前要脱去透明带，但兔和豚鼠的胚胎则在着床以后才脱去透明带。当这些动物的胚泡开始与子宫内膜接触时，滋养层细胞先将透明带的小部分溶解开，伸出伪足与子宫上皮接触，然后胚胎的大部分逐渐侵入子宫内膜，透明带才逐渐消失。

（三）延迟着床

延迟着床（delayed implantation）又称胚胎滞育或胚胎休眠（embryonic diapause），是指已经发育至囊胚阶段的胚胎在子宫中游离，不立即发生着床，而是经过一定时间间隔之后才植入子宫内膜，形成胎盘之后继续发育直至分娩。这种自然现象发生在某些有袋类动物、蝙蝠、哺乳期间的大小鼠等。大多数动物的延迟着床呈季节性，与光周期、食物来源、温度等环境因素有关，目的在于将后代的出生时间调节在最适宜的自然条件下。

大小鼠产后发情并交配成功，新受精的囊胚往往会处于延迟着床状态，这是由于哺乳期间母体的催乳素通过下丘脑和腺垂体反馈性降低了雌激素水平引起的。地鼠、豚鼠、兔、猪不发生延迟着床，灵长类动物是否发生延迟着床还不清楚。延迟着床经过一定时间之后可以重新激活，维持时间因物种而异，大小鼠为 4～10d，臭鼬为 200d，小袋鼠为 10～11 个月。

（四）胚胎着床的分子调节

目前已发现大量与胚胎植入有关且相互作用的信号分子，如细胞因子、生长因子、同源异型盒转录因子、脂质介质、成形素等与卵巢激素经共同作用，以自分泌、旁分泌和近分泌的方式调节胚胎发育和子宫的接受性。孕激素对胚泡植入和妊娠维持在所有研究过的哺乳动物中必不可少，而对雌激素的需求则具有物种特异性。雌激素对于小鼠和大鼠的胚胎植入是必需的，但是对于猪、豚鼠、兔、地鼠而言，卵巢雌激素并不是必需的，相反，由胚泡产生的雌激素在植入过程中起重要作用。

五、妊娠

胚胎着床成功之后，妊娠的维持主要依靠胎盘来完成，着床后的胚泡由胎盘提供营养，在子宫内继续生长、发育直至分娩的生理过程，称为妊娠（pregnancy）。胎盘是维持胎儿生长发育的器官，不仅对胎儿有保护作用，而且具有免疫、代谢、造血、屏障和内分泌功能，还担负着胎儿的消化、呼吸和排泄器官的作用。胎盘能分泌孕激素、雌激素、胎盘催乳素（placental lactogen，PL）和绒毛膜促性腺激素（chorionic gonadotropin，CG），如马的绒毛膜促性腺激素（eCG）、驴的绒毛膜促性腺激素（dCG）、绵羊的绒毛膜促性腺激素（oCG）。人胎盘除产生 hCG 之外，还分泌 ACTH、LHRH 和 TRH。

部分哺乳动物交配之后存在假性妊娠（pseudopregnancy）的现象。正常情况下，处于发情周期的小鼠、大鼠、兔等动物如果不与雄性交配，排卵之后形成的卵巢黄体将退化，不会形成功能性黄体并持续分泌孕酮。发生交配动作之后未妊娠或者给予子宫颈部类似交配的刺激时，例如，与输精管结扎的雄性交配，则形成功能性黄体，维持时间比正常妊娠较短，小鼠、大鼠约 12d，兔约 20d，在此期间动物的子宫和乳腺会出现类似于妊娠的变化。

（一）胎盘的结构

哺乳动物的胎盘是胎儿尿囊绒毛膜和母体子宫内膜相结合部位的总称，是能进行物质交换的暂时性器官，可分为母体部分和胎儿部分，总称胎盘（placenta）。胎盘内母体和胎儿部分的血液循环是两个独立的体系，相互之间隔以数层结构，称为胎盘屏障，胎盘屏障通常有子宫血管内皮、结缔组织、内膜上皮、绒毛（滋养层）上皮、结缔组织和胎儿血管上皮共六层。不同动物母体和胎儿血液之间的组织层次有较大的差异。

1. 人类

胎儿绒毛包括绒毛上皮、结缔组织和胎儿血管内皮细胞等成分，直接侵入母体血池中，即在胎盘形成处子宫内膜被酶解的程度更高，甚至将子宫内膜血管的内皮裂解成血窦，使得绒毛膜绒毛直接与母体的血液接触，这类胎盘属于血绒毛膜胎盘（hemochorial placenta）。

2. 哺乳类

小鼠、大鼠等啮齿类动物，以及猕猴、食蟹猴、狨猴等非人灵长类的胎盘结构与人类相似。特别是兔科及某些啮齿动物的胎盘仅剩绒毛血管内皮以分隔胚胎的血液与周围母体的血窦。犬和猫母体血液与胎儿血液之间只有子宫血管内皮、绒毛上皮、结缔组织及胎儿血管内皮共四层组织，子宫内膜上皮和结缔组织已消失，属于内膜绒毛膜胎盘（endotheliochorial placenta）。

羊、牛等反刍动物失去子宫内膜上皮，其余五层组织均存在，这类胎盘属于结缔组织绒毛膜胎盘（syndesmochorial placenta）。猪、马的子宫上皮细胞和绒毛滋养层细胞的表面微绒毛彼此融合，绒毛插入子宫内膜的绒毛囊中。氧气、营养物质和（许多种类的）免疫球蛋白（immunoglobin）必须穿过子宫血管壁、周围的结缔组织及上皮才能进入胚胎的血液中。此类胎盘在母体血液和胎儿血液之间保留了胎盘屏障的完整结构，又称上皮绒毛膜胎盘（epitheliochorial placenta）。

人的血绒毛膜胎盘转运钠离子的效率是猪的上皮绒毛膜胎盘的 250 倍。非人灵长类、兔类及啮齿类的尿囊胎盘具有高效的物质吸收能力，主要原因在于复杂的绒毛系统提供了巨大的表面积，子宫黏膜大面积酶解形成血窦，绒毛伸入血窦，分隔胎体血液和子宫之间的膜层几乎完全消失。

此外，根据妊娠时胎儿胎盘是否深入子宫内膜、子宫内膜组织被破坏的程度、分娩时母体子宫的出血程度以及子宫内膜组织的脱落程度等，将胎盘分为非蜕膜胎盘（non-deciduate placenta）和蜕膜胎盘（deciduate placenta）两种。具有上皮绒毛膜胎盘的种类，其绒毛从子宫内膜凹陷中脱出，子宫内膜不会排出体外，分娩时不会出血，这类胎盘称为非蜕膜胎盘。蜕膜胎盘的子宫组织与绒毛膜组织相互交织，子宫黏膜与胎体的血管贴得很紧，分娩时胎盘的子宫部分会被撕裂，导致出血。

（二）妊娠时间

人类的妊娠期为 280d 左右。各种动物妊娠期长短不一，受遗传、品种、年龄、季节、营养、胎儿数目、性别及环境因素的影响。一般早熟品种、小型动物妊娠期比较短。

常见实验动物的妊娠时间见表 11-6。金黄地鼠的妊娠期在啮齿类动物中最短，为 14～17d（平均 15d）。中国地鼠的妊娠期 19～21d（平均 20.5d）。犬的妊娠期 55～65d。小型猪的妊娠期 114d 左右。猫的妊娠期 60～68d（平均 63d）。猕猴的妊娠期 165d 左右。

表 11-6　常见实验动物的妊娠期和产仔数（李永材和黄溢明，1984，有修改）

物种	妊娠期/d	产仔数/个
小鼠	20～21	6～10
大鼠	22	6～10
豚鼠	62	4～6
兔	30	5～8
犬	55～65	6～8
猫	63	4～7
猪	112～115	4～10
山羊	140～160	1～2
绵羊	144～160	1～2
恒河猴	148～180	1
旱獭	40～42	4～7

六、分娩

当妊娠期满，胎儿发育成熟时，母体将胎儿及其附属物从子宫排出体外的生理过程称为分娩（parturition）。部分哺乳动物的胎儿分娩出来就有被毛、牙齿、视力，几小时之内就能行走和进食，称为早成型胎儿，如豚鼠、羊、牛等；另外一些种类的幼仔出生后全身无毛、耳目闭合，不会行走、排泄和保持体温，需要母亲的照料和看护，称为晚成型胎儿，如小鼠、大鼠、兔、犬等。不同动物的分娩产仔数目有差异（表 11-6），金黄地鼠每年可生 5～7 胎，每胎产仔 4～12 只（平均 7 只）。犬每胎平均产仔 6 只。经产小型猪一年能产 2 胎。猕猴每胎产仔 1 个，极少 2 个，年产 1 胎。

（一）分娩过程

整个分娩期是从子宫出现阵缩开始直至胎衣排出为止。分娩是一个连续完整的过程，大致分为开口期、产出期和胎衣排出期。

1. 开口期

开口期从子宫间歇性收缩开始，到子宫颈口完全张开为止。子宫在开口期内发生阵缩，阵缩的频率、强度和持续时间逐渐加大、延长。在人类，开口期又称宫口扩张期，可长达数小时。动物的表现有种属差异，个体之间也不尽相同，常表现为食欲减退、时起时卧、轻微不安、尾根抬起、常做排尿姿势。开口期持续时间在不同动物有所不同，牛 0.5～24h，绵羊 3～7h，山羊 4～8h，猪 2～12h。

2. 产出期

产出期从子宫颈完全张开直至胎儿排出为止。除了子宫阵缩外，还发生努责，即羊膜和胎儿前部进入骨盆后，反射性地引起膈肌和腹肌收缩，是排出胎儿的主要动力。在人类，此期又称胎儿娩出期，一般需要 1～2h。动物在产出期表现烦躁不安，时常起卧，前肢刨地，回顾腹部，呼吸与脉搏加快，最后侧卧，四肢伸直，强烈努责。牛的产出期为 3h，绵羊的产出期约为 1.5h，双胎胎儿的间隔时间为 15min。山羊的产出期约为 3h，双胎胎儿的间隔时间多为 5～15min。猪产出期持续时间根据胎儿数目及其间隔而定，第一个胎儿排出较慢，胎儿产出的间隔时间为 10～60min。

3. 胎衣排出期

胎衣排出期从胎儿排出到胎衣完全排出为止。人类一般 10min 左右。猫、狗等动物的胎衣常随胎儿一起排出。胎衣排出的快慢因各种动物的胎盘组织构造不同而异。猪的胎盘属于上皮绒毛型，母体和胎儿胎盘组织结合较疏松，胎衣容易脱落，胎衣排出期平均为 30min。

（二）分娩机制

分娩的发动是由多种因素相互协调、共同完成的，包括母体或胎儿的激素、神经和机械刺激等。

1. 胎儿激素

一些动物胎儿的下丘脑-垂体-肾上腺轴在分娩的发动中起重要作用。胎儿的肾上腺皮质激素分泌增加，刺激胎盘中的孕酮转化为雌酮和雌二醇，还刺激呼吸道的成熟与大量糖原在肝脏中聚集。雌激素分泌的增加最终促进子宫内前列腺素分泌，尤其是 $PGF_{2\alpha}$ 通过提高平滑肌细胞内钙离子含量促进子宫肌收缩，$PGF_{2\alpha}$ 还促进黄体溶解，导致孕酮分泌减少，解除孕酮对子宫平滑肌收缩的抑制作用。

2. 子宫收缩

子宫肌的收缩是分娩的主要动力，其收缩方式为阵缩。子宫肌收缩的能力在妊娠和分娩过程中受到很多内分泌因子的调控。

（1）孕酮和雌激素：子宫在妊娠期间的静息状态有赖于孕酮与子宫收缩刺激物的抑制剂（如松弛素、前列腺素和一氧化氮）共同抑制作用的结果。母体血浆孕酮和雌激素浓度的变化是引起分娩的重要因素。绵羊、山羊和牛在分娩前孕酮含量明显下降，雌激素含量大量增加，使子宫肌对催产素的敏感性增加。分娩时，雌激素直接刺激子宫肌发生节律性收缩，克服孕酮的抑制作用，引起 $PGF_{2\alpha}$ 的释放。

（2）催产素：催产素对于分娩过程十分重要。孕酮抑制垂体释放催产素，而雌激素促进催产素释放，且能诱导子宫肌层中催产素受体的形成。当胎儿进入产道时，大量催产素释放，催产素可以协同 $PGF_{2\alpha}$ 促进子宫的收缩。子宫颈扩张以及子宫颈、阴道受到胎儿和胎囊的刺激也反射性地引起催产素分泌。

（3）前列腺素：见"胎儿激素"部分。

（4）松弛素：引起韧带和围绕在产道周围的肌肉松弛，允许胎儿最大限度地扩展产道。猪和牛的黄体是松弛素的产生部位，分娩前释放的 $PGF_{2\alpha}$ 引起黄体溶解，释放已合成的松弛素。猫、狗、马产生松弛素的部位在胎盘，松弛素分泌始于妊娠前期，在整个分娩过程中维持这一水平，松弛素的作用可能是协同孕酮维持妊娠。

七、泌乳

乳腺发育及泌乳活动是哺乳动物最突出的形态生理特征。所有哺乳动物，除有袋类的雄性外，不论雌雄都有乳腺，但只有雌性动物才能充分发育而具备泌乳（lactation）功能。乳腺是一种衍生的皮肤腺，由乳腺腺泡和导管系统构成的实质部分和结缔组织、脂肪组织构成的间质部分构成。乳腺的数目、形状、大小和位置因动物种类不同而有很大差异。

（一）乳腺发育

人和非人灵长类只有 1 对位于胸部的乳腺，猕猴的哺乳期半年以上，人的哺乳期约 10 个月至 1 年。啮齿类和食肉类动物的乳腺沿着胸腹部分布，小鼠和大鼠的乳腺在胸部 3 对、蹊部 2 对，哺乳期 20～22d。豚鼠只有 1 对位于腹部的乳腺，哺乳期 2～3 周，雌鼠有相互哺乳的习性。兔的乳头 3 对，哺乳期 40～45d。金黄地鼠有乳头 6～7 对，哺乳期为 21d。中国地鼠有乳头 4 对，哺乳期 20～25d。犬的哺乳期 45～60d，6～7 个月离乳。猫腹部有 4 对乳头，哺乳期 60d。小型猪的乳腺是 7～9 对，哺乳期 60d 左右。牛的乳腺是 2 对，马、绵羊和山羊是 1 对，均位于腹股沟区，山羊的哺乳期 3 个月，绵羊的哺乳期 4 个月。

各种哺乳动物乳汁的主要成分基本一致，但组成比例和能量高低有差异（表 11-7）。

表 11-7 常见哺乳动物的乳汁组成

动物	水分/%	脂肪/%	酪蛋白/%	乳清蛋白/%	总蛋白/%	乳糖/%	灰分/%	能量/（kcal/100g）
大鼠	79.0	10.3	6.4	2.0	8.4	2.6	1.3	137
兔	67.2	15.3	9.3	4.6	13.9	2.1	1.8	202
犬	76.4	10.7	5.1	2.3	7.4	3.3	1.2	139
山羊	86.7	4.5	2.6	0.6	3.2	4.3	0.8	70
猪	81.2	6.8	2.8	2.0	4.8	5.5	1.0	102
奶牛	87.3	3.9	2.6	0.6	3.2	4.6	0.7	66
树鼩	59.6	25.6	?	?	10.4	1.5	?	278
人类	87.1	4.5	0.4	0.5	0.9	7.1	0.2	72

（二）乳汁生成

乳腺腺泡和细小乳导管的分泌上皮细胞从血液中摄取营养物质生成乳汁，分泌入腺泡腔内。动物乳汁的基本成分包括水分、脂肪、乳糖、蛋白质、无机盐。其中，球蛋白、酶、激素、维生素和无机盐等均由血液进入乳中，是乳腺分泌上皮对血浆选择性吸收和浓缩的结果，而乳蛋白（主要是酪蛋白、α球乳白蛋白等）、乳脂和乳糖等则是上皮细胞利用血液中的原料，经过复杂的生物合成而来。乳腺腺泡合成乳的过程是一个复杂的生物化学过程，需要 ATP 提供能量和酶的催化才能完成。

（三）乳汁分泌

乳汁的分泌受神经-体液调节，包括泌乳发动和泌乳维持两个过程。

1. 泌乳发动

啮齿类在临产前开始分泌乳汁，人类和非人灵长类一般在分娩之后开始泌乳。泌乳发动依赖于一系列特定激素的调控。在分娩前后，雌激素和孕激素水平下降，解除了对下丘脑和垂体的抑制作用，引起催乳素迅速释放，同时肾上腺皮质激素含量增加，与催乳素协同发动泌乳。

2. 泌乳维持

乳腺能在相当长的一段时间内持续进行泌乳，一定水平的催乳素、肾上腺皮质激素、生长激素、甲状腺素是维持泌乳所必需，此外，吸吮产生乳腺导管系统内压也是维持泌乳所必需的。

（四）乳汁排出

在初生动物吸乳或挤乳之前，乳腺泡上皮细胞生成的乳汁连续分泌到腺泡腔内。当腺泡腔和细小乳导管充满乳汁时，腺泡细胞周围的肌上皮细胞和导管系统的平滑肌放射性收缩，将乳汁转移入乳导管和乳池。哺乳或挤乳时，引起乳房容纳系统的紧张度改变，使乳腺储积的乳汁迅速流出。

排乳是高级神经中枢、下丘脑和垂体参与的复杂反射活动。吸吮和触摸乳头产生的触觉刺激，以及发生在排乳通路附近的听觉、视觉和嗅觉刺激，通过脊索背根感觉神经传入下丘脑的室旁核和室上核。排乳反射的传出途径有神经途径和体液途径。神经途径主要是支配乳腺的交感神经直接支配乳腺大导管周围的平滑肌活动。体液途径主要通过神经垂体释放催产素，再通过血液运送到达乳腺，作用于腺泡和导管周围的肌上皮细胞引起收缩，最终迫使乳腺内乳汁快速流出。

哺乳期是母体生命活动中最重要的阶段，消耗的能量远比妊娠期多，母体必须设法获得足够的能量才能满足子代的生长发育和自身体况维持的需要。实验表明，棉鼠（*Sigmodon hispidus*）怀孕后的摄食量比非繁殖期增加 25%，进入哺乳期后则增加 66%，即使食物充足，哺乳期棉鼠的体重也下降 11%。然而，尽管哺乳期间能量消耗很大，许多啮齿类、兔类等具有产后发情的现象，即怀孕和哺乳可同时进行。在这种情况下，母体一般会通过增加摄食量、延迟着床、减少胚胎数，甚或对胚胎进行重吸收的方式予以调节应对。

第五节　生殖生理动物模型

一、早孕检测模型

两栖类的蛙和蟾蜍是体外受精，自然条件下，雌雄蛙在繁殖季节抱对，雌性排卵时，雄性将精子排在卵子上，让绝大部分卵子受精。两栖类的排卵和射精除受外界环境因素的影响之外，主要受垂体促性腺激素的调节，两栖类的促性腺激素还没有分化为 LH 和 FSH 类型，分子结构与其他哺乳动物的 LH、FSH 及 hCG 一样，是由 α 和 β 两个亚基组成的糖蛋白，虽然氨基酸结构存在种属差异，但是在功能上具有一定的交叉性。hCG 的生物学作用以 LH 为主，也有一定的 FSH 活性。处理雌性动物时，可促进卵泡成熟和排卵，在雄性动物可刺激睾丸间质细胞分泌睾酮。hCG 由人类胎盘绒毛膜的合胞体滋养层细胞合成并分泌，受孕 8d 的孕妇尿液中即可检测出 hCG，60d 左右达到峰值。因此，含有 hCG 的孕妇尿液可刺激雄蛙射精、雌蛙或蟾蜍排卵。

二、精子穿卵模型

哺乳动物刚射出的精子不能使卵子受精，必须在雌性生殖道内获能之后才能使精子具有穿透卵子的能力。目前认为获能是将包裹在精子表面的糖蛋白溶解，使顶体酶暴露，当精子与卵子接触，顶体酶溶解透明带上的糖蛋白，使精子与卵子接触并融合。目前，预测人精子生育力的较好办法之一是精子在体外穿透金黄地鼠卵试验。金黄地鼠性情温顺，性成熟在 30d 左右，性周期短，卵子直径大，透明带清晰，排卵能力强，特别是注射刺激卵巢发育和刺激排卵的药如孕马血清促性腺激素之后会出现超排卵现象，每只地鼠每次能收集到 30～70 个卵。金黄地鼠卵的透明带被透明质酸酶消化之后，人的精子就能穿入卵内，并出现与人类卵子受精时类似的变化。穿卵能力通常以 100 个卵子中有多少个卵发生受精的百分率来表示。正常人的精子可以有 30% 以上的穿卵率，低于 10% 则表示精子的生育力差。精子穿卵模型还可用于评价药物对受精能力的影响。

三、超排卵模型

哺乳动物的卵巢功能以及调节机制与人类相似，都受到下丘脑-垂体-卵巢轴的调节，因此，对促性腺激素敏感。促性腺激素主要包括垂体前叶分泌的 LH 和 FSH、胎盘分泌的 CG，如马绒毛膜促性腺激素/孕马血清促性腺激素（eCG/PMSG）和 hCG。LH、FSH、eCG/PMSG、hCG 均是由 α 和 β 两个亚基组成的糖蛋白，彼此的 α 亚基结构十分相似，不同哺乳动物的 α 亚基结构也相似。β 亚基决定激素的种属特性，只有与 α 亚基结合才有生物学活性。eCG/PMSG 具有 LH、FSH 的双重活性，以 FSH 活性为主，可以从怀孕母马的外周血液中大量分离。hCG 以 LH 活性为主，大量存在于孕妇的尿液中。由于分离纯化 eCG/PMSG 和 hCG 的来源及经济成本远优于价格昂贵的 LH 和 FSH，因此，在应用实验动物的生命科学研究和家畜繁殖的超排卵时，eCG/PMSG 和 hCG 最常使用。小鼠性成熟早，性周期短，只有 4～5d，全年多发情。通过注射 eCG/PMSG 和 hCG 可以在短时间内获得大量卵母细胞用于体外显微注射、体外受精、胚胎干细胞培育、卵裂球分割等技术操作。

在人类辅助生殖过程中，女性在超促排卵时可能出现卵巢过度刺激综合征（ovarian hyperstimulation syndrome，OHSS），发生率为 5%～10%，以双侧卵巢多个卵泡发育、卵巢增大、毛细血管通透性异常、异常体液和蛋白外渗进入人体第三间隙为主要特征。为了阐明导致卵巢过度刺激综合征的病理生理机制，找到消除或抑制该疾病发生发展的方法，提高辅助生殖助孕的安全性，大小鼠、家兔等常用来模拟临床超促排卵过程，诱导多个卵泡发育，并促使排卵。

四、刺激性排卵模型

兔、猫、雪貂、骆驼等动物的成熟卵细胞不是自发排卵，需要雄性动物的交配动作或者子宫颈受到刺激，才能诱发雌性动物排卵。无论是自发性排卵还是刺激性排卵都与 LH 的作用有关，当阴道或宫颈受到刺激时，神经冲动反射至下丘脑，释放的 GnRH 沿垂体门脉系统到达垂体前叶，诱导 LH 分泌，LH 再诱发排卵。刺激性排卵动物没有类似自发性排卵动物的典型动情周期，在交配之前基本处于发情状态。利用交配刺激排卵，实验者可以准确预测精子运行、排卵、受精、妊娠和分娩等各个时间点，研究在特定时间点的体内事件。1955 年，美籍科学家张明觉利用兔的刺激性排卵特性，把射出精子、附睾精子和在交配后不同时间从子宫内取得的精子输入排卵后不久的兔输卵管，结果发现只有从子宫内取出的精子能使兔卵受精，从而发现并验证了精子获能现象。兔刺激性排卵模型还可以用来检测或验证某些药物的抑制排卵效果。

五、延迟着床模型

某些有袋类动物、蝙蝠的胚胎发育至囊胚阶段后就在子宫中漂浮，并不立即脱去透明带和着床，而是经过一定时间之后才植入子宫内膜。大小鼠在哺乳期间交配受精的胚胎也不立即着床。这期间胚胎处于滞育状态，子宫内膜处于非接受态。延迟着床经过一定时间之后可以重新激活，维持时间因物种而异。大多数动物的自然延迟着床呈季节性，是哺乳动物适应环境而进化的结果，与光周期、食物来源、温度等环境因素有关。如果大小鼠产后发情并交配成功，新受精的囊胚往往会处于延迟着床状态，使母鼠不至于过多地透支能量。地鼠、豚鼠、兔、猪不发生延迟着床，灵长类动物是否发生延迟着床还不清楚。延迟着床可能受雌激素和孕酮的调控，通过切除垂体、卵巢等实验手段可以诱导延迟着床的发生。延迟着床现象是研究胚胎植入分子机制的理想模型，特别在小鼠，建立胚胎延迟着床模型很容易操作。延迟着床模型可以用来验证外源性激素、细胞因子或药物等因素对胚胎或子宫内膜发育、胚胎激活的效果和作用机制。

六、胎盘发育模型

胚胎着床之后的胎盘形成是哺乳动物成功妊娠的关键环节，胎盘不仅对胎儿有保护作用，而且具有免疫、代谢、造血、屏障和内分泌功能，人类妊娠期的很多疾病如自然流产、绒毛膜癌、妊娠期高血压综合征、胎儿宫内发育窘迫等均与胎盘的发育成熟相关。胎盘的发育和形成涉及母胎成分、多种激素、生长因子、细胞因子等的调控。根据母体和胎儿血液之间的组织层次，可将胎盘分为上皮绒毛膜胎盘、结缔组织绒毛膜胎盘、内膜绒毛膜胎盘、血绒毛膜胎盘四种类型，其中，血绒毛膜胎盘见于某些啮齿类、非人灵长类动物以及人类。相对于资源稀少、价格昂贵且受伦理限制的非人灵长类动物，小鼠的繁殖周期短、容易获得、经济成本低，且胎盘发育过程和成熟胎盘的结构与人类十分接近，是目前用于胚胎着床机制研究、抗着床和抗早孕药物筛选，以及妊娠期疾病机制研究最多的实验动物。

七、异位妊娠模型

正常胚胎在子宫内着床，但是，胚胎有时也可能在输卵管、卵巢表面、子宫阔韧带等子宫以外的部位着床并发育，称异位妊娠（ectopic pregnency）。95%以上的异位妊娠为输卵管妊娠。异位妊娠导致着床部位的血管破裂，造成大出血、腹部疼痛，是临床上常见的急腹症，严重威胁母亲的生命安全。哺乳动物的受精发生在输卵管的壶腹部，然后继续运行进入子宫，如果输卵管的平滑肌活动或纤毛运动出现异常，受精卵可能停留在输卵管或者逆行进入腹腔。常规哺乳类实验动物可以通过结扎输卵管峡部或者与子宫连接部位，强行将受精卵滞留在输卵管，受精卵可能在输卵管内着床并继续发育，或者逆行进入腹腔导致异位妊娠。此外，小鼠、大鼠的卵巢被系膜包围，不与腹腔相通，犬的卵巢完全包围在浆液性囊内，此囊直接与短小的输卵管相通，因此，这三种实验动物一般没有腹腔内妊娠发生。如果在受精之后，通过外科显微手术切开包围卵巢的系膜（囊），是否会引导受精卵进入腹腔在卵巢表面或韧带上发生妊娠不得而知。总之，这些实验动物在研究异位妊娠发生机制方面有潜在的利用价值。

八、卵巢早衰模型

卵巢早衰（premature ovarian failure，POF）是指发生在 40 岁以前女性的卵巢功能衰竭。近年来，POF 的发病率逐年上升，已从不到 1%上升到约 3.5%。POF 严重影响妇女身心健康和生活质量，引发骨、心脑血管及神经系统等病变。卵巢早衰是典型的异质性疾病，病因复杂，机制尚且不明，主要原因包括遗传、免疫、医源、环境及特发性等。建立一种理想可靠的卵巢早衰动物模型是研究卵巢早衰的重要手段，也是深入研究和探讨卵巢早衰病因、发展、治疗的基础。通常采用去氧乙烯基环己烯、环磷酰胺、雷公藤多苷、半乳糖等多种试剂在小鼠、大鼠、猪等身上复制模型。卵巢早衰模型多样，部分模型重复性、稳定性欠佳，故应根据研究目的进行选择。化疗药物模型经典、简单易行，可作为探讨 POF 发病机制和病理改变的实验性模型；自身免疫性模型相对建模难点略大，但卵巢组织损害特点与人类自身免疫性 POF 卵巢组织学表现相符；敲除小鼠模型能反映出 POF 的遗传性机制。

九、妊娠糖尿病模型

妊娠糖尿病包括糖尿病合并妊娠和妊娠期糖尿病（gestational diabetes mellitus，GDM）。妊娠糖尿病是指妊娠后首次发生或发现的引起不同程度糖代谢异常的疾病，孕妇妊娠前糖代谢正常或有潜在糖耐量减退、妊娠期才出现或确诊糖尿病。GDM 是常见的妊娠期合并症之一，其发病率在全球范围内正在逐年升高，为 1%～14%，我国为 1%～5%。GDM 患者糖代谢异常多数于产后能恢复正常，但将来患 2 型糖尿病概率增加，且孕期母儿风险显著升高。根据妊娠期糖尿病的临床特点，分为 1 型即胰岛素依赖型和 2 型即非胰岛素依赖型。目前建立的 GDM 的动物模型主要有转基因型、自发型及诱发型等。转基因型是运用转基因方法和基因打靶方法制备的小鼠模型。自发型是自然条件下动物由于基因突变而出现类似人类糖尿病表现的动物模型，如 ob/ob 小鼠、db/db 小鼠模型，其表现类似临床 1 型糖尿病或 2 型糖尿病。诱发型模型应用最多，可采用毒性药物破坏胰腺的 β 细胞，从而诱发实验动物出现糖尿病的临床症象。常用药物有链脲佐菌素（STZ）、四氧嘧啶（Alloxan）等。也可以给予高脂饮食诱导肥胖，进而交配后出现GDM。

十、自然流产动物模型

妊娠不足 28 周，胎儿体重不足 1000g 而终止者，称为流产（abortion）。发生在妊娠 12 周前者，称为早期流产；发生在妊娠 12 周以后者，称为晚期流产。流产为妇科常见疾病，病因较为复杂，主要包括染色体异常、内分泌异常、免疫功能异常等因素。由此衍生的流产动物模型较多，主要包括溴隐亭致流产、CBA/J×DBA/2 小鼠免疫性流产、抗磷脂抗体流产模型等。常用实验动物有小鼠、大鼠、家兔等。溴隐亭致流产动物模型中流产大鼠血清中 PRL 及黄体酮较低，类似临床内分泌功能不足，以及偏向 Th1 型免疫反应的病理生理特点，可用于研究母胎界面的免疫-内分泌功能调节机制。CBA/J×DBA/2 反复自然流产动物模型的胚胎吸收率恒定（30%～45%），流产率远超过小鼠染色体异常所发生的流产（约 4%），繁育成本低，较经济，且流产发生时间在围着床期，与人类不明原因的反复自然流产发生时期一致，因此更具研究价值。

十一、多囊卵巢综合征模型

多囊卵巢综合征（polycystic ovary syndrome，PCOS）是由遗传和环境因素共同导致的常见内分泌代谢疾病，在育龄妇女中，发病率为 6%～21%。临床特征有月经异常、不孕、高雄激素血症、卵巢多囊样改变等。PCOS 的发病机制目前尚不明确，与遗传及环境因素密切相关，涉及神经内分泌及免疫系统的复杂调控网络。宫内高雄激素环境、环境内分泌干扰物（如双酚 A）、持续性有机污染物、抗癫痫药、营养过剩和不良生活方式等均可增加 PCOS 的发生风险。用于 PCOS 模型的动物主要有恒河猴、大鼠、家兔等。恒河猴的生殖生理与人类非常接近，月经周期稳定，尤其适合用于研究生殖功能紊乱，但是经济成本高。大鼠对性激素敏感，动情周期有规律，是常用的动物模型。PCOS 模型多采用性激素注射法，包括雄激素、雌激素、孕激素联合绒毛膜促性腺激素、芳香化酶抑制剂等。PCOS 模型接近临床病例特征，模型动物的阴道涂片与卵巢形态学的改变比较一致，但是内分泌变化差异较大。

十二、自发性前列腺增生动物模型

前列腺增生（spontaneous benign prostatic hyperplasia，SBPH）是中老年男性常见疾病之一，随着生活水平提高和平均寿命延长，前列腺增生的发病率逐年增长，41～50 岁、51～60 岁、61～70 岁年龄组的发病率分别是 20%、40%、70%。睾酮、双氢睾酮以及雌激素的改变和失去平衡是该病发生的重要原因。犬与人类一样可自发前列腺增生，发病率也随年龄增加，是公认的研究人类自发性前列腺增生的理想动物模型。犬的前列腺体积较大，分为两叶，位于耻骨前缘，环绕膀胱颈和尿道的起始部。1～3 岁龄犬的前列腺重（14.7±6.4）g，增生的组织占 25%；5～10 岁龄犬的前列腺重（23.6±10.5）g，增生的组织占 88%。犬前列腺可以经 B 超检查或剖腹实测体积大小，用于抗前列腺增生药物的筛选和药效评价。

参 考 文 献

陈大元. 2000. 受精生物学. 北京: 科学出版社: 316-335.

陈守良. 2012. 动物生理学. 4 版. 北京: 北京大学出版社: 392-399.

范少光, 汤浩. 2006. 人体生理学. 北京: 北京大学医学出版社: 267-289.

侯林, 吴孝兵. 2016. 动物学. 2 版. 北京: 科学出版社: 238, 268-271, 295-297, 322, 346-347.

李永材, 黄溢明. 1984. 比较生理学. 1 版. 北京: 高等教育出版社: 243-272.

里斯. 家畜生理学. 12 版. 赵茹茜主译. 2014. 北京: 中国农业出版社: 512-523.

梁晓欢, 杨增明. 2013. 胚胎着床的调控机制. 科学通报, 58(21): 1997-2006.

林浩然. 2011. 鱼类生理学. 广州: 中山大学出版社: 237-310.

刘凌云, 郑光美. 2009. 普通动物学. 4 版. 北京: 高等教育出版社: 350、380、393-400、443-447.

欧阳五庆. 2012. 动物生理学. 2 版. 北京: 科学出版社: 286-311.

秦川. 2018. 中华医学百科全书: 医学实验动物学. 北京: 中国协和医科大学出版社: 28.

王海滨. 2015. 妊娠建立和维持的分子机制. 中国基础科学研究进展, 17 (5): 3-11.

魏泓. 2016. 医学动物实验技术. 北京: 人民卫生出版社: 814-846.

谢从新. 2010. 鱼类学. 北京: 中国农业出版社: 140-146, 331-340.

杨秀平, 肖向红, 李大鹏. 2016. 动物生理学. 3 版. 北京: 高等教育出版社: 313-339.

杨增明, 孙青原, 夏国良. 2019. 生殖生物学. 2 版. 北京: 科学出版社: 329-403.

周正宇, 薛智谋, 邵义祥. 2012. 实验动物与比较医学. 苏州: 苏州大学出版社: 45-70.

朱大年, 王庭槐. 2013. 生理学. 8 版. 北京: 人民卫生出版社: 419-429.

左明雪. 2015. 人体及动物生理学. 4 版. 北京: 高等教育出版社: 262-271.

左仰贤. 2010. 动物生物学教程. 2 版. 北京: 高等教育出版社: 233-236.

Boron W F, Boulpaep E L. 2009. Medical physiology: a cellular and molecular approach. 2nd edition. Philadelphia, PA: Saunders/Elsevier.

Chase R A. 2007. The Bassett Atlas of Human Anatomy. Amsterdam: Benjamin Cummings.

Wang H, Dey S K. 2006. Roadmap to embryo implantation: clues from mouse models. Nat Rev Genet, 7(3): 185-199.

（谭　毅　谭冬梅　韩文莉　张　倩）

实验动物科学丛书

I 实验动物管理系列

实验室管理手册（8，978-7-03-061110-9）

实验动物科学史

实验动物质量控制与健康监测

II 实验动物资源系列

实验动物新资源

悉生动物学

III 实验动物基础科学系列

实验动物遗传育种学

实验动物解剖学

实验动物病理学

实验动物营养学

IV 比较医学系列

实验动物比较组织学彩色图谱（2，978-7-03-048450-5）

比较传染病学——病毒性疾病（13，978-7-03-063492-4）

比较组织学（14，978-7-03-063490-0）

比较生理学（16，978-7-03-068356-4）

比较影像学

比较解剖学

比较病理学

V 实验动物医学系列

实验动物疾病（5，978-7-03-058253-9）

大鼠和小鼠传染性疾病及临床症状图册（11，978-7-03-064699-6）

实验动物感染性疾病检测图谱（15，978-7-03-067872-0）

实验动物医学

VI 实验动物福利系列

实验动物福利

VII 实验动物技术系列

动物实验操作技术手册（7，978-7-03-060843-7）

动物生物安全实验室操作指南（10，978-7-03-063488-7）

VIII 实验动物科普系列

实验室生物安全事故防范和管理（1，978-7-03-047319-6）

实验动物十万个为什么

IX 实验动物工具书系列

中国实验动物学会团体标准汇编及实施指南（第一卷）（3，978-7-03-053996-0）

中国实验动物学会团体标准汇编及实施指南（第二卷）（4，978-7-03-057592-0）

中国实验动物学会团体标准汇编及实施指南（第三卷）（6，918-7-03-060456-9）

中国实验动物学会团体标准汇编及实施指南（第四卷）（12，918-7-03-064564-7）

毒理病理学词典（9，918-7-03-063487-0）